光电 & 仪器类专业教材

光电信息物理基础

（第3版）

周盛华　沈为民　胡茂海　段子刚　编著

電子工業出版社
Publishing House of Electronics Industry
北京·BEIJING

内 容 简 介

本书主要有三部分内容。一是电磁理论，包括矢量分析、电磁现象的普遍规律及基本方程、电磁场的波动性、电磁波的辐射、平面电磁波在绝缘介质和导电介质中的传播，以及电磁波的反射和折射问题等；二是量子理论，包括热辐射、光量子、波粒二象性、氢原子光谱及玻尔理论、波函数与薛定谔方程、力学量与算符、微扰理论、光的吸收和发射等；三是固体光电基础，包括晶体结构与晶体结合、晶格振动、能带论基础及固体的导电性、本征半导体和杂质半导体、半导体中的载流子及其运动、PN 结、半导体中的光学与光电现象等。

本书可作为高等学校光电信息工程、光信息科学与技术、电子科学与技术、电子信息科学与技术等光学类、电子类专业的本科教材，也可供有关专业的本科生、研究生和从事光电技术、电子技术的科技人员参考。

图书在版编目(CIP)数据

光电信息物理基础/周盛华等编著．—3 版．—北京：电子工业出版社，2020. 10
ISBN 978-7-121-39805-6

Ⅰ．①光…　Ⅱ．①周…　Ⅲ．①光电子技术-信息技术-高等学校-教材　Ⅳ．①TN2

中国版本图书馆 CIP 数据核字(2020)第 200065 号

责任编辑：韩同平
印　　刷：北京七彩京通数码快印有限公司
装　　订：北京七彩京通数码快印有限公司
出版发行：电子工业出版社
　　　　　北京市海淀区万寿路 173 信箱　邮编：100036
开　　本：787×1092　1/16　印张：13. 25　字数：424 千字
版　　次：2009 年 4 月第 1 版
　　　　　2020 年 10 月第 3 版
印　　次：2025 年 2 月第 10 次印刷
定　　价：49. 90 元

凡所购买电子工业出版社图书有缺损问题，请向购买书店调换。若书店售缺，请与本社发行部联系，联系及邮购电话：(010)88254888，88258888。

质量投诉请发邮件至 zlts@ phei. com. cn，盗版侵权举报请发邮件至 dbqq@ phei. com. cn。

本书咨询联系方式：010-88254525，hantp@ phei. com. cn。

前　　言

过去很长时间,光学和电子学都曾作为物理学的一个分支,随着物理学的发展而不断完善。如今,虽然光学工程和电子科学与技术都已成为独立的学科,但它们与物理学间的深刻联系不可分割。对于光学类、电子类专业的学生来说,没有扎实的基础物理知识,要想在专业领域有一番作为是很困难的。

电磁理论和量子理论是物理学的核心内容,也是光学和电子学的重要理论基础,而集成电路、光通信、光电信息等许多应用领域的飞速发展离不开以二极管、半导体激光器等为代表的固体器件,所以学习电磁理论和量子理论,以及固体物理与半导体物理知识,对于光学类、电子类专业学生来说是十分重要的。电磁理论、量子理论、固体物理和半导体物理等内容很多,目前多数高校分几门课程开设,所需学时很多。我们课程内容改革的思路是,突出理论主线,在知识叙述保持连贯的前提下,尽量简化内容。本教材力求内容精简、重点突出、概念清晰、通俗易懂。

本书共分三篇 9 章。

第一篇为电磁理论:第 1 章介绍矢量分析及场论,包括场、梯度、散度、旋度、正交曲线坐标系、δ 函数;第 2 章介绍电磁现象的描述及基本方程,包括静电场、稳恒磁场、时变电磁场、麦克斯韦方程组、电磁场的边值关系、电磁场的能量和能流;第 3 章介绍电磁场的波动性,包括电磁场的波动方程、单色电磁波、非单色波与介质色散、电磁场的动量、电磁波的辐射;第 4 章介绍平面电磁波传播,包括绝缘介质与导电介质中的单色平面波及反射和折射问题、全反射及消逝波与导引波等。

第二篇为量子理论:第 5 章介绍量子理论的实验基础,包括黑体辐射、光电效应、康普顿散射、氢原子光谱、电子衍射等著名实验及理论解释;第 6 章简单介绍量子力学的理论体系,包括波函数与薛定谔方程、力学量与算符、微扰理论、光的吸收和发射等。

第三篇为固体光电基础:第 7 章简单介绍固体物理知识,包括晶体结构与晶体结合、晶格振动、能带论基础及固体的导电性;第 8 章简单介绍半导体物理知识,包括本征半导体和杂质半导体、半导体中的载流子及其运动、连续性方程、PN 结;第 9 章固体的光学性质和光电现象,包括固体光学常数及测量方法、光吸收、光电导、光伏效应、半导体发光等。

每章末都附有习题。由于各校本课程的学时及教学要求不同,书中打“ * ”号的内容可以不讲或简单讲述。

本书第 3 版由周盛华、沈为民、胡茂海、段子刚编著。

由于编者的水平与经验有限,书中难免存在缺点和错误,殷切希望读者批评指正。

周盛华的电子邮箱:sh_zhou@ cjlu. edu. cn

编著者

目　　录

第一篇　电 磁 理 论

第二篇 量子理论

第三篇 固体光电基础

第一篇　电磁理论

第1章　数学基础

我们所要讨论的电磁场是与空间和时间相关的一种抽象的矢量场。矢量分析是研究电磁场理论的重要数学工具,应用矢量分析的方法,可以使电磁场的基本定律、公式以简洁的形式表述出来,且与坐标的选择无关。本章主要介绍有关数学基础知识。

1.1　矢量代数和矢量函数

1. 矢量

物理学中有两类量最常用:一类是仅需用数值和单位(合称量值)表示其大小的量,叫标量,如长度、时间、质量、温度、能量等都是标量;另一类是既需用量值表示其大小,又需要指明方向的量,叫矢量,如力、速度、加速度、动量、角动量等都是矢量。我们在这里用带箭头的字母(如$\vec{A}$、$\vec{B}$等)或黑斜体字母(如$\boldsymbol{A}$、$\boldsymbol{D}$等)表示矢量。矢量的大小又称矢量的模,并用A或$|\vec{A}|$表示。

2. 矢量加减运算

两矢量相加可按图1.1-1的方法求和。由此可见相加的结果与相加的顺序无关,矢量加法服从交换律

$$\boldsymbol{A}+\boldsymbol{B}=\boldsymbol{C} \tag{1.1-1}$$

$$\boldsymbol{A}+\boldsymbol{B}=\boldsymbol{B}+\boldsymbol{A} \tag{1.1-2}$$

当有三个矢量相加时,容易看出,矢量加法服从结合律

$$\boldsymbol{A}+\boldsymbol{B}+\boldsymbol{C}=(\boldsymbol{A}+\boldsymbol{B})+\boldsymbol{C}=\boldsymbol{A}+(\boldsymbol{B}+\boldsymbol{C}) \tag{1.1-3}$$

两矢量相减时,如$\boldsymbol{A}-\boldsymbol{B}$,可先取$\boldsymbol{B}$的负矢量,即和$\boldsymbol{B}$大小相同方向相反的矢量$-\boldsymbol{B}$,然后和$\boldsymbol{A}$相加,如图1.1-2所示。

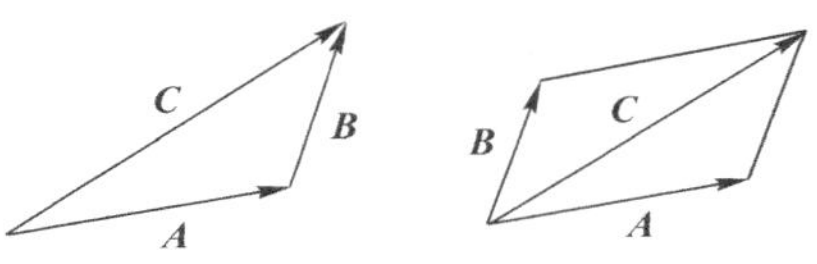

图1.1-1　矢量相加

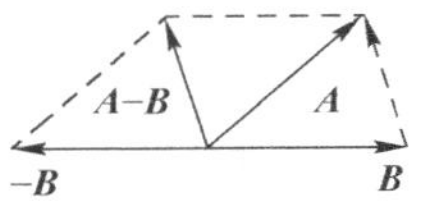

图1.1-2　矢量相减

$$\boldsymbol{A}-\boldsymbol{B}=\boldsymbol{A}+(-\boldsymbol{B}) \tag{1.1-4}$$

3. 单位矢量和分矢量

一个矢量 $\boldsymbol{A}$ 乘以一个正标量 m 得到一个新矢量,它与 $\boldsymbol{A}$ 同方向,但大小为 A 的 m 倍,即 $m\boldsymbol{A}$。单位矢量是大小为 1 的矢量,如 $\boldsymbol{A}$ 的单位矢量表示为 $\boldsymbol{A}^0$。这样,一个矢量可以用该矢量方向上的单位矢量和该矢量的大小相乘得到,即

$$\boldsymbol{A}=A\boldsymbol{A}^0 \tag{1.1-5}$$

任一矢量可以分解为几个矢量,它们的和就是这个矢量。特别是可以分解为沿坐标轴的互相垂直的分量。例如,在笛卡儿坐标系(直角坐标系)中,矢量 $\boldsymbol{A}$ 可以分解为

$$\boldsymbol{A}=\boldsymbol{e}_xA_x+\boldsymbol{e}_yA_y+\boldsymbol{e}_zA_z \tag{1.1-6}$$

式中,$\boldsymbol{e}_x,\boldsymbol{e}_y,\boldsymbol{e}_z$ 为坐标轴方向的单位矢量。

4. 两矢量的标量积

矢量 $\boldsymbol{A}$ 和矢量 $\boldsymbol{B}$ 的标量积(也称点乘)记为 $\boldsymbol{A}\cdot\boldsymbol{B}$。标量积是一个标量,有

$$\boldsymbol{A}\cdot\boldsymbol{B}=AB\cos\theta \tag{1.1-7}$$

式中,θ 是矢量 $\boldsymbol{A}$ 和矢量 $\boldsymbol{B}$ 的夹角。

若将矢量 $\boldsymbol{A}$ 和矢量 $\boldsymbol{B}$ 用直角坐标系方法表示,则有

$$\boldsymbol{A}\cdot\boldsymbol{B}=A_xB_x+A_yB_y+A_zB_z \tag{1.1-8}$$

两矢量的标量积满足交换律和分配律

$$\boldsymbol{A}\cdot\boldsymbol{B}=\boldsymbol{B}\cdot\boldsymbol{A} \tag{1.1-9}$$

$$(\boldsymbol{A}+\boldsymbol{B})\cdot\boldsymbol{C}=\boldsymbol{A}\cdot\boldsymbol{C}+\boldsymbol{B}\cdot\boldsymbol{C} \tag{1.1-10}$$

5. 两矢量的矢量积

矢量 $\boldsymbol{A}$ 和矢量 $\boldsymbol{B}$ 的矢量积(也称叉乘)记为 $\boldsymbol{A}\times\boldsymbol{B}$。矢量积是一个矢量,它的大小等于 $AB\sin\theta$(θ 是矢量 $\boldsymbol{A}$ 和矢量 $\boldsymbol{B}$ 的夹角),此值也就是以 $\boldsymbol{A}$、$\boldsymbol{B}$ 为边的平行四边形面积;其方向垂直于矢量 $\boldsymbol{A}$ 和矢量 $\boldsymbol{B}$ 所决定的平面,满足右手螺旋定则,如图 1.1-3 所示。

两矢量的矢量积虽不服从交换律,但满足分配律

$$\boldsymbol{A}\times\boldsymbol{B}=-\boldsymbol{B}\times\boldsymbol{A} \tag{1.1-11}$$

$$(\boldsymbol{A}+\boldsymbol{B})\times\boldsymbol{C}=\boldsymbol{A}\times\boldsymbol{C}+\boldsymbol{B}\times\boldsymbol{C} \tag{1.1-12}$$

若将矢量 $\boldsymbol{A}$ 和矢量 $\boldsymbol{B}$ 用直角坐标系方法表示,则有

$$\boldsymbol{A}\times\boldsymbol{B}=\begin{vmatrix}\boldsymbol{e}_x & \boldsymbol{e}_y & \boldsymbol{e}_z\\ A_x & A_y & A_z\\ B_x & B_y & B_z\end{vmatrix} \tag{1.1-13}$$

6. 三矢量相乘

三矢量相乘有三种形式,即

(1) 第一种是 $\boldsymbol{A}(\boldsymbol{B}\cdot\boldsymbol{C})$,这只是一个标量 $\boldsymbol{B}\cdot\boldsymbol{C}$ 和矢量 $\boldsymbol{A}$ 的乘积,乘积是和矢量 $\boldsymbol{A}$ 同一个方向的矢量。

(2) 第二种是所谓的标量三重积,如 $\boldsymbol{A}\cdot\boldsymbol{B}\times\boldsymbol{C}$,它表示要先求矢量积,然后求标量积,其结果为一个标量,即为平行六面体的体积,如图 1.1-4 所示。故有

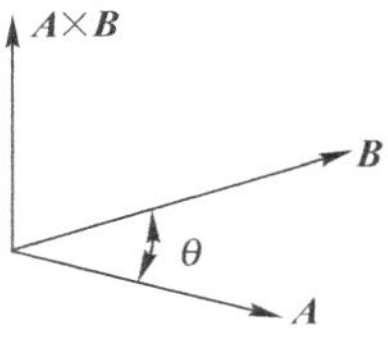

图 1.1-3　矢量叉乘

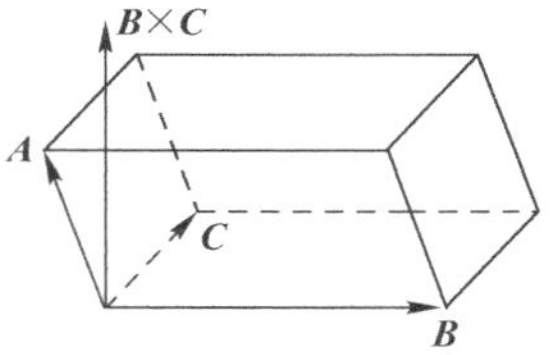

图 1.1-4　矢量三重标量积

$$\boldsymbol{A}\cdot(\boldsymbol{B}\times\boldsymbol{C})=\boldsymbol{B}\cdot(\boldsymbol{C}\times\boldsymbol{A})=\boldsymbol{C}\cdot(\boldsymbol{A}\times\boldsymbol{B}) \tag{1.1-14}$$

（3）第三种是所谓的矢量三重积，即 $\boldsymbol{A}\times(\boldsymbol{B}\times\boldsymbol{C})$，括号表示需要先进行运算。其具有如下性质

$$\boldsymbol{A}\times(\boldsymbol{B}\times\boldsymbol{C})=\boldsymbol{B}(\boldsymbol{A}\cdot\boldsymbol{C})-\boldsymbol{C}(\boldsymbol{A}\cdot\boldsymbol{B}) \tag{1.1-15}$$

7. 矢量函数与矢量线

（1）标量函数与矢量函数

具有确定数值的标量可以是空间坐标（如直角坐标系中的 x、y、z）和时间 t 的函数，我们称 $f(x,y,z;t)$ 为标量函数。

而有确定方向的矢量物理量，一般都是一个或几个（标量）变量的函数，称 $\boldsymbol{F}(x,y,z;t)$ 为矢量函数。例如

$$\boldsymbol{F}(x,y,z;t)=\boldsymbol{e}_xF_x(x,y,z;t)+\boldsymbol{e}_yF_y(x,y,z;t)+\boldsymbol{e}_zF_z(x,y,z;t) \tag{1.1-16}$$

一个矢量函数 $\boldsymbol{F}(x,y,z;t)$ 对应三个标量函数 $F_x(x,y,z;t)$、$F_y(x,y,z;t)$、$F_z(x,y,z;t)$。

如果 f 或 $\boldsymbol{F}$ 的物理状态与时间无关，则代表静态场；如果是时间的函数，则称为动态场或时变场。

描述物理状态空间分布的标量函数 $f(x,y,z;t)$ 和矢量函数 $\boldsymbol{F}(x,y,z;t)$，在时间为一定值的情况下，它们是唯一的，它们的数值和方向与所选择的坐标系无关。即使进行坐标系变换，它们也保持不变。这就是矢量和矢量场的不变特性。例如矢量大小与坐标无关，即有

$$F^2=F_x^2+F_y^2+F_z^2=F_\rho^2+F_\varphi^2+F_z^2=F_r^2+F_\theta^2+F_\varphi^2 \tag{1.1-17}$$

大小和方向都保持不变的矢量称为常矢，如 $\boldsymbol{a}_x$；反之称为变矢，如 $\boldsymbol{a}_\varphi$。

矢量函数对时间和空间坐标变量的微分，仍然是一个矢量。

（2）矢量线（力线）

为了形象地描述矢量场在空间的分布状态，引入矢量线概念。矢量线上每一点的切线方向都代表该点的矢量场方向。矢量场中的每一点均有唯一的一条矢量线通过。所以矢量线充满了整个矢量所在空间。

电力线、磁力线就是电场和磁场中的矢量线。

由矢量线定义可知，其上任一点的切向长度元 $\mathrm{d}\boldsymbol{l}$ 与该点矢量场 $\boldsymbol{A}$ 的方向平行，于是

$$\boldsymbol{A}\times\mathrm{d}\boldsymbol{l}=0 \tag{1.1-18}$$

直角坐标系中

$$\mathrm{d}\boldsymbol{l}=\boldsymbol{e}_x\mathrm{d}x+\boldsymbol{e}_y\mathrm{d}y+\boldsymbol{e}_z\mathrm{d}z$$

$$\boldsymbol{A}=\boldsymbol{e}_xA_x+\boldsymbol{e}_yA_y+\boldsymbol{e}_zA_z$$

由

$$\boldsymbol{A}\times\mathrm{d}\boldsymbol{l}=\begin{vmatrix}\boldsymbol{e}_x & \boldsymbol{e}_y & \boldsymbol{e}_z\\ A_x & A_y & A_z\\ \mathrm{d}x & \mathrm{d}y & \mathrm{d}z\end{vmatrix}=0$$

可得

$$\frac{\mathrm{d}x}{A_x}=\frac{\mathrm{d}y}{A_y}=\frac{\mathrm{d}z}{A_z} \tag{1.1-19}$$

这就是矢量线的微分方程，求得它的通解可绘出矢量线。

1.2 场、梯度、散度和旋度

1. 场

如果在一个空间区域，某个物理量在其中每一点都取确定值，就称这个空间区域存在该物理量的场。如果这个物理量是标量，就称这个场是**标量场**；若这个物理量为矢量，则称这个场是**矢量场**。例如温度场、电势场是标量场，电场、磁场是矢量场。

2. 标量场的方向导数和梯度

由上述标量场的定义可知，标量场中分布在各点的物理量 u 是场中点坐标的单值函数，即

$$u=u(\boldsymbol{r}) \tag{1.2-1}$$

这里，$\boldsymbol{r}$ 代表三个空间坐标 (x,y,z)。给定了函数 u 的具体形式，标量 u 在场中的分布就完全确定了。在研究标量场时，常常还需要知道 u 在场中各点沿各个方向的变化情况，u 在场中的变化情况往往具有更重要的物理意义。例如，若 u 为电势 φ，φ 在场中各点的变化就决定了各点的电场强度。若 u 是温度，u 在各点的变化就决定了在这些点上热传导的方向和速度。为了讨论场在空间各点的变化，首先引入方向导数的概念。

(1) 方向导数

在场中取一点 M_0，由 M_0 点引射线 $\boldsymbol{l}$，其方向由方向余弦 $(\cos\alpha,\cos\beta,\cos\gamma)$ 确定。在 $\boldsymbol{l}$ 上取另一点 M（见图 1.2-1）。记 $\Delta u=u(M)-u(M_0)$，$\rho=\overline{M_0M}$，定义 u 在 M_0 点沿 $\boldsymbol{l}$ 的方向导数为

$$\left.\frac{\partial u}{\partial l}\right|_{M_0}=\lim_{M\to M_0}\frac{u(M)-u(M_0)}{\overline{MM_0}}=\lim_{\rho\to 0}\frac{\Delta u}{\rho} \tag{1.2-2}$$

方向导数描述 u 在 M_0 点沿 $\boldsymbol{l}$ 方向的变化率。

设函数 u 在 M_0 点可微，方向导数在直角坐标系下可表示为

$$\left.\frac{\partial u}{\partial l}\right|_{M_0}=\frac{\partial u}{\partial x}\cos\alpha+\frac{\partial u}{\partial y}\cos\beta+\frac{\partial u}{\partial z}\cos\gamma \tag{1.2-3}$$

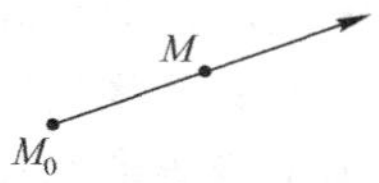

图 1.2-1 方向导数

式中，$\frac{\partial u}{\partial x},\frac{\partial u}{\partial y},\frac{\partial u}{\partial z}$ 为函数 u 在该点的偏导数；$\cos\alpha,\cos\beta,\cos\gamma$ 为方向余弦。

(2) 梯度

一般来说，在场中一点沿着不同的方向 $\boldsymbol{l}$，标量场 u 有不同的方向导数，如果在标量场 u 中定义一个矢量 $\boldsymbol{G}$：

$$\boldsymbol{G}=\boldsymbol{e}_x\frac{\partial u}{\partial x}+\boldsymbol{e}_y\frac{\partial u}{\partial y}+\boldsymbol{e}_z\frac{\partial u}{\partial z} \tag{1.2-4}$$

式中，$\boldsymbol{e}_x,\boldsymbol{e}_y,\boldsymbol{e}_z$ 是沿直角坐标系坐标轴 x,y,z 方向的单位矢量。在场中任意点，矢量 $\boldsymbol{G}$ 是唯一的。记沿 $\boldsymbol{l}$ 方向的单位矢量为 $\boldsymbol{e}_l$，由式(1.2-3)得

$$\left.\frac{\partial u}{\partial l}\right|_{M_0}=\boldsymbol{G}\cdot\boldsymbol{e}_l=G\cos\theta \tag{1.2-5}$$

θ 是矢量 $\boldsymbol{G},\boldsymbol{e}_l$ 的夹角。式(1.2-5)表明 $\boldsymbol{G}$ 具有这样的意义：它在任意方向的投影就给出沿这个方向 u 的方向导数。因此，矢量 $\boldsymbol{G}$ 的方向就是 u 变化率最大的方向，其模就是变化率的最大值。式(1.2-4)中，$\boldsymbol{G}$ 称为**标量场** u 的**梯度**，记为 grad $u=\boldsymbol{G}$。引进矢量微分算子(del 算子)

$$\nabla=\boldsymbol{e}_x\frac{\partial}{\partial x}+\boldsymbol{e}_y\frac{\partial}{\partial y}+\boldsymbol{e}_z\frac{\partial}{\partial z} \tag{1.2-6}$$

则梯度可以记为

$$\nabla u=\boldsymbol{e}_x\frac{\partial u}{\partial x}+\boldsymbol{e}_y\frac{\partial u}{\partial y}+\boldsymbol{e}_z\frac{\partial u}{\partial z} \tag{1.2-7}$$

【例 1-1】 已知标量场 $\varphi(x,y,z)=(x^2+y^2+z^2)^{\frac{1}{2}}$，求空间一点 $P(1,1,1)$ 的梯度和沿 $\boldsymbol{l}=2\boldsymbol{e}_x+2\boldsymbol{e}_y+\boldsymbol{e}_y$ 方向的方向导数。

解：首先由

$$\left.\frac{\partial\varphi}{\partial x}\right|_P=\left.\frac{x}{(x^2+y^2+z^2)^{1/2}}\right|_P=\frac{1}{\sqrt{3}}$$

$$\left.\frac{\partial\varphi}{\partial y}\right|_P=\left.\frac{y}{(x^2+y^2+z^2)^{1/2}}\right|_P=\frac{1}{\sqrt{3}}$$

$$\left.\frac{\partial\varphi}{\partial z}\right|_P=\left.\frac{z}{(x^2+y^2+z^2)^{1/2}}\right|_P=\frac{1}{\sqrt{3}}$$

根据梯度公式(1.2-7)，得标量场 φ 在 P 点的梯度为

$$\nabla\varphi\Big|_P=\left.\left(\boldsymbol{e}_x\frac{\partial\varphi}{\partial x}+\boldsymbol{e}_y\frac{\partial\varphi}{\partial y}+\boldsymbol{e}_z\frac{\partial\varphi}{\partial z}\right)\right|_P=\frac{1}{\sqrt{3}}(\boldsymbol{e}_x+\boldsymbol{e}_y+\boldsymbol{e}_z)$$

$\boldsymbol{l}$ 的单位矢量为

$$\boldsymbol{e}_l=\frac{\boldsymbol{l}}{|\boldsymbol{l}|}=\frac{2\boldsymbol{e}_x+2\boldsymbol{e}_y+\boldsymbol{e}_z}{\sqrt{2^2+2^2+1^2}}=\frac{1}{3}(2\boldsymbol{e}_x+2\boldsymbol{e}_y+\boldsymbol{e}_z)$$

由方向导数与梯度之间的关系式(1.2-5)可知，沿 $\boldsymbol{e}_l$ 方向的方向导数为

$$\frac{\partial\varphi}{\partial l}=\nabla\varphi\cdot\boldsymbol{e}_l=\frac{1}{\sqrt{3}}(\boldsymbol{e}_x+\boldsymbol{e}_y+\boldsymbol{e}_z)\cdot\frac{1}{3}(2\boldsymbol{e}_x+2\boldsymbol{e}_y+\boldsymbol{e}_z)=\frac{5\sqrt{3}}{9}$$

3. 矢量场的通量和散度

在研究矢量场时，为形象起见常引进矢量线来描述矢量场。矢量线上每一点的切线方向即为该点矢量场的方向，每一点矢量场的大小由过该点且与该点矢量场垂直的单位面积上穿过的矢量线条数表示。矢量线的疏密分布形象地反映了矢量场强度的分布。有两种不同的矢量场：一种矢量场，它的矢量线从场中一点发出，终止在另外一点上或无穷远处，这类矢量场称为纵场；另一种矢量场，其矢量线没有起点及终点，是无头无尾的闭合回线，这类矢量场称为横场。**横场和纵场具有完全不同的物理意义和数学性质。**

(1) 矢量场的通量

矢量场 $\boldsymbol{A}$ 沿场中任一有向曲面 $\boldsymbol{S}$ 的积分

$$\Psi=\int_S\boldsymbol{A}\cdot\mathrm{d}\boldsymbol{\sigma} \tag{1.2-8}$$

称为矢量场 $\boldsymbol{A}$ 穿过曲面 $\boldsymbol{S}$ 的通量。当式(1.2-8)中的 $\boldsymbol{S}$ 为一小闭合曲面时，取曲面正法向由内向外，记 $\boldsymbol{S}$ 包围的空间区域为 Ω，其体积为 ΔV。由于横场矢量线是闭合曲线，因此横场对任

何闭合曲面的通量为零，仅纵场对式(1.2-8)的积分贡献才可以是非零的。当式(1.2-8)中 Ψ 为正值时，表明有纵场矢量线从 Ω 中发出，Ω 中有纵场源；若 Ψ 为负，表明有纵场线终止在 Ω 中，Ω 中有吸收矢量线的汇。如果把汇看做负源，穿过闭合曲面 S 的通量 Ψ 不为零，就表明 Ω 中存在纵场源。

在直角坐标系中，矢量 $\boldsymbol{A}$ 可表示为

$$A=\boldsymbol{e}_xA_x+\boldsymbol{e}_yA_y+\boldsymbol{e}_zA_z \tag{1.2-9}$$

式中，A_x，A_y，A_z 是矢量场 $\boldsymbol{A}$ 沿坐标轴的三个分量。

又在直角坐标系中有向面元 $\mathrm{d}\boldsymbol{S}$ 可表示为

$$\mathrm{d}\boldsymbol{S}=[\boldsymbol{e}_x\cos(\boldsymbol{n},x)+\boldsymbol{e}_y\cos(\boldsymbol{n},y)+\boldsymbol{e}_z\cos(\boldsymbol{n},z)]\mathrm{d}\sigma \tag{1.2-10}$$

式中，$\cos(\boldsymbol{n},x)$，$\cos(\boldsymbol{n},y)$，$\cos(\boldsymbol{n},z)$ 为有向面元 $\mathrm{d}\boldsymbol{S}$ 外法线 $\boldsymbol{n}$ 的方向余弦，$\mathrm{d}\sigma$ 为面元面积。

故矢量场 $\boldsymbol{A}$ 穿过任一小闭合有向曲面 $\boldsymbol{S}$ 的通量在直角坐标系中可表示为

$$\Psi=\oint_S[A_x\cos(\boldsymbol{n},x)+A_y\cos(\boldsymbol{n},y)+A_z\cos(\boldsymbol{n},z)]\mathrm{d}\sigma \tag{1.2-11}$$

根据数学中的高斯积分公式，式(1.2-11)变为

$$\Psi=\oint_S\boldsymbol{A}\cdot\mathrm{d}\boldsymbol{\sigma}=\int_\Omega\left(\frac{\partial A_x}{\partial x}+\frac{\partial A_y}{\partial y}+\frac{\partial A_z}{\partial z}\right)\mathrm{d}\tau \tag{1.2-12}$$

利用积分中值定理，式(1.2-12)变为

$$\Psi=\oint_S\boldsymbol{A}\cdot\mathrm{d}\boldsymbol{\sigma}=\left(\frac{\partial A_x}{\partial x}+\frac{\partial A_y}{\partial y}+\frac{\partial A_z}{\partial z}\right)\bigg|_{M_0}\cdot\Delta v \tag{1.2-13}$$

式中，M_0 为闭合曲面 $\boldsymbol{S}$ 所围区域 Ω 中的一点，Ω 的体积为 Δv。

(2) 矢量场的散度

在矢量场 $\boldsymbol{A}$ 中取一点 M_0，作一包围 M_0 点的闭合有向曲面 $\boldsymbol{S}$，设 $\boldsymbol{S}$ 包围的空间区域为 Ω，体积为 Δv。以 $\Delta\Psi$ 记为穿过 $\boldsymbol{S}$ 的通量，当 Ω 以任意方式缩向 M_0 时，极限值

$$\lim_{\Delta v\to 0}\frac{\Delta\Psi}{\Delta v}=\lim_{\Delta v\to 0}\frac{\int_S\boldsymbol{A}\cdot\mathrm{d}\boldsymbol{\sigma}}{\Delta v} \tag{1.2-14}$$

称为矢量场 $\boldsymbol{A}$ 在 M_0 点的散度，记为 $\mathrm{div}\,\boldsymbol{A}$。由此可见，矢量场中任一点的散度，就表示纵场中该点的源强度。

由式(1.2-13)和式(1.2-14)可知，在直角坐标系中，一个矢量 $\boldsymbol{A}$ 的散度可表示为

$$\mathrm{div}\boldsymbol{A}=\frac{\partial A_x}{\partial x}+\frac{\partial A_y}{\partial y}+\frac{\partial A_z}{\partial z} \tag{1.2-15}$$

引用 del 算子，即式(1.2-6)，矢量场 $\boldsymbol{A}$ 的散度可简记为

$$\mathrm{div}\boldsymbol{A}=\nabla\cdot\boldsymbol{A} \tag{1.2-16}$$

(3) 高斯散度定理

在矢量分析中，一个重要的定理是

$$\oint_S\boldsymbol{A}\cdot\mathrm{d}\boldsymbol{\sigma}=\int_V\nabla\cdot\boldsymbol{A}\mathrm{d}\tau$$

称为高斯定理。它的意义是，任一矢量场 $\boldsymbol{A}$ 的散度的体积分等于该矢量场 $\boldsymbol{A}$ 穿过该限定体积的闭合面的总通量。

【例 1-2】 已知 $\boldsymbol{A}=\boldsymbol{e}_xx+\boldsymbol{e}_yy+\boldsymbol{e}_zz$，计算该矢量场的散度 $\nabla\cdot\boldsymbol{A}$。

解：由直角坐标系中的散度公式，即式(1.2-15)有

$$\nabla \cdot \boldsymbol{A}=\frac{\partial A_x}{\partial x}+\frac{\partial A_y}{\partial y}+\frac{\partial A_z}{\partial z}=\frac{\partial x}{\partial x}+\frac{\partial y}{\partial y}+\frac{\partial z}{\partial z}=3$$

4. 矢量场的环量、环量面密度和旋度

(1) 环量

设有矢量场 $\boldsymbol{A}$，称 $\boldsymbol{A}$ 沿场中任一有向闭曲线 L 的积分，即

$$\Gamma=\oint_L \boldsymbol{A} \cdot \mathrm{d}\boldsymbol{l} \tag{1.2-17}$$

为矢量 $\boldsymbol{A}$ 沿 L 的环量。可以证明纵场对任意闭合回路的环量恒为零，只有横场才有不为零的环量。为了理解环量的物理意义，在这里我们取 $\boldsymbol{A}$ 为磁场 $\boldsymbol{H}$，根据安培环路定理，式(1.2-17)的积分就表示通过有向闭合曲线 L 所围一曲面的电流强度。电流是激发磁场的源，若 Γ 不为零，则表明 L 所围区域中横场 $\boldsymbol{A}$ 的源不为零。这在后面的章节中将详细说明。

在直角坐标系中有向线元 $\mathrm{d}\boldsymbol{l}$ 可表示为

$$\mathrm{d}\boldsymbol{l}=[\boldsymbol{e}_x\cos(\boldsymbol{n},x)+\boldsymbol{e}_y\cos(\boldsymbol{n},y)+\boldsymbol{e}_z\cos(\boldsymbol{n},z)]\mathrm{d}l \tag{1.2-18}$$

式中，$\cos(\boldsymbol{n},x)$，$\cos(\boldsymbol{n},y)$，$\cos(\boldsymbol{n},z)$ 为有向线元 $\mathrm{d}\boldsymbol{l}$ 的方向余弦，$\mathrm{d}l$ 为线元的长度。

故 $\boldsymbol{A}$ 沿 L 的环量在直角坐标系中可以写为

$$\Gamma=\oint_L A_x\mathrm{d}x + A_y\mathrm{d}y + A_z\mathrm{d}z \tag{1.2-19}$$

(2) 环量面密度

为了描述横场中任意一点源的强度，我们首先引进环量面密度的概念。取矢量场 $\boldsymbol{A}$ 中一点 M_0，在 M_0 点取定方向 $\boldsymbol{n}$，过 M_0 点作一微小曲面 ΔS，以 $\boldsymbol{n}$ 为其在 M_0 点的法向矢量，取 ΔL 为 ΔS 的周界，ΔL 绕行方向与 $\boldsymbol{n}$ 成右手螺旋关系，则可定义矢量场 $\boldsymbol{A}$ 沿 ΔL 的环量与面积 ΔS 之比，在 ΔL 缩向 M_0 点情况下的极限，即

$$\mu_n=\lim_{\Delta L\to 0}\frac{\oint \boldsymbol{A}\cdot\mathrm{d}\boldsymbol{l}}{\Delta S}=\lim_{\Delta S\to 0}\frac{\Delta\Gamma}{\Delta S} \tag{1.2-20}$$

为 $\boldsymbol{A}$ 在 M_0 点沿方向 $\boldsymbol{n}$ 的环量面密度。

下面我们给出直角坐标系中环量面密度的计算公式。利用斯托克斯公式，$\boldsymbol{A}$ 沿 L 的环量可写成

$$\Gamma=\int_S\left[\left(\frac{\partial A_z}{\partial y}-\frac{\partial A_y}{\partial z}\right)\cos(\boldsymbol{n},x)+\left(\frac{\partial A_x}{\partial z}-\frac{\partial A_z}{\partial x}\right)\cos(\boldsymbol{n},y)+\left(\frac{\partial A_y}{\partial x}-\frac{\partial A_x}{\partial y}\right)\cos(\boldsymbol{n},z)\right]\mathrm{d}\sigma \tag{1.2-21}$$

注意：此处 $\cos(\boldsymbol{n},x)$，$\cos(\boldsymbol{n},y)$，$\cos(\boldsymbol{n},z)$ 为有向闭合曲线围成的有向面元外法线 $\boldsymbol{n}$ 的方向余弦。

利用积分中值定理，式(1.2-21)变为

$$\Gamma=\left[\left(\frac{\partial A_z}{\partial y}-\frac{\partial A_y}{\partial z}\right)\cos(\boldsymbol{n},x)+\left(\frac{\partial A_x}{\partial z}-\frac{\partial A_z}{\partial x}\right)\cos(\boldsymbol{n},y)+\left(\frac{\partial A_y}{\partial x}-\frac{\partial A_x}{\partial y}\right)\cos(\boldsymbol{n},z)\right]\Bigg|_{M_0}\cdot\Delta S \tag{1.2-22}$$

式中，M_0 为微小曲面 ΔS 上的一点。

由式(1.2-20)可知，M_0 点环量面密度应为

$$\mu_n=\left(\frac{\partial A_z}{\partial y}-\frac{\partial A_y}{\partial z}\right)\cos(\boldsymbol{n},x)+\left(\frac{\partial A_z}{\partial z}-\frac{\partial A_z}{\partial x}\right)\cos(\boldsymbol{n},y)+\left(\frac{\partial A_y}{\partial x}-\frac{\partial A_x}{\partial y}\right)\cos(\boldsymbol{n},z) \tag{1.2-23}$$

(3) 旋度

显然环量面密度的大小依赖于方向 $\boldsymbol{n}$,故环量面密度不能描述横场中各点的源强度。如果我们定义矢量

$$\boldsymbol{R}=\boldsymbol{e}_x\left(\frac{\partial A_z}{\partial y}-\frac{\partial A_y}{\partial z}\right)+\boldsymbol{e}_y\left(\frac{\partial A_x}{\partial z}-\frac{\partial A_z}{\partial x}\right)+\boldsymbol{e}_z\left(\frac{\partial A_y}{\partial x}-\frac{\partial A_x}{\partial y}\right) \tag{1.2-24}$$

则 $\boldsymbol{R}$ 在场中任一点具有一个确定的值。定义 $\boldsymbol{R}$ 为矢量场的旋度,记为 rot $\boldsymbol{A}$。可见旋度在任意方向上的投影就给出了沿该方向的环量面密度,从而旋度方向就是环量面密度取最大值时的方向,R 就是环量面密度的最大值。

引用 del 算子,矢量场 $\boldsymbol{A}$ 的旋度可简记为

$$\text{rot}\,\boldsymbol{A}=\nabla\times\boldsymbol{A}=\begin{vmatrix}\boldsymbol{e}_x & \boldsymbol{e}_y & \boldsymbol{e}_z\\ \dfrac{\partial}{\partial x} & \dfrac{\partial}{\partial y} & \dfrac{\partial}{\partial z}\\ A_x & A_y & A_z\end{vmatrix} \tag{1.2-25}$$

(4) 斯托克斯定理

对于矢量场 $\boldsymbol{A}$ 所在的空间中,任意一个以 C 为周界的曲面 S,存在如下关系

$$\oint_L \boldsymbol{A}\cdot \mathrm{d}\boldsymbol{l}=\oint_S(\nabla\times\boldsymbol{A})\cdot \mathrm{d}\boldsymbol{\sigma} \tag{1.2-26}$$

其意义是:矢量场旋度的面积分,等于该矢量沿包围此曲面的闭合路径的线积分。它同散度定理一样,是场论中的重要定理,在后面的讨论中,经常要用到这种积分变换关系。

*5. 亥姆霍兹定理

前面我们介绍了矢量分析中的一些基本概念和运算方法。其中矢量场的散度、旋度和标量场的梯度都是场性质的重要度量。换言之,一个矢量场所具有的性质,可完全由它的散度和旋度来表明;一个标量场的性质则完全可以由它的梯度来表明。亥姆霍兹定理就是对矢量场性质的总结说明。在阐述亥姆霍兹定理之前,先介绍两个零恒等式,它们分别表明梯度矢量和旋度的一个重要性质,并对场的分析、引入辅助位函数起着重要作用。

(1) 两个零恒等式

① 恒等式 I 与无旋场

梯度矢量的一个重要性质是:任何标量场梯度的旋度恒等于零,即

$$\nabla\times(\nabla u)\equiv 0 \tag{1.2-27}$$

恒等式 I 的逆定理也成立,即如果一个矢量的旋度为零,则该矢量可以表示为一个标量场的梯度。

将逆定理应用于电磁场理论中,可以引入辅助位函数,以方便求解场矢量。例如静电场,因 $\nabla\times\boldsymbol{E}=0$,可引入标量电位函数 $\boldsymbol{\Phi}$,令

$$\boldsymbol{E}=-\nabla\boldsymbol{\Phi} \tag{1.2-28}$$

式中,负号表明 $\boldsymbol{E}$ 矢量沿 $\boldsymbol{\Phi}$ 减小的方向。

如果矢量场所在的全部空间中,场的旋度处处为零,即 $\nabla\times\boldsymbol{F}=0$,则这种场不可能存在旋涡源,被称为无旋场。

无旋场,也称位场、保守场。因无旋场中,$\boldsymbol{F}=\nabla u$,由斯托克斯定理:

$$\oint_L \boldsymbol{F}\cdot \mathrm{d}\boldsymbol{l}=\int_S(\nabla\times\boldsymbol{F})\cdot \mathrm{d}\boldsymbol{\sigma}=\int_S\nabla\times(\nabla u)\cdot \mathrm{d}\boldsymbol{\sigma}=0 \tag{1.2-29}$$

可见场力 $\boldsymbol{F}$ 沿闭合曲线路径做功等于零，场能无变化，故称保守场。

如图 1.2-2 所示，$\boldsymbol{F}$ 沿闭合路径的积分又可分为两线段积分之和：

$$\oint_L \boldsymbol{F} \cdot \mathrm{d}\boldsymbol{l} = \int_{P_1}^{P_2} \boldsymbol{F} \cdot \mathrm{d}\boldsymbol{l} + \int_{P_2}^{P_1} \boldsymbol{F} \cdot \mathrm{d}\boldsymbol{l} = 0$$

于是

$$\int_{C_1} \boldsymbol{F} \cdot \mathrm{d}\boldsymbol{l} = \int_{C_2} \boldsymbol{F} \cdot \mathrm{d}\boldsymbol{l} = \int_{P_1}^{P_2} \boldsymbol{F} \cdot \mathrm{d}\boldsymbol{l} \tag{1.2-30}$$

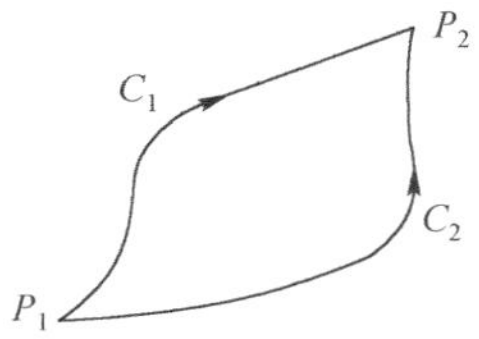

图 1.2-2　位场的线积分

可见，线积分与路径无关，只与始末位置有关，这样的场称为位场。静电场就是这样的场。

② 恒等式Ⅱ与无散场

旋度的一个重要性质是：任何矢量场的旋度的散度恒等于零，即

$$\nabla \cdot (\nabla \times \boldsymbol{A}) = 0 \tag{1.2-31}$$

恒等式Ⅱ的逆定理是：如果一个矢量场的散度为零，则它可表示为另一个矢量的旋度。

该定理应用于电磁场研究中，可引入辅助矢量位（矢势），有利于场矢量的求解。例如恒定磁场，因 $\nabla \cdot \boldsymbol{B}=0$，故可引入矢量磁位 $\boldsymbol{A}$，令

$$\boldsymbol{B} = \nabla \times \boldsymbol{A} \tag{1.2-32}$$

如果矢量场所在的全部空间中，场的散度处处为零，即 $\nabla \cdot \boldsymbol{F}=0$，则这种场中不可能存在通量源，被称为无散场或无源场。恒定磁场就是这样的场。

由散度定理可知，无散场 $\boldsymbol{F}$ 穿过任何闭合曲面 S 的通量都等于零，即

$$\oint \boldsymbol{F} \cdot \mathrm{d}\boldsymbol{S} = 0 \tag{1.2-33}$$

【例 1-3】　已知 $\boldsymbol{F}=\boldsymbol{e}_x(3y-C_1z)+\boldsymbol{e}_y(C_2x-2z)-\boldsymbol{e}_z(C_3y+z)$。

(1) 如果 $\boldsymbol{F}$ 是无旋的，试确定常数 C_1, C_2, C_3；

(2) 将 C_i 代入，判断 $\boldsymbol{F}$ 能否表示为一个矢量的旋度。

解：(1) 因为 $\nabla \times \boldsymbol{F}=0$，即

$$\nabla \times \boldsymbol{F} = \begin{vmatrix} \boldsymbol{e}_x & \boldsymbol{e}_y & \boldsymbol{e}_z \\ \dfrac{\partial}{\partial x} & \dfrac{\partial}{\partial y} & \dfrac{\partial}{\partial z} \\ 3y-C_1z & C_2x-2z & -C_3y-z \end{vmatrix}$$

$$=\boldsymbol{e}_x(-C_3+2)+\boldsymbol{e}_y(-C_1)+\boldsymbol{e}_z(C_2-3)=0$$

所以 $C_1=0, C_2=3, C_3=2$。

(2) 只有当 $\nabla \cdot \boldsymbol{F}=0$ 时，才可使 $\boldsymbol{F}=\nabla \times \boldsymbol{A}$，因此须计算 $\boldsymbol{F}$ 的散度看其是否为零。

$$\nabla \cdot \boldsymbol{F}=-1 \neq 0$$

可见 $\boldsymbol{F}$ 不能表示为一个矢量的旋度，本题中 $\boldsymbol{F}$ 属有源无旋场。

(2) 亥姆霍兹定理

可以证明，在有限的区域 V 内，任一矢量场由它的散度、旋度和边界条件（限定区域 V 的闭合曲面 S 上的矢量场的分布）唯一地确定，这就是亥姆霍兹定理。

该定理可以从下述两个方面来理解。先看矢量场 $\boldsymbol{F}$ 在空间的变化率。$\boldsymbol{F}$ 的散度，反映了 $\boldsymbol{F}$ 在坐标轴上的分量沿这个坐标轴的变化率；而 $\boldsymbol{F}$ 的旋度，则反映了这些分量沿其他坐标轴的变化率。两者结合起来，即给定了 $\boldsymbol{F}$ 的所有分量沿空间各个坐标系的变化率。依照积分方法，原则上可以确定这个矢量函数 $\boldsymbol{F}$，最多相差一个常矢量。当边界上的场矢量值给出时，这个矢量也可以确定。于是该矢量唯一确定。对于无界空间，$\boldsymbol{F}$ 仅由它的散度和旋度确定。这

时，我们可视它们自然满足无限远边界面上场矢量为零的自然边界条件。

下面我们再从矢量场的“源”这个角度来说明这个问题。一般矢量场可能既有散度，又有旋度，则这个矢量场可表示为一个没有旋度只有散度的无旋场分量 $\boldsymbol{F}_{\mathrm{i}}$ 和一个没有散度只有旋度的旋涡场分量 $\boldsymbol{F}_{\mathrm{s}}$ 之和：

$$\boldsymbol{F}=\boldsymbol{F}_{\mathrm{i}}+\boldsymbol{F}_{\mathrm{s}} \tag{1.2-34}$$

无旋场 $\boldsymbol{F}_{\mathrm{i}}$ 的散度不恒等于零（否则，$\boldsymbol{F}_{\mathrm{i}}$ 无源不存在），设为 $\rho(x,y,x)$，则

$$\nabla\cdot\boldsymbol{F}=\nabla\cdot\boldsymbol{F}_{\mathrm{i}}+\nabla\cdot\boldsymbol{F}_{\mathrm{s}}=\nabla\cdot\boldsymbol{F}_{\mathrm{i}}=\rho \tag{1.2-35}$$

无散场 $\boldsymbol{F}_{\mathrm{s}}$ 的旋度不恒等于零，设为 $\boldsymbol{J}(x,y,z)$，则

$$\nabla\times\boldsymbol{F}=\nabla\times\boldsymbol{F}_{\mathrm{i}}+\nabla\times\boldsymbol{F}_{\mathrm{s}}=\nabla\times\boldsymbol{F}_{\mathrm{s}}=\boldsymbol{J} \tag{1.2-36}$$

$\boldsymbol{F}$ 的散度代表通量源密度 $\rho(x,y,x)$，$\boldsymbol{F}$ 的旋度代表矢量场的一种旋涡源密度 $\boldsymbol{J}(x,y,z)$。因为场是由它的源引起的，所以场的分布由源的分布决定。现在矢量的散度、旋度为已知，即源分布已确定，自然矢量场分布也就唯一地确定了。

亥姆霍兹定理非常重要，它总结了矢量场的基本性质，是研究电磁场理论的一条主线。无论是静态场，还是时变场，都要研究场矢量的散度、旋度以及边界条件，得出像式（1.2-35）、式（1.2-36）那样的方程，我们称这些方程为矢量场的基本方程的微分形式。如果从场矢量的通量、环量两方面去研究，便会得到场矢量基本方程的积分形式。

1.3 矢量微分算子

1. ∇算子

∇算子是一个微分算子，同时又是一个矢量算子，具有微分运算和矢量运算的双重性质。一方面它作为微分算子对它作用的函数求导，另一方面这种运算又必须适合矢量运算法则。本节介绍∇算子的运算性质，并给出一些常用公式。必须指出，虽然作为例子用直角坐标系给出了一些公式的证明，但这些公式的正确性与坐标系选择无关。

我们已经给出∇算子表示标量场的梯度、矢量场的散度和旋度，即

$$\nabla u=\boldsymbol{e}_x\frac{\partial u}{\partial x}+\boldsymbol{e}_y\frac{\partial u}{\partial y}+\boldsymbol{e}_z\frac{\partial u}{\partial z} \tag{1.3-1}$$

$$\nabla\cdot\boldsymbol{A}=\frac{\partial A_x}{\partial x}+\frac{\partial A_y}{\partial y}+\frac{\partial A_z}{\partial z} \tag{1.3-2}$$

$$\nabla\times\boldsymbol{A}=\boldsymbol{e}_x\left(\frac{\partial A_z}{\partial y}-\frac{\partial A_y}{\partial z}\right)+\boldsymbol{e}_y\left(\frac{\partial A_x}{\partial z}-\frac{\partial A_z}{\partial x}\right)+\boldsymbol{e}_z\left(\frac{\partial A_y}{\partial x}-\frac{\partial A_x}{\partial y}\right) \tag{1.3-3}$$

∇算子还可以构成一个纯标量算子，即

$$\nabla^2=\nabla\cdot\nabla=\frac{\partial^2}{\partial x^2}+\frac{\partial^2}{\partial y^2}+\frac{\partial^2}{\partial z^2} \tag{1.3-4}$$

称为 Laplace 算子，其可作用在标量函数和矢量函数上。

2. ∇算子常见计算公式

（1）设 u 是标量场，则有

$$\nabla f(u)=\frac{\mathrm{d}f}{\mathrm{d}u}\nabla u \tag{1.3-5}$$

$$\nabla\cdot\boldsymbol{A}(u)=\nabla u\cdot\frac{\mathrm{d}\boldsymbol{A}}{\mathrm{d}u} \tag{1.3-6}$$

$$\nabla\times\boldsymbol{A}(u)=\nabla u\times\frac{\mathrm{d}\boldsymbol{A}}{\mathrm{d}u} \tag{1.3-7}$$

(2) 设 u 和 v 是标量,$\boldsymbol{A}$ 和 $\boldsymbol{B}$ 是矢量,则有

$$\nabla(uv)=u\nabla v+v\nabla u \tag{1.3-8}$$

$$\nabla\cdot(u\boldsymbol{A})=\nabla u\cdot\boldsymbol{A}+u\nabla\cdot\boldsymbol{A} \tag{1.3-9}$$

$$\nabla\times(u\boldsymbol{A})=\nabla u\times\boldsymbol{A}+u\nabla\times\boldsymbol{A} \tag{1.3-10}$$

$$\nabla\cdot(\boldsymbol{A}\times\boldsymbol{B})=(\nabla\times\boldsymbol{A})\cdot\boldsymbol{B}-(\nabla\times\boldsymbol{B})\cdot\boldsymbol{A} \tag{1.3-11}$$

$$\nabla\times(\boldsymbol{A}\times\boldsymbol{B})=(\boldsymbol{B}\cdot\nabla)\boldsymbol{A}-(\nabla\cdot\boldsymbol{A})\boldsymbol{B}+(\nabla\cdot\boldsymbol{B})\boldsymbol{A}-(\boldsymbol{A}\cdot\nabla)\boldsymbol{B} \tag{1.3-12}$$

$$\nabla(\boldsymbol{A}\cdot\boldsymbol{B})=\boldsymbol{B}\times(\nabla\times\boldsymbol{A})+(\boldsymbol{B}\cdot\nabla)\boldsymbol{A}+\boldsymbol{A}\times(\nabla\times\boldsymbol{B})+(\boldsymbol{A}\cdot\nabla)\boldsymbol{B} \tag{1.3-13}$$

(3) 关于∇的二级微分运算为

$$\nabla\cdot(\nabla u)=(\nabla\cdot\nabla)u=\nabla^2u \tag{1.3-14}$$

$$\nabla\times(\nabla u)=(\nabla\times\nabla)u=0 \tag{1.3-15}$$

$$\nabla\times(\nabla\times\boldsymbol{A})=\nabla(\nabla\cdot\boldsymbol{A})-\nabla^2\boldsymbol{A} \tag{1.3-16}$$

$$\nabla\cdot(\nabla\times\boldsymbol{A})=(\nabla\times\nabla)\boldsymbol{A}=0 \tag{1.3-17}$$

3. 关于场源的一些常用结论

设有场点为 $\boldsymbol{r}=\boldsymbol{e}_x x+\boldsymbol{e}_y y+\boldsymbol{e}_z z$,源点为 $\boldsymbol{r}'=\boldsymbol{e}_x x'+\boldsymbol{e}_y y'+\boldsymbol{e}_z z'$,且记

$$\nabla'=\boldsymbol{e}_x\frac{\partial}{\partial x'}+\boldsymbol{e}_y\frac{\partial}{\partial y'}+\boldsymbol{e}_z\frac{\partial}{\partial z'},\quad \boldsymbol{R}=\boldsymbol{e}_x(x-x')+\boldsymbol{e}_y(y-y')+\boldsymbol{e}_z(z-z')$$

$$R=\sqrt{(x-x')^2+(y-y')^2+(z-z')^2},\quad r=\sqrt{x^2+y^2+z^2}$$

则有

$$\nabla R=-\nabla' R=\frac{\boldsymbol{R}}{R} \tag{1.3-18}$$

$$\nabla\frac{1}{R}=-\nabla'\frac{1}{R}=-\frac{\boldsymbol{R}}{R^3} \tag{1.3-19}$$

$$\nabla\cdot\boldsymbol{R}=3 \tag{1.3-20}$$

$$\nabla\times\boldsymbol{R}=0 \tag{1.3-21}$$

$$\nabla\times\frac{\boldsymbol{R}}{R^3}=0 \tag{1.3-22}$$

$$(\boldsymbol{A}\cdot\nabla)\boldsymbol{R}=\boldsymbol{A} \tag{1.3-23}$$

$$\nabla(\boldsymbol{C}\cdot\boldsymbol{R})=\boldsymbol{C},\quad \boldsymbol{C}\text{ 为常矢量} \tag{1.3-24}$$

$$\nabla f(R)=\frac{\mathrm{d}f}{\mathrm{d}R}\frac{\boldsymbol{R}}{R} \tag{1.3-25}$$

$$\nabla^2\frac{1}{R}=-\nabla\cdot\frac{\boldsymbol{R}}{R^3}=-4\pi\delta(\boldsymbol{R}) \tag{1.3-26}$$

4. 高斯定理和斯托克斯定理

$$\oint_S\boldsymbol{A}\cdot\mathrm{d}\boldsymbol{\sigma}=\int_V\nabla\cdot\boldsymbol{A}\mathrm{d}\tau \tag{1.3-27}$$

$$\oint_L\boldsymbol{A}\cdot\mathrm{d}\boldsymbol{l}=\int_S(\nabla\times\boldsymbol{A})\cdot\mathrm{d}\boldsymbol{\sigma} \tag{1.3-28}$$

【例 1-4】 计算下列各式的值,其中 $\boldsymbol{C}$ 为常矢量。

(1) $\nabla\cdot[(\boldsymbol{C}\cdot\boldsymbol{r})\boldsymbol{r}]$; (2) $\nabla\times[(\boldsymbol{C}\cdot\boldsymbol{r})\boldsymbol{r}]$; (3) $(\boldsymbol{C}\cdot\nabla)\dfrac{\boldsymbol{r}}{r^3}$。

解:(1) $\nabla\cdot[(\boldsymbol{C}\cdot\boldsymbol{r})r]=\nabla[(\boldsymbol{C}\cdot r)]\cdot\boldsymbol{r}+(\boldsymbol{C}\cdot\boldsymbol{r})(\nabla\cdot\boldsymbol{r})=\boldsymbol{C}\cdot\boldsymbol{r}+3\boldsymbol{C}\cdot\boldsymbol{r}=4\boldsymbol{C}\cdot\boldsymbol{r}$

(2) $\nabla\times[(\boldsymbol{C}\cdot\boldsymbol{r})\boldsymbol{r}]=\nabla[(\boldsymbol{C}\cdot\boldsymbol{r})]\times\boldsymbol{r}+(\boldsymbol{C}\cdot\boldsymbol{r})(\nabla\times\boldsymbol{r})=\boldsymbol{C}\times\boldsymbol{r}$

(3) $(\boldsymbol{C}\cdot\nabla)\dfrac{\boldsymbol{r}}{r^3}=\dfrac{(\boldsymbol{C}\cdot\nabla)}{r^3}\boldsymbol{r}+\left[(\boldsymbol{C}\cdot\nabla)\dfrac{1}{r^3}\right]\boldsymbol{r}=\dfrac{\boldsymbol{C}}{r^3}+\left[\boldsymbol{C}\cdot\dfrac{-3\boldsymbol{r}}{r^5}\right]\boldsymbol{r}$

【例 1-5】 求 $\nabla^2\mathrm{e}^{\mathrm{i}\boldsymbol{K}\cdot\boldsymbol{r}}$,其中 $\boldsymbol{K}$ 为常矢量。

解:由

$$\nabla\mathrm{e}^{\mathrm{i}\boldsymbol{K}\cdot\boldsymbol{r}}=\mathrm{e}^{\mathrm{i}\boldsymbol{K}\cdot\boldsymbol{r}}\,\nabla(\mathrm{i}\boldsymbol{K}\cdot\boldsymbol{r})=\mathrm{i}\boldsymbol{K}\mathrm{e}^{\mathrm{i}\boldsymbol{K}\cdot\boldsymbol{r}}$$

而

$$\nabla^2\mathrm{e}^{\mathrm{i}\boldsymbol{K}\cdot\boldsymbol{r}}=\nabla\cdot\nabla\mathrm{e}^{\mathrm{i}\boldsymbol{K}\cdot\boldsymbol{r}}=\nabla\cdot(\mathrm{i}\boldsymbol{K}\mathrm{e}^{\mathrm{i}\boldsymbol{K}\cdot\boldsymbol{r}})=\nabla\mathrm{e}^{\mathrm{i}\boldsymbol{K}\cdot\boldsymbol{r}}\cdot\mathrm{i}\boldsymbol{K}=-|\boldsymbol{K}|^2\mathrm{e}^{\mathrm{i}\boldsymbol{K}\cdot\boldsymbol{r}}$$

*1.4 正交曲线坐标系

前面已经得到了梯度、散度和旋度在直角坐标系下的表达式,但在解决具体问题时,使用其他坐标系有时更方便。本节我们首先介绍正交曲线坐标系的概念,然后导出梯度、散度、旋度及 Laplace 算子在几种正交曲线坐标系下的表达式。

1. 正交曲线坐标系及几种常见的正交曲线坐标系

正交曲线坐标系是直角坐标系概念的推广。在直角坐标系中,方程 $x=C_1$ 表示一个与 x 轴垂直的平面,这个平面上所有点的 x 坐标都是 C_1,称 C_1 是这个平面的标识值。当 C_1 取不同常数值时,方程代表一个与 x 轴垂直的平面族。与此类似,方程 $y=C_2,z=C_3$,分别表示与 y 轴和 z 轴垂直的平面族。这三族平面两两相交,给出三个直线族,分别是与 x 轴、y 轴和 z 轴平行的直线。空间一点 P 的坐标就由在此点相交的三个平面的标识值 C_1,C_2,C_3 给出。

与此类似,限制 f_1 是空间点的单值函数,方程 $f_1(x,y,z)=q_1$,在 q_1 为常数时代表三维空间中的一个曲面,这个曲面可由 q_1 标识;当 q_1 取不同常数值时,则表示一个曲面族。同样当 f_2,f_3 是空间点的单值函数时,方程 $f_2(x,y,z)=q_2$,$f_3(x,y,z)=q_3$ 分别表示三维空间中的一个曲面族。由于 f_1,f_2,f_3 是空间点的单值函数,因此对空间任意点必有每个曲面族中的一个且仅有一个曲面通过。于是空间每个点的位置也可由在此相交的三个曲面的标识值 q_1,q_2,q_3 唯一确定。(q_1,q_2,q_3) 可以代替直角坐标系中的 (x,y,z) 来表示空间点的坐标。称 (q_1,q_2,q_3) 为空间点的曲线坐标。

分别属于三族之一的三个曲面两两相交形成的曲线称为坐标曲线。在由两曲面 $f_2(x,y,z)=q_2$,$f_3(x,y,z)=q_3$ 相交形成的坐标曲线上,q_2 和 q_3 已取定值,只有 q_1 可以变化,称此曲线为坐标曲线 q_1。同理,将由曲面 $f_1(x,y,z)=q_1$ 和 $f_3(x,y,z)=q_3$ 以及 $f_1(x,y,z)=q_1$ 和 $f_2(x,y,z)=q_2$ 相交的曲线依次称为坐标曲线 q_2 和 q_3。

我们用 $\boldsymbol{e}_1,\boldsymbol{e}_2,\boldsymbol{e}_3$ 分别表示沿坐标曲线 q_1,q_2,q_3 的切线方向的单位矢量,并约定其方向指向 q_1,q_2,q_3 增大的方向。对于一般的曲线坐标系,$\boldsymbol{e}_1,\boldsymbol{e}_2,\boldsymbol{e}_3$ 之间的夹角可以是非零的任意角度。当 $\boldsymbol{e}_1,\boldsymbol{e}_2,\boldsymbol{e}_3$ 相互正交时,得到一类特殊的曲线坐标系,称为正交曲线坐标系。我们只研究正交曲线坐标系,并假定 $\boldsymbol{e}_1,\boldsymbol{e}_2,\boldsymbol{e}_3$ 的取向构成右手螺旋系统,虽然 $\boldsymbol{e}_1,\boldsymbol{e}_2,\boldsymbol{e}_3$ 为单位矢量,但其方向却随空间点变化。这与直角坐标系基矢 $\boldsymbol{e}_x,\boldsymbol{e}_y,\boldsymbol{e}_z$ 是与空间点无关的常矢量根本不同的。

下面介绍几种常见的正交曲线坐标系。

(1) 直角坐标系

直角坐标系中的三个坐标变量是 x, y, z。它们的变化范围是 $-\infty<x<\infty, -\infty<y<\infty, -\infty<z<\infty$。点 $P(x,y,z)$ 是 x,y,z 三个平面的交点，如图 1.4-1 所示。

$\boldsymbol{e}_x, \boldsymbol{e}_y, \boldsymbol{e}_z$ 是坐标系的三个单位矢量，它们相互正交，遵循右手螺旋法则：

$$\left.\begin{aligned}\boldsymbol{e}_x\times\boldsymbol{e}_y=\boldsymbol{e}_z\\ \boldsymbol{e}_y\times\boldsymbol{e}_z=\boldsymbol{e}_x\\ \boldsymbol{e}_z\times\boldsymbol{e}_x=\boldsymbol{e}_y\end{aligned}\right\}$$

且 $\boldsymbol{e}_x, \boldsymbol{e}_y, \boldsymbol{e}_z$ 方向不随 P 点位置的变化而变化，这是直角坐标系的一个很重要的特征。

(2) 圆柱坐标系

圆柱坐标系中的三个坐标变量是 ρ, φ, z。与直角坐标系相同，圆柱坐标系也有一个 z 变量。各变量的变化范围是：$0\leqslant\rho<\infty, 0\leqslant\varphi\leqslant 2\pi, -\infty<z<\infty$。

参见图 1.4-2，点 $P(\rho,\varphi,z)$ 是以下三个坐标曲面的交点：以 ρ 为半径的圆柱面，包含 z 轴与 xy 平面成 φ 角的半平面，z 平面。单位矢量 $\boldsymbol{e}_\rho, \boldsymbol{e}_\varphi, \boldsymbol{e}_z$ 相互正交，成右手螺旋关系：

$$\left.\begin{aligned}\boldsymbol{e}_\rho\times\boldsymbol{e}_\varphi=\boldsymbol{e}_z\\ \boldsymbol{e}_\varphi\times\boldsymbol{e}_z=\boldsymbol{e}_\rho\\ \boldsymbol{e}_z\times\boldsymbol{e}_\rho=\boldsymbol{e}_\varphi\end{aligned}\right\}$$

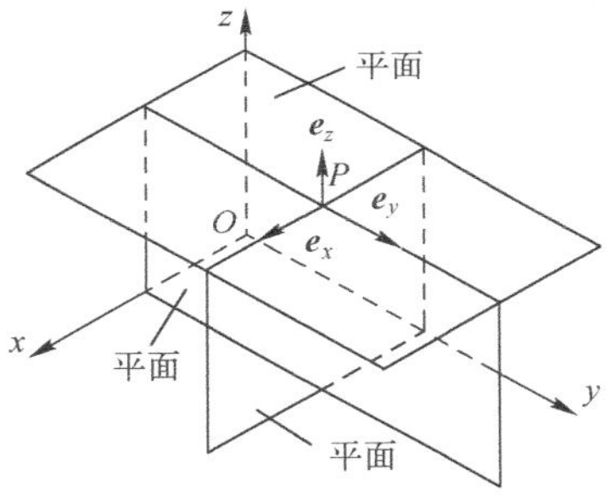

图 1.4-1　直角坐标系

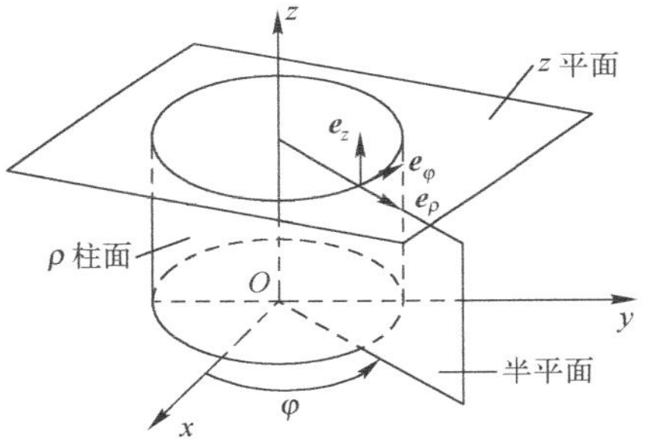

图 1.4-2　圆柱坐标系

须注意，圆柱坐标系的 $\boldsymbol{e}_\rho, \boldsymbol{e}_\varphi, \boldsymbol{e}_z$ 不是常矢量，不同的点其方向不同。

(3) 球坐标系

球坐标系中的三个坐标变量是 r, θ, φ。与柱坐标系相似，也有一个 φ 变量。它们的变化范围是：$0\leqslant r\leqslant\infty, 0\leqslant\theta\leqslant\pi, 0\leqslant\varphi\leqslant 2\pi$。

如图 1.4-3 所示，在球坐标中，点 $P(r,\theta,\varphi)$ 由下述三个曲面的交点所确定：球心在原点，半径为 r 的球面；顶点在原点，以 z 轴为轴线，半顶角为 θ 的正圆锥面；过 z 轴，且与 xz 平面成 φ 角的半平面。

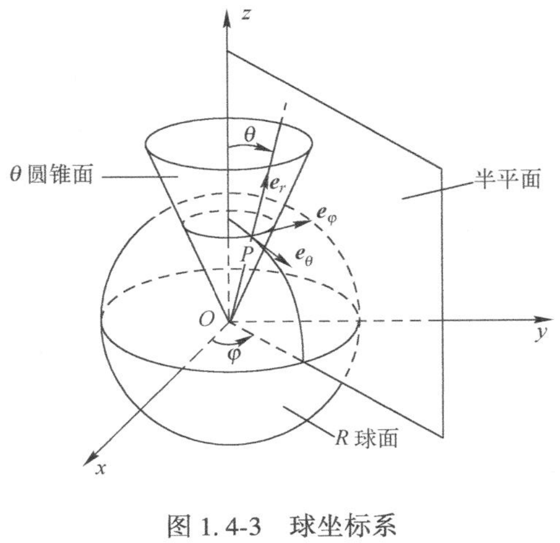

图 1.4-3　球坐标系

单位矢量 $\boldsymbol{e}_r, \boldsymbol{e}_\theta, \boldsymbol{e}_\varphi$ 相互正交，成右手螺旋关系：

$$\left.\begin{aligned}\boldsymbol{e}_r\times\boldsymbol{e}_\theta=\boldsymbol{e}_\varphi\\ \boldsymbol{e}_\theta\times\boldsymbol{e}_\varphi=\boldsymbol{e}_r\\ \boldsymbol{e}_\varphi\times\boldsymbol{e}_r=\boldsymbol{e}_\theta\end{aligned}\right\}$$

2. 正交曲线坐标系中的微分线元

在直角坐标系中坐标变量都具有长度的量纲。但在正交曲线坐标系中，坐标变量可以是角度等，不一定有长度的量纲。为了导出梯度、散度、旋度在正交曲线坐标系中的表达式，我们首先给出正交曲线坐标系中微分线元的表达式。

在直角坐标系中，微分线元

$$\mathrm{d}\boldsymbol{l}=\boldsymbol{e}_x\mathrm{d}x+\boldsymbol{e}_y\mathrm{d}y+\boldsymbol{e}_z\mathrm{d}z \tag{1.4-1}$$

$$\mathrm{d}l=\sqrt{(\mathrm{d}x)^2+(\mathrm{d}y)^2+(\mathrm{d}z)^2} \tag{1.4-2}$$

在正交曲线坐标系下，沿坐标曲线 q_1，$\mathrm{d}\boldsymbol{l}$ 沿 $\boldsymbol{e}_1$ 方向，q_2，q_3 为常数，所以

$$\mathrm{d}x=\frac{\partial x}{\partial q_1}\mathrm{d}q_1,\quad \mathrm{d}y=\frac{\partial y}{\partial q_1}\mathrm{d}q_1,\quad \mathrm{d}z=\frac{\partial z}{\partial q_1}\mathrm{d}q_1 \tag{1.4-3}$$

由式(1.4-2)，沿坐标曲线 q_1 的微分线元为

$$\mathrm{d}l_1=\sqrt{\left(\frac{\partial x}{\partial q_1}\right)^2+\left(\frac{\partial y}{\partial q_1}\right)^2+\left(\frac{\partial z}{\partial q_1}\right)^2}\,\mathrm{d}q_1 \tag{1.4-4}$$

同理，沿坐标曲线 q_2，q_3 的微分线元为

$$\mathrm{d}l_2=\sqrt{\left(\frac{\partial x}{\partial q_2}\right)^2+\left(\frac{\partial y}{\partial q_2}\right)^2+\left(\frac{\partial z}{\partial q_2}\right)^2}\,\mathrm{d}q_2 \tag{1.4-5}$$

$$\mathrm{d}l_3=\sqrt{\left(\frac{\partial x}{\partial q_3}\right)^3+\left(\frac{\partial y}{\partial q_3}\right)^2+\left(\frac{\partial z}{\partial q_3}\right)^2}\,\mathrm{d}q_3 \tag{1.4-6}$$

记 $h_i=\sqrt{\left(\frac{\partial x}{\partial q_i}\right)^2+\left(\frac{\partial y}{\partial q_i}\right)^2+\left(\frac{\partial z}{\partial q_i}\right)^2}$，称其为度量因子。式(1.4-4)、式(1.4-5)、式(1.4-6)可写为

$$\mathrm{d}l_i=h_i\mathrm{d}q_i\quad(i=1,2,3) \tag{1.4-7}$$

即在正交曲线坐标系中，坐标的微分 $\mathrm{d}q_1$，$\mathrm{d}q_2$，$\mathrm{d}q_3$ 必须乘上相应的度量因子才得到沿该坐标曲线的微分线元。有了微分线元，就可求得微分面积元和微分体积元，如图 1.4-4 所示。

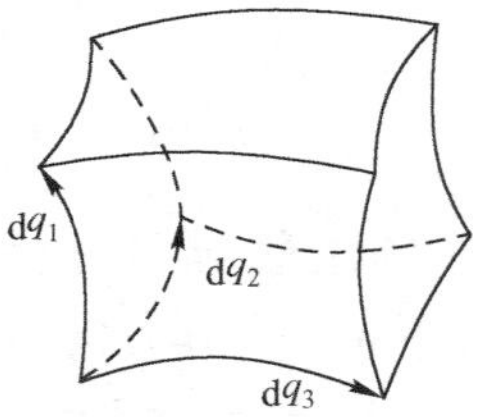

图 1.4-4　微分线元示意图

3. 梯度、散度、旋度及 Laplace 算子在正交曲线坐标系下的表达式

(1) 梯度

标量场的梯度在空间任一方向上的投影给出沿该方向的方向导数。正交曲线坐标系下标量函数 $u(q_1,q_2,q_3)$ 的梯度可由沿三条坐标曲线切线方向的方向导数的矢量和表示出来。由于在坐标曲线 q_1 上，$\mathrm{d}q_2=\mathrm{d}q_3=0$，所以 $\mathrm{d}u=\frac{\partial u}{\partial q_1}\mathrm{d}q_1$，从而沿坐标曲线 q_1 的方向导数可写为$\frac{\partial u}{\partial l_1}=\frac{1}{h_1}\frac{\partial u}{\partial q_1}$。同理$\frac{\partial u}{\partial l_2}=\frac{1}{h_2}\frac{\partial u}{\partial q_2}$，$\frac{\partial u}{\partial l_3}=\frac{1}{h_3}\frac{\partial u}{\partial q_3}$。由此，在正交曲线坐标系下，标量函数 $u(q_1,q_2,q_3)$ 的梯度可表示为

$$\nabla u=\boldsymbol{e}_1\frac{1}{h_1}\frac{\partial u}{\partial q_1}+\boldsymbol{e}_2\frac{1}{h_2}\frac{\partial u}{\partial q_2}+\boldsymbol{e}_3\frac{1}{h_3}\frac{\partial u}{\partial q_3} \tag{1.4-8}$$

算子 ∇在正交曲线坐标系下可写为

$$\nabla=\boldsymbol{e}_1\frac{1}{h_1}\frac{\partial}{\partial q_1}+\boldsymbol{e}_2\frac{1}{h_2}\frac{\partial}{\partial q_2}+\boldsymbol{e}_3\frac{1}{h_3}\frac{\partial}{\partial q_3} \tag{1.4-9}$$

(2) 散度

在正交曲线坐标系下

$$\nabla\cdot\boldsymbol{A}=\nabla\cdot(\boldsymbol{e}_1A_1)+\nabla\cdot(\boldsymbol{e}_2A_2)+\nabla\cdot(\boldsymbol{e}_3A_3) \tag{1.4-10}$$

又由式(1.4-8)知

$$\nabla q_2=\boldsymbol{e}_2/h_2\qquad \nabla q_3=\boldsymbol{e}_3/h_3 \tag{1.4-11}$$

$$\begin{aligned}\nabla\cdot(\boldsymbol{e}_1A_1)&=\nabla\cdot\left[A_1h_2h_3\left(\frac{\boldsymbol{e}_2}{h_2}\times\frac{\boldsymbol{e}_3}{h_3}\right)\right]=\nabla\cdot[A_1h_2h_3(\nabla q_2\times\nabla q_3)]\\&=\nabla(A_1h_2h_3)\cdot[(\nabla q_2\times\nabla q_3)]+(A_1h_2h_3)\nabla\cdot[\nabla q_2\times\nabla q_3]\\&=\nabla(A_1h_2h_3)\cdot\frac{\boldsymbol{e}_1}{h_2h_3}\end{aligned} \tag{1.4-12}$$

故可得

$$\nabla\cdot(\boldsymbol{e}_1A_1)=\frac{1}{h_1h_2h_3}\frac{\partial}{\partial q_1}A_1h_2h_3 \tag{1.4-13}$$

同理

$$\nabla\cdot(\boldsymbol{e}_2A_2)=\frac{1}{h_1h_2h_3}\frac{\partial}{\partial q_2}A_2h_1h_3 \tag{1.4-14}$$

$$\nabla\cdot(\boldsymbol{e}_3A_3)=\frac{1}{h_1h_2h_3}\frac{\partial}{\partial q_3}A_3h_1h_2 \tag{1.4-15}$$

所以

$$\nabla\cdot\boldsymbol{A}=\frac{1}{h_1h_2h_3}\left[\frac{\partial}{\partial q_1}(A_1h_2h_3)+\frac{\partial}{\partial q_2}(A_2h_1h_3)+\frac{\partial}{\partial q_3}(A_3h_1h_2)\right] \tag{1.4-16}$$

(3) 旋度

在正交曲线坐标系下

$$\nabla\times\boldsymbol{A}=\nabla\times(A_1\boldsymbol{e}_1)+\nabla\times(A_2\boldsymbol{e}_2)+\nabla\times(A_3\boldsymbol{e}_3) \tag{1.4-17}$$

$$\begin{aligned}\nabla\times(A_1\boldsymbol{e}_1)&=\nabla\times(A_1h_1\nabla q_1)=\nabla(A_1h_1)\times\nabla q_1+A_1h_1(\nabla\times\nabla q_1)\\&=\nabla(A_1h_1)\times\frac{\boldsymbol{e}_1}{h_1}\end{aligned} \tag{1.4-18}$$

$$\begin{aligned}\nabla\times(A_1\boldsymbol{e}_1)&=\left[\boldsymbol{e}_1\frac{1}{h_1}\frac{\partial(A_1h_1)}{\partial q_1}+\boldsymbol{e}_2\frac{1}{h_2}\frac{\partial(A_1h_1)}{\partial q_2}+\boldsymbol{e}_3\frac{1}{h_3}\frac{\partial(A_1h_1)}{\partial q_3}\right]\times\left[\frac{\boldsymbol{e}_1}{h_1}\right]\\&=\frac{\boldsymbol{e}_2}{h_1h_3}\frac{\partial(A_1h_1)}{\partial q_3}-\frac{\boldsymbol{e}_3}{h_1h_2}\frac{\partial(A_1h_1)}{\partial q_2}\end{aligned} \tag{1.4-19}$$

同理

$$\nabla\times(A_2\boldsymbol{e}_2)=\frac{\boldsymbol{e}_3}{h_1h_2}\frac{\partial(A_2h_2)}{\partial q_2}-\frac{\boldsymbol{e}_1}{h_2h_3}\frac{\partial(A_2h_2)}{\partial q_3} \tag{1.4-20}$$

$$\nabla\times(A_3\boldsymbol{e}_3)=\frac{\boldsymbol{e}_1}{h_1h_3}\frac{\partial(A_3h_3)}{\partial q_2}-\frac{\boldsymbol{e}_2}{h_1h_3}\frac{\partial(A_3h_3)}{\partial q_{12}} \tag{1.4-21}$$

$$\nabla\times\boldsymbol{A}=\frac{1}{h_1h_2h_3}\begin{vmatrix}\boldsymbol{e}_1h_1 & \boldsymbol{e}_2h_2 & \boldsymbol{e}_3h_3\\ \dfrac{\partial}{\partial q_1} & \dfrac{\partial}{\partial q_2} & \dfrac{\partial}{\partial q_3}\\ A_1h_1 & A_2h_2 & A_3h_3\end{vmatrix} \tag{1.4-22}$$

(4) Laplace 算子

对正交曲线坐标系,用式(1.4-8)代替式(1.4-16)中的 $\boldsymbol{A}$,可得

$$\nabla^2 u=\frac{1}{h_1h_2h_3}\left[\frac{\partial}{\partial q_1}\left(\frac{h_2h_3}{h_1}\frac{\partial u}{\partial q_1}\right)+\frac{\partial}{\partial q_2}\left(\frac{h_1h_3}{h_2}\frac{\partial u}{\partial q_2}\right)+\frac{\partial}{\partial q_3}\left(\frac{h_1h_2}{h_3}\frac{\partial u}{\partial q_3}\right)\right] \tag{1.4-23}$$

4. 梯度、散度、旋度和 Laplace 算子在柱坐标和球坐标系下的表达式

柱坐标系和球坐标系是两个常用的重要正交曲线坐标系。下面根据一般正交曲线坐标系下的普遍结果,给出这两个具体坐标系中梯度、散度、旋度和 Laplace 算子的表达式。

(1) 柱坐标系

空间点的柱坐标和直角坐标有以下关系

$$\begin{cases}x=\rho\cos\varphi\\ y=\rho\sin\varphi\\ z=z\end{cases} \tag{1.4-24}$$

由度量因子公式可得 $h_\rho=1, h_\varphi=\rho, h_z=1$,代入式(1.4-8)、式(1.4-16)、式(1.4-22)、式(1.4-23)中,可得梯度、散度、旋度和 Laplace 算子在柱坐标系中的表达式

$$\nabla u=\frac{\partial u}{\partial\rho}\boldsymbol{e}_\rho+\frac{1}{\rho}\frac{\partial u}{\partial\varphi}\boldsymbol{e}_\varphi+\frac{\partial u}{\partial z}\boldsymbol{e}_z \tag{1.4-25}$$

$$\nabla\cdot\boldsymbol{A}=\frac{1}{\rho}\left[\frac{\partial(A_\rho\rho)}{\partial\rho}+\frac{\partial A_\varphi}{\partial\varphi}+\frac{\partial(\rho A_z)}{\partial z}\right] \tag{1.4-26}$$

$$\nabla\times\boldsymbol{A}=\left(\frac{1}{\rho}\frac{\partial A_z}{\partial\varphi}-\frac{\partial A_\varphi}{\partial z}\right)\boldsymbol{e}_\rho+\left(\frac{\partial A_\rho}{\partial z}-\frac{\partial A_z}{\partial\rho}\right)\boldsymbol{e}_\varphi+\frac{1}{\rho}\left(\frac{\partial(\rho A_\varphi)}{\partial\rho}-\frac{\partial A_\rho}{\partial\varphi}\right)\boldsymbol{e}_z \tag{1.4-27}$$

$$\nabla^2 u=\frac{1}{\rho}\left[\frac{\partial}{\partial\rho}\left(\rho\frac{\partial u}{\partial\rho}\right)+\frac{\partial}{\partial\varphi}\left(\frac{1}{\rho}\frac{\partial u}{\partial\varphi}\right)+\frac{\partial}{\partial z}\left(\rho\frac{\partial u}{\partial z}\right)\right] \tag{1.4-28}$$

(2) 球坐标系

空间点的球坐标和直角坐标有以下关系

$$\begin{cases}x=r\sin\theta\cos\varphi\\ y=r\sin\theta\sin\varphi\\ z=r\cos\theta\end{cases} \tag{1.4-29}$$

由度量因子公式可得 $h_r=1, h_\theta=r, h_\varphi=r\sin\theta$。与柱坐标系下的计算类似,求得

$$\nabla u=\frac{\partial u}{\partial r}\boldsymbol{e}_r+\frac{1}{r}\frac{\partial u}{\partial\theta}\boldsymbol{e}_\theta+\frac{1}{r\sin\theta}\frac{\partial u}{\partial\varphi}\boldsymbol{e}_\varphi \tag{1.4-30}$$

$$\nabla\cdot\boldsymbol{A}=\frac{1}{r^2\sin\theta}\left[\sin\theta\frac{\partial(A_r r^2)}{\partial r}+r\frac{\partial(\sin\theta A_\theta)}{\partial\theta}+r\frac{\partial(A_\varphi)}{\partial\varphi}\right] \tag{1.4-31}$$

$$\nabla\times\boldsymbol{A}=\frac{1}{r\sin\theta}\left[\frac{\partial(\sin\theta A_\varphi)}{\partial\theta}-\frac{\partial(A_\theta)}{\partial\varphi}\right]\boldsymbol{e}_r+\frac{1}{r}\left[\frac{1}{\sin\theta}\frac{\partial(A_r)}{\partial\varphi}-\frac{\partial(rA_\varphi)}{\partial r}\right]\boldsymbol{e}_\theta+\frac{1}{r}\left[\frac{\partial(rA_\theta)}{\partial r}-\frac{\partial(A_r)}{\partial\theta}\right]\boldsymbol{e}_\varphi \tag{1.4-32}$$

$$\nabla^2 u=\frac{1}{r^2\sin\theta}\left[\sin\theta\frac{\partial}{\partial r}\left(r^2\frac{\partial u}{\partial r}\right)+\frac{\partial}{\partial\theta}\left(\sin\theta\frac{\partial u}{\partial\theta}\right)+\frac{1}{\sin\theta}\frac{\partial^2 u}{\partial\varphi^2}\right] \tag{1.4-33}$$

*1.5 δ 函数

1. δ 函数

点电荷是一个重要的物理模型。为了对点电荷的电荷密度分布有一个数学描述，需要引入 δ 函数的概念。设 x'点有一个单位点电荷，以 $\rho(x)$ 表示空间的电荷密度分布，$\rho(x)$ 应该具有如下性质

$$\rho(x)=\begin{cases}0 & x\neq x'\\ \infty, & x=x'\end{cases} \tag{1.5-1}$$

$$\int_V \rho(x)\mathrm{d}\tau=\begin{cases}0, & x'\text{ 点不在区域 }V\text{ 中}\\ 1, & x'\text{ 点在区域 }V\text{ 中}\end{cases} \tag{1.5-2}$$

这样的密度分布函数在早期的数学理论中是没有意义的，只是由于近代物理学和数学的发展，把该函数概念推广后才给出确切定义。Dirac 在 1926 年最早引用它，并用符号 δ 表示，所以又称为 Dirac δ 函数。这里我们不准备讨论 δ 函数的普遍理论，只是给出与我们应用有关的几个基本性质和具体表达式。

根据上面说明，一维 δ 函数可定义为

$$\delta(x-x')=\begin{cases}0, & x\neq x'\\ \infty, & x=x'\end{cases} \tag{1.5-3}$$

$$\int_V \delta(x-x')\mathrm{d}\tau=\begin{cases}0, & x'\text{ 点不在区域 }V\text{ 中}\\ 1, & x'\text{ 点在区域 }V\text{ 中}\end{cases} \tag{1.5-4}$$

在直角坐标系、柱坐标和球坐标系下，三维 δ 函数可表示为

$$\delta(\boldsymbol{r}-\boldsymbol{r}')=\delta(x-x')\delta(y-y')\delta(z-z') \tag{1.5-5}$$

$$\delta(\boldsymbol{r}-\boldsymbol{r}')=\frac{1}{\rho}\delta(\rho-\rho')\delta(\theta-\theta')\delta(z-z') \tag{1.5-6}$$

$$\delta(\boldsymbol{r}-\boldsymbol{r}')=\frac{1}{r^2\sin\theta}\delta(r-r')\delta(\theta-\theta')\delta(\varphi-\varphi') \tag{1.5-7}$$

2. δ 函数的微商

同普通函数一样，可定义 δ 函数的各级微商。如对一维 δ 函数，其一价导数可定义为

$$\frac{\mathrm{d}\delta(x)}{\mathrm{d}x}=\lim_{\Delta x\to 0}\frac{\delta(x+\Delta x)-\delta(x)}{\Delta x} \tag{1.5-8}$$

则电偶极子的电荷密度分布就可用 δ 函数的导数表示。

如图 1.5-1 所示，在一维情况下，x 轴上 x_0 点的一个电偶极子，其空间电荷密度分布函数为

$$\rho(x)=-Q\delta(x-(x_0-\Delta x))+Q\delta(x-x_0)$$

或

$$\rho(x)=-Q\Delta x\frac{\delta(x-(x_0-\Delta x))-\delta(x-x_0)}{\Delta x}$$

$$\rho(x)=-P_x\frac{\mathrm{d}\delta(x-x_0)}{\mathrm{d}x} \tag{1.5-9}$$

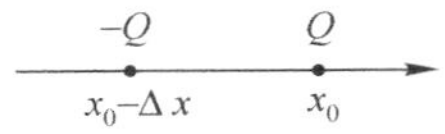

图 1.5-1

式中，P_x 为电偶极矩的 x 向分量。

3. δ 函数的性质

δ 函数具有一个重要性质，即对任意在 x' 点连续的函数 $f(x)$，有

$$\int_V f(x)\delta(x-x')\mathrm{d}x=\begin{cases}f(x'), & \text{积分区域包含 } x' \\ 0, & \text{积分区域不包含 } x'\end{cases} \tag{1.5-10}$$

式中，V 是包含有 x' 的任意区域。

4. δ 函数的傅里叶积分形式

δ 函数的一维傅里叶积分形式为

$$\delta(x-x')=\frac{1}{2\pi}\int_{-\infty}^{+\infty}\mathrm{e}^{\mathrm{i}k(x-x')}\mathrm{d}k \tag{1.5-11}$$

δ 函数的三维傅里叶积分形式为

$$\delta(\boldsymbol{r}-\boldsymbol{r}')=\frac{1}{(2\pi)^3}\int_{-\infty}^{+\infty}\mathrm{e}^{\mathrm{i}\boldsymbol{k}\cdot(\boldsymbol{r}-\boldsymbol{r}')}\mathrm{d}\boldsymbol{k} \tag{1.5-12}$$

【例 1-6】 证明 $\delta(\boldsymbol{r}-\boldsymbol{r}')=-\frac{1}{4\pi}\nabla^2\frac{1}{R}$，其中 $R=|\boldsymbol{r}-\boldsymbol{r}'|$。

证明： 利用例 1-5，把 $\nabla^2\mathrm{e}^{\mathrm{i}\boldsymbol{k}\cdot\boldsymbol{r}}=-|k|^2\mathrm{e}^{\mathrm{i}\boldsymbol{k}\cdot\boldsymbol{r}}$代入式(1.5-12)，可得

$$\delta(\boldsymbol{r}-\boldsymbol{r}')=-\frac{1}{(2\pi)^3}\int_{-\infty}^{+\infty}\frac{\nabla^2\mathrm{e}^{\mathrm{i}\boldsymbol{k}\cdot(\boldsymbol{r}-\boldsymbol{r}')}}{k^2}\mathrm{d}\boldsymbol{k}$$

这里积分运算和微分运算是对不同变数进行的，微分算子可以移到积分号外面，即

$$\delta(\boldsymbol{r}-\boldsymbol{r}')=-\frac{1}{(2\pi)^3}\nabla^2\int_{-\infty}^{+\infty}\frac{\mathrm{e}^{\mathrm{i}\boldsymbol{k}\cdot(\boldsymbol{r}-\boldsymbol{r}')}}{k^2}\mathrm{d}\boldsymbol{k}$$

为了求出上式等号右边的积分，在波矢 $\boldsymbol{k}$ 空间取球坐标系(k,θ,φ)，坐标原点就取在 r'，取极轴沿$\boldsymbol{r}-\boldsymbol{r}'$方向，因为 $\mathrm{d}\boldsymbol{k}=k^2\sin\theta\mathrm{d}k\mathrm{d}\theta\mathrm{d}\varphi$，所以

$$\int_{-\infty}^{+\infty}\frac{\mathrm{e}^{\mathrm{i}\boldsymbol{k}\cdot(\boldsymbol{r}-\boldsymbol{r}')}}{k^2}\mathrm{d}\boldsymbol{k}=\int_0^{\infty}\mathrm{d}k\int_0^{\pi}\sin\theta\mathrm{e}^{\mathrm{i}\boldsymbol{k}\cdot(\boldsymbol{r}-\boldsymbol{r}')}\mathrm{d}\theta\int_0^{2\pi}\mathrm{d}\varphi=4\pi\int_0^{\infty}\mathrm{d}k\frac{\sin kR}{kR}=2\pi^2\frac{1}{R}$$

则

$$\delta(\boldsymbol{r}-\boldsymbol{r}')=-\frac{1}{4\pi}\nabla^2\frac{1}{R}$$

习题 1

1.1 给定三个矢量 $\boldsymbol{A}$,$\boldsymbol{B}$ 和 $\boldsymbol{C}$ 如下：

$$\boldsymbol{A}=\boldsymbol{e}_x+2\boldsymbol{e}_y-3\boldsymbol{e}_z,\quad \boldsymbol{B}=-4\boldsymbol{e}_y+\boldsymbol{e}_z,\quad \boldsymbol{C}=5\boldsymbol{e}_x-2\boldsymbol{e}_y$$

求：(1) $\boldsymbol{e}_A$($\boldsymbol{e}_A$ 表示矢量 $\boldsymbol{A}$ 方向上的单位矢量)；(2) $\boldsymbol{A}\cdot\boldsymbol{B}$；(3) $\boldsymbol{A}\times\boldsymbol{C}$

1.2 根据算子 ∇的微分性与矢量性推导下列公式

$$\nabla(\boldsymbol{A}\cdot\boldsymbol{B})=\boldsymbol{B}\times(\nabla\times\boldsymbol{A})+(\boldsymbol{B}\cdot\nabla)\boldsymbol{A}+\boldsymbol{A}\times(\nabla\times\boldsymbol{B})+(\boldsymbol{A}\cdot\nabla)\boldsymbol{B}$$

$$\boldsymbol{A}\times(\nabla\times\boldsymbol{A})=\frac{1}{2}\nabla\boldsymbol{A}^2-(\boldsymbol{A}\cdot\nabla)\boldsymbol{A}$$

1.3 设 u 是空间坐标 x,y,z 的函数，证明：

$$\nabla f(u)=\frac{\mathrm{d}f}{\mathrm{d}u}\nabla u,\quad \nabla\cdot\boldsymbol{A}(u)=\nabla u\cdot\frac{\mathrm{d}\boldsymbol{A}}{\mathrm{d}u},\quad \nabla\times\boldsymbol{A}(u)=\nabla u\times\frac{\mathrm{d}\boldsymbol{A}}{\mathrm{d}u}$$

1.4　设 $R=\sqrt{(x-x')^2+(y-y')^2+(z-z')^2}$ 为源点 $\boldsymbol{r}'$ 到场点 $\boldsymbol{r}$ 的距离，$\boldsymbol{R}$ 的方向规定为从源点指向场点。

(1) 证明下列结果，并体会对源变数求微商 $\left(\nabla'=\boldsymbol{e}_x\dfrac{\partial}{\partial x'}+\boldsymbol{e}_y\dfrac{\partial}{\partial y'}+\boldsymbol{e}_z\dfrac{\partial}{\partial z'}\right)$ 与对场变数求微商 $\nabla=\boldsymbol{e}_x\dfrac{\partial}{\partial x}+\boldsymbol{e}_y\dfrac{\partial}{\partial y}+\boldsymbol{e}_z\dfrac{\partial}{\partial z}$ 的关系。

$$\nabla R=-\nabla' R=\frac{\boldsymbol{R}}{R},\quad \nabla\frac{1}{R}=-\nabla'\frac{1}{R}=-\frac{\boldsymbol{R}}{R^3},\quad \nabla\times\frac{\boldsymbol{R}}{R^3}=0,\quad \nabla\cdot\frac{\boldsymbol{R}}{R^3}=-\nabla'\frac{\boldsymbol{R}}{R^3}=0,\quad R\neq 0$$

(2) 求 $\nabla\cdot\boldsymbol{R}$，$\nabla\times\boldsymbol{R}$，$(\boldsymbol{a}\cdot\nabla)\boldsymbol{R}$，$\nabla(\boldsymbol{a}\cdot\boldsymbol{R})$，$\nabla\cdot[\boldsymbol{E}_0\sin(\boldsymbol{k}\cdot\boldsymbol{R})]$ 及 $\nabla\times[\boldsymbol{E}_0\sin(\boldsymbol{k}\cdot\boldsymbol{R})]$，其中 $\boldsymbol{a}$，$\boldsymbol{k}$ 及 $\boldsymbol{E}_0$ 均为常矢量。

1.5　(1) 应用高斯定理证明：

$$\int_V \mathrm{d}V\ \nabla\times\boldsymbol{f}=\oint_S \mathrm{d}\boldsymbol{S}\times\boldsymbol{f}$$

(2) 应用斯托克斯(stokes)定理证明：

$$\int_S \mathrm{d}\boldsymbol{S}\times\nabla\varphi=\oint_L \mathrm{d}\boldsymbol{l}\varphi$$

1.6　求标量场 $\varphi(x,y,z)=6x^2y^2+z^2$ 在点 $P(2,-1,0)$ 的梯度。

1.7　求下列矢量场在给定点的散度。

(1) $\boldsymbol{A}=\boldsymbol{e}_x x^3+\boldsymbol{e}_y y^2+\boldsymbol{e}_z(3z-x)$ 在点 $P(1,0,-1)$；

(2) $\boldsymbol{A}=\boldsymbol{e}_x x^2y+\boldsymbol{e}_y yz+\boldsymbol{e}_z xy$ 在点 $P(1,1,0)$。

1.8　求下列矢量场的旋度。

(1) $\boldsymbol{A}=\boldsymbol{e}_x x^2+\boldsymbol{e}_y y^2+\boldsymbol{e}_z 3z^2$；　(2) $\boldsymbol{A}=\boldsymbol{e}_x yz+\boldsymbol{e}_y xz+\boldsymbol{e}_z xy$。

1.9　求 $\nabla\left(\dfrac{1}{r}\right)$。

1.10　计算：

(1) 矢量 $\boldsymbol{r}$ 对一个球心在原点，半径为 a 的球表面的积分；

(2) $\nabla\cdot\boldsymbol{r}$ 对球体积的积分。

1.11　利用直角坐标系证明：$\nabla\cdot(f\boldsymbol{A})=f\nabla\cdot\boldsymbol{A}+\boldsymbol{A}\cdot\nabla f$

1.12　用直角坐标系验证矢量恒等式：$\nabla\times(f\boldsymbol{G})=f\nabla\times\boldsymbol{G}+\nabla f\times\boldsymbol{G}$

第 2 章　电磁场的基本规律

本章首先给出静电场、稳恒电流场、稳恒磁场的基本规律，然后讨论时变电磁场的基本规律，并讨论电磁场的物质性。

2.1　静　电　场

1．电荷及电荷分布描述

自然界中只存在正、负两种电荷，物质微粒不管带正电荷或负电荷，其电量都是基本电荷单位 $e(e\approx 1.602\times 10^{-19}\text{C})$ 的整数倍。

为了描述电荷在带电体上的分布，引入电荷体密度 $\rho(\boldsymbol{r})$。空间 $\boldsymbol{r}$ 点处的电荷体密度是包括该点在内的小区域 Ω 中的电荷总量 ΔQ 与该区域体积 ΔV 之比在 $\Delta V\to 0$ 时的极限值，即

$$\rho(\boldsymbol{r})=\lim_{\Delta v\to 0}\frac{\Delta Q}{\Delta V}=\frac{\mathrm{d}Q}{\mathrm{d}V} \tag{2.1-1}$$

当带电体的大小和形状的影响可以忽略不计时，带电体上的电荷可看成集中在一个点上的电荷，称为点电荷。在坐标 $\boldsymbol{r}'$ 上电量为 Q 的点电荷，其密度分布函数为

$$\rho(\boldsymbol{r})=Q\delta(\boldsymbol{r}-\boldsymbol{r}') \tag{2.1-2}$$

与此类似，当电荷分布在一个薄层中时，若薄层厚度的影响可以忽略，则可以用面电荷密度 $\sigma(\boldsymbol{r})$ 来描述它的分布。面上 $\boldsymbol{r}$ 点的面电荷密度是包括该点的面元 ΔS 带的电荷总量 ΔQ 与面元面积 ΔS 之比在 $\Delta S\to 0$ 时的极限值，即

$$\sigma(\boldsymbol{r})=\lim_{\Delta S\to 0}\frac{\Delta Q}{\Delta S}=\frac{\mathrm{d}Q}{\mathrm{d}s} \tag{2.1-3}$$

若电荷沿一条细线分布，则可以用线电荷密度 $\lambda(\boldsymbol{r})$ 描述电荷分布。线上 $\boldsymbol{r}$ 点的线电荷密度是在含有该点的线元 Δl 上的电荷总量 ΔQ 与线元 Δl 之比在 $\Delta l\to 0$ 时的极限值，即

$$\lambda(\boldsymbol{r})=\lim_{\Delta l\to 0}\frac{\Delta Q}{\Delta l}=\frac{\mathrm{d}Q}{\mathrm{d}l} \tag{2.1-4}$$

当然任意实际的带电体，其电荷不可能分布在一个几何点、几何面或几何线上，也就是说，点电荷、面电荷、线电荷只是一定条件下实际问题的抽象。

2. 库仑定律、电场强度

1785 年，法国物理学家库仑从实验中总结出两静止点电荷之间相互作用力的规律，称为库仑定律。它可表述为：真空中两点电荷 Q、Q'之间的相互作用力 $\boldsymbol{F}$ 的大小与两电量 Q、Q'的乘积 QQ'成正比，而与它们的距离 R 的平方成反比。力的方向沿它们的连线，两点电荷同号时为斥力，异号时为吸力，即

$$\boldsymbol{F}=\frac{QQ'}{4\pi\varepsilon_0}\frac{\boldsymbol{R}}{R^3} \tag{2.1-5}$$

式中，$\boldsymbol{R}=\boldsymbol{r}-\boldsymbol{r}'$表示从 Q'到 Q 的矢量；$R=|\boldsymbol{R}|$表示从 Q'到 Q 的距离；$\boldsymbol{F}$ 的单位为牛顿，Q 的单位

为库仑；ε_0 称为真空中的介电常数，其值为 8.854×10^{-12}F/m。

库仑定律正确描述了真空中两个静止点电荷之间作用力的大小和方向，但它并没有揭示库仑力的物理本质。这个作用力是从哪里来的呢？法拉第以前的传统观念认为，电荷之间的作用是"超距作用"，即一个带电体不通过任何中间媒介，直接地、瞬时地把作用力施加到另一个带电体上。法拉第最早引入"场作用"的概念，认为电磁作用是通过"场"，以有限速度传播的。这两种观点都可以解释库仑定律，但当电荷运动变化时，场可以离开电荷在空间单独存在，这两种观点会显示出本质上不同的物理内容。现代物理已抛弃"超距作用"的观点，认为任何电磁作用都是通过场进行的，场本身是物质存在和运动的一种形式。

根据法拉第的观点，电荷 Q' 之所以对电荷 Q 产生力的作用，是由于 Q' 在它的周围产生了电场，此电场对 Q 的作用力表现为 Q' 对 Q 产生作用力。电场是客观存在的一种物质，虽然不能直接看到它，但可以测出它。我们把作用于单位检验电荷的力作为描述电场的物理量，此物理量称为电场强度。即假设检验电荷 Q 在 Q' 形成的电场中受到力 $\boldsymbol{F}$ 的作用，则电场强度（本书后面也称电矢量）可定义为

$$\boldsymbol{E}=\boldsymbol{F}/Q \tag{2.1-6}$$

电场强度是一个矢量，所以电场是一个矢量场。其单位为 $\mathrm{V\cdot m^{-1}}$（$\mathrm{N\cdot C^{-1}=J\cdot C^{-1}\cdot m^{-1}=V\cdot m^{-1}}$）。

因为 Q' 形成的电场为 $\boldsymbol{E}$，由式(2.1-6)，电场对 Q 的作用力 $\boldsymbol{F}$ 可以写成

$$\boldsymbol{F}=\boldsymbol{E}Q \tag{2.1-7}$$

则库仑定律式(2.1-5)可以写为

$$\boldsymbol{F}_{Q'\to Q}=\boldsymbol{E}Q \tag{2.1-8}$$

式中

$$\boldsymbol{E}=\frac{Q'}{4\pi\varepsilon_0}\frac{\boldsymbol{R}}{R^3} \tag{2.1-9}$$

$\boldsymbol{E}$ 为点电荷 Q' 所产生的电场强度矢量。

根据静电场的叠加性原理，可以计算出真空中 N 个点电荷，在电荷连续分布在体积 V、电荷连续分布在表面 S、电荷连续分布在细线 L 上等各种情况下所产生的电场强度，计算公式如下：

$$\boldsymbol{E}=\sum_{i=1}^{N}\frac{Q_i}{4\pi\varepsilon_0}\frac{\boldsymbol{R}_i}{R_i^3} \tag{2.1-10}$$

$$\boldsymbol{E}=\int_V\frac{\rho(\boldsymbol{r}')}{4\pi\varepsilon_0}\frac{\boldsymbol{R}}{R^3}\mathrm{d}\tau' \tag{2.1-11}$$

$$\boldsymbol{E}=\int_S\frac{\sigma(\boldsymbol{r}')}{4\pi\varepsilon_0}\frac{\boldsymbol{R}}{R^3}\mathrm{d}s' \tag{2.1-12}$$

$$\boldsymbol{E}=\int_L\frac{\lambda(\boldsymbol{r}')}{4\pi\varepsilon_0}\frac{\boldsymbol{R}}{R^3}\mathrm{d}l' \tag{2.1-13}$$

【例 2-1】 计算均匀带电的环形薄圆盘轴线上任意点的电场强度。

解： 如图 2.1-1 所示，环形薄圆盘的内半径为 a，外半径为 b，电荷面密度为 ρ_S。在环形薄圆盘上取面积元 $\mathrm{d}S'=\rho'\mathrm{d}\rho'\mathrm{d}\varphi'$，其位置矢量为 $\boldsymbol{r}'=\boldsymbol{e}_\rho\rho'$，所带电量为 $\mathrm{d}q=\rho_S\mathrm{d}S'=\rho_S\rho'\mathrm{d}\rho'\mathrm{d}\varphi'$，而薄圆盘轴线上的场点 $P(0,0,z)$ 的位置矢量为 $\boldsymbol{r}=\boldsymbol{e}_z z$，因此有

$$\boldsymbol{E}(\boldsymbol{r})=\frac{\rho_S}{4\pi\varepsilon_0}\int_a^b\int_0^{2\pi}\frac{\boldsymbol{e}_z z-\boldsymbol{e}_\rho\rho'}{(z^2+\rho'^2)^{3/2}}\rho'\mathrm{d}\rho'\mathrm{d}\varphi'$$

由于 $\int_0^{2\pi} \boldsymbol{e}_\rho \mathrm{d}\varphi' = \int_0^{2\pi} (\boldsymbol{e}_x \cos\varphi' + \boldsymbol{e}_y \sin\varphi') \mathrm{d}\varphi = 0$

故
$$\boldsymbol{E}(\boldsymbol{r}) = \boldsymbol{e}_z \frac{\rho_S z}{2\varepsilon_0} \int_a^b \frac{\rho' \mathrm{d}\rho'}{(z^2 + \rho'^2)^{3/2}}$$
$$= \boldsymbol{e}_z \frac{\rho_S z}{2\varepsilon_0} \left[\frac{1}{(z^2 + a^2)^{1/2}} - \frac{1}{(z^2 + b^2)^{1/2}} \right]$$

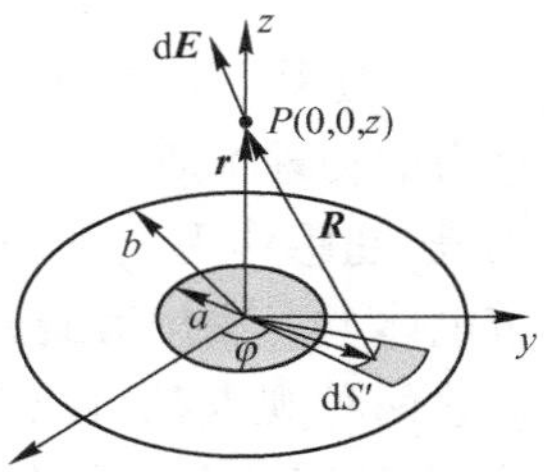

图 2.1-1　均匀带电的环形薄圆盘

3. 静电场的电通量和散度

为了更好地描述电场与电荷的关系，需要引入电通量的概念。电场中通过任意有向面元的电通量可定义为

$$\mathrm{d}\Psi = \boldsymbol{E} \cdot \mathrm{d}\boldsymbol{\sigma} \tag{2.1-14}$$

则通过有限面积 S 的电通量为

$$\Psi = \int_S \boldsymbol{E} \cdot \mathrm{d}\boldsymbol{\sigma} \tag{2.1-15a}$$

同理，通过闭合面 S 的电通量为

$$\Psi = \oint_S \boldsymbol{E} \cdot \mathrm{d}\boldsymbol{\sigma} \tag{2.1-15b}$$

式中，规定闭合面上所有面积元的法线方向向外为正。

从实验总结得出的库仑定律出发，可以导出静电场的高斯定理。高斯定理的数学表达式为

$$\oint_S \boldsymbol{E} \cdot \mathrm{d}\boldsymbol{\sigma} = \frac{1}{\varepsilon_0} \int_V \rho \mathrm{d}v \tag{2.1-16}$$

式(2.1-16)为高斯定理的积分形式，其说明了闭合面所通过的电通量与闭合面内部所有电荷之间的联系，而没有说明某一点的具体情况。如果想知道某点上电场与电荷的关系，首先取一小闭合面包围该点，将高斯定理应用到此闭合面上；然后当此闭合面所限定的小体积趋于零时，根据高斯积分公式，可得高斯定理的微分形式，即

$$\nabla \cdot \boldsymbol{E}(\boldsymbol{r}) = \frac{\rho(\boldsymbol{r})}{\varepsilon_0} \tag{2.1-17}$$

它把静电场中每点 $\boldsymbol{E}$ 的散度与该点的电荷密度联系起来，是静电场中的一个基本关系式。

【例 2-2】 求真空中均匀带电球体的场强分布。已知球体半径为 a，电荷密度为 ρ，如图 2.1-2所示。

解： 由对称性分析可知，该系统场强为球对称分布，取与球表面同心的高斯面，则高斯面上各点的场强大小相等，而且都与该点面元的法线方向平行，由高斯定理有

$$\oint_S \boldsymbol{E} \cdot \mathrm{d}\boldsymbol{\sigma} = \oint_S E \mathrm{d}\sigma = E \oint_S \mathrm{d}\sigma = 4\pi r^2 E$$

(1) 带电球体外某点的场强，即 $r \geqslant a$ 时，由于所取高斯面包含整个带电球体，故高斯面内电荷等于带电球体总电荷，即 $\frac{4}{3}\pi a^3 \rho$，所以由式(2.1-16)知

$$4\pi r^2 E_1 = \frac{1}{\varepsilon_0} \frac{4}{3} \pi a^3 \rho$$

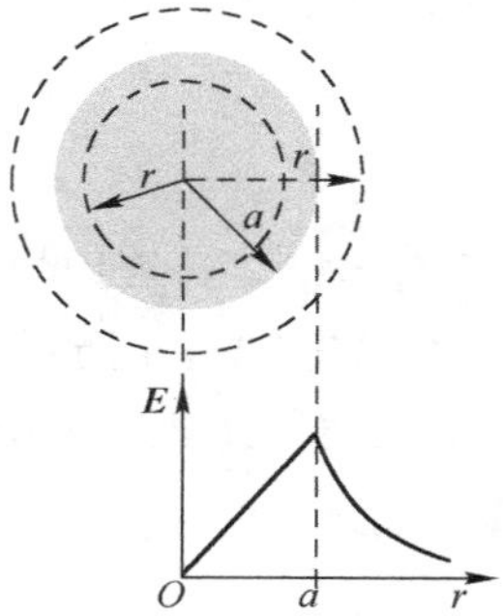

图 2.1-2　均匀带电球体的场强分布

得 $E_1=\dfrac{\rho a^3}{3\varepsilon_0 r^2}, r\geqslant a$。

（2）带电球体内某点的场强，即 $r<a$ 时，由于所取高斯面在带电球体之内，其包含的电荷等于 $\dfrac{4}{3}\pi r^3\rho$，故

$$4\pi r^2 E_2=\frac{1}{\varepsilon_0}\frac{4}{3}\pi r^3\rho$$

所以有 $E_2=\dfrac{\rho r}{3\varepsilon_0}, r<a$。

在图 2.1-2 中我们可以看出场强随 r 的分布情况。

4. 静电场的标势、梯度及旋度

当电荷在静电场力作用下移动时，静电场将对电荷做功。可以证明，静电场对电荷所做的功只与起点、终点有关，与路径无关，故静电场如同重力场一样是一个位场，即

$$\oint_L \boldsymbol{E}\cdot \mathrm{d}\boldsymbol{l}=0 \tag{2.1-18}$$

如同物体在重力场中任一给定位置具有重力势能一样，电荷在静电场中具有电势能。我们可以定义单位正电荷在电场中某一点所具有的电势能为电场在该点的电势，用 $\phi(\boldsymbol{r})$ 来表示，其为一个位置函数，即一个标量电势函数。可以根据电势的定义计算出各种电荷分布的静电场中任意一点的电势。应该注意：静电场的电势具有相对性，其大小与零电势的选择有关。实际工作中，我们重视静电场中两点的电势差，而对静电场某一点的电势绝对值不感兴趣。

我们知道静电场的电场强度和静电场的电势，是从不同的角度来描述静电场的性质而引入的。前者是从场的作用力出发的，而后者则从场力所做的功出发的。两者显然都能描述同一电场中各点的特征，那么它们之间必有密切的关系存在。可以证明，场中任意给定点的场强，等于该点电势梯度的负值，负号的意义是指场强指向电势降低的方向，即

$$\boldsymbol{E}=-\nabla\phi \tag{2.1-19}$$

对式（2.1-19）两端求旋度，可得

$$\nabla\times\boldsymbol{E}=0 \tag{2.1-20}$$

式（2.1-20）表明静电场是无旋场。

5. 静电场中的导体和介质

前面我们分析了真空中静电场的基本性质，下面将研究导体和介质中电场的性质。

（1）静电场中的导体

导体是指内部有大量自由电荷的物体。导体内部有电场时，自由电荷将受到电场力的作用而发生宏观运动，形成电流。导体内部若没有电荷的宏观运动，则内部一定没有电场，我们称此时导体处于静电平衡状态。如果把一个不带电的导体放在静电场中，则外电场将使自由电荷在导体表面形成某种分布，使此不带电导体的某部分表面出现过剩正电荷，而其他部分表面出现等值负电荷，这种在外电场作用下，导体中自由电荷重新分配的现象称为静电感应，导体表面的过剩电荷称为感应电荷。静电平衡条件下，感应电荷所产生的电场强度与外电场强度在导体内部处处相抵消，结果导体内部任意点的电场强度都等于零。导体表面上，确切地说是紧靠导体表面的真空中，合成电场强度将一定垂直于导体表面。

导体在静电平衡状态下的电势问题如何？平衡时内部场强处处为零，由场强和电势梯度之间的关系可知，导体内部电势不随位置变化，是一个恒量。在导体表面，电场强度全部沿法线方向，即表面切线方向的场强分量为零，否则电荷将沿表面运动，所以表面上电势处处也是一个恒量，而且导体表面和导体内部的电势相等，导体是一个等势体。

(2) 静电场中的介质

真空中静电场的基本定律只能说明真空中的静电现象。电介质中有静电场时，必须考虑电场与电介质的相互作用所引起的影响。电介质与导体不同，电介质在电结构方面的特征是电子与原子核的结合力相当大，以致彼此之间相互束缚着。在外电场的作用下，电荷只能在微观范围内，即一个分子的范围内位移，它不可能由电介质中的某点位移到另外一点。

外电场使电介质中的正电荷沿电场方向位移而负电荷向相反方向位移，结果正电荷与负电荷相分离，这种现象称为**电介质的极化**。各种电介质极化的微观机理可能不同，但宏观结果，即产生的净余电偶极矩和面束缚电荷，则是相同的。

显然不同介质在同一静电场中，其极化程度也有强弱之分，我们可以用极化强度 $\boldsymbol{P}$ 来描述电介质的极化程度。设在电介质中取任意体积元 Δv，在外电场作用下，这个体积元内所有电偶极矩 $\boldsymbol{p}$ 的矢量和为 $\sum \boldsymbol{p}$，则电极化强度矢量(极化强度)可定义为

$$\boldsymbol{P}=\lim_{\Delta v\to 0}\frac{\sum \boldsymbol{p}}{\Delta v} \tag{2.1-21}$$

其单位为库仑/米^2。

设 S 为包围介质中空间区域 V 的闭合曲面，经过推导，V 中的束缚电荷密度，即 ρ_p 与极化强度之间的关系可表示为

$$\int_V \rho_p \mathrm{d}\tau=-\oint_S \boldsymbol{P}\cdot \mathrm{d}\boldsymbol{\sigma} \tag{2.1-22}$$

上式计算结果为正值，则表示体积 V 内有净余正电荷；为负值，则表示体积 V 内有净余负电荷。

其微分形式为

$$\rho_p=-\nabla\cdot\boldsymbol{P} \tag{2.1-23}$$

电介质表面极化电荷面密度可以表示为

$$\sigma_p=\boldsymbol{P}\cdot\boldsymbol{n} \tag{2.1-24}$$

由真空中静电场的高斯定理可知，矢量 $\varepsilon_0\boldsymbol{E}$ 的闭合面积分等于该闭合面所包围的电荷总量。当空间有电介质时，电介质极化产生的极化电荷引起电场改变，在这种情况下，电介质中电场的高斯定律应当具有如下形式

$$\oint_S \varepsilon_0\boldsymbol{E}\cdot \mathrm{d}\boldsymbol{\sigma}=Q+Q_p \tag{2.1-25}$$

式(2.1-25)中的 $\boldsymbol{E}$ 代表宏观电场强度，Q 和 Q_p 分别表示闭合面 S 内部的自由电荷和极化电荷。如果自由电荷和极化电荷都是体分布，则式(2.1-25)变成

$$\oint_S \varepsilon_0\boldsymbol{E}\cdot \mathrm{d}\boldsymbol{\sigma}=\int_V(\rho+\rho_p)\mathrm{d}v \tag{2.1-26}$$

式(2.1-26)中 V 为闭合面 S 所限定的体积。将高斯积分公式应用到上式的左边，可得

$$\nabla\cdot\varepsilon_0\boldsymbol{E}(\boldsymbol{r})=\rho(\boldsymbol{r})+\rho_p(\boldsymbol{r}) \tag{2.1-27}$$

由式(2.1-23)和式(2.1-27)可得

$$\nabla\cdot(\varepsilon_0\boldsymbol{E}+\boldsymbol{P})=\rho(\boldsymbol{r}) \tag{2.1-28}$$

定义矢量 $\varepsilon_0\boldsymbol{E}+\boldsymbol{P}$ 为电介质中的电位移矢量，即

$$\boldsymbol{D}=\varepsilon_0\boldsymbol{E}+\boldsymbol{P} \tag{2.1-29}$$

则式(2.1-28)变为

$$\nabla\cdot\boldsymbol{D}=\rho(\boldsymbol{r}) \tag{2.1-30}$$

上式是电介质中静电场高斯定律的微分形式。

式(2.1-29)表达了 $\boldsymbol{D},\boldsymbol{E},\boldsymbol{P}$ 的关系,$\boldsymbol{D},\boldsymbol{E},\boldsymbol{P}$ 不是相互独立的。在弱外电场的作用下,在各向同性电介质中,$\boldsymbol{P}$ 与 $\boldsymbol{E}$ 成正比,即

$$\boldsymbol{P}=\varepsilon_0\chi\boldsymbol{E} \tag{2.1-31}$$

无量纲常数 χ 称为电介质的电极化率。把 $\boldsymbol{P}$ 的表达式,即将式(2.1-31)代入式(2.1-29),可得

$$\boldsymbol{D}=\varepsilon\boldsymbol{E}=\varepsilon_r\varepsilon_0\boldsymbol{E} \tag{2.1-32}$$

其中

$$\varepsilon=\varepsilon_0(1+\chi),\quad \varepsilon_r=1+\chi \tag{2.1-33}$$

ε 称为电介质的介电常数,ε_r 称为电介质的相对介电常数。ε 是描述电介质极化性质的物理量,它是材料的电参量。ε 可能是坐标的函数。如果 ε 是一个与坐标无关的常数,则此电介质称为均匀电介质,否则称为非均匀电介质。

除了上述各向同性电介质外,还有单晶材料一类的电介质,它的分子电偶极矩容易沿结晶轴的方向形成,结果矢量 $\boldsymbol{P}$ 的方向与矢量 $\boldsymbol{E}$ 的方向不一定相同。这类电介质称为各向异性电介质。对各向异性电介质,矢量 $\boldsymbol{D}$ 的每一个分量一般都是矢量 $\boldsymbol{E}$ 的三个分量的函数。因此,各向异性电介质不能用一个简单的介电常数描述,必须用下面的式子代替式(2.1-32)。

$$\begin{cases}D_x=\varepsilon_{11}E_x+\varepsilon_{12}E_y+\varepsilon_{13}E_z\\D_y=\varepsilon_{21}E_x+\varepsilon_{22}E_y+\varepsilon_{23}E_z\\D_z=\varepsilon_{31}E_x+\varepsilon_{32}E_y+\varepsilon_{33}E_z\end{cases} \tag{2.1-34}$$

此时介质的介电常数是一个张量。

电介质与真空的区别仅在于电介质的介电常数为 ε,而真空的介电常数为 ε_0,只要把真空里所有静电场公式中的 ε_0 换成 ε,这些公式就变为电介质中的静电场公式。

2.2 恒定电场

当导体构成的闭合回路中有直流电源时,回路中便会出现恒定电流。这个恒定电流是导体中的自由电荷受到电场力的作用而产生的定向运动。可见,**导体中存在电场**,该电场称为恒定电场。

1. 电流及电流密度

电荷的运动称为电流,单位时间通过某面积的电荷总量称为电流强度,简称电流,电流的单位是安培。用 I 表示电流,则

$$I=\frac{\Delta q}{\Delta t} \tag{2.2-1}$$

电流的正方向规定为正电荷运动方向。

为了表示电流在导体内的分布,取一个矢量,方向为该点的正电荷运动方向,大小等于垂直于它的单位面积上的电流,即

$$j=\lim_{\Delta S}\frac{\Delta I}{\Delta S} \tag{2.2-2}$$

称此矢量为电流密度矢量 $\boldsymbol{j}$,单位为安培/米^2。很明显,穿过任意面积 S 的电流等于电流密度矢量穿过这个表面的通量,即

$$I=\int_S \boldsymbol{j}\cdot \mathrm{d}\boldsymbol{s} \tag{2.2-3}$$

如果电流存在的空间是一个厚度可以忽略的薄层,那么可以用面电流密度 $\boldsymbol{\alpha}(\boldsymbol{r})$ 来描述电流分布。面上 $\boldsymbol{r}$ 点的面电流密度,其方向为该点的电流方向,大小定义为过该点与电流垂直的线元 Δl 上流过的电流 ΔI 与线元长度 Δl 之比,当 $\Delta l\to 0$ 时的极限值,即

$$\boldsymbol{\alpha}(\boldsymbol{r})=\lim_{\Delta l\to 0}\frac{\Delta I}{\Delta l} \tag{2.2-4}$$

在面电流情况下,流过面上任意一曲线 L 的电流强度可表示为

$$I=\int_L (\boldsymbol{n}\times\boldsymbol{\alpha})\cdot \mathrm{d}\boldsymbol{l} \tag{2.2-5}$$

式中,$\boldsymbol{n}$ 为垂直于电流所在平面的单位矢量。

如果电流是由一种带电粒子的运动形成的,设这种带电粒子的电荷密度是 ρ,运动速度为 $\boldsymbol{v}$,则这种带电粒子形成的电流密度为

$$\boldsymbol{j}=\rho(\boldsymbol{r})\boldsymbol{v} \tag{2.2-6}$$

2. 电流连续性方程

电荷的定向移动形成电流,电荷有正、负之分,等量的正电荷与负电荷相结合就成为电中性,具有电中性的物质可以在电场的作用下分离成等量的正电荷和负电荷,但是无法产生和消灭电荷。这就是电荷守恒性质,电荷守恒性质是电荷的基本性质。根据电荷守恒性质,流出某闭合面 S 的电流总和一定等于此闭合面内部总电荷在单位时间内的减少量,即

$$\frac{\mathrm{d}}{\mathrm{d}t}\int_V \rho \mathrm{d}v=-\oint_S \boldsymbol{j}\cdot \mathrm{d}\boldsymbol{\sigma} \tag{2.2-7}$$

S 为闭合的空间曲面,V 为 S 包围的空间区域。式(2.2-7)称为电流连续性方程。由式(2.2-7)可得电流连续性方程的微分形式

$$\frac{\partial\rho}{\partial t}+\nabla\cdot\boldsymbol{j}=0 \tag{2.2-8}$$

在稳恒情况下,电荷密度与时间无关。因此稳恒电流连续性方程为

$$\nabla\cdot\boldsymbol{j}=0 \tag{2.2-9}$$

其积分形式为

$$\oint_S \boldsymbol{j}\cdot \mathrm{d}\boldsymbol{\sigma}=0 \tag{2.2-10}$$

式(2.2-10)表明稳恒电流线总是闭合的。

3. 导体中的电流和电场

导体内部存在一定数量的自由电荷,若内部存在电场时,自由电荷将发生宏观运动。导体中电荷的运动称为传导电流。传导电流密度与电场强度成正比,即

$$\boldsymbol{j}=\sigma_{\mathrm{e}}\boldsymbol{E} \tag{2.2-11}$$

比例常数 σ_{e} 称为导体的电导率,它的单位为 $1/(\Omega^{-1}\cdot \mathrm{m}^{-1})$,即 $\mathrm{S}\cdot\mathrm{m}^{-1}$。式(2.2-11)称为**欧姆定律的微分形式**。假设导体是均匀的,均匀导体的介电常数 ε 和电导率 σ_{e} 都是常数。将式(2.2-11)代入式(2.2-9),可得

$$\nabla\cdot\sigma_{\mathrm{e}}\boldsymbol{E}=0 \tag{2.2-12}$$

则

$$\nabla\cdot\boldsymbol{D}=0 \tag{2.2-13}$$

可得 $$\rho=0 \tag{2.2-14}$$
式(2.2-14)说明导体处于稳恒电流场时,内部电荷体密度处处为零。其原因是,导电媒质内部运动的自由电荷与静止的离子处处相抵消,结果电荷体密度处处等于零。导体内部没有电荷,但表面上有分布电荷,表面上电荷不随时间变化,它所产生的电场满足
$$\boldsymbol{E}=-\nabla\phi \tag{2.2-15}$$
式(2.2-14)为恒定电场的第二个基本方程。

导体是电导率较高的导电媒质,导体内部通有电流时,电场强度一般不等于零。由于电场强度不等于零,则通有电流的导体不再是等电位体,导体的表面不再是等电位面,导体表面上电荷的分布不再与静电平衡时电荷的分布相同。

2.3 稳恒磁场

运动的电荷在它的周围不但产生电场,同时还产生磁场。恒定徙动(migration)电流的周围同时存在电场和磁场;恒定传导电流因为运动的自由电荷与静止的离子电荷相抵消,所以它的周围只有磁场。恒定电流所产生的磁场是恒定磁场。本节将讨论真空及介质中恒定磁场的计算和性质。

1. 安培定律

正如引入点电荷概念一样,我们可以引入理想模型电流元的概念,理想电流元表示为$\boldsymbol{j}(\boldsymbol{r})\mathrm{d}\tau$。因为
$$\boldsymbol{j}(\boldsymbol{r})\mathrm{d}\tau=\boldsymbol{j}(\boldsymbol{r})\mathrm{d}s\mathrm{d}\boldsymbol{l}=I\mathrm{d}\boldsymbol{l} \tag{2.3-1}$$
式中,$\mathrm{d}s$ 表示电流元的横截面积,$\mathrm{d}l$ 表示电流元长度,$\mathrm{d}\boldsymbol{l}$ 方向为电流方向。

实验证明两个电流元之间存在作用力。安培分析了大量的实验资料以后,总结出真空中两个稳恒电流元之间的作用力公式,即安培定律
$$\mathrm{d}\boldsymbol{F}=\frac{\mu_0}{4\pi}\cdot\frac{\boldsymbol{j}(\boldsymbol{r})\mathrm{d}\tau\times[\boldsymbol{j}(\boldsymbol{r}')\mathrm{d}\tau'\times\boldsymbol{R}]}{R^3} \tag{2.3-2}$$
式中,$\mathrm{d}\boldsymbol{F}$ 表示电流元$\boldsymbol{j}(\boldsymbol{r}')\mathrm{d}\tau'$对电流元$\boldsymbol{j}(\boldsymbol{r})\mathrm{d}\tau$ 的作用力;$\boldsymbol{R}$ 是由 $\boldsymbol{r}'$点引向 $\boldsymbol{r}$ 点的矢量;μ_0 是真空中的磁导率,其单位为亨利/米,国际单位制中 $\mu_0=4\pi\times10^{-7}\mathrm{H/m}$。

电流元$\boldsymbol{j}(\boldsymbol{r})\mathrm{d}\tau$ 对电流元$\boldsymbol{j}(\boldsymbol{r}')\mathrm{d}\tau'$的作用力 $\mathrm{d}\boldsymbol{F}'$可表示为
$$\mathrm{d}\boldsymbol{F}'=\frac{\mu_0}{4\pi}\cdot\frac{\boldsymbol{j}(\boldsymbol{r}')\mathrm{d}\tau'\times[\boldsymbol{j}(\boldsymbol{r})\mathrm{d}\tau\times\boldsymbol{R}']}{R'^3} \tag{2.3-3}$$
注意其中 $\boldsymbol{R}'=-\boldsymbol{R}$。安培定律在稳恒磁场中的地位和库仑定律在静电场中的地位是相当的。

2. 毕奥–萨伐尔定律

两个电流元之间的作用力是如何传递的呢?如同电荷之间库仑力一样,它也是通过场来作用的,传递电流之间相互作用的场被称为磁场。磁场对放入其中的电流产生力的作用。因此式(2.3-2)可以写为
$$\mathrm{d}\boldsymbol{F}=\boldsymbol{j}(\boldsymbol{r})\mathrm{d}\tau\times\mathrm{d}\boldsymbol{B}(\boldsymbol{r}) \tag{2.3-4}$$
式中,$\boldsymbol{B}(\boldsymbol{r})$与受力电流元$\boldsymbol{j}(\boldsymbol{r})\mathrm{d}\tau$ 无关,它描述了施力电流元$\boldsymbol{j}(\boldsymbol{r}')\mathrm{d}\tau'$在 $\boldsymbol{r}$ 点产生的磁场性质,称为磁感应强度(磁通量密度)。其单位为

$$\frac{\text{牛顿}}{\text{安培}\cdot\text{米}}=\frac{\text{伏特}\cdot\text{秒}}{\text{米}^2}=\frac{\text{韦伯}}{\text{米}^2}=\text{特斯拉}\quad (\mathrm{N}\cdot\mathrm{A}^{-1}\cdot\mathrm{m}^{-1}=\mathrm{V}\cdot\mathrm{s}\cdot\mathrm{m}^{-2}=\mathrm{Wb}\cdot\mathrm{m}^{-2}=\mathrm{T})$$

比较式(2.3-2)和式(2.3-4)可得

$$\mathrm{d}\boldsymbol{B}=\frac{\mu_0}{4\pi}\cdot\frac{[\boldsymbol{j}(\boldsymbol{r}')\mathrm{d}\tau'\times\boldsymbol{R}]}{R^3} \tag{2.3-5}$$

实验表明,磁场也满足叠加性,一个稳恒电流激发的磁场可以表示为各个电流元激发磁场的叠加,即

$$\boldsymbol{B}=\frac{\mu_0}{4\pi}\int\frac{\boldsymbol{j}(\boldsymbol{r}')\mathrm{d}\tau'\times\boldsymbol{R}}{R^3} \tag{2.3-6}$$

上式称为毕奥–萨伐尔定律。

在很多情况下,只考虑线电流,此时导线外各点电流密度都是零,积分区域只取导线回路,则式(2.3-6)可表示为

$$\boldsymbol{B}=\frac{\mu_0}{4\pi}\int\frac{I\mathrm{d}\boldsymbol{l}'\times\boldsymbol{R}}{R^3} \tag{2.3-7}$$

【例 2-3】 计算线电流圆环轴线上任一点的磁感应强度。

解: 设圆环的半径为 a,流过的电流为 I。为计算方便,取线电流圆环位于 xOy 平面上,则所求场点为 $P(0,0,z)$,如图 2.3-1 所示。采用柱坐标系,圆环上的电流元为 $I\mathrm{d}\boldsymbol{l}'=\boldsymbol{e}_\varphi Ia\mathrm{d}\varphi'$,其位置矢量为 $\boldsymbol{r}'=\boldsymbol{e}_\rho a$,而场点 P 的位置矢量为 $\boldsymbol{r}=\boldsymbol{e}_z z$,故得

$$\boldsymbol{r}-\boldsymbol{r}'=\boldsymbol{e}_z z-\boldsymbol{e}_\rho a,\qquad |\boldsymbol{r}-\boldsymbol{r}'|=(z^2+a^2)^{1/2}$$

$$I\mathrm{d}\boldsymbol{l}'\times(\boldsymbol{r}-\boldsymbol{r}')=\boldsymbol{e}_\varphi Ia\mathrm{d}\varphi'\times(\boldsymbol{e}_z z-\mathrm{e}_\rho a)=\boldsymbol{e}_\rho Iaz\mathrm{d}\varphi'+\boldsymbol{e}_z Ia^2\mathrm{d}\varphi'$$

轴线上任一点 $P(0,0,z)$ 的磁感应强度为

$$\boldsymbol{B}(z)=\frac{\mu_0 Ia}{4\pi}\int_0^{2\pi}\frac{\boldsymbol{e}_\rho z+\boldsymbol{e}_z a}{(z^2+a^2)^{3/2}}\mathrm{d}\varphi'$$

由于 $$\int_0^{2\pi}\boldsymbol{e}_\rho\mathrm{d}\varphi'=\int_0^{2\pi}(\boldsymbol{e}_x\cos\varphi'+\boldsymbol{e}_y\mathrm{sn}\varphi')\mathrm{d}\varphi'=0$$

所以 $$\boldsymbol{B}(z)=\frac{\mu_0 Ia}{4\pi}\int_0^{2\pi}\frac{\boldsymbol{e}_z a}{(z^2+a^2)^{3/2}}\mathrm{d}\varphi'=\frac{\mu_0 Ia^2}{2(z^2+a^2)^{3/2}}\boldsymbol{e}_z$$

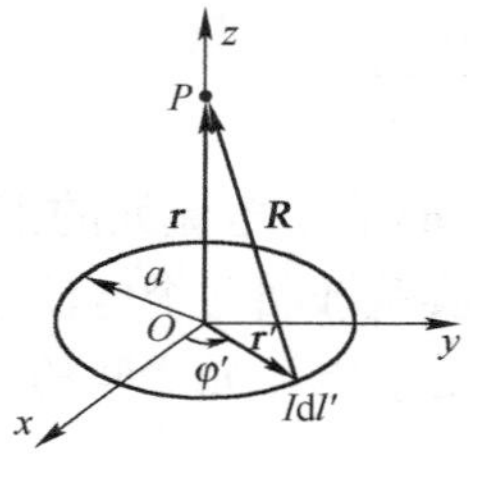

图 2.3-1 载流圆环

可见,线电流圆环轴线上的磁感应强度只有轴向分量,这是因为圆环上各对称点处的电流元在场点 P 产生的磁感应强度的径向分量相互抵消。

在圆环的中心点上,$z=0$,磁感应强度最大,即

$$\boldsymbol{B}(0)=\boldsymbol{e}_z\frac{\mu_0 I}{2a}$$

当场点 P 远离圆环,即 $z\gg a$ 时,因 $(z^2+a^2)^{3/2}\approx z^3$,故 $\boldsymbol{B}=\boldsymbol{e}_z\dfrac{\mu_0 Ia^2}{2z^3}$。

3. 稳恒磁场的通量、散度及高斯定律

研究一个矢量场,必须研究它的散度和旋度,才能确定该矢量场的性质。与分析静电场相似,要想知道稳恒磁场的散度,我们首先介绍稳恒磁场的磁通量概念。磁场中面积元 $\mathrm{d}\boldsymbol{\sigma}$ 所通过的磁通量可定义为

$$\mathrm{d}\Phi=\boldsymbol{B}\cdot\mathrm{d}\boldsymbol{\sigma} \tag{2.3-8}$$

下面我们从毕奥-萨伐尔定律出发推导磁场的高斯定理。

因为
$$\boldsymbol{B}=\frac{\mu_0}{4\pi}\int\frac{\boldsymbol{j}(\boldsymbol{r}')\,\mathrm{d}\tau'\times\boldsymbol{R}}{R^3}\tag{2.3-9}$$

又
$$\nabla\frac{1}{R}=-\frac{\boldsymbol{R}}{R^3}\tag{2.3-10}$$

故
$$\boldsymbol{B}=\frac{\mu_0}{4\pi}\int\nabla\frac{1}{R}\times\boldsymbol{j}(\boldsymbol{r}')\,\mathrm{d}\tau'\tag{2.3-11}$$

又 ∇ 算子与源点无关,故 $\nabla\times\boldsymbol{j}(\boldsymbol{r}')=0$,且
$$\nabla\times(u\boldsymbol{A})=\nabla u\times\boldsymbol{A}+u\nabla\times\boldsymbol{A}\tag{2.3-12}$$

可得
$$\boldsymbol{B}=\nabla\times\frac{\mu_0}{4\pi}\int\left[\frac{1}{R}\boldsymbol{j}(\boldsymbol{r}')\right]\mathrm{d}\tau'\tag{2.3-13}$$

由式(2.3-13)可知,磁感应强度是矢量的旋度,根据任意矢量的旋度的散度恒等于零,可知磁感应强度的散度
$$\nabla\cdot\boldsymbol{B}=0\tag{2.3-14}$$

对上式两边进行体积分,可得
$$\oint_S\boldsymbol{B}\cdot\mathrm{d}\boldsymbol{\sigma}=0\tag{2.3-15}$$

其中 S 为限定体积 V 的闭合面。式(2.3-15)为稳恒磁场的高斯定理的积分形式。它说明磁场是一个无源场。磁场的无源性质与客观上不存在单独磁荷的现象一致。

4. 稳恒磁场的旋度与安培环路定理

由式(2.3-13),我们可以引入一个新的矢量,其定义如下
$$\boldsymbol{A}=\frac{\mu_0}{4\pi}\int\left[\frac{1}{R}\boldsymbol{j}(\boldsymbol{r}')\right]\mathrm{d}\tau'\tag{2.3-16}$$

它是描述稳恒磁场的一个重要物理量,即稳恒磁场的矢势,后面会详细讨论,其单位为韦伯/米。故式(2.3-13)变成
$$\boldsymbol{B}=\nabla\times\boldsymbol{A}\tag{2.3-17}$$

故稳恒磁场的磁感应强度的旋度为
$$\nabla\times\boldsymbol{B}=\nabla\times(\nabla\times\boldsymbol{A})=\nabla(\nabla\cdot\boldsymbol{A})-\nabla^2\boldsymbol{A}\tag{2.3-18}$$

下面来证明磁感应强度的旋度具有如下的表达式:
$$\nabla\times\boldsymbol{B}=\mu_0\boldsymbol{j}\tag{2.3-19}$$

证明:

(1) 首先证明 $\nabla\cdot\boldsymbol{A}=0$,对式(2.3-16)取散度得
$$\nabla\cdot\boldsymbol{A}=\frac{\mu_0}{4\pi}\int\nabla\cdot\left[\frac{1}{R}\boldsymbol{j}(\boldsymbol{r}')\right]\mathrm{d}\tau'\tag{2.3-20}$$

因 ∇与源点无关,且 $\nabla\cdot(u\boldsymbol{C})=\nabla u\cdot\boldsymbol{C}$,式(2.3-20)变成
$$\nabla\cdot\boldsymbol{A}=\frac{\mu_0}{4\pi}\int\left[\nabla\frac{1}{R}\cdot\boldsymbol{j}(\boldsymbol{r}')\right]\mathrm{d}\tau'\tag{2.3-21}$$

又 $\nabla\frac{1}{R}=-\nabla'\frac{1}{R}$,故式(2.3-21)变为

$$\nabla\cdot \boldsymbol{A} = \frac{\mu_0}{4\pi}\int\left[-\nabla'\frac{1}{R}\cdot \boldsymbol{j}(\boldsymbol{r}')\right]\mathrm{d}\tau' \tag{2.3-22}$$

因为
$$\nabla'\cdot\left[\frac{1}{R}\boldsymbol{j}(\boldsymbol{r}')\right]=\nabla'\frac{1}{R}\cdot\boldsymbol{j}(\boldsymbol{r}')+\frac{1}{R}\nabla'\cdot\boldsymbol{j}(\boldsymbol{r}'),$$

又因为是稳恒电流产生的磁场,故 $\nabla'\cdot\boldsymbol{j}(\boldsymbol{r}')=0$,则式(2.3-22)变为

$$\nabla\cdot \boldsymbol{A} = -\frac{\mu_0}{4\pi}\int\left[\nabla'\cdot\left[\frac{1}{R}\boldsymbol{j}(\boldsymbol{r}')\right]\right]\mathrm{d}\tau' \tag{2.3-23}$$

根据高斯积分公式,式(2.3-23)变为

$$\nabla\cdot \boldsymbol{A} = -\frac{\mu_0}{4\pi}\int\frac{1}{R}\boldsymbol{j}(\boldsymbol{r}')\cdot\mathrm{d}\boldsymbol{s} \tag{2.3-24}$$

由于积分区域 V 含有 $\boldsymbol{j}(\boldsymbol{r}')\neq 0$ 的全部区域,但在 V 的边界面 S 上 $\boldsymbol{j}_n(\boldsymbol{r}')=0$,因此

$$\nabla\cdot\boldsymbol{A}=0 \tag{2.3-25}$$

(2) 再证明 $\nabla^2\boldsymbol{A}=\mu_0\boldsymbol{j}(\boldsymbol{r})$。由式(2.3-16)可得

$$\nabla^2\boldsymbol{A} = \nabla^2\frac{\mu_0}{4\pi}\int\left[\frac{1}{R}\boldsymbol{j}(\boldsymbol{r}')\right]\mathrm{d}\tau' \tag{2.3-26}$$

即
$$\nabla^2\boldsymbol{A} = \frac{\mu_0}{4\pi}\int\left[\nabla^2\frac{1}{R}\right]\boldsymbol{j}(\boldsymbol{r}')\mathrm{d}\tau' \tag{2.3-27}$$

又由例 1-6 知
$$\nabla^2\frac{1}{R}=-4\pi\delta(\boldsymbol{r}-\boldsymbol{r}') \tag{2.3-28}$$

可得
$$\nabla^2\boldsymbol{A} = -\frac{\mu_0}{4\pi}\int 4\pi\delta(\boldsymbol{r}-\boldsymbol{r}')\boldsymbol{j}(\boldsymbol{r}')\mathrm{d}\tau' \tag{2.3-29}$$

故
$$\nabla^2\boldsymbol{A}=-\mu_0\boldsymbol{j}(\boldsymbol{r}) \tag{2.3-30}$$

将式(2.3-25)、式(2.3-30)代入式(2.3-18),即得式(2.3-19)。式(2.3-19)表明稳恒磁场的源是电流密度矢量。

设磁场中有任意有向曲面 S,对式(2.3-19)两边进行面积分,即

$$\int_S(\nabla\times\boldsymbol{B})\cdot\mathrm{d}\boldsymbol{s}=\mu_0\int_S\boldsymbol{j}\cdot\mathrm{d}\boldsymbol{s}=\mu_0 I \tag{2.3-31}$$

I 为通过有向曲面 S 的电流强度。设 L 是曲面 S 的边界线,其绕行方向成右手螺旋关系,应用斯托克斯积分变换公式得

$$\oint_L\boldsymbol{B}\cdot\mathrm{d}\boldsymbol{l}=\mu_0 I \tag{2.3-32}$$

式(2.3-32)即为安培环路定理,表示磁感应强度沿任意一闭合回路 L 的环量与穿过以 L 为边界的任意曲面的电流强度成正比。

5. 磁介质及磁介质中磁场基本方程

在静电场中已研究过电场使电介质极化,极化的电介质又产生附加电场的过程。这里将讨论发生在磁现象中的相似过程。凡处于磁场中与磁场发生相互作用的物质皆可称为磁介质。磁介质在外磁场作用下产生磁化电流的过程称为磁化。磁化电流不是由自由电子的长距离漂移运动所致的,而是由规则排列的分子电流组成的,就好像是不同分子中的束缚电子的"接力"运动,故称束缚电流。

根据磁化微观机理进行分类,磁介质分为四类:①抗磁质,如锌、铜、水银、铅等;②顺磁质,

如锰、铂、氧等；③铁磁质，如铁、钴、镍等；④完全抗磁性，如超导体。这里主要研究介质磁性和介质中磁场的规律，不必分析介质磁化的微观细节，而将每个介质分子用具有相同磁矩的磁偶极子，或用所谓“分子圆电流”来替代，并假设“分子圆电流”的电流强度为 I，截面积为 S，对应的分子磁矩为

$$\boldsymbol{m} = IS\boldsymbol{e}_n \tag{2.3-33}$$

式中，$\boldsymbol{e}_n$ 代表圆电流平面法向单位矢量。如同电介质一样，对于磁介质，可以引用一个宏观物理量来描述介质磁化的程度，这个物理量称为磁化强度 $\boldsymbol{M}$，定义为单位体积内分子磁矩的矢量和。

$$\boldsymbol{M}(\boldsymbol{r},t) = \lim_{\Delta v\to 0}\frac{\sum_i \boldsymbol{m}_i}{\Delta v} \tag{2.3-34}$$

$\boldsymbol{m}_i$ 代表 Δv 内第 i 个分子的磁矩。磁化强度的单位是安培/米，显然真空中各点磁化强度为零。

在电介质极化时出现的附加电场是由极化电荷贡献的，而极化电荷密度与极化强度有关。在磁介质磁化时也会出现附加磁场，该附加磁场是由磁化电流所产生的，而磁化电流密度又与磁化强度有密切关系。

若在介质内部取一曲面 S，其边界线为 L，则由于磁化从 S 背面流向前面的总磁化电流 I_{m} 可写成

$$I_{\mathrm{m}} = \oint_L \boldsymbol{M}\cdot \mathrm{d}\boldsymbol{l} \tag{2.3-35}$$

显然，磁化电流可以表示为磁化电流密度的通量

$$I_{\mathrm{m}} = \int_S \boldsymbol{j}_{\mathrm{m}}\cdot \mathrm{d}\boldsymbol{\sigma} \tag{2.3-36}$$

对上式应用斯托克斯公式，并令上式和式(2.3-35)相等，可得

$$\boldsymbol{j}_{\mathrm{m}} = \nabla\times\boldsymbol{M} \tag{2.3-37}$$

式(2.3-37)式表明，对于匀强磁场中的均匀介质，M 与空间坐标无关，磁化电流密度在介质内部处处为零，这是因为两相邻体积元的分子相互抵消。但应注意介质表面总有磁化电流，其面电流密度矢量为

$$\boldsymbol{j}_{\mathrm{ms}} = \boldsymbol{M}\times\boldsymbol{n} \tag{2.3-38}$$

磁介质中磁感应强度仍然满足高斯定理，这是因为孤立的磁荷至今还没有被发现，即

$$\oint_S \boldsymbol{B}\cdot \mathrm{d}\boldsymbol{\sigma} = 0 \tag{2.3-39}$$

其微分形式为

$$\nabla\cdot\boldsymbol{B} = 0 \tag{2.3-40}$$

注意：与真空情形不同，上两式中的磁感应强度包括自由电流和磁化电流产生的合磁场。

下面分析磁介质内磁场的环量特性方程。把真空中安培环路定理用在磁介质中，则可以写成

$$\oint_L \boldsymbol{B}\cdot \mathrm{d}\boldsymbol{l} = \mu_0 I_{\mathrm{f}} + \mu_0 I_{\mathrm{M}} \tag{2.3-41}$$

I_{f}，I_{M} 分别为穿过安培环路 L 的传导电流总和和分子电流。由式(2.3-35)可得

$$\oint_L \boldsymbol{B}\cdot \mathrm{d}\boldsymbol{l} = \mu_0\oint_L \boldsymbol{M}\cdot \mathrm{d}\boldsymbol{l} + \mu_0 I_{\mathrm{f}}$$

则

$$\oint_L\left(\frac{\boldsymbol{B}}{\mu_0} - \boldsymbol{M}\right)\cdot \mathrm{d}\boldsymbol{l} = I_{\mathrm{f}}$$

如同电介质中引入电位移矢量 $\boldsymbol{D}$ 一样,在磁介质中引入磁场强度矢量 $\boldsymbol{H}$

$$\boldsymbol{H}=\frac{\boldsymbol{B}}{\mu_0}-\boldsymbol{M} \tag{2.3-42}$$

其单位为安培/米。则磁介质中的安培环路定理为

$$\oint_L \boldsymbol{H}\cdot \mathrm{d}\boldsymbol{l}=I_{\mathrm{f}} \tag{2.3-43}$$

其微分形式为

$$\nabla\times\boldsymbol{H}=\boldsymbol{j}_{\mathrm{f}} \tag{2.3-44}$$

一般来说 $\boldsymbol{M}$ 和 $\boldsymbol{H}$ 之间的关系是复杂的,但对于各向同性非铁磁性物质而言,存在如下关系

$$\boldsymbol{M}=\chi_{\mathrm{m}}\boldsymbol{H} \tag{2.3-45}$$

χ_{m} 为介质磁化率。若定义 $\mu_{\mathrm{r}}=1+\chi_{\mathrm{m}}$ 为介质的相对磁导率,同时定义介质的磁导率为 $\mu=\mu_{\mathrm{r}}\mu_0$,则得

$$\boldsymbol{B}=\mu\boldsymbol{H} \tag{2.3-46}$$

真空中的相对磁导率等于 1。

2.4 时变电磁场

上面分别研究了静电场和稳恒磁场的基本规律,但均未涉及场随时间变化的问题。如果电场或磁场随着时间变化,则变化的磁场会产生电场,变化的电场又会产生磁场。这时,电场与磁场成为紧密相关、不可分割的统一的电磁场。下面将分析电场与磁场之间这种相互关联、相互激发的关系,以及电磁场的普遍规律。

自从奥斯特在 1820 年发现电流磁效应之后,磁的电效应就成为物理学家研究的重要课题。法拉第从 1822 年起,经过约 10 年的实验研究,终于在 1831 年发现了电磁感应定律。1833 年,楞次建立了确定感应电流方向的规则。1861 年至 1864 年期间,麦克斯韦提出感应电场和位移电流的假设,并用高超和优美的数学形式建立了完整的电磁场方程组,这组方程概括了所有宏观电磁现象的规律,预言了电磁波的存在,并揭示出光的电磁本质。正是电磁学理论研究的这种进展和成功,才给电工和无线电工业的建立和发展奠定了基础。

1. 电磁感应定律

法拉第通过大量实验发现:当穿过导体回路的磁通量发生变化时,回路中就有感应电流。这表明回路中感应了电动势,且感应电动势的大小等于磁通量的时间变化率,感应电动势的方向由楞次定律确定。楞次定律指出,感应电动势以及它所引起的电流,力图使得回路的磁通量保持不变。法拉第的实验结果和楞次定律相结合就成为法拉第电磁感应定律,即

$$\varepsilon=-\frac{\mathrm{d}\Phi}{\mathrm{d}t} \tag{2.4-1}$$

式中,ε 代表回路中的感应电动势,Φ 代表回路中的磁通量。如把磁通量写成磁通量密度的面积分,同时电动势写成电场强度的闭合回路积分,则得

$$\oint_L \boldsymbol{E}\cdot \mathrm{d}\boldsymbol{l}=-\frac{\mathrm{d}}{\mathrm{d}t}\int_S \boldsymbol{B}\cdot \mathrm{d}\boldsymbol{\sigma} \tag{2.4-2}$$

式(2.4-2)为用场矢量表示的电磁感应定律。式(2.4-1)和式(2.4-2)中的负号是楞次定律所要求的。

我们知道电磁感应定律是建立在闭合的导体回路中的，然而麦克斯韦把这个定律加以推广，麦克斯韦认为电磁感应定律可以包括在真空和任意介质中，即认为变化磁场引起感应电场的现象不仅发生在导体回路中，而且可以不受导线回路的限制。根据这个观点，在介质中任取的一个闭合回路，则在此回路上，电磁感应定律同样是成立的。电磁波的发现完全证明了这一假设是正确的。

法拉第电磁感应定律的微分形式可以直接由式(2.4-2)导出，应用斯托克斯积分公式，式(2.4-2)等号左边为

$$\oint_L \boldsymbol{E} \cdot \mathrm{d}\boldsymbol{l} = \int_S \nabla \times \boldsymbol{E} \cdot \mathrm{d}\boldsymbol{\sigma} \tag{2.4-3}$$

故式(2.4-2)变成

$$\int_S \left(\nabla \times \boldsymbol{E} + \frac{\partial}{\partial t}\boldsymbol{B} \right) \cdot \mathrm{d}\boldsymbol{\sigma} = 0 \tag{2.4-4}$$

因为 S 是任意的，所以上式中积分函数必须等于零，则可以得到

$$\nabla \times \boldsymbol{E} = -\frac{\partial \boldsymbol{B}}{\partial t} \tag{2.4-5}$$

这个结果表明，感应电场和静电场的性质完全不同，它是有旋度的场。因而这个电场不能用一个标量的梯度去代替，即不能应用标量势的概念。

2. 位移电流

变化的磁场能够产生电场，当电场随时间变化时，能否感应出磁场，即发生与电磁感应相类似的现象呢？麦克斯韦发现将稳恒磁场中安培环路定理应用到时变场时会出现矛盾，为此提出位移电流的假说，对安培环路定律做出修正。位移电流的假说也就是变化的电场产生磁场的假说。

式(2.4-5)表示变化的磁场是产生电场的一个原因。与此对比，如果变化的电场不产生磁场，则磁场仍然只能由传导电流产生。对于时变场，下式仍然成立，即

$$\nabla \times \boldsymbol{H} = \boldsymbol{j}_{\mathrm{f}} \tag{2.4-6}$$

式中，$\boldsymbol{j}_{\mathrm{f}}$ 是传导电流密度。因为一个矢量场旋度的散度恒为零，故

$$\nabla \cdot \boldsymbol{j}_{\mathrm{f}} = 0 \tag{2.4-7}$$

式(2.4-7)表明传导电流密度的散度为零。但是在时变电场情形下，电荷是随时间变化的，因此 $\boldsymbol{j}_{\mathrm{f}}$ 的散度不再等于零，而等于该点电荷体密度的变化率，即

$$\nabla \cdot \boldsymbol{j} = -\frac{\partial \rho}{\partial t} \tag{2.4-8}$$

这样，式(2.4-7)和式(2.4-8)便相互矛盾。其中式(2.4-8)是电荷守恒定律的结果，无疑是正确的。因此可以认为式(2.4-7)已不再适合时变场情形。换言之，变化电场将感应出磁场，而成为磁场的一个“源”。式(2.4-6)的右边应增加一个反映电场变化的项。事实上，如果我们考虑到 $\nabla \cdot \boldsymbol{D} = \rho$，则

$$\nabla \cdot \frac{\partial}{\partial t}\boldsymbol{D} = \frac{\partial}{\partial t} \nabla \cdot \boldsymbol{D} = \frac{\partial \rho}{\partial t} = -\nabla \cdot \boldsymbol{j} \tag{2.4-9}$$

即

$$\nabla \cdot \left(\boldsymbol{j} + \frac{\partial \boldsymbol{D}}{\partial \boldsymbol{t}} \right) = 0 \tag{2.4-10}$$

我们看到，如果令

$$\nabla \times \boldsymbol{H} = \boldsymbol{j} + \frac{\partial \boldsymbol{D}}{\partial t} \tag{2.4-11}$$

则与电荷守恒定律相一致。式(2. 4-11)中$\frac{\partial \boldsymbol{D}}{\partial t}$是麦克斯韦首先引入到$\boldsymbol{H}$的旋度方程中的,并称它为**位移电流密度**,因为它具有电流密度的量纲。式(2. 4-11)说明传导电流和位移电流都是磁场的“源”。位移电流不同于通常电流(电荷流动)的概念,它不过是为了说明变化电场产生磁场的现象而引入的一个假想概念而已。

由于引入位移电流,电流的范围扩大了。通常把包括传导电流、位移电流、有时还有运流电流(真空或气体中由自由电荷运动引起的电流,又称徙动电流)在内的电流称为全电流。只要电场随时间变化,便会有位移电流,所以位移电流存在于真空及一切介质中,且位移电流与电场变化频率有关,频率越高,位移电流密度越大。

位移电流的假设不能由实验直接验证,但是根据这一假设推导出来的麦克斯韦方程已为实践所证明是客观真理。

【例 2-4】 铜的电导率$\sigma=5.8\times10^{7}\mathrm{S\cdot m^{-1}}$,相对介电常数$\varepsilon_r=1$。设铜中的传导电流密度为$\boldsymbol{J}=\boldsymbol{e}_x J_m\cos(\omega t)\ \mathrm{A\cdot m^{-2}}$。试证明:在无线电频率范围内,铜中的位移电流与传导电流相比是可以忽略的。

证明: 当铜中存在时变电磁场时,位移电流密度为

$$\boldsymbol{J}_d=\frac{\partial \boldsymbol{D}}{\partial t}=\varepsilon_r\varepsilon_0\frac{\partial \boldsymbol{E}}{\partial t}=\varepsilon_r\varepsilon_0\frac{\partial}{\partial t}[\boldsymbol{e}_x E_m\cos\omega t]=-\boldsymbol{e}_x\omega\varepsilon_r\varepsilon_0 E_m\sin\omega t$$

位移电流密度的振幅为

$$J_{dm}=\omega\varepsilon_r\varepsilon_0 E_m$$

由欧姆定律的微分形式,即式(2. 2-11),得传导电流密度的振幅为

$$J_m=\sigma E_m$$

$$\frac{J_{dm}}{J_m}=\frac{\omega\varepsilon_r\varepsilon_0 E_m}{\sigma E_m}=\frac{2\pi\nu\times1\times8.854\times10^{-12}E_m}{5.8\times10^{7}E_m}=9.58\times10^{-13}\nu$$

我们通常所说的无线电频率是指$\nu=300\mathrm{MHz}$以下的频率范围,即使扩展到极高频段($\nu=30\sim300\mathrm{GHz}$),从上面的关系式看出比值$J_{dm}/J_m$也是很小的,故可忽略铜中的位移电流。

3. 麦克斯韦方程组

麦克斯韦方程组是电磁场的基本方程,是麦克斯韦在他提出的位移电流的假设下,全面总结电生磁和磁生电现象后提出来的。其微分形式如下

$$\nabla\times\boldsymbol{H}=\boldsymbol{j}+\frac{\partial \boldsymbol{D}}{\partial t} \tag{2. 4-12}$$

$$\nabla\times\boldsymbol{E}=-\frac{\partial \boldsymbol{B}}{\partial t} \tag{2. 4-13}$$

$$\nabla\cdot\boldsymbol{B}=0 \tag{2. 4-14}$$

$$\nabla\cdot\boldsymbol{D}=\rho_f \tag{2. 4-15}$$

式(2. 4-12)也称为全电流定律,该式表明传导电流和变化的电场都能产生磁场;式(2. 4-13)也称为法拉第电磁感应定律,该式表明变化的磁场产生电场;式(2. 4-14)也称为磁通连续定律,该式表明磁场是无源场,磁感应线是闭合曲线,这与客观上不存在单独磁荷的现象一致;式(2. 4-15)表明电荷产生电场,其中ρ_f为自由电荷体密度。

积分形式的麦克斯韦方程组为

$$\oint_L \boldsymbol{H} \cdot \mathrm{d}\boldsymbol{l} = I_{\mathrm{f}} + \int_S \frac{\partial \boldsymbol{D}}{\partial t} \cdot \mathrm{d}\boldsymbol{\sigma} \tag{2.4-16}$$

$$\oint_L \boldsymbol{E} \cdot \mathrm{d}\boldsymbol{l} = -\int_S \frac{\partial \boldsymbol{B}}{\partial t} \cdot \mathrm{d}\boldsymbol{\sigma} \tag{2.4-17}$$

$$\oint_S \boldsymbol{B} \cdot \mathrm{d}\boldsymbol{\sigma} = 0 \tag{2.4-18}$$

$$\oint_S \boldsymbol{D} \cdot \mathrm{d}\boldsymbol{\sigma} = Q_{\mathrm{f}} \tag{2.4-19}$$

式(2.4-19)表明穿过任意闭合曲面的电位移的通量等于该闭合曲面所包围的自由电荷的代数和;式(2.4-18)表明穿过任意闭合曲面的磁感应强度的通量恒等于0;式(2.4-17)表明电场强度沿任意闭合曲线的环量,等于穿过以该闭合曲线为周界的任一曲面的磁通量变化率的负值;式(2.4-16)表明磁场强度沿任意闭合曲线的环量,等于穿过以该闭合曲线为周界的任意曲面的传导电流和位移电流之和。

麦克斯韦方程组表明了电磁场和它们的源之间的全部关系。麦克斯韦方程组是宏观电磁现象的基本规律,电磁场的计算都可归结为求麦克斯韦方程组的解。静电场、恒定电场和恒定磁场的方程都可以由麦克斯韦方程组导出,它们不过是$\frac{\partial}{\partial t}=0$特殊情形下的麦克斯韦方程组。

4. 电磁场的边值关系

当研究某一区域的电磁场时,常遇到该区域被不同介质分成几个区域的情况。由于介质性质的突变,这些界面上将出现面电荷、面电流分布,电磁场矢量 $\boldsymbol{E}$、$\boldsymbol{D}$、$\boldsymbol{B}$、$\boldsymbol{H}$ 将发生跃迁,微分形式的麦克斯韦方程组在界面上将失去意义。要解出一个子区域内的电磁场,除了要知道该区域的电流、电荷及初始条件外,还必须给出这个子区域的边界条件。由于电磁场沿界面一侧的分布就是另一侧电磁场的边界条件,因此,在场没有解出之前,子区域的边界条件一般不能给出,但可以给出界面两侧场量满足一定的关系。这种描述界面两侧场量改变与界面上电荷电流之间的关系式称为边值关系。按照静电场和稳恒磁场中推导边值关系的方法,将麦克斯韦方程的积分形式应用到分界面上,即可求得电磁场的边值关系。

界面上电磁场的边值关系实质上就是麦克斯韦方程组在界面上的等效形式。下面分别讨论场矢量的法向分量和切向分量在界面上的边值关系。这里的法向和切向是针对界面而言的。

(1) 场矢量的法向分量在界面上的边值关系

设界面的单位法向矢量为 $\boldsymbol{n}$,则场矢量的法向分量可以写成 $\boldsymbol{E}\cdot\boldsymbol{n}$、$\boldsymbol{D}\cdot\boldsymbol{n}$、$\boldsymbol{B}\cdot\boldsymbol{n}$、$\boldsymbol{H}\cdot\boldsymbol{n}$,在此只研究 $\boldsymbol{D}\cdot\boldsymbol{n}$ 和 $\boldsymbol{B}\cdot\boldsymbol{n}$。在两介质界面上取一面元 ΔS,以 ΔS 为截面取一无限薄扁平小柱体,使柱体上下两底面分属于两介质(见图2.4-1)。

首先讨论电位移矢量在界面法向上的变化关系。把式(2.4-16)应用于该小柱体,左端的面积分沿柱体表面。由于柱体高度 h 是小量,而在侧面上 $\boldsymbol{D}$ 处处有限,故侧面对面积分的贡献可忽略,只由上下两底面的积分给出。而该式的右端是柱体内总自由电荷。

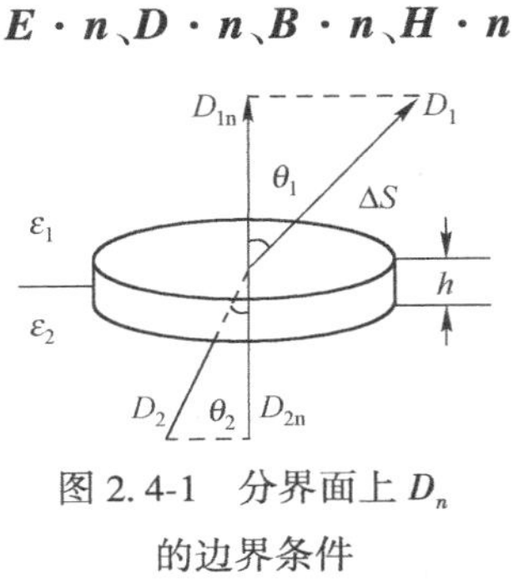

图2.4-1 分界面上 D_n 的边界条件

在柱体高度 $h \to 0$ 时，柱体内总自由电荷为面 ΔS 上的自由电荷 $\sigma_f \Delta S$，即

$$\oint \boldsymbol{D} \cdot d\boldsymbol{s} = (\boldsymbol{D}_{1n} - \boldsymbol{D}_{2n}) \cdot \Delta \boldsymbol{S} = \sigma_f \Delta S \tag{2.4-20}$$

则可得

$$\boldsymbol{D}_{1n} - \boldsymbol{D}_{2n} = \sigma_f, \quad 即 \quad (\boldsymbol{D}_1 - \boldsymbol{D}_2) \cdot \boldsymbol{n} = \sigma_f \tag{2.4-21}$$

上式表明电位移矢量在界面法向上是不连续的，其跃变与自由电荷密度有关。

其次讨论磁感应强度矢量在界面法向上的变化关系。把式(2.4-17)应用于该小柱体，可得

$$(\boldsymbol{B}_2 - \boldsymbol{B}_1) \cdot \boldsymbol{n} = 0 \tag{2.4-22}$$

上式表明磁感应强度矢量在界面法向上是连续的。

(2) 场矢量的切向分量在界面上的边值关系

设界面的单位法向矢量为 $\boldsymbol{n}$，则场矢量的切向分量可以写成 $\boldsymbol{E}\times\boldsymbol{n}$、$\boldsymbol{D}\times\boldsymbol{n}$、$\boldsymbol{B}\times\boldsymbol{n}$、$\boldsymbol{H}\times\boldsymbol{n}$，在此只研究 $\boldsymbol{E}\times\boldsymbol{n}$ 和 $\boldsymbol{H}\times\boldsymbol{n}$。为求出场矢量的切向分量在界面上的边值关系，在两介质界面上取一线元 Δl，以 Δl 为中线垂直于界面取一无限窄小矩形，它的两短边可以看成宏观小量，但其上下两边分别深入到界面两侧介质的分子层中(见图 2.4-2)。

首先讨论磁场强度矢量在切向上的变化关系。把式(2.4-16)应用于该小矩形回路，等式左边积分得 $\oint_l \boldsymbol{H} \cdot d\boldsymbol{l} = (\boldsymbol{H}_1 - \boldsymbol{H}_2) \cdot \Delta \boldsymbol{l}$。由于回路面积趋于零，体分布的电流对右端积分贡献为零，仅面分布的电流有非零贡献，由于分界面的法线方向 $\boldsymbol{n}$ 由介质 2 指向介质 1，闭合回路所包围的平面的方向为 $\boldsymbol{s}$(图中⊗表示垂直纸面向内)，在回路包围面积上通过的电流为 $\boldsymbol{a}_f \cdot \boldsymbol{s} \Delta l$，又

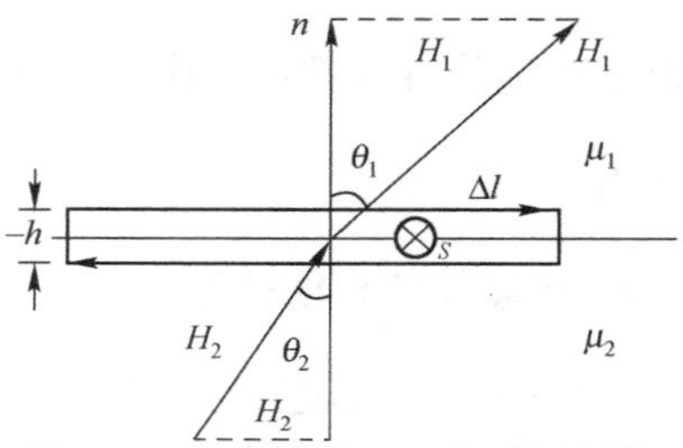

图 2.4-2　分界面上 H_t 的边界条件

$$\Delta \boldsymbol{l} = (\boldsymbol{s} \times \boldsymbol{n}) \Delta l \tag{2.4-23}$$

则回路积分变为

$$(\boldsymbol{H}_1 - \boldsymbol{H}_2) \cdot (\boldsymbol{s} \times \boldsymbol{n}) \Delta l = \boldsymbol{a}_f \cdot \boldsymbol{s} \Delta l$$

即

$$\boldsymbol{n} \times (\boldsymbol{H}_1 - \boldsymbol{H}_2) \cdot \boldsymbol{s} \Delta l = \boldsymbol{a}_f \cdot \boldsymbol{s} \Delta l \tag{2.4-24}$$

上式利用了矢量恒等式

$$\boldsymbol{A} \cdot (\boldsymbol{B} \times \boldsymbol{C}) = \boldsymbol{C} \cdot (\boldsymbol{A} \times \boldsymbol{B}) = \boldsymbol{B} \cdot (\boldsymbol{C} \times \boldsymbol{A}) \tag{2.4-25}$$

由于回路是任意选取的，其包围面的方向也为任意，故一定有

$$\boldsymbol{n} \times (\boldsymbol{H}_1 - \boldsymbol{H}_2) = \boldsymbol{a}_f \tag{2.4-26}$$

上式表明磁场强度矢量在界面切向上是不连续的，其跃变与界面上自由电流密度有关。如果交界面没有自由的面电流，则 $\boldsymbol{n} \times (\boldsymbol{H}_1 - \boldsymbol{H}_2) = 0$。

其次讨论电场强度矢量在切向上的变化关系。把式(2.4-17)应用于该小矩形回路，可得

$$\boldsymbol{n} \times (\boldsymbol{E}_1 - \boldsymbol{E}_2) = 0 \tag{2.4-27}$$

上式表明电场强度矢量在界面切向上是连续的。

2.5　电磁场的能量和能流

前面讨论了电磁现象的基本规律，下面就从这些基本规律出发揭示电磁场的物质性。

电磁场是物质的一种形式，应与静电场和稳恒磁场一样具有能量。**根据实验事实，电磁场与带电体相互作用时的能量可以转化为带电体的机械能，说明电磁场确实具有能量。**那么电磁场的能量和能量流动应如何描述呢？

1. 电磁场的能量和能量密度

人们总是通过已知能量形式的相互转化来认识一种新的能量形式。当电磁场和电荷相互作用时,场对电荷做功,带电体能量发生变化。根据能量守恒定律,带电体能量的增加就等于电磁场能量的减少。

设有一个空间区域 V,其中存在电磁场 $\boldsymbol{E}$ 和 $\boldsymbol{B}$,电荷密度为 ρ,电荷运动速度为 v,根据洛伦兹力公式,电磁场对电荷作用力的力密度为

$$\boldsymbol{f}=\rho(\boldsymbol{E}+v\times\boldsymbol{B}) \tag{2.5-1}$$

按经典力学,电磁场对电荷做功的功率密度为

$$\boldsymbol{f}\cdot\boldsymbol{v}=\rho(\boldsymbol{E}+\boldsymbol{v}\times\boldsymbol{B})\cdot\boldsymbol{v}=\boldsymbol{E}\cdot\boldsymbol{j}_{\mathrm{f}} \tag{2.5-2}$$

考虑到 $\boldsymbol{j}_{\mathrm{f}}=\rho\boldsymbol{v}$ 为电流密度。电磁场对电荷做功的总功率为

$$P=\int_V \boldsymbol{f}\cdot\boldsymbol{v}\mathrm{d}\tau=\int_V \boldsymbol{E}\cdot\boldsymbol{j}_{\mathrm{f}}\mathrm{d}\tau \tag{2.5-3}$$

根据能量守恒定律,电磁场对电荷做功的总功率等于电磁场能量的减少率。为了求电磁场能量表达式,把电流密度 $\boldsymbol{j}_{\mathrm{f}}$ 通过场量表达出来,由麦克斯韦方程 $\boldsymbol{j}_{\mathrm{f}}=\nabla\times\boldsymbol{H}-\dfrac{\partial\boldsymbol{D}}{\partial t}$,可得

$$\boldsymbol{E}\cdot\boldsymbol{j}_{\mathrm{f}}=\boldsymbol{E}\cdot\nabla\times\boldsymbol{H}-\boldsymbol{E}\cdot\frac{\partial\boldsymbol{D}}{\partial t} \tag{2.5-4}$$

又因为

$$\nabla\cdot(\boldsymbol{E}\times\boldsymbol{H})=\nabla\times\boldsymbol{E}\cdot\boldsymbol{H}-\boldsymbol{E}\cdot\nabla\times\boldsymbol{H}$$

故式(2.5-4)为

$$\begin{aligned}\boldsymbol{E}\cdot\boldsymbol{j}_{\mathrm{f}}&=\nabla\times\boldsymbol{E}\cdot\boldsymbol{H}-\nabla\cdot(\boldsymbol{E}\times\boldsymbol{H})-\boldsymbol{E}\cdot\frac{\partial\boldsymbol{D}}{\partial t}\\&=-\nabla\cdot(\boldsymbol{E}\times\boldsymbol{H})-\frac{\partial\boldsymbol{B}}{\partial t}\cdot\boldsymbol{H}-\boldsymbol{E}\cdot\frac{\partial\boldsymbol{D}}{\partial t}\end{aligned} \tag{2.5-5}$$

所以式(2.5-3)变为

$$P=\int_V\left[-\nabla\cdot(\boldsymbol{E}\times\boldsymbol{H})-\frac{\partial\boldsymbol{B}}{\partial t}\cdot\boldsymbol{H}-\boldsymbol{E}\cdot\frac{\partial\boldsymbol{D}}{\partial t}\right]\mathrm{d}\tau \tag{2.5-6}$$

若定义

$$\frac{\partial w}{\partial t}=\frac{\partial\boldsymbol{B}}{\partial t}\cdot\boldsymbol{H}+\boldsymbol{E}\cdot\frac{\partial\boldsymbol{D}}{\partial t}$$

则式(2.5-6)可变为

$$P=-\int_V\nabla\cdot(\boldsymbol{E}\times\boldsymbol{H})\mathrm{d}\tau-\int_V\frac{\partial w}{\partial t}\mathrm{d}\tau \tag{2.5-7}$$

利用高斯公式,可得

$$P=-\oint_S(\boldsymbol{E}\times\boldsymbol{H})\cdot\mathrm{d}\boldsymbol{\sigma}-\int_V\frac{\partial w}{\partial t}\mathrm{d}\tau \tag{2.5-8}$$

式中,S 是包围区域 V 的闭合曲面,以上空间 V 是任意的。为了看清上式各项的物理意义,假设 V 为全空间。对于分布在有限区域内的电荷、电流,在任意有限时间内,无穷远处的电磁场场量都必定为零,此时上式可写成

$$P=-\frac{\mathrm{d}}{\mathrm{d}t}\int_V w\mathrm{d}\tau \tag{2.5-9}$$

上式左边是全空间电磁场对电荷做功的总功率,右边必为全空间中电磁场能量的减少率。全空间中除去电荷外,就是与它作用着的电磁场,故 w 就是电磁场的能量密度。

上面我们知道了 w 就是电磁场的能量密度,其具体表达式在某些简单情况下是可以给出的。例如,空间区域是各向同性线性介质,$\boldsymbol{D}=\varepsilon\boldsymbol{E}$,且 $\boldsymbol{B}=\mu\boldsymbol{H}$,则可得

$$\frac{\partial w}{\partial t}=\frac{\partial}{\partial t}\left[\frac{1}{2}(\boldsymbol{H}\cdot\boldsymbol{B}+\boldsymbol{E}\cdot\boldsymbol{D})\right] \tag{2.5-10}$$

电磁场的能量密度为

$$w=\frac{1}{2}(\boldsymbol{H}\cdot\boldsymbol{B}+\boldsymbol{E}\cdot\boldsymbol{D}) \tag{2.5-11}$$

注意以上形式的适用范围。

一般情况下,电磁场的能量密度公式为

$$\frac{\partial w}{\partial t}=\frac{\partial \boldsymbol{B}}{\partial t}\cdot\boldsymbol{H}+\boldsymbol{E}\cdot\frac{\partial \boldsymbol{D}}{\partial t}$$

2. 电磁场的能流密度

时变电磁场中一个重要现象就是电磁能量的流动,我们定义单位时间内穿过与能量流动方向相垂直的单位面积的能量为能流密度矢量,其意义就是电磁场中某点的功率密度,方向为该点能量流动的方向。详细说明如下。根据上面推导过程可得

$$\int_V \boldsymbol{E}\cdot\boldsymbol{j}_{\mathrm{f}}\mathrm{d}\tau=-\oint_S(\boldsymbol{E}\times\boldsymbol{H})\cdot\mathrm{d}\boldsymbol{\sigma}-\int_V\frac{\partial w}{\partial t}\mathrm{d}\tau \tag{2.5-12}$$

将上式等号右边第二项移到等号左边,可得

$$\int_V \boldsymbol{E}\cdot\boldsymbol{j}_{\mathrm{f}}\mathrm{d}\tau+\int_V\frac{\partial w}{\partial t}\mathrm{d}\tau=-\oint_S(\boldsymbol{E}\times\boldsymbol{H})\cdot\mathrm{d}\boldsymbol{\sigma} \tag{2.5-13}$$

上式等号左边第一项是区域 V 中电磁场对电荷做功的总功率,第二项是区域 V 内电磁场能量的增量,考虑到能量守恒,右边的积分一定是区域边界面 S 流进来的电磁场能量。所以 $\boldsymbol{E}\times\boldsymbol{H}$ 可以解释为电磁场能流密度,记为

$$\boldsymbol{S}=\boldsymbol{E}\times\boldsymbol{H} \tag{2.5-14}$$

又称为坡印廷矢量,其方向表示电磁场能量流动方向,大小等于单位时间内通过与能量流动方向垂直的单位面积上的电磁场能量。

式(2.5-13)是电磁场和电荷相互作用的能量守恒定律的积分形式,可由高斯积分公式得到其微分形式

$$\boldsymbol{E}\cdot\boldsymbol{j}_{\mathrm{f}}+\frac{\partial w}{\partial t}=-\nabla\cdot\boldsymbol{S} \tag{2.5-15}$$

必须指出,上述电磁场能量密度、能流密度的表达式是在确认能量守恒的前提下推导出来的,因此不是严格意义上的推导,事实上严格推导是不可能的。因为电磁场能量密度和能流密度的表达式是在能量守恒的前提下得出的,而能量守恒表达式又依赖于电磁场能量密度和能流密度的表达式。二者中任何一个都不能先于另一个解决,只能够同时解决。重要的是上述结果已被大量的实验事实证明是正确的。

【例 2-5】 用坡印廷矢量分析直流电源沿同轴电缆向负载传送能量的过程。设电缆为理想导体,内外半径分别为 a 和 b,如图 2.5-1 所示。

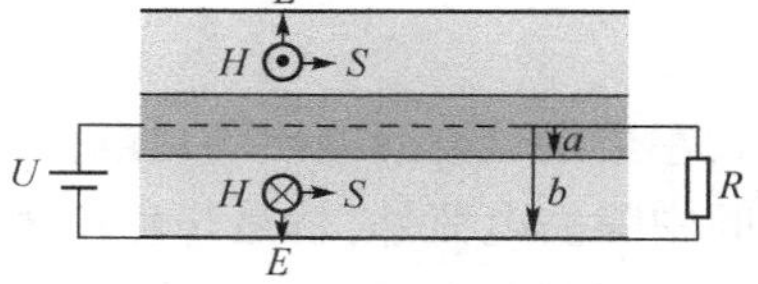

图 2.5-1　同轴电缆

解: 内导体是半径为 a 的圆柱体,外导体是半径为 b 的圆柱壁(厚度很小以至忽略),两者之间为绝缘介质。系统具有柱对称性,所以采用柱坐标分析较方便。内导

体和外导体上的电流强度大小相等，流动方向相反，所以外导体之外的磁场强度为零。由于为理想导体，电阻为零，电导率 $\sigma_e \to \infty$，由欧姆定律微分形式 $\boldsymbol{j}=\sigma_e\boldsymbol{E}$，故导体内部电场强度为零。所以，只有内、外导体之间才有可能同时存在电场和磁场，坡印廷矢量不为零。

由于柱对称性，可以判断出电场强度的方向平行于 $\boldsymbol{e}_\rho$，磁场强度的方向平行于 $\boldsymbol{e}_\varphi$。由电场的高斯定理，容易得出电场强度 $\boldsymbol{E}\propto \frac{1}{\rho}\boldsymbol{e}_\rho$，再由 $\int_a^b E\mathrm{d}\rho=U$，得

$$\boldsymbol{E}=\frac{U}{\rho\ln(b/a)}\boldsymbol{e}_\rho$$

由磁场的安培环路定理，可得磁场强度

$$\boldsymbol{H}=\frac{I}{2\pi\rho}\boldsymbol{e}_\varphi$$

则坡印廷矢量
$$\boldsymbol{S}=\boldsymbol{E}\times\boldsymbol{H}=\frac{U}{\rho\ln(b/a)}\cdot\frac{I}{2\pi\rho}\boldsymbol{e}_z$$

流入内外导体间的横截面 A 的功率为

$$P=-\int_A \boldsymbol{S}\cdot\mathrm{d}\boldsymbol{A}=\int_a^b \frac{UI}{2\pi\rho^2\ln(b/a)}2\pi\rho\mathrm{d}\rho=UI$$

即说明电源提供的能量全部被负载吸收了，电磁能量是通过导体周围的介质传播的，导线只起导向作用。

习题 2

2.1 已知某一区域中给定瞬间的电流密度 $\boldsymbol{J}=C(x^3\boldsymbol{e}_x+y^3\boldsymbol{e}_y+z^3\boldsymbol{e}_z)$，其中 C 是大于零的常量，求：

(1) 在此瞬间坐标为 $(1,-1,2)$ 的点处电荷密度的时间变化率；

(2) 求此瞬间以原点为球心，a 为半径的球内总电荷的时间变化率。

2.2 设在某静电场域中任意点的电场强度均平行于 x 轴。

证明：(1) $\boldsymbol{E}$ 与坐标 y,z 无关；(2) 若此区域中没有电荷，则 $\boldsymbol{E}$ 与坐标 x 无关。

2.3 设真空中的一对平行导线之间的距离为 d，两导线上的电流分别为 I_1 和 I_2，试计算长为 L 的两导线之间的作用力。

2.4 已知无源区 $\boldsymbol{j}=0,\rho=0$ 中的电场 $\boldsymbol{E}=\boldsymbol{i}E_{\mathrm{m}}\cos(\omega t-kz)$，式中 E_{m},k,ω 是常量。由麦克斯韦方程组求 $\boldsymbol{B}$，并且证明 $k^2=\omega^2\mu_0\varepsilon_0$。

2.5 从微分形式麦克斯韦方程组导出电流连续性方程。

2.6 试证明通过电容器的位移电流等于导线中的传导电流。

2.7 线性各向同性均匀介质中某点的极化强度 $\boldsymbol{P}=18\boldsymbol{e}_x-30\boldsymbol{e}_y+5\boldsymbol{e}_z$，$D_z=20.5$，求这点的 $\boldsymbol{E}$ 和 $\boldsymbol{D}$。

2.8 证明均匀介质内部的体极化电荷密度 ρ_{P} 总是等于体自由电荷密度 ρ_{f} 的 $-\left(1-\frac{\varepsilon_0}{\varepsilon}\right)$ 倍。

2.9 有一个内、外半径分别为 a 和 b，介质常数为 ε 的介质球壳，其中有密度为 ρ 的均匀电荷，求任一点的 $\boldsymbol{D}$ 及球壳中的极化电荷密度。

2.10 半径为 a 的球形媒质的磁导率为 μ，球外是空气，已知球内、外的磁场强度分别为

$$\boldsymbol{H}_1=A(\boldsymbol{r}\cos\theta-\boldsymbol{\theta}\sin\theta),\quad r<a;\quad \boldsymbol{H}_2=Cr^3(\boldsymbol{r}2\cos\theta+\boldsymbol{\theta}\sin\theta),\quad r>a$$

(1) 确定 A 和 C 之间的关系； (2) 求球面的自由电流密度。

2.11 将低频电压 $u=U_0\cos\omega t$ 加于极板半径为 a、间隔为 d 的平行板电容器上，设 $d\ll a$。求：

(1) 平行板电容器板间电场和磁场； (2) 平行板电容器内能流密度。

第 3 章　电磁场的波动性

本章先简单回顾波与波动方程，了解波这种物质特殊运动形式的共同特性。然后从第 2 章给出的麦克斯韦方程组出发，推导出电磁场的波动方程，得出时变电磁场能以波动的形式存在。接着讨论单色电磁波的一些特点、相速度与群速度，以及电磁波与物质作用时的介质色散问题。最后介绍电磁波的辐射。

3.1　电磁场的波动方程

1. 波与波动方程

振动在空间传播形成波动。在波场中，描写振动的物理量随时间、空间呈周期性地变化。例如，一个沿 x 方向传播的平面波的函数为

$$u(x,t)=A\cos 2\pi\left(\frac{t}{T}-\frac{x}{\lambda}\right) \tag{3.1-1}$$

式中，A 是振幅，λ 是波长，T 是周期。也可以用其他一些参数描写波动，如波矢量 $\boldsymbol{k}$、频率 ν、圆频率 ω 等，它们的关系是

$$\lambda=2\pi/k,\quad \omega=2\pi\nu=2\pi/T \tag{3.1-2}$$

我们知道，力学中描写的波动，如声波、水波、地震波等，都可以看成质点振动在空间的传播。按照牛顿定律，可以导出质点位移满足的微分方程，它是关于时间和空间的偏微分方程。其一维形式为

$$\frac{\partial^2 u}{\partial x^2}-\frac{1}{v^2}\frac{\partial^2 u}{\partial t^2}=0 \tag{3.1-3}$$

式中，v 为波速，即

$$v=\lambda/T=\omega/k \tag{3.1-4}$$

三维情况下，式(3.1-3)改写为

$$\nabla^2 u-\frac{1}{v^2}\frac{\partial^2 u}{\partial t^2}=0 \tag{3.1-5}$$

2. 电磁场波动方程

现在我们假定在真空中的某一区域内存在一种迅速变化的电荷电流分布，而在该区域以外的空间中，电荷及电流密度处处为零，即 $\rho=0, j=0$。在此情况下，我们来研究此空间（无源空间）内电磁场的运动形式。

在无源空间中（电流源为零，电荷源为零），电场和磁场相互激发，电磁场的运动规律满足下列麦克斯韦方程组

$$\nabla\times\boldsymbol{H}=\frac{\partial \boldsymbol{D}}{\partial t}=\varepsilon_0\frac{\partial \boldsymbol{E}}{\partial t} \tag{3.1-6}$$

$$\nabla\times\boldsymbol{E}=-\frac{\partial \boldsymbol{B}}{\partial t}=-\mu_0\frac{\partial \boldsymbol{H}}{\partial t} \tag{3.1-7}$$

$$\nabla\cdot\boldsymbol{H}=0 \tag{3.1-8}$$

$$\nabla\cdot\boldsymbol{E}=0 \tag{3.1-9}$$

现在我们从这组联立的偏微分方程组中找出电场和磁场各自满足的方程,再看它们的解具有什么样的性质。为此,对式(3.1-7)两边取旋度

$$\nabla\times\nabla\times\boldsymbol{E}=-\mu_0\frac{\partial}{\partial t}(\nabla\times\boldsymbol{H}) \tag{3.1-10}$$

应用矢量恒等式 $\nabla\times\nabla\times\boldsymbol{E}=\nabla(\nabla\cdot\boldsymbol{E})-\nabla^2\boldsymbol{E}$

而按式(3.1-9),即 $\nabla\cdot\boldsymbol{E}=0$,再利用式(3.1-6),式(3.1-10)化为

$$\nabla^2\boldsymbol{E}-\frac{1}{c^2}\frac{\partial^2\boldsymbol{E}}{\partial t^2}=0 \tag{3.1-11}$$

式中

$$c=1/\sqrt{\mu_0\varepsilon_0} \tag{3.1-12}$$

用同样的方法可以导出磁场 $\boldsymbol{H}$ 所满足的方程

$$\nabla^2\boldsymbol{H}-\frac{1}{c^2}\frac{\partial^2\boldsymbol{H}}{\partial t^2}=0 \tag{3.1-13}$$

将式(3.1-11)或式(3.1-13)与式(3.1-5)比较发现,它们的形式完全相同,表明这里的电磁场是以波动形式存在的。或者说,一切脱离场源(电流源,电荷源)而单独存在的电磁场,在空间的运动都是以波动的形式进行的。以波动形式运动的电磁场称为电磁波。在真空中传播的一切电磁波(包含各种频率范围的电磁波,如无线电波、光波、X 射线、γ 射线等),无论它们的频率是多少,其传播速度都为 $c=1/\sqrt{\mu_0\varepsilon_0}$。

3. 光的电磁理论

麦克斯韦用他自己总结出的电磁场基本方程,推导出了电磁场波动方程,预言了电磁波的存在,并得出真空中的电磁波以速度 $c=1/\sqrt{\mu_0\varepsilon_0}$ 传播。常数 c 首先由科耳劳什和韦伯于 1856 年从测量电容器的静电单位和电磁单位之比定出。结果发现,它和光在自由空间中的传播速度相同,这使麦克斯韦想到:光就是一种电磁波!

早在 1675 年罗麦由木卫一星蚀观测中实现了光速测定,后来布雷德利于 1728 年又用不同方法(从恒星光行差)做了光速测定。第一个对地面光源光速的测量是由斐索于 1849 年实现的。后来,迈克耳孙用多年时间完善测量系统,根据大约 200 次测量的平均值得到 c 为 299796km/s。梅赛于 1923 年测量了电磁波在导线上的速度,得到 c 为 299782km/s。

从各种不同测量(在一些情况下使用的辐射频率和光学测量中所用的频率要差几十万倍)得到的 c 值如此接近一致,这使麦克斯韦理论得到了有力的证明。现代测量技术的发展,利用激光技术使光计量的准确度达到了新的水平,多种测量方法得到的结果相当一致。1983 年 10 月,第十七届国际计量大会正式通过新的“米”定义:“米(m)是光在真空中于 1/299792458 秒时间间隔内所经过的路径的长度”。在这个新的“米”定义中,光速作为等于 299792458m/s 的定义值确定下来,不再具有不确定度。

光的波动性已为众多的干涉、衍射实验所证实。惠更斯、杨氏、菲涅耳等人都对建立光的波动理论做出过重大贡献。然而,在麦克斯韦以前,光被认为是在一种特殊弹性媒质(称为“以太”)中传播的机械波,为了不与观察测量事实抵触,必须赋予“以太”极其矛盾的属性:密

度极小而弹性模量极大。这不仅在实验上无法得到证实,理论上也显得荒唐。麦克斯韦指出了光的电磁属性,认为光是一种电磁波,这在认识光的本质方面是一个重大的突破。

后面我们还将介绍,在无界空间中传播的电磁波是横波,即振动面与传播方向垂直,这与光的偏振实验得出的结论一致。用电磁场理论说明光的反射、折射与衍射等,也得到满意的结果。除了涉及物质微观结构的光学现象需要用量子理论外,宏观领域的光学现象在应用电磁理论时获得完满成功,从而进一步确认了光的电磁理论。

然而,麦克斯韦阐述的理论像机械波动理论一样,还需要有以太,只不过是以电磁的以太代替了机械的以太,在电磁以太中有位移电流和磁场,麦克斯韦本人长期试图借助机械模型来描述电磁场。随着物理学的发展,人们才逐渐放弃机械模型解释麦克斯韦方程,应当把电磁场看做物质的一种特殊形态,是不能再简化的东西,电磁波不同于一般的弹性波,它不必有其他的传播介质,电磁振动在空间的传播是由于变化的电场和磁场相互激发的缘故。

3.2 单色电磁波

3.1 节导出了电磁场在真空中的波动方程,场量 $\boldsymbol{E}$、$\boldsymbol{H}$ 与时间有关,形成时变电磁场。如果激发电磁场的场源(电流源或电荷源)以一定的频率做正弦变化,则它所激发的电磁场也以相同的频率随时间做正弦变化,如无线电广播、通信的载波、激光器发出的激光束等都接近于正弦电磁波。这种以一定的频率做正弦变化的场称为正弦电磁场或时谐电磁场,又称单色场。对于单一频率变化的电磁场在各向同性线性介质中有如下简单关系

$$\boldsymbol{D}(\omega)=\varepsilon(\omega)\boldsymbol{E}(\omega),\quad \boldsymbol{B}(\omega)=\mu(\omega)\boldsymbol{H}(\omega) \tag{3.2-1}$$

需要注意的是,对于不同频率的电磁波,介电常数及磁导率是不同的,即 ε 和 μ 是 ω 的函数

$$\varepsilon=\varepsilon(\omega),\quad \mu=\mu(\omega) \tag{3.2-2}$$

对于一般的电磁波,场量可以是时间的任意函数,但总可以通过傅里叶(Fourier)分析表示成单色波的叠加。

1. 亥姆霍兹(Helmholtz)方程

对于单色波而言,波场中每一点场量都是时间的谐变函数,电场和磁场的一般形式为

$$\boldsymbol{E}(\boldsymbol{r},t)=\boldsymbol{E}(\boldsymbol{r})\mathrm{e}^{-\mathrm{i}\omega t} \tag{3.2-3}$$

$$\boldsymbol{H}(\boldsymbol{r},t)=\boldsymbol{H}(\boldsymbol{r})\mathrm{e}^{-\mathrm{i}\omega t} \tag{3.2-4}$$

时谐电磁场的空间部分和时间部分可以分离,$\mathrm{e}^{-\mathrm{i}\omega t}$是电磁场的时间部分,表示电磁场以 ω 为圆频率随时间做正弦变化;$\boldsymbol{E}(\boldsymbol{r})$ 或 $\boldsymbol{H}(\boldsymbol{r})$ 是电磁场的空间部分,既描述了振幅在空间的分布特点,又描述了相位在空间的分布特点,同时其矢量特性又包含了电磁波的偏振信息。所以,讨论单色电磁波主要就是分析 $\boldsymbol{E}(\boldsymbol{r})$ 或 $\boldsymbol{H}(\boldsymbol{r})$。$\boldsymbol{E}(\boldsymbol{r})$ 或 $\boldsymbol{H}(\boldsymbol{r})$ 也称为复振幅。

在无源空间中将式(3.2-3)、式(3.2-4)代入麦克斯韦方程组中,并利用式(3.2-1)进行运算,消去方程两边的时间因子 $\mathrm{e}^{-\mathrm{i}\omega t}$,可得麦克斯韦方程组的复数形式为

$$\nabla\times\boldsymbol{E}(\boldsymbol{r})=\mathrm{i}\mu\omega\boldsymbol{H}(\boldsymbol{r}) \tag{3.2-5}$$

$$\nabla\times\boldsymbol{H}(\boldsymbol{r})=-\mathrm{i}\varepsilon\omega\boldsymbol{E}(\boldsymbol{r}) \tag{3.2-6}$$

$$\nabla\cdot\boldsymbol{H}(\boldsymbol{r})=0 \tag{3.2-7}$$

$$\nabla\cdot\boldsymbol{E}(\boldsymbol{r})=0 \tag{3.2-8}$$

对于均匀介质中的单色波,上面的四个方程并不完全独立,如对式(3.2-5)两边取散度,利

用 $\nabla\cdot(\nabla\times\boldsymbol{E})=0$,即可得 $\nabla\cdot\boldsymbol{H}=0$,即式(3.2-7)。同样对式(3.2-6)两边取散度,也可导出式(3.2-8)。所以我们研究均匀线性介质中的单色波可以只考虑式(3.2-5)和式(3.2-6)两个方程。对式(3.2-5)式两边取旋度,并利用式(3.2-6)得

$$\nabla\times(\nabla\times\boldsymbol{E})=\mathrm{i}\mu\omega\nabla\times\boldsymbol{H}=\omega^2\mu\varepsilon\boldsymbol{E}$$

又

$$\nabla\times(\nabla\times\boldsymbol{E})=\nabla(\nabla\cdot\boldsymbol{E})-\nabla^2\boldsymbol{E}$$

则有

$$\nabla^2\boldsymbol{E}+k^2\boldsymbol{E}=0 \tag{3.2-9}$$

$$\nabla\cdot\boldsymbol{E}=0 \tag{3.2-10}$$

式(3.2-9)称为亥姆霍兹(Helmholtz)方程。亥姆霍兹方程也可以由式(3.2-3)直接代入波动方程而得到,它是单色波复振幅都需要满足的方程。其中

$$k=\omega\sqrt{\mu\varepsilon} \tag{3.2-11}$$

是空间沿传播方向单位长度上完整的波的数目的 2π 倍,称为电磁波的波矢或圆波数,它决定于媒质的电磁性质和波的激发频率。

式(3.2-10)是电场需要满足的补充条件,决定了电磁场的横波性,称为横波条件。如果能从式(3.2-9)出发解出 $\boldsymbol{E}(\boldsymbol{r})$,则可以由式(3.2-5)解出

$$\boldsymbol{H}=\frac{1}{\mathrm{i}\mu\omega}\nabla\times\boldsymbol{E} \tag{3.2-12}$$

用上述同样的计算方法可求出 $\boldsymbol{H}(\boldsymbol{r})$ 满足的波动方程

$$\nabla^2\boldsymbol{H}+k^2\boldsymbol{H}=0 \tag{3.2-13}$$

$$\nabla\cdot\boldsymbol{H}=0 \tag{3.2-14}$$

解出 $\boldsymbol{H}$ 后,电场由式(3.2-6)给出

$$\boldsymbol{E}=-\frac{1}{\mathrm{i}\varepsilon\omega}\nabla\times\boldsymbol{H} \tag{3.2-15}$$

场的空间部分一旦求出,则时谐电磁场的全解就可表示成式(3.2-3)和式(3.2-4)的形式。

2. 能量密度和能流密度的时间平均值

我们知道,电磁场能量密度 w 和能流密度矢量 $\boldsymbol{S}$ 在各向同性线性介质中可表示为

$$w=\frac{1}{2}(\boldsymbol{E}\cdot\boldsymbol{D}+\boldsymbol{H}\cdot\boldsymbol{B}) \tag{3.2-16}$$

$$\boldsymbol{S}=\boldsymbol{E}\times\boldsymbol{H} \tag{3.2-17}$$

由于能量密度和能流密度是场强的二次式,而二次项中两个因子取实部后的乘积与两个复数相乘后取实部并不相等,故不能把场强的复数表示直接代入。计算 w 和 $\boldsymbol{S}$ 瞬时值时,应把实数表达式代入。但因 w 和 $\boldsymbol{S}$ 都是随时间迅速脉动的量,实际上我们往往只需用到它们的时间平均值。为了以后应用,这里给出二次式求平均值的一般公式。设 $f(t)$ 和 $g(t)$ 的复数形式为

$$f(t)=f_0\mathrm{e}^{-\mathrm{i}(\omega t+\varphi_1)},\quad g(t)=g_0\mathrm{e}^{-\mathrm{i}(\omega t+\varphi_2)}$$

则两者的乘积在一个周期的平均值为

$$\begin{aligned}\overline{f_{实}(t)\cdot g_{实}(t)}&=\frac{1}{T}\int_0^T f_0g_0\cos(\omega t+\varphi_1)\cdot\cos(\omega t+\varphi_2)\,\mathrm{d}t\\&=\frac{1}{T}\int_0^T f_0g_0\,\frac{1}{2}[\cos(2\omega t+\varphi_1+\varphi_2)+\cos(\varphi_1-\varphi_2)]\,\mathrm{d}t\\&=\frac{1}{2}f_0g_0\cos(\varphi_1-\varphi_2)\end{aligned}$$

利用复数取复共轭及取实部运算,上式可改写为

$$\overline{f_{实}(t)\cdot g_{实}(t)}=\frac{1}{2}\mathrm{Re}\{f_{复}^{*}(t)\cdot g_{复}(t)\} \tag{3.2-18}$$

这表明两个同频率变化的物理量乘积的时间平均值可用其复数表达式的相应运算直接算出。所以我们可以算出实际能量密度和能流密度的时间平均值为

$$\overline{w}=\frac{1}{4}\mathrm{Re}\{\boldsymbol{E}^{*}\cdot\boldsymbol{D}+\boldsymbol{H}^{*}\cdot\boldsymbol{B}\}=\frac{1}{4}\mathrm{Re}\{\varepsilon\boldsymbol{E}^{*}\cdot\boldsymbol{E}+\mu\boldsymbol{H}^{*}\cdot\boldsymbol{H}\} \tag{3.2-19}$$

$$\overline{\boldsymbol{S}}=\frac{1}{2}\mathrm{Re}\{\boldsymbol{E}^{*}\times\boldsymbol{H}\} \tag{3.2-20}$$

3. 平面波和球面波

在电磁波的传播过程中,对于任意时刻 t,空间电磁场中具有相同位相的点构成等相位面,或称波阵面。波阵面为平面的电磁波称为平面电磁波,波阵面为球面的电磁波称为球面波。

由上面讨论可知,对于时谐电磁场,波动方程可简化为亥姆霍兹方程求解。按照激发方式或传播条件的不同,亥姆霍兹方程的解可以有平面波解、球面波解等多种形式。先看最基本的平面波解。

平面波的等相位面为与传播方向垂直的平面。考虑到等相位面上各点场矢量的振幅可以相同或不同,把平面波分为均匀平面波和非均匀平面波。场矢量在等相位面上各点振幅相同的平面波为均匀平面波,否则为非均匀平面波。非均匀平面波在后面研究全反射现象时将会遇到;而在无界均匀线性各向同性无耗介质空间中只存在均匀平面波。

不难证明下式满足亥姆霍兹方程

$$\boldsymbol{E}(\boldsymbol{r})=\boldsymbol{E}_0\mathrm{e}^{\mathrm{i}\boldsymbol{k}\cdot\boldsymbol{r}} \tag{3.2-21}$$

实际上

$$\nabla^2\boldsymbol{E}(\boldsymbol{r})=\left(\frac{\partial^2}{\partial x^2}+\frac{\partial^2}{\partial y^2}+\frac{\partial^2}{\partial z^2}\right)\boldsymbol{E}_0\mathrm{e}^{\mathrm{i}\boldsymbol{k}\cdot\boldsymbol{r}}=\boldsymbol{E}_0\left(\frac{\partial^2}{\partial x^2}+\frac{\partial^2}{\partial y^2}+\frac{\partial^2}{\partial z^2}\right)\mathrm{e}^{\mathrm{i}(k_x x+k_y y+k_z z)}$$

$$=\boldsymbol{E}_0[(\mathrm{i}k_x)^2+(\mathrm{i}k_y)^2+(\mathrm{i}k_z)^2]\mathrm{e}^{\mathrm{i}\boldsymbol{k}\cdot\boldsymbol{r}}=-k^2\boldsymbol{E}(\boldsymbol{r})$$

即

$$\nabla^2\boldsymbol{E}(\boldsymbol{r})+k^2\boldsymbol{E}(\boldsymbol{r})=0$$

形如式(3.2-21)的解称为平面波解。补上时间因子,则

$$\boldsymbol{E}(\boldsymbol{r},t)=\boldsymbol{E}_0\mathrm{e}^{\mathrm{i}(\boldsymbol{k}\cdot\boldsymbol{r}-\omega t)} \tag{3.2-22}$$

对于平面波,相位相同的面(等相面)满足 $\boldsymbol{k}\cdot\boldsymbol{r}=$常数,即与 $\boldsymbol{k}$ 垂直的平面。

同样可证,下面形式也满足亥姆霍兹方程

$$\boldsymbol{E}(\boldsymbol{r})=\frac{\boldsymbol{E}_0}{r}\mathrm{e}^{\mathrm{i}k\cdot r} \tag{3.2-23}$$

此式代表一个从原点发出的球面波,当波向外传播时,其振幅不断减小,而球面面积不断扩大。显然,其等相位面为球面。在离开波源足够远的地方,波阵面上的一个小区域和平面波的一部分非常相似,这时球面波可近似看做平面波来处理。

3.3 相速度与群速度

1. 相速(度)

上面所述单色波,无论平面波还是球面波,空间各点的振动位相都是互相关联的。设沿波

传播方向上两点相距 dz,到达同一相位值的时间差为 dt,则定义相速(度)$v_p=\left(\dfrac{dz}{dt}\right)_{d\varphi=0}$。$d\varphi=0$ 表示求相速(度)时须保持相位值不变。相速(度)表征空间位相分布的时序关系。

对于沿 z 轴传播的平面波,电场为 $\boldsymbol{E}(\boldsymbol{r},t)=\boldsymbol{E}_0e^{-i(\omega t-kz)}$,相位因子可写为

$$\varphi(z,t)=\omega t-kz \tag{3.3-1}$$

$$v_p=\left(\frac{dz}{dt}\right)_{d\varphi=0}=\frac{\omega}{k} \tag{3.3-2}$$

球面波位相沿径向传播,相位因子可写为 $\varphi(r,t)=\omega t-kr$,径向距离即 dr,所以 $v_p=\left(\dfrac{dr}{dt}\right)_{d\varphi=0}=\dfrac{\omega}{k}$。所以,无论平面波还是球面波,都有

$$v_p=\omega/k \tag{3.3-3}$$

一般折射率定义为真空光速与相速度的比值,并注意式(3.2-11),有

$$n=c/v_p=c\sqrt{\mu\varepsilon}=\sqrt{\mu_r\varepsilon_r} \tag{3.3-4}$$

式中,μ_r 和 ε_r 分别是相对磁导率和相对介电常数,绝大多数光学介质是非磁性的,$\mu_r\approx1$,故 $n\approx\sqrt{\varepsilon_r}$。

2. 两单色波的叠加

上面的讨论都是对单色波而言的。实际上单色波是理想化的波,不可能严格实现。但根据傅里叶定理,任何波(假定它满足某些很一般的条件)都可以看成是不同频率的单色波的叠加:

$$\Psi(\boldsymbol{r},t)=\int_0^\infty a_\omega(\boldsymbol{r})\cos[\omega t-g_\omega(\boldsymbol{r})]d\omega \tag{3.3-5}$$

或采用复数表示

$$\Psi(\boldsymbol{r},t)=\int_0^\infty a_\omega(\boldsymbol{r})e^{-i[\omega t-g_\omega(\boldsymbol{r})]}d\omega \tag{3.3-6}$$

下面我们讨论包含多种频率的非单色波的一些特点。考虑沿 z 方向传播的平面波

$$\boldsymbol{E}=\boldsymbol{E}_0e^{-i[\omega t-kz]}$$

当频率 ω 确定后,波矢 k 不再独立,在理想介质中

$$k=\omega\sqrt{\mu\varepsilon}=\frac{\omega}{c}n \tag{3.3-7}$$

如果介质是非色散的,即折射率 n 与 ω 无关,则 k 与 ω 成线性关系;如果介质是色散的,则 k 与 ω 不再保持线性关系。k 与 ω 的函数关系记为

$$k=k(\omega) \tag{3.3-8}$$

考虑两个频率不同但十分接近的单色波

$$\Psi_1=A_1e^{-i(\omega_1t-k_1z)},\quad \Psi_2=A_2e^{-i(\omega_2t-k_2t)}$$

的叠加。记 ω_0 为介于 ω_1 与 ω_2 之间的中心频率,$\omega_1<\omega_0<\omega_2$,$k_0=k(\omega_0)$,则

$$\Psi=\Psi_1+\Psi_2=A(z,t)e^{-i(\omega_0t-k_0z)} \tag{3.3-9}$$

式中

$$A(z,t)=A_1e^{-i(\Delta\omega_1t-\Delta k_1z)}+A_2e^{-i(\Delta\omega_2t-\Delta k_2z)} \tag{3.3-10}$$

由于 $\Delta\omega=\omega_2-\omega_1$ 远小于 ω_0,所以 $\Delta\omega_1=\omega_1-\omega_0$,$\Delta\omega_2=\omega_2-\omega_0$ 很小,故 $A(z,t)$ 随时间变化很慢。同样 $\Delta k_1=k(\omega_1)-k_0$,$\Delta k_2=k(\omega_2)-k_0$ 也很小,$A(z,t)$ 随空间变化也很慢。总之,与因子 $e^{-i(\omega_0t-k_0z)}$ 相比,$A(z,t)$ 是一个缓慢变化的函数。所以合成波仍可近似看成频率为 ω_0 的单色波,但其“振幅因子”在缓慢变化。从图 3.3-1 可看出位相因子确定合成波的“细节(快速振荡线)”,而振幅因子决定合成波的轮廓(波形包络线)。

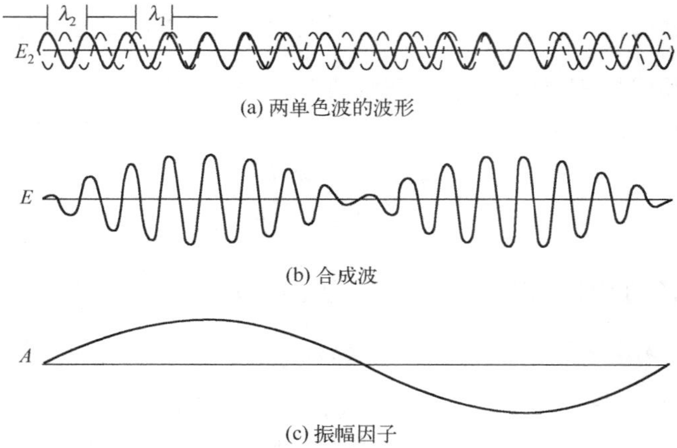

(a) 两单色波的波形

(b) 合成波

(c) 振幅因子

图 3. 3-1　两频率相近的单色波的叠加

将函数 $k(\omega)$ 在 ω_0 附近展开，得到

$$\Delta k_1 = k(\omega_1) - k_0 = k'(\omega_0)\Delta\omega_1 + \frac{1}{2}k''(\omega_0)\Delta\omega_1^2 + \cdots$$

$$\Delta k_2 = k(\omega_2) - k_0 = k'(\omega_0)\Delta\omega_2 + \frac{1}{2}k''(\omega_0)\Delta\omega_2^2 + \cdots$$

如果我们只保留一次项，代入式(3. 3-10)得

$$A(z,t) = A_1 e^{-i\Delta\omega_1(t-k'(\omega_0)z)} + A_2 e^{-i\Delta\omega_2(t-k'(\omega_0)z)} \tag{3. 3-11}$$

容易看出 $A(z,t)$ 只是 $t-k'(\omega_0)z$ 的函数。如果时间经过 dt，只要坐标改变 $dz = \frac{1}{k'(\omega_0)}dt$，函数值就保持不变。这就是说，函数图形以速度 $v = 1/k'(\omega_0)$ 传播，而其形状保持不变。

3. 波包及其群速(度)

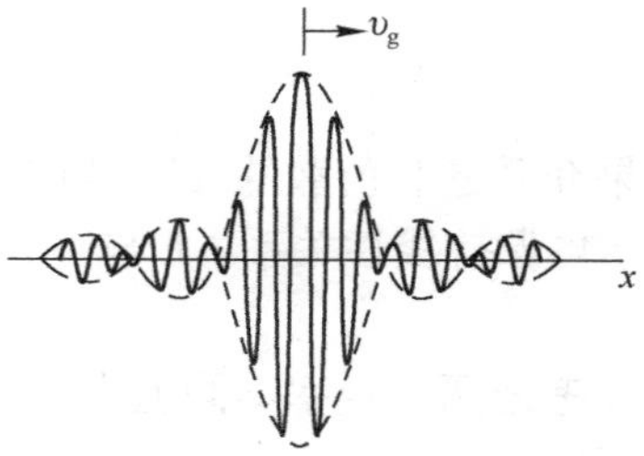

图 3. 3-2　波包及其群速度

对多个频率的单色波的叠加，可做类似的讨论。设 $\omega_1, \omega_2, \cdots, \omega_z, \cdots$ 都十分接近 ω_0，则合成波

$$\Psi = \sum_j \Psi_j = A(z,t) e^{-i(\omega_0 t - k_0 z)}$$

而

$$A(z,t) = \sum_j A_j e^{-i\Delta\omega_j(t-k'(\omega_0)z)} \tag{3. 3-12}$$

所以在有限时间 $\Delta t \sim \frac{1}{\Delta\omega}$ 和有限范围 $\Delta z \sim \frac{1}{\Delta k}$ 内，合成波仍近似看成单色波。这种情况就是通常所说的波群或波包，如图 3. 3-2 所示。

如果波包中有连续的频谱成分，则式(3. 3-12)的求和应改成积分。

$$A(z,t) = \int A(\omega) e^{-i(\omega-\omega_0)(t-k'(\omega_0)z)} d\omega \tag{3. 3-13}$$

考虑窄带情况，即 $A(\omega)$ 只在 ω_0 附近 $\Delta\omega$ 范围内不为零，积分实际上只需在此区域进行。特别地，$A(\omega)$ 在 ω_0 内为常数，则 $A(\omega)$ 写成

$$A(\omega)=\begin{cases}A_0, & |\omega-\omega_0|\leqslant\frac{1}{2}\Delta\omega\\ 0, & |\omega-\omega_0|>\frac{1}{2}\Delta\omega\end{cases}$$

所以
$$A(z,t)=\int_{\omega_0-\frac{1}{2}\Delta\omega}^{\omega_0+\frac{1}{2}\Delta\omega}A_0\mathrm{e}^{-\mathrm{i}(\omega-\omega_0)(t-k'(\omega_0)z)}\mathrm{d}\omega=A_0\Delta\omega\frac{\sin\varphi}{\varphi}\tag{3.3-14}$$

式中
$$\varphi=\frac{\Delta\omega}{2}\ (t-k'(\omega_0)z)$$

振幅 $A(z,t)$ 取决于 φ 值。当 φ 的绝对值 $|\varphi|$ 从零不断增大时，$\frac{\sin\varphi}{\varphi}$ 经过一系列的极大和极小值，且极大和极小值随 $|\varphi|$ 的增大而减小，所以，这时波形基本上集中在空间的一定范围内，即在 $\varphi=0$ 附近。

概括起来，包含多种相近频率成分的波群具有下列特点：

(1) 合成波仍可近似看成单色波。其位相由因子 $\mathrm{e}^{-\mathrm{i}(\omega_0 t-k_0 z)}$ 决定，故相速度 $v_\mathrm{p}=\omega_0/k_0$。而其振幅不再是稳定的分布，是随时间缓慢变化的。

(2) 振幅因子 $A(z,t)$ 构成波形的包络线，包络线广延的范围与带宽有关，$\Delta\omega$ 越小则广延范围越宽。

(3) 包络线的移动速度为

$$v_\mathrm{g}=\frac{1}{k'(\omega_0)}=\frac{\mathrm{d}\omega}{\mathrm{d}k}\tag{3.3-15}$$

此值称为群速度，它决定于介质的色散性质，以及中心频率的值，而与合成波所包含的频率成分及其相对强度无关。

(4) 如果介质是非色散的，或者对 $k(\omega)$ 展开时只需保留一次项，则波包在移动过程中形状不变。如果在 $k(\omega)$ 的展开式中需要考虑高次项，则波包在运动时形状会发生变化。

因相速度 $v_\mathrm{p}=\omega/k$，故群速度与相速度有下面的关系

$$v_\mathrm{g}=\frac{\mathrm{d}\omega}{\mathrm{d}k}=\frac{\mathrm{d}}{\mathrm{d}k}(v_\mathrm{p}k)=v_\mathrm{p}+k\frac{\mathrm{d}v_\mathrm{p}}{\mathrm{d}k}=v_\mathrm{p}-\lambda\frac{\mathrm{d}v_\mathrm{p}}{\mathrm{d}\lambda}\tag{3.3-16}$$

严格说来，相速度只对单色波才有明确的意义。一个单色波信号必须无始无终地持续在无限长的时间范围内（由 $t=-\infty$ 到 $t=\infty$），要形成这种信号，信号源必须在很早以前的某一时刻上（理论上 $t=-\infty$）就已接通。换言之，这种信号是一种稳态信号，在我们进行观察时，信号已完全建立起来了。因此，相速度与实际信号速度并无直接联系，它只是表示等相位点的位置随时间的变化情况。

群速度也只是对窄带信号才有明确意义，当带宽 $\Delta\omega$ 增大时，一方面不能出现一个简单的波包，另一方面由于色散作用，波形还要随着信号的向前传播而发生剧烈的变化。尤其是在反常色散区，折射率随频率变化非常快，而且伴随着强烈吸收，这时实际上群速度已失去了意义。

总之，对于真空中或非色散介质中，相速度、群速度、能速（指能量传播速度）都相等，统称为波速；正常色散时群速度等于能速，但一般不等于相速度。

*3.4 介 质 色 散

所谓色散，就是光在介质中传播时其折射率（或速度）随频率（或波长）的变化而变化的现

象。介质的折射率取决于介电常数，所以色散与介质的不同极化有关。

介质的极化是由于原子或分子内部的正、负电中心发生位移，形成微观偶极矩（下称分子偶极矩），并沿外电场方向有序排列的结果。由于原子核的质量比电子大得多，通常原子核可以被认为是不动的，所以电场对分子体系的作用，主要表现在对电子的作用。电子除受外电场作用外，还有分子内部的作用。设电子云中心（负电中心）相对原子核（正电中心）有一位移 $\boldsymbol{r}$，如果认为电子受内部作用力为准弹性力，则此力可写为 $-\kappa r$（κ 为常数）。当光入射到介质时，电子受光波电场的作用，做受迫振动，电场力为 $-e\boldsymbol{E}$，$-e$ 为电子电量，$\boldsymbol{E}$ 为电场强度。由于光波波长通常比原子半径大得多，所以在原子线度范围内电场变化很小，可将电场写成

$$\boldsymbol{E}=\boldsymbol{E}_0\mathrm{e}^{-\mathrm{i}\omega t}$$

$\boldsymbol{E}_0$ 为常矢量。于是电子的振动方程为

$$m\frac{\mathrm{d}^2\boldsymbol{r}}{\mathrm{d}t^2}+\kappa\boldsymbol{r}=-e\boldsymbol{E}_0\mathrm{e}^{-\mathrm{i}\omega t}$$

即

$$\frac{\mathrm{d}^2\boldsymbol{r}}{\mathrm{d}t^2}+\omega_0^2\boldsymbol{r}=-\frac{e}{m}\boldsymbol{E}_0\mathrm{e}^{-\mathrm{i}\omega t} \tag{3.4-1}$$

式中，$\omega_0=\sqrt{\kappa/m}$，称为共振频率。方程稳态解形式为

$$\boldsymbol{r}=\boldsymbol{r}_0\mathrm{e}^{-\mathrm{i}\omega t} \tag{3.4-2}$$

代入式(3.4-1)得

$$(-\omega^2+\omega_0^2)\boldsymbol{r}_0\mathrm{e}^{-\mathrm{i}\omega t}=-\frac{e\boldsymbol{E}_0}{m}\mathrm{e}^{-\mathrm{i}\omega t}$$

$$\boldsymbol{r}_0=\frac{1}{\omega^2-\omega_0^2}\ \frac{e}{m}\boldsymbol{E}_0 \tag{3.4-3}$$

因此，每个电子对偶极矩的贡献为

$$\boldsymbol{p}=-e\boldsymbol{r}=\frac{e^2}{m(\omega_0^2-\omega^2)}\boldsymbol{E} \tag{3.4-4}$$

或写成

$$\boldsymbol{p}=\chi_1\varepsilon_0\boldsymbol{E} \tag{3.4-5}$$

χ_1 称为微观极化率或分子极化率

$$\chi_1=\frac{e^2}{\varepsilon_0 m(\omega_0^2-\omega^2)} \tag{3.4-6}$$

假设一个分子内只有一个有效电子，单位体积内的分子数为 N，则极化强度为

$$\boldsymbol{P}=N\boldsymbol{p}=N\chi_1\varepsilon_0\boldsymbol{E}$$

所以介质极化率为

$$\chi_e=N\chi_1 \tag{3.4-7}$$

对于非铁磁性介质，$\mu_r\approx1$，按式(3.3-4)得

$$n^2=\varepsilon_r=1+\chi_e$$

即

$$n^2=1+\frac{Ne^2}{\varepsilon_0 m(\omega_0^2-\omega^2)} \tag{3.4-8}$$

这就说明了折射率随入射光的频率而变。对于 $\omega<\omega_0$ 的情况，ω 增大则 n 增大，当 ω 接近 ω_0 时即发生共振。当 $\omega>\omega_0$ 时，$n<1$，这时介质中的相速度大于真空光速（折射率定义为真空光速与相速度之比），并随 ω 的增大而趋近于 1。

实际上，当 $\omega\to\omega_0$ 时，折射率不会像式(3.4-8)那样趋于无穷大，这是因为电子在振动时，不可避免地存在阻尼力。另一方面，电子做加速运动时会辐射电磁波，因而它本身的能量必然

逐渐减少。另外,由于原子之间的碰撞也可造成能量的损耗。这两种作用使电子的运动好像受到了阻力,这就是阻尼力。通常阻尼力很小,可以把它看成力学中的摩擦力,大小与速度成正比,可写为$-\gamma\dfrac{d\boldsymbol{r}}{dt}$。因此,电子振动方程,即(3.4-1)应改写成

$$\frac{d^2\boldsymbol{r}}{dt^2}+\gamma\frac{d\boldsymbol{r}}{dt}+\omega_0^2\boldsymbol{r}=-\frac{e}{m}\boldsymbol{E}_0e^{-i\omega t} \tag{3.4-9}$$

稳态解为

$$\boldsymbol{r}=-\frac{e}{m}\frac{1}{\omega_0^2-\omega^2-i\omega\gamma}\boldsymbol{E} \tag{3.4-10}$$

介电常数为

$$\varepsilon'=\varepsilon_0+\frac{Ne^2}{m(\omega_0^2-\omega^2-i\gamma\omega)} \tag{3.4-11}$$

介电常数 ε 为复数,相应的波矢

$$k=\omega\sqrt{\varepsilon'\mu_0}=\frac{\omega}{c}\sqrt{\varepsilon'/\varepsilon_0} \tag{3.4-12}$$

也为复数。若光沿 z 方向传播,则可设

$$\boldsymbol{k}=(\beta+i\alpha)\boldsymbol{e}_z \tag{3.4-13}$$

光波电场强度为

$$\boldsymbol{E}=\boldsymbol{E}_0e^{-\alpha z}\cdot e^{-i(\omega t-\beta z)}$$

相速度

$$v_p=\omega/\beta \tag{3.4-14}$$

若令

$$n'=\sqrt{\varepsilon'/\varepsilon_0}=n_1+in_2 \tag{3.4-15}$$

称为复折射率,n_1 和 n_2 分别是其实部和虚部,结合式(3.4-12)和式(3.4-13),知

$$\beta=\frac{\omega}{c}n_1,\quad \alpha=\frac{\omega}{c}n_2 \tag{3.4-16}$$

另外,按折射率定义并注意式(3.4-14)

$$n=\frac{c}{v_p}=\frac{c}{\omega}\beta=n_1$$

所以复折射率的实部,即通常意义下的折射率由式(3.4-15)和式(3.4-11)不难得出

$$n_1^2-n_2^2=1+\frac{Ne^2(\omega_0^2-\omega^2)}{\varepsilon_0m[(\omega_0^2-\omega^2)^2+(\gamma\omega)^2]} \tag{3.4-17}$$

$$2n_1n_2=\frac{Ne^2\gamma\omega}{\varepsilon_0m[(\omega_0^2-\omega^2)^2+(\gamma\omega)^2]} \tag{3.4-18}$$

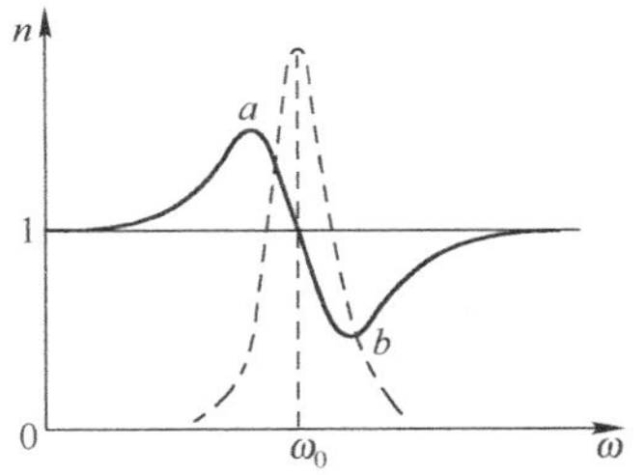

图 3.4-1　共振频率附近的色散曲线和吸收曲线

从上面两式可以解出 n_1 和 n_2。n_2 正比于 α,它可表征光衰减的快慢,n_2 越大则衰减越快,即 n_2 正比于吸收系数。图 3.4-1所示为共振频率附近的色散曲线和吸收曲线。可以看出,除了在 ω_0 附近一个很窄的范围(曲线 ab 段),其他地方的折射率都随频率增大而增大,这称为正常色散。而在曲线 ab 段,折射率随频率增大而减小,称为反常色散,在反常色散区,吸收都很强,在 ω_0 处吸收最强。

以上讨论中,我们假定电子的振动只有一个固有频率 ω_0。实际上电子可以有若干个不同的固有频率 $\omega_1,\omega_2,\cdots$假设以这些固有频率振动的概率分别为 $f_1,f_2,\cdots$则式(3.4-11)应改写为

$$\varepsilon'=\varepsilon_0+\frac{Ne^2}{m}\sum_j\frac{f_j}{(\omega_j^2-\omega^2-i\gamma_j\omega)} \tag{3.4-19}$$

这时的折射率与频率(或波长)的关系如图 3.4-2 所示,在每一个 $\omega=\omega_j$ 附近,对应有一个吸收

带和反常吸收区。在这些区域外,是正常色散区。

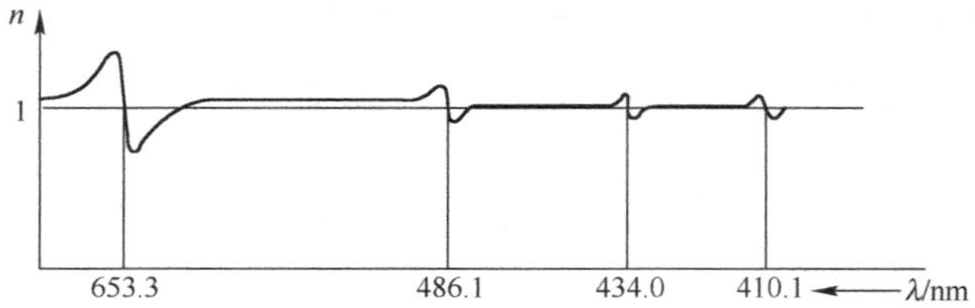

图 3.4-2　氢在可见光区的色散曲线

上述结论对稀薄气体介质符合较好,对于固体、液体或压缩气体,由于原子或分子之间的距离很近,周围分子在光场作用下极化所产生的影响不可忽略。洛伦兹证明了这时作用在电子上的电场 $\boldsymbol{E}'$ 不简单地等于入射光场 $\boldsymbol{E}$,它还与介质的极化强度 $\boldsymbol{P}$ 有关,即

$$\boldsymbol{E}'=\boldsymbol{E}+\frac{\boldsymbol{P}}{3\varepsilon_0} \tag{3.4-20}$$

如果在前面的计算中把 $\boldsymbol{E}$ 换成 $\boldsymbol{E}'$,做类似推导,将得到适用于固体、液体和压缩气体的色散公式(略去了阻尼系数 γ,因而公式只适用于正常色散区)

$$n^2=1+\frac{Ne^2}{\varepsilon_0 m(\omega_0^2-\omega^2)-\frac{1}{3}Ne^2} \tag{3.4-21}$$

上式又可化为

$$\frac{n^2-1}{n^2+2}=\frac{Ne^2}{3\varepsilon_0 m(\omega_0^2-\omega^2)} \tag{3.4-22}$$

此式称为洛伦兹-洛伦茨(Lorentz-Lorenz)公式。

*3.5　电磁场的动量

1. 电磁场的动量密度

电磁场不仅有能量也有动量,这是它的物质性的体现,带电体和电磁场之间的相互作用,不仅有能量交换也有动量交换。在交换过程中遵守两条基本守恒定律,即能量守恒定律和动量守恒定律。研究电磁场动量的方法和讨论它的能量的情况类似,即当一个带电体系受电磁场的作用时,其动量发生变化,再由总体系(带电体系和电磁场)的动量守恒而求出电磁场的动量。

有一带电体在电磁场中运动,它所受的洛伦兹力密度为

$$\boldsymbol{f}=\rho(\boldsymbol{E}+\boldsymbol{v}\times\boldsymbol{B})=\rho\boldsymbol{E}+\boldsymbol{j}\times\boldsymbol{B} \tag{3.5-1}$$

则带电体系的动量 $\boldsymbol{G}$ 变化率为

$$\frac{\mathrm{d}\boldsymbol{G}}{\mathrm{d}t}=\int_V \boldsymbol{f}\mathrm{d}\tau=\int_V(\rho\boldsymbol{E}+\boldsymbol{j}\times\boldsymbol{B})\mathrm{d}\tau \tag{3.5-2}$$

式中,V 为带电体系的体积,也可以是所研究空间的体积。

通过麦克斯韦方程将式(3.5-2)中的 ρ 和 $\boldsymbol{j}$ 用电磁场量表示,当体积 V 变为无穷大空间时,可以证明

$$\frac{\mathrm{d}\boldsymbol{G}}{\mathrm{d}t}=-\frac{\mathrm{d}}{\mathrm{d}t}\int_\infty(\varepsilon_0\boldsymbol{E}\times\boldsymbol{B})\mathrm{d}V \tag{3.5-3}$$

令
$$\boldsymbol{g}=\varepsilon_0\boldsymbol{E}\times\boldsymbol{B}=\frac{1}{c^2}\boldsymbol{S} \tag{3.5-4}$$
式中,$\boldsymbol{S}=\boldsymbol{E}\times\boldsymbol{H}$ 为能流密度。于是式(3.5-3)变为
$$\frac{\mathrm{d}\boldsymbol{G}}{\mathrm{d}t}=-\frac{\mathrm{d}}{\mathrm{d}t}\int_{\infty}\boldsymbol{g}\mathrm{d}V \tag{3.5-5}$$
根据总体系的动量守恒,上式的意义是带电体系的动量变化率应等于电磁场的动量变化率的负值。因此,$\boldsymbol{g}$ 应是电磁场的动量密度。

对自由空间的平面电磁波,以后将看到$\overline{\boldsymbol{S}}=c\,\overline{w}\boldsymbol{n}$,$w$ 为能量密度,$\boldsymbol{n}$ 为电磁波的传播方向。因此
$$\overline{\boldsymbol{g}}=\frac{\overline{w}}{c}\boldsymbol{n} \tag{3.5-6}$$

2. 辐射压力

由于电磁波具有动量,它入射到物体上时会对物体施加一定的压力。由电磁波动量密度式(3.5-4)和动量守恒定律可以算出辐射压强。

例如,平面电磁波入射到理想导体表面上而被全部反射,设入射角为 θ,现在计算导体表面上所受的辐射压强。

把入射波动量分解为垂直表面的分量和与表面相切的分量。电磁波被反射后,动量的切向分量不变,而法向分量变号。由于电磁波速度为 c,由式(3.5-6),每秒通过单位截面的平面波的动量为
$$\overline{g}c=\overline{w}_{\mathrm{i}}$$
式中,$\overline{w}_{\mathrm{i}}$ 为入射波平均能量密度。上式的法向分量为$\overline{w}_{\mathrm{i}}\cos\theta$。由于这部分动量实际上入射到导体表面 $1/\cos\theta$ 的面积上,因此,每秒入射到导体表面单位面积的动量法向分量为$\overline{w}_{\mathrm{i}}\cos^2\theta$。在反射过程中,电磁波动量变化率为上式的 2 倍,即 $2\,\overline{w}_{\mathrm{i}}\cos^2\theta$。由动量守恒定律,导体表面所受的辐射压强为
$$P=2\,\overline{w}_{\mathrm{i}}\cos^2\theta \tag{3.5-7}$$
在导体表面附近总平均能量密度$\overline{w}$等于入射波能量密度$\overline{w}_{\mathrm{i}}$ 加上反射波能量密度$\overline{w}_{\mathrm{r}}$。在全部反射情形时即有$\overline{w}=2\,\overline{w}_{i}$。因此由式(3.5-7)可得
$$P=\overline{w}\cos^2\theta \tag{3.5-8}$$
若电磁波从各方向入射,在立体空间范围对 θ 取平均后得
$$P=\overline{w}/3 \tag{3.5-9}$$
实际上,在表面完全吸收电磁波的情况下,上式仍然是成立的。

在一般光波和无线电波情形中,辐射压强是不大的。例如,太阳辐射在地球表面上的能流密度为 1.35×10^3 W · m^{-2},算出辐射压强仅为 10^{-6} Pa。但是近年制成的激光器能产生聚集的强光,可以在小面积上产生巨大的辐射压力。在天文领域,光压起着重要作用。光压在星体内部可以和万有引力相抗衡,从而对星体构造和发展起着重要作用。在微观领域,电磁场的动量也表现得很明显。带有动量$\hbar\boldsymbol{k}$ 的光子与电子碰撞时服从能量和动量守恒定律,正如其他离子相互碰撞情形一样。

*3.6 电磁波的辐射

前面我们讨论了电磁场的波动性质问题,但并没有涉及电磁波同激发源之间的联系。本节我们将研究变化的电荷、电流系统辐射电磁波的规律。随时间变化的电荷或电流激发出的

电磁波可以脱离源向远处传播出去。我们把携带能量的电磁波向远处传播出去而不再返回波源的现象,称为**电磁辐射**。产生电磁波的振荡源一般称为天线。当振荡源的频率提高到使电磁波的波长与天线的尺寸可相比拟时,就会产生显著的辐射。

对于一个实际的辐射系统,我们关心的是它在各方向具有多大的辐射功率,这些都可以通过辐射场计算出来,所以我们着重讨论辐射系统产生的场的计算方法。这类问题的一种简单情况是,作为场源的电荷、电流分布及变化情况是事先给定的,它们虽然也受到周围电磁场的反作用,但这些比起发射装置对电荷、电流的影响要小得多,相当于一种轻微的扰动,一般可以略去。因而,源的变化规律主要由发射装置本身决定。

本节研究电磁波的辐射问题。首先把势的概念推广到一般变化电磁场情况,然后通过势来解决辐射问题。

1. 电磁场的矢势和标势

前面我们得到了麦克斯韦方程组

$$\begin{cases}\nabla\cdot\boldsymbol{D}=\rho\\ \nabla\times\boldsymbol{E}=-\dfrac{\partial\boldsymbol{B}}{\partial t}\\ \nabla\cdot\boldsymbol{B}=0\\ \nabla\times\boldsymbol{H}=\boldsymbol{j}+\dfrac{\partial\boldsymbol{D}}{\partial t}\end{cases}\tag{3.6-1}$$

下面我们就来考虑怎样利用方程组求解变化的电荷、电流系统的辐射场。在有源空间中直接从麦克斯韦方程组求解场矢量 $\boldsymbol{E}$ 和 $\boldsymbol{B}$ 满足的方程是很困难的,因此,通常引入矢势和标势来代替场矢量,通过求解矢势与标势得到辐射场的解。

在第 2 章中曾经用矢势 $\boldsymbol{A}$ 描述稳恒电流的磁场,即

$$\boldsymbol{B}=\nabla\times\boldsymbol{A}\tag{3.6-2}$$

对于时变电磁场,$\boldsymbol{B}$ 仍然是无散场,即 $\nabla\cdot\boldsymbol{B}=0$,故仍然可以用 $\boldsymbol{A}$ 描述,只是现在 $\boldsymbol{A}$ 应当是时间的函数。

另一方面,由于静电场是无旋场,即 $\nabla\times\boldsymbol{E}=0$,可设 $\boldsymbol{E}=-\nabla\phi$,其中 ϕ 就是电势;但对于时变情况,变化磁场激发的电场是有旋场,这时 $\boldsymbol{E}$ 不再能写成一个标量函数的梯度。由麦克斯韦方程组和矢势定义可得

$$\nabla\times\boldsymbol{E}=-\frac{\partial\boldsymbol{B}}{\partial t}=-\frac{\partial}{\partial t}(\nabla\times\boldsymbol{A})=-\nabla\times\frac{\partial\boldsymbol{A}}{\partial t}$$

移项即可得

$$\nabla\times\left(\boldsymbol{E}+\frac{\partial\boldsymbol{A}}{\partial t}\right)=0\tag{3.6-3}$$

上式表明,$\boldsymbol{E}+\dfrac{\partial\boldsymbol{A}}{\partial t}$是一个无旋场,于是我们引进一个新的标量函数 ϕ,使

$$\boldsymbol{E}+\frac{\partial\boldsymbol{A}}{\partial t}=-\nabla\phi\tag{3.6-4}$$

因此,在变化电磁场的情况下,电场可表示为

$$\boldsymbol{E}=-\nabla\phi-\frac{\partial\boldsymbol{A}}{\partial t}\tag{3.6-5}$$

这里 ϕ 称为**电磁场标势**，注意不是静电势。显然，当 $\boldsymbol{B}$ 为稳恒磁场，即 $\frac{\partial \boldsymbol{B}}{\partial t}=0$ 时，式(3.6-5)就变为 $\boldsymbol{E}=-\nabla\phi$，即 ϕ 为静电势。

故电磁场场量和势之间的关系如下

$$\begin{cases}\boldsymbol{B}=\nabla\times\boldsymbol{A}\\ \boldsymbol{E}=-\nabla\phi-\dfrac{\partial \boldsymbol{A}}{\partial t}\end{cases} \tag{3.6-6}$$

2. 规范变换和规范不变性

在电磁场中，有直接物理意义的是场矢量包括。虽然 $\boldsymbol{E}$ 和 $\boldsymbol{B}$，以及 $\boldsymbol{A}$ 和 ϕ 是描述电磁场的两种等价的方式，但由于 $\boldsymbol{E}$、$\boldsymbol{B}$ 和 $\boldsymbol{A}$、ϕ 之间是微分方程的关系，所以它们之间的关系不是一一对应的。这是因为矢势 $\boldsymbol{A}$ 可以加上一个任意标量函数的梯度，结果不影响 $\boldsymbol{B}$，而这个任意标量函数的梯度在 $\boldsymbol{E}=-\nabla\phi-\frac{\partial \boldsymbol{A}}{\partial t}$ 中对 $\boldsymbol{E}$ 要产生影响，若将 $\boldsymbol{E}=-\nabla\phi-\frac{\partial \boldsymbol{A}}{\partial t}$ 中的 ϕ 也做相应的变换，则仍可使 $\boldsymbol{E}$ 保持不变。

设 Ψ 为空间坐标和时间的任意标量函数，即 $\Psi=\Psi(\boldsymbol{r},t)$，做下述变换

$$\begin{cases}\boldsymbol{A}\to\boldsymbol{A}'=\boldsymbol{A}+\nabla\Psi\\ \phi\to\phi'=\phi-\dfrac{\partial \Psi}{\partial t}\end{cases} \tag{3.6-7}$$

于是我们得到了一组新的 $\boldsymbol{A}'$，ϕ'，很容易证明

$$\nabla\times\boldsymbol{A}'=\nabla\times(\boldsymbol{A}+\nabla\Psi)=\nabla\times\boldsymbol{A}+\nabla\times(\nabla\Psi)=\nabla\times\boldsymbol{A}=\boldsymbol{B}$$

$$\begin{aligned}-\nabla\phi'-\frac{\partial \boldsymbol{A}'}{\partial t}&=-\nabla\left(\phi-\frac{\partial \Psi}{\partial t}\right)-\frac{\partial}{\partial t}(\boldsymbol{A}+\nabla\Psi)\\ &=-\nabla\phi+\frac{\partial}{\partial t}(\nabla\Psi)-\frac{\partial A}{\partial t}-\frac{\partial}{\partial t}(\nabla\Psi)\\ &=-\nabla\phi-\frac{\partial \boldsymbol{A}}{\partial t}=\boldsymbol{E}\end{aligned} \tag{3.6-8}$$

可见，若 $\boldsymbol{A}'$，ϕ' 满足式(3.6-7)，则描述同一电磁场 $\boldsymbol{E}$、$\boldsymbol{B}$。我们称式(3.6-7)的变换为规范变换，电磁场在矢势和标势做规范变换下是不变的。这种不变性称为**规范不变性**。

也就是说，$\boldsymbol{A}$ 和 ϕ 两个量存在规范变换自由度，具有不确定性。这看上去是个缺点，但我们可以对它们加上一些人为的限制条件，从而简化电磁场的求解过程。

3. 洛伦兹规范条件、达朗贝尔方程

将式(3.6-6)代入式(3.6-1)的第一式和第四式得

$$\nabla^2\phi+\frac{\partial}{\partial t}\nabla\cdot\boldsymbol{A}=-\frac{\rho}{\varepsilon_0} \tag{3.6-9}$$

$$\nabla^2\boldsymbol{A}-\frac{1}{c^2}\frac{\partial^2\boldsymbol{A}}{\partial t^2}-\nabla\left(\nabla\cdot\boldsymbol{A}+\frac{1}{c^2}\frac{\partial \phi}{\partial t}\right)=-\mu_0\boldsymbol{j} \tag{3.6-10}$$

由于 $\boldsymbol{A}$ 和 ϕ 存在规范变化自由度条件，故可以选择特定的 $\boldsymbol{A}$ 和 ϕ，使得它们满足

$$\nabla\cdot\boldsymbol{A}+\frac{1}{c^2}\frac{\partial \phi}{\partial t}=0 \tag{3.6-11}$$

式(3.6-11)称为洛伦兹规范条件。

值得注意的是,在洛伦兹规范条件下,$\boldsymbol{A}$ 和 ϕ 仍存在规范变换自由度,还有一定的任意性。若按式(3.6-7)变换,只要其中的 $\boldsymbol{\Psi}$ 满足方程

$$\nabla^2 \boldsymbol{\Psi}-\mu_0\varepsilon_0 \frac{\partial^2 \boldsymbol{\Psi}}{\partial t^2}=0 \tag{3.6-12}$$

$\boldsymbol{A}'$,ϕ'仍然可以满足洛伦兹规范条件。

在洛伦兹规范条件下,式(3.6-9)和式(3.6-10)变成

$$\begin{cases} \nabla^2\phi-\dfrac{1}{c^2}\dfrac{\partial^2\phi}{\partial t^2}=-\dfrac{\rho}{\varepsilon_0} \\ \nabla^2\boldsymbol{A}-\dfrac{1}{c^2}\dfrac{\partial^2\boldsymbol{A}}{\partial t^2}=-\mu_0\boldsymbol{j} \end{cases} \tag{3.6-13}$$

上式称为非齐次波动方程或达朗贝尔方程,当等号右边为零时,称为齐次波动方程。从达朗贝尔方程可看到,矢势 $\boldsymbol{A}$ 仅与电流有关,标势 ϕ 仅与电荷有关,两个方程完全对称,这就为求解场方程带来了极大的方便,这也就是引入 $\boldsymbol{A}$ 和 ϕ 的意义所在。

4. 达朗贝尔方程的解、推迟势

现在通过求达朗贝尔方程的特解,以对电磁辐射过程有一个物理概念。首先考虑其中的标势方程

$$\nabla^2\phi-\frac{1}{c^2}\frac{\partial^2\phi}{\partial t^2}=-\frac{\rho}{\varepsilon_0} \tag{3.6-14}$$

这个方程反映了电荷的分布和变化与它激发的电磁场标势的关系。为了求解这个方程,假设电荷分布在区域 V 中,则电磁场的标势可以看做各个小体积元中电荷激发标势的叠加,叠加和仍然是方程式(3.6-14)的解。

设定源点 $\boldsymbol{r}'$处的小体积元 $\mathrm{d}\tau$ 内的电荷量为 $\mathrm{d}Q$,当 $\mathrm{d}\tau$ 大小一定时,$\mathrm{d}Q$ 是坐标 $\boldsymbol{r}'$和时间 t 的函数。如果 $\mathrm{d}\tau$ 很小,可以认为 $\mathrm{d}Q$ 是集中在 $\boldsymbol{r}'$点上的点电荷。点电荷密度为

$$\rho(\boldsymbol{r},t)=\mathrm{d}Q(\boldsymbol{r}',t)\delta(\boldsymbol{r}-\boldsymbol{r}') \tag{3.6-15}$$

这个点电荷元激发的标势满足方程式(3.6-14),即

$$\nabla^2\phi-\mu_0\varepsilon_0\frac{\partial^2\phi}{\partial t^2}=-\mathrm{d}Q(\boldsymbol{r}',t)\delta(\boldsymbol{r}-\boldsymbol{r}')/\varepsilon_0 \tag{3.6-16}$$

解此方程分为两步,即首先考虑方程式(3.6-16)在不含源点 $\boldsymbol{r}'$点在内的无源空间区域中的解,然后再由这个解去推测在有源空间中解的可能形式。

(1) 在 $\boldsymbol{r}\neq\boldsymbol{r}'$的空间,式(3.6-16)化简为

$$\nabla^2\phi'-\mu_0\varepsilon_0\frac{\partial^2\phi'}{\partial t^2}=0 \tag{3.6-17}$$

由于 ϕ'是位于 $\boldsymbol{r}'$点的点电荷激发的,它对 $\boldsymbol{r}'$点具有球对称分布。也就是说,在以 $\boldsymbol{r}'$点为坐标原点的球坐标系中,ϕ'仅是源点 $\boldsymbol{r}'$到场点 $\boldsymbol{r}$ 距离 R 的函数。显然在这个坐标系下更便于求方程的解。因为在球坐标系下有

$$\nabla^2\phi=\frac{1}{R^2}\frac{\partial}{\partial R}\left(R^2\frac{\partial\phi}{\partial R}\right)+\frac{1}{R^2\sin\theta}\frac{\partial}{\partial\theta}\left(\sin\theta\,\frac{\partial\phi}{\partial\theta}\right)+\frac{1}{R^2\sin^2\theta}\frac{\partial^2\phi}{\partial\phi^2} \tag{3.6-18}$$

由于此处电势与方向无关,而上式中的 r 用 R 代替,故式(3.6-17)可以写为

$$\frac{1}{R^2}\frac{\partial}{\partial R}\left(R^2\frac{\partial\phi'}{\partial R}\right)-\frac{1}{c^2}\ \frac{\partial^2\phi'}{\partial t^2}=0 \tag{3.6-19}$$

令 $\phi'=u/R$,则 u 满足

$$\frac{\partial^2 u}{\partial R^2}-\frac{1}{c^2}\ \frac{\partial^2 u}{\partial t^2}=0 \tag{3.6-20}$$

这是一维波动方程,其解为

$$u=f_1\left(t-\frac{R}{c}\right)+f_2\left(t+\frac{R}{c}\right) \tag{3.6-21}$$

式中,f_1 和 f_2 是两个任意函数,我们可以选择任意一个。如选择 $u=f_1$,则

$$\phi'=\frac{u}{R}=f_1\left(t-\frac{R}{c}\right)/R \tag{3.6-22}$$

(2) 确定 f_1 的具体形式。将式(3.6-22)作为试探解代入式(3.6-16),令 $t'=t-\dfrac{R}{c}$,注意到

$$\frac{\partial t'}{\partial t}=1,\quad \nabla t'=\nabla\left(t-\frac{R}{c}\right)=-\frac{1}{c}\ \nabla R=-\frac{1}{c}\ \frac{\boldsymbol{r}-\boldsymbol{r}'}{R}$$

$$\nabla\phi=f_1(t')\nabla(1/R)-\frac{1}{c}\frac{\boldsymbol{r}-\boldsymbol{r}'}{R^2}\frac{\mathrm{d}f_1}{\mathrm{d}t'},\qquad \nabla^2\phi=-4\pi\delta(\boldsymbol{r}-\boldsymbol{r}')f_1(t')+\frac{1}{c^2}\frac{1}{R}\frac{\mathrm{d}^2 f_1}{\mathrm{d}t'^2}$$

则式(3.6-16)的等号左边化为

$$\nabla^2\phi-\mu_0\varepsilon_0\frac{\partial^2\phi}{\partial t^2}=-4\pi\delta(\boldsymbol{r}-\boldsymbol{r}')f_1(t') \tag{3.6-23}$$

所以

$$4\pi\delta(\boldsymbol{r}-\boldsymbol{r}')f_1(t')=\mathrm{d}Q(\boldsymbol{r}',t)\delta(\boldsymbol{r}-\boldsymbol{r}')/\varepsilon_0 \tag{3.6-24}$$

在含有 $\boldsymbol{r}'$ 点的有源区域中对上式积分得

$$4\pi f_1(t)=\mathrm{d}Q(\boldsymbol{r}',t)/\varepsilon_0 \tag{3.6-25}$$

注意:上述积分过程中,当 $\boldsymbol{r}=\boldsymbol{r}'$ 时,$R=0$,则 $f_1(t')$ 变成 $f_1(t)$。

将式(3.6-25)代入式(3.6-22)可得

$$\phi'(\boldsymbol{r},t)=\frac{1}{4\pi\varepsilon_0 R}\mathrm{d}Q\left(\boldsymbol{r}',t-\frac{R}{c}\right) \tag{3.6-26}$$

这里 ϕ' 是位于点 $\boldsymbol{r}'$ 的电荷元激发的标势。通过叠加可得全部电荷激发的标势,即

$$\phi(\boldsymbol{r},t)=\frac{1}{4\pi\varepsilon_0}\int_V\frac{\rho\left(\boldsymbol{r}',t-\dfrac{R}{c}\right)\mathrm{d}\tau'}{R} \tag{3.6-27}$$

这就是辐射电磁场的标势。

下面考虑辐射电磁场矢势的解。将式(3.6-13)中的矢量方程分解成直角坐标系中三个分量方程,采用以上求标势的方法,可以求得每个分量方程的特解,即

$$A_i(\boldsymbol{r},t)=\frac{\mu_0}{4\pi}\int_V\frac{j_i\left(\boldsymbol{r}',t-\dfrac{R}{c}\right)}{R}\mathrm{d}\tau' \tag{3.6-28}$$

其中,$i=x,y,z$。再将此三个分量合并,可得

$$\boldsymbol{A}(\boldsymbol{r},t)=\frac{\mu_0}{4\pi}\int_V\frac{\boldsymbol{j}\left(\boldsymbol{r}',t-\dfrac{R}{c}\right)}{R}\mathrm{d}\tau' \tag{3.6-29}$$

现在我们来讨论上面得到的特解的物理意义。式(3.6-27)和式(3.6-29)表明,场点 $\boldsymbol{r}$ 处 t 时刻的场是 V 中各个电荷电流元激发场叠加的结果,但每个电荷电流元对该场的贡献不依赖于同一时刻 t 的状态,而取决于一个较早的时刻,即 $t'=t-\dfrac{R}{c}$ 时刻的电荷电流状态。对不同源点 $\boldsymbol{r}'$ 处的电荷电流元来说,这个提早的时刻也是不同的。这就是说 $\boldsymbol{r}'$ 点的电荷电流元在 $t'=t-\dfrac{R}{c}$ 时刻激发的场,要经过一段时间 $\dfrac{R}{c}$ 才影响到 $\boldsymbol{r}$ 点的场。因此,把式(3.6-27)和式(3.6-29)中的势称为推迟势。可见,推迟势的重要物理意义在于,它说明了电磁场是以有限的速度 c 在空间传播的,超距作用的观点是错误的。

如果在式(3.6-21)中用 f_2 取代 f_1,则可得达朗贝尔方程的另一组特解为

$$\begin{cases}\phi(\boldsymbol{r},t)=\dfrac{1}{4\pi\varepsilon_0}\displaystyle\int_V\frac{\rho\left(\boldsymbol{r}',t+\dfrac{R}{c}\right)\mathrm{d}\tau'}{R}\\ \boldsymbol{A}(\boldsymbol{r},t)=\dfrac{\mu_0}{4\pi}\displaystyle\int_V\frac{\boldsymbol{j}\left(\boldsymbol{r}',t+\dfrac{R}{c}\right)}{R}\mathrm{d}\tau'\end{cases}\tag{3.6-30}$$

式(3.6-30)表示 $\boldsymbol{r}$ 点在 t 时刻的场是各个电荷电流元在一个较迟时刻 $t+\dfrac{R}{c}$ 激发的。这就是说,电荷电流还没发生变化,空间已感受到这一变化的影响,因而是“超前势”,这是违背因果律的,故以后只讨论推迟势。

5. 电偶极辐射

上面把计算电荷电流系统的辐射场归结为利用推迟势公式计算 $\boldsymbol{A}$ 和 ϕ,辐射系统电荷电流可以是时间 t 的任意函数,但实用中的辐射源电荷电流多是随时间做简谐变化的。对于一般的辐射系统,总可以通过傅里叶分析表示成各种谐变分量的叠加。所以,研究谐变电荷电流系统的辐射问题,不仅具有实际意义,而且也是研究一般辐射系统辐射问题的基础。

振荡的电偶极子(又称电偶极振子)是一种最简单的谐变电荷电流辐射系统,研究它的辐射有着重要的实际意义。在这里我们利用推迟势来讨论电偶极辐射的规律。

设在真空中位于原点处有一对用短导线连接起来的极小金属球,充电之后,它们之间的导线内形成高频电流,这就是一个电偶极振子,如图3.6-1所示。

设两点电荷带电量为 $\pm q$,则其振荡电流为

$$I=\frac{\mathrm{d}q}{\mathrm{d}t}=I_0\mathrm{e}^{-\mathrm{i}\omega t}\tag{3.6-31}$$

故电荷为

$$q=\int I_0\mathrm{e}^{-\mathrm{i}\omega t}\mathrm{d}t=\frac{\mathrm{i}I_0}{\omega}\mathrm{e}^{-\mathrm{i}\omega t}\tag{3.6-32}$$

于是可将电偶极振子体系的电荷及电流密度表示为

$$\boldsymbol{j}(\boldsymbol{r},t)=\boldsymbol{j}(\boldsymbol{r})\mathrm{e}^{-\mathrm{i}\omega t}\tag{3.6-33}$$

$$\rho(\boldsymbol{r},t)=\rho(\boldsymbol{r})\mathrm{e}^{-\mathrm{i}\omega t}\tag{3.6-34}$$

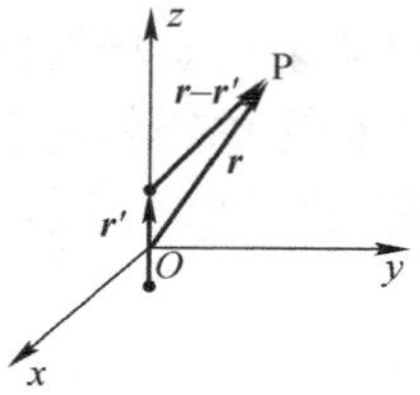

图3.6-1　电偶极辐射

设电偶极振子的线度为 $\mathrm{d}\boldsymbol{e}_z$,则其电偶极矩

$$\boldsymbol{p}=q\mathrm{d}\boldsymbol{e}_z=\frac{\mathrm{i}I_0}{\omega}\mathrm{d}\boldsymbol{e}_z\mathrm{e}^{-\mathrm{i}\omega t}=\boldsymbol{p}_0\mathrm{e}^{-\mathrm{i}\omega t}\tag{3.6-35}$$

其中，$\boldsymbol{p}_0=\frac{\mathrm{i}I_0}{\omega}d\boldsymbol{e}_z$。设电偶极振子的线度 d 比电磁波的波长 λ 小得多，以致可认为振荡电流是均匀分布在振子导线上的。此外，假定所讨论的场点到电偶极振子的距离 R 比电偶极振子线度大得多，可认为场点到电偶极振子上各点的距离都相等，即 $R=r$。于是，根据推迟势的计算公式，真空中场点 $\boldsymbol{r}$ 处电偶极振子的矢势为

$$\boldsymbol{A}(\boldsymbol{r},t)=\frac{\mu_0}{4\pi}\int_V\frac{\boldsymbol{j}\left(\boldsymbol{r}',t-\frac{R}{c}\right)\mathrm{d}\tau'}{R}=\frac{\mu_0}{4\pi r}\mathrm{e}^{-\mathrm{i}\omega\left(t-\frac{r}{c}\right)}\int_V\boldsymbol{j}(\boldsymbol{r}')\mathrm{d}\tau' \tag{3.6-36}$$

考虑到对于线电流分布，有 $\int_V\boldsymbol{j}(\boldsymbol{r}')\mathrm{d}\tau'=I_0d\boldsymbol{e}_z$，并注意 $\boldsymbol{p}_0=\frac{iI_0}{\omega}d\boldsymbol{e}_z$，所以

$$\boldsymbol{A}(\boldsymbol{r},t)=-\frac{\mathrm{i}\omega\mu_0}{4\pi r}\boldsymbol{p}_0\mathrm{e}^{-\mathrm{i}\omega\left(t-\frac{r}{c}\right)}=-\frac{\mathrm{i}\omega\mu_0}{4\pi r}\boldsymbol{p}_0\mathrm{e}^{\mathrm{i}(kr-\omega t)} \tag{3.6-37}$$

这就是电偶极振子在 $r\gg d$ 的区域内所产生的电磁场的矢势。对于这里所讨论的具体问题来说，仅矢势 $\boldsymbol{A}$ 就可以完全确定电磁场了。这是因为在谐变情况下，由描写电荷守恒定律的式(2.4-8)可得

$$\nabla\cdot\boldsymbol{j}(\boldsymbol{r})=\mathrm{i}\omega\rho_0(\boldsymbol{r}) \tag{3.6-38}$$

因此只要知道 $\boldsymbol{j}$，ρ 就可以了。故只要求出矢势，标势也就确定了。实际上我们已经可以容易地求出 $\boldsymbol{r}$ 处的场了。由 $\boldsymbol{B}=\nabla\times\boldsymbol{A}$ 可直接求出磁矢量，而由式(3.2-15)又可求出电矢量

$$\boldsymbol{E}=-\frac{1}{\mathrm{i}\omega\varepsilon_0}\nabla\times\boldsymbol{H}=-\frac{1}{\mathrm{i}\omega\varepsilon_0\mu_0}\nabla\times\boldsymbol{B}=\frac{\mathrm{i}c^2}{\omega}\nabla\times\boldsymbol{B}$$

在球坐标系中，经计算可得

$$\begin{cases}E_r=\dfrac{2k^3}{4\pi\varepsilon_0}\left[\dfrac{1}{(kr)^3}-\dfrac{\mathrm{i}}{(kr)^2}\right]p_0\cos\theta\mathrm{e}^{\mathrm{i}(kr-\omega t)}\\ E_\theta=\dfrac{k^3}{4\pi\varepsilon_0}\left[\dfrac{1}{(kr)^3}-\dfrac{\mathrm{i}}{(kr)^2}-\dfrac{1}{(kr)}\right]p_0\sin\theta\mathrm{e}^{\mathrm{i}(kr-\omega t)}\\ E_\varphi=0\end{cases} \tag{3.6-39}$$

$$\begin{cases}B_r=0\\ B_\theta=0\\ B_\varphi=-\dfrac{k^3}{4\pi\varepsilon_0 c}\left[\dfrac{\mathrm{i}}{(kr)^2}+\dfrac{1}{(kr)}\right]p_0\sin\theta\mathrm{e}^{\mathrm{i}(kr-\omega t)}\end{cases} \tag{3.6-40}$$

这就是电偶极振子在自由空间所激发的电磁场。下面分别对近场和远场两种情况进行讨论。

(1) 似稳区的场

首先考虑 $d\ll r\ll\lambda$ 的区域，在这个区域有 $kr\ll1$，因而可以只取式(3.6-39)、式(3.6-40)中的最高次项及其实部，略去低次项，得

$$\begin{cases}E_r=\dfrac{2}{4\pi\varepsilon_0 r^3}p_0\cos\theta\cos\omega t\\ E_\theta=\dfrac{1}{4\pi\varepsilon_0 r^3}p_0\sin\theta\cos\omega t\\ B_\varphi=-\dfrac{\mu_0\omega}{4\pi r^2}p_0\sin\theta\sin\omega t\end{cases} \tag{3.6-41}$$

若将电偶极振子任一时刻所产生的场作为静电场来处理,可得

$$\begin{cases} \boldsymbol{E}=-\nabla\left(\dfrac{\boldsymbol{p}\cdot\boldsymbol{r}}{4\pi\varepsilon_0 r^3}\right) \\ \boldsymbol{B}=\dfrac{\mu_0}{4\pi}\dfrac{\boldsymbol{j}\times\boldsymbol{r}}{r^3}\Delta V' \end{cases} \tag{3.6-42}$$

式(3.6-42)的第一式就是电偶极振子 $\boldsymbol{p}$ 的瞬时电场,式(3.6-42)的第二式就是电偶极振子瞬时电流所产生的磁场($\Delta V'$为振子所占的小区域)。显然式(3.6-42)与近场区的式(3.6-41)是一致的。这就告诉我们,尽管场是交变的,但每一瞬时都可以作为静电场和静磁场处理,因此把这个区域中的场称为似稳场。

又,$E\propto\cos\omega t$,$H\propto\sin\omega t$,所以平均能流

$$\overline{\boldsymbol{S}}=\overline{\boldsymbol{E}\times\boldsymbol{H}}\propto\overline{\sin\omega t\cos\omega t}=0 \tag{3.6-43}$$

从上式中可以看出,尽管任一时刻的能流密度不为零,但在近场中长时间看来是没有能量流出去的。这种近区的电磁场是和电偶极振子紧密相连的,所以称之为束缚的电磁波。

(2) 辐射区的场

下面我们考虑 $r\gg\lambda$($kr\gg1$)的区域即辐射区的场,这时在式(3.6-39)、式(3.6-40)中高次项可忽略,只要取($1/kr$)的最低次项,即

$$\begin{cases} E_r=-\dfrac{2k}{4\pi\varepsilon_0}\dfrac{\mathrm{i}}{r^2}p_0\cos\theta\mathrm{e}^{\mathrm{i}(kr-\omega t)}\approx0 \\ E_\theta=-\dfrac{k^2}{4\pi\varepsilon_0}\dfrac{p_0\sin\theta}{r}\mathrm{e}^{\mathrm{i}(kr-\omega t)} \\ B_\varphi=-\dfrac{k^2p_0\sin\theta}{4\pi\varepsilon_0 cr}\mathrm{e}^{\mathrm{i}(kr-\omega t)} \end{cases} \tag{3.6-44}$$

从式(3.6-44)中可以看出,在很远的区域可以忽略 E_r 分量。当忽略 E_r 分量时,电偶极振子所产生的电磁场是沿 $\boldsymbol{r}$ 向外传播的球面波,在辐射区的电磁场 $\boldsymbol{E}$ 和 $\boldsymbol{H}$ 是与传播方向 $\boldsymbol{r}$ 垂直的,因此是横波,而且 $\boldsymbol{E},\boldsymbol{H},\boldsymbol{r}$ 构成右手螺旋关系。该区域的平均能流密度为

$$\overline{S}=\overline{E_\theta H_\varphi\boldsymbol{e}_r}=\frac{p_0^2\omega^4\sin^2\theta}{32\pi^2\varepsilon_0c^3r^2}\boldsymbol{e}_r\neq0 \tag{3.6-45}$$

上式表明沿波的传播方向 $\boldsymbol{e}_r$ 有能量辐射。因子 $\sin^2\theta$ 反映了振子辐射的角分布,即辐射具有方向性。在 $\theta=\pi/2$ 的平面内辐射最强,而沿振子轴向($\theta=0,\pi$)没有辐射。

以上我们以电偶极辐射为例说明了电磁波的辐射,此外还有磁偶极辐射、电四极辐射等。在工程上,根据辐射频率的不同以及为了各种特殊的目的,天线可以有多种不同的形式。在长波、中波波段常用铁塔天线,在短波波段常用水平天线,电视广播及微波技术中还采用其他形式的天线。

习题 3

3.1 证明 $\boldsymbol{E}(\boldsymbol{r})=\dfrac{\boldsymbol{E}_0}{r}\mathrm{e}^{ikr}$满足亥姆霍兹方程:$\nabla^2\boldsymbol{E}(\boldsymbol{r})+k^2\boldsymbol{E}(\boldsymbol{r})=0$,并说明其物理意义。

3.2 沿 z 方向传播的平面波的相位函数 $\varphi(z,t)=\omega t-kz$,而球面波的 $\varphi(r,t)=\omega t-kr$。证明相速度 $v_p=\omega/k$。

3.3　设单色波电场为 $E_x=A\mathrm{e}^{-\mathrm{i}(\omega t-kz)}+C\mathrm{e}^{-\mathrm{i}(\omega t+kz)}$，$E_y=E_z=0$。

（1）解释它代表什么样的电磁波；（2）求相应的磁场 $\boldsymbol{H}$；

（3）求能量密度和能流密度的平均值；（4）试证明相速度 $v_{\mathrm{p}}=\dfrac{\omega}{k}\left(\dfrac{A+C}{A-C}\cos^2 kz+\dfrac{A-C}{A+C}\sin^2 kz\right)$。

3.4　证明群速度可表为 $v_{\mathrm{g}}=\dfrac{c}{n}\left(1+\dfrac{\lambda}{n}\dfrac{\mathrm{d}n}{\mathrm{d}\lambda}\right)$。若改用真空中波长，则 $v_{\mathrm{g}}=\dfrac{c}{n}\cdot\left(1-\dfrac{\lambda_0}{n}\dfrac{\mathrm{d}n}{\mathrm{d}\lambda}\right)^{-1}$。

3.5　某物质对不同波长光的折射率是：$\lambda=0.4\mu\mathrm{m}$ 时，$n=1.63$；$\lambda=0.5\mu\mathrm{m}$ 时，$n=1.58$。若色散关系是 $n=A+\dfrac{B}{\lambda^2}$（此处 λ 为真空中的波长），求 He-Ne 激光束（$\lambda=0.6328\mu\mathrm{m}$）通过这种物质时的相速度与群速度。

3.6　试计算下列各情况下的群速度：

（1）$v_{\mathrm{p}}=v_0$（常数）（无色散介质，如空气中的声波）。

（2）$v_{\mathrm{p}}=\sqrt{\dfrac{\lambda}{2\pi}\left(g+\dfrac{4\pi^2 T}{\lambda^2\rho}\right)}$（水面波，$g$ 为重力加速度，T 为表面张力，ρ 为液体的密度）。

（3）$n=A+\dfrac{B}{\lambda^2}$（正常色散介质中光波的柯西公式）。

（4）$\omega^2=\omega_{\mathrm{c}}^2+c^2k^2$（波导中的电磁波，$\omega_{\mathrm{c}}$ 为截止角频率）。

3.7　已知矢势和标势：$\boldsymbol{A}=\boldsymbol{A}_0\cos(\omega t-\boldsymbol{k}\cdot\boldsymbol{r})$，$\phi=\phi_0\cos(\omega t-\boldsymbol{k}\cdot\boldsymbol{r})$。其中 $\boldsymbol{A}_0$，$\boldsymbol{k}$ 为常矢量，ω，ϕ_0 为常数。求：

（1）洛伦兹规范条件下，$\boldsymbol{A}_0$ 与 ϕ_0 之间应满足的关系。

（2）求 $\boldsymbol{E}$，$\boldsymbol{B}$。

（3）$\boldsymbol{A}'=(\boldsymbol{A}_0+\alpha\boldsymbol{k})\cos(\omega t-\boldsymbol{k}\cdot\boldsymbol{r})$，$\phi'=(\phi_0+\alpha\omega)\cos(\omega t-\boldsymbol{k}\cdot\boldsymbol{r})$，其中 α 为待定常数，证明（$\boldsymbol{A}'$，ϕ'）与（$\boldsymbol{A}$，ϕ）对应的是同一电磁场。

3.8　利用电荷守恒定律，验证 $\boldsymbol{A}$，ϕ 的推迟势满足洛伦兹规范条件。

3.9　证明在线性各向同性均匀非导电介质中，若 $\rho=0$，$\boldsymbol{J}=0$，则 $\boldsymbol{E}$ 和 $\boldsymbol{B}$ 可完全由矢势 $\boldsymbol{A}$ 决定。若取 $\phi=0$，这时 $\boldsymbol{A}$ 满足哪两个方程？

3.10　验证推迟势

$$\boldsymbol{A}(\boldsymbol{r},t)=\frac{\mu_0}{4\pi}\int_V\frac{\boldsymbol{j}\left(\boldsymbol{r}',\ t-\dfrac{R}{c}\right)}{R}\mathrm{d}\tau',\qquad \phi(\boldsymbol{r},t)=\frac{1}{4\pi\varepsilon_0}\int_V\frac{\rho\left(\boldsymbol{r}',t-\dfrac{R}{c}\right)\mathrm{d}\tau'}{R}$$

满足达朗贝尔方程：$\nabla^2\boldsymbol{A}-\dfrac{1}{c^2}\dfrac{\partial^2\boldsymbol{A}}{\partial t^2}=-\mu_0\boldsymbol{j}$，$\nabla^2\phi-\dfrac{1}{c^2}\dfrac{\partial^2\phi}{\partial t^2}=-\dfrac{\rho}{\varepsilon_0}$。

第 4 章　平面电磁波传播

本章主要讨论无源空间中平面电磁波的传播问题。首先介绍均匀线性绝缘介质中的单色平面波，这是最简单但又是最重要的波动形式；接着讨论导电介质中的电磁波，这是衰减形式的电磁波；最后讨论电磁波的反射和折射问题，包括绝缘介质界面、导电介质界面的反射和折射问题，全反射中的消逝波和导引波。

4.1　绝缘介质中的单色平面波

在第 3 章，我们将无源空间中单色电磁波的电场及磁场表示成 $\boldsymbol{E}(\boldsymbol{r},t)=\boldsymbol{E}(\boldsymbol{r})\mathrm{e}^{-\mathrm{i}\omega t}$ 和 $\boldsymbol{H}(\boldsymbol{r},t)=\boldsymbol{H}(\boldsymbol{r})\mathrm{e}^{-\mathrm{i}\omega t}$，其满足亥姆霍兹方程：$\nabla^2\boldsymbol{E}(\boldsymbol{r})+k^2\boldsymbol{E}(\boldsymbol{r})=0$ 或 $\nabla^2\boldsymbol{H}(\boldsymbol{r})+k^2\boldsymbol{H}(\boldsymbol{r})=0$。因电场和磁场具有相似的形式，所以下面的讨论中我们都以电场为例。

设在均匀线性各向同性无耗介质的无界空间中有沿 $\boldsymbol{n}$ 方向传播的均匀平面单色波，因为均匀平面单色波在垂直于 $\boldsymbol{n}$ 的平面上各点场矢量的振幅和位相都相同，所以电场可以表示成下列形式

$$\boldsymbol{E}(\boldsymbol{r},t)=\boldsymbol{E}_0\mathrm{e}^{\mathrm{i}(\boldsymbol{k}\cdot\boldsymbol{r}-\omega t)} \tag{4.1-1}$$

式中，波矢 $\boldsymbol{k}$ 沿 $\boldsymbol{n}$ 方向。我们由此出发，分析平面单色波的若干特性。

1. 单色平面波的特点

(1) 横波性

由式(4.1-1)不难得出

$$\nabla\cdot\boldsymbol{E}=\mathrm{i}\boldsymbol{k}\cdot\boldsymbol{E} \tag{4.1-2}$$

在无源空间中 $\nabla\cdot\boldsymbol{E}=0$，由式(4.1-2)知

$$\boldsymbol{k}\cdot\boldsymbol{E}=0 \tag{4.1-3}$$

上式说明 $\boldsymbol{E}$ 垂直于波矢 $\boldsymbol{k}$。

又由 $\boldsymbol{H}(\boldsymbol{r})=\dfrac{1}{\mathrm{i}\omega\mu}\nabla\times\boldsymbol{E}(\boldsymbol{r})$ 和式(4.1-1)可得

$$\boldsymbol{H}(\boldsymbol{r},t)=\frac{1}{\omega\mu}\boldsymbol{k}\times\boldsymbol{E}(\boldsymbol{r},t) \tag{4.1-4}$$

由此可见 $\boldsymbol{H}$ 垂直于 $\boldsymbol{E}$ 和 $\boldsymbol{k}$。故 $\boldsymbol{E},\boldsymbol{H},\boldsymbol{k}$ 三者互相垂直，并构成右手螺旋关系，所以单色平面电磁波是横波。

(2) 本征波阻抗、$\boldsymbol{E}$ 和 $\boldsymbol{H}$ 的振幅关系

由于平面波的 $\boldsymbol{E}$ 和波矢 $\boldsymbol{k}$ 垂直，由式(4.1-4)得 $\boldsymbol{E}$ 和 $\boldsymbol{H}$ 的振幅关系为

$$Z=\frac{E_0}{H_0}=\frac{\mu\omega}{k}=\frac{\mu\omega}{\omega\sqrt{\mu\varepsilon}}=\sqrt{\frac{\mu}{\varepsilon}} \tag{4.1-5}$$

Z 具有阻抗的量纲，称为介质的本征波阻抗。对于各向同性的绝缘介质，Z 为实数。计算可得

真空中的本征波阻抗 $Z=\sqrt{\mu_0/\varepsilon_0}\approx377\Omega$。

(3) 平面波的能量和能流

单色平面波的能量密度和能流密度都是时间的函数,对这些量的测量结果通常是它的时间平均值。按第 3 章单色波时间二次函数平均值计算方法,可以求出单色平面波的能量密度、能流密度的时间平均值。能量密度的时间平均值为

$$\overline{w}=\frac{1}{2}\mathrm{Re}(\boldsymbol{E}^*\cdot\boldsymbol{D})=\frac{1}{2}\varepsilon\mathrm{Re}(\boldsymbol{E}^*\cdot\boldsymbol{E})=\frac{1}{2}\varepsilon|\boldsymbol{E}_0|^2=\frac{1}{2}\mu|\boldsymbol{H}_0|^2 \tag{4.1-6}$$

能流密度的时间平均值为

$$\overline{\boldsymbol{S}}=\frac{1}{2}\mathrm{Re}(\boldsymbol{E}^*\times\boldsymbol{H})=\frac{1}{2}\frac{1}{\omega\mu}\mathrm{Re}\{\boldsymbol{E}^*\times(\boldsymbol{k}\times\boldsymbol{E})\}=\frac{1}{2\omega\mu}|\boldsymbol{E}|^2\boldsymbol{k}=\frac{|\boldsymbol{E}_0|^2}{2\omega\mu}\boldsymbol{k} \tag{4.1-7}$$

以上推导中利用了 $\boldsymbol{H}=\frac{1}{\omega\mu}\boldsymbol{k}\times\boldsymbol{E}$ 和 $\boldsymbol{k}\cdot\boldsymbol{E}=0$,以及 $|\boldsymbol{E}|^2=\boldsymbol{E}^*\boldsymbol{E}$ 为实数的性质。式(4.1-7)表明,在各向同性线性介质中,能流与波矢同向。

因 $\boldsymbol{k}=\boldsymbol{n}^0\omega\sqrt{\mu\varepsilon}$,这里 $\boldsymbol{n}^0$ 表示波矢方向的单位矢量,故式(4.1-7)改写为

$$\overline{\boldsymbol{S}}=\frac{1}{2}\sqrt{\frac{\varepsilon}{\mu}}|\boldsymbol{E}_0|^2\boldsymbol{n}^0 \tag{4.1-8}$$

【例 4-1】 平面电磁波的电场强度为

$$\boldsymbol{E}(\boldsymbol{r},t)=45\pi(4\boldsymbol{e}_x-3\boldsymbol{e}_y)\exp[\mathrm{i}\pi\times10^6(3x+4y-10^9t)]$$

式中,x 和 y 的单位为“m”,t 的单位为“s”,E 的单位为“V/m”。

(1) 判断电场强度的方向和波传播的方向;

(2) 确定频率、波长和波速;

(3) 若介质的磁导率 $\mu=4\pi\times10^{-7}\mathrm{H/m}$,求磁场强度;

(4) 求电磁场平均能量密度和平均能流密度。

解:(1) 电场在 xy 平面内振动,振动方向与 x 轴夹角为 $\arctan(-3/4)=-36.87°$。

由于 $\boldsymbol{k}\cdot\boldsymbol{r}=\pi\times10^6(3x+4y)$,所以 $k_x=3\pi\times10^6\mathrm{m}^{-1}$,$k_y=4\pi\times10^6\mathrm{m}^{-1}$,$k_z=0$。

故波传播的方向是在 xy 平面内与 x 轴夹角为 $\arctan(4/3)=53.13°$,与电场振动方向正好垂直。

(2)

$$\omega=\pi\times10^{15}\mathrm{rad/s},\quad \nu=\omega/2\pi=5\times10^{14}\mathrm{Hz}$$

$$k=\sqrt{k_x^2+k_y^2+k_z^2}=5\pi\times10^6\mathrm{m}^{-1},\ \lambda=2\pi/k=4\times10^{-7}\mathrm{m}$$

$$v=\omega/k=2\times10^8\mathrm{m/s}$$

(3) $$\boldsymbol{H}=\frac{1}{\omega\mu}\boldsymbol{k}\times\boldsymbol{E}=\frac{\pi\times10^6\times45\pi}{\pi\times10^{15}\times4\pi\times10^{-7}}(3\boldsymbol{e}_x+4\boldsymbol{e}_y)\times(4\boldsymbol{e}_x-3\boldsymbol{e}_y)=-2.8125\boldsymbol{e}_z(\mathrm{A/m})$$

(4) $$\overline{w}=\frac{1}{2}\mu|\boldsymbol{H}_0|^2=\frac{1}{2}\times4\pi\times10^{-7}\times2.8125^2=4.97\times10^{-6}(\mathrm{J/m^{-3}})$$

由式(4.1-8)和式(4.1-6)可得能流密度 $\overline{S}=v\overline{w}=994(\mathrm{J\cdot s^{-1}\cdot m^{-2}})$

2. 平面波的偏振

平面波的偏振态是指平面波电场中某点电场强度(以下简称电矢量)矢量 $\boldsymbol{E}$ 的空间取向随时间变化的方式。平面波是横波,电场 $\boldsymbol{E}$ 与波矢 $\boldsymbol{k}$ 相互垂直,

因此在垂直波矢的平面内可以有两个独立的取向,即可以在垂直于 $\boldsymbol{k}$ 的平面内取两个互相垂直的方向来描述波的偏振状态。为讨论方便,假设光沿 z 方向传播,则电场 $\boldsymbol{E}$ 沿 x,y 两个方向的分量分别是 E_x,E_y,最大振幅分别是 E_{x0},E_{y0},如图 4.1-1 所示。则电矢量一般写为

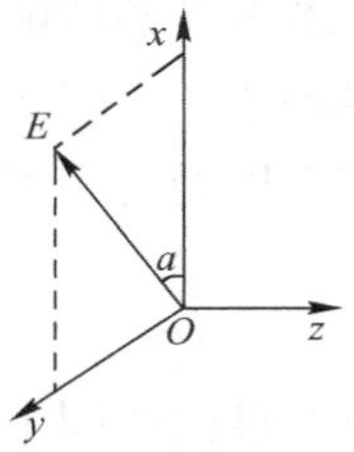

图 4.1-1　光沿 z 方向传播时的偏振

$$\boldsymbol{E}(\boldsymbol{r},t)=\boldsymbol{E}_0\mathrm{e}^{\mathrm{i}(kz-\omega t)}=(\boldsymbol{e}_xE_{0x}\mathrm{e}^{\mathrm{i}\varphi_x}+\boldsymbol{e}_yE_{0y}\mathrm{e}^{\mathrm{i}\varphi_y})\mathrm{e}^{\mathrm{i}(kz-\omega t)}$$

取实部并写成分量式

$$\begin{cases}E_x=E_{0x}\cos(\omega t-kz-\varphi_x)\\E_y=E_{0y}\cos(\omega t-kz-\varphi_y)\end{cases}\tag{4.1-9}$$

注意这里表示的初位相 φ_x、φ_y 与时间因子 ωt 异号,代表位相滞后量。令

$$\Delta\varphi=\varphi_x-\varphi_y\tag{4.1-10}$$

为 x 分量与 y 分量的位相差,$\sin\Delta\varphi>0$ 时 y 分量超前,$\sin\Delta\varphi<0$ 时 x 分量超前。下面就 $\Delta\varphi$ 的不同取值分别进行讨论。

(1) $\Delta\varphi=0$,即 $\varphi_1=\varphi_2$。此时 $E_y(r,t)/E_x(r,t)=E_{0y}/E_{0x}=$常数,电矢量方向始终在一条线上,为线偏振,如图 4.1-2 所示。

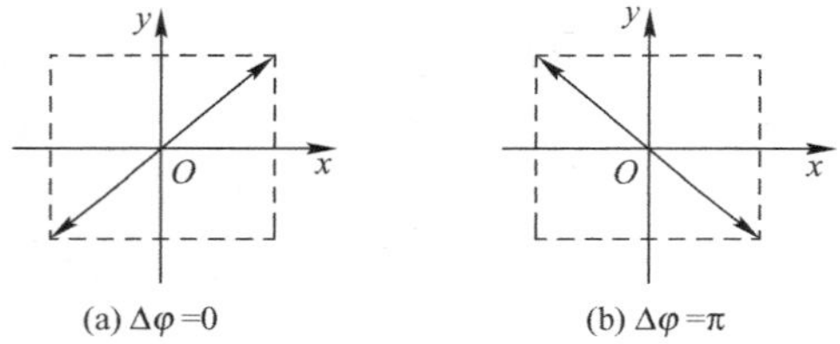

图 4.1-2　线偏振

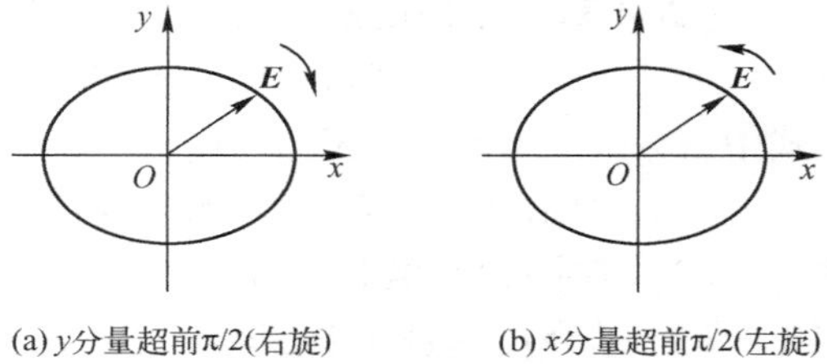

图 4.1-3　右旋与左旋

(2) $\Delta\varphi=\pi$,这时仍为线偏振,但 $\boldsymbol{E}$ 落在Ⅱ、Ⅳ象限。

(3) $\Delta\varphi=\pi/2$,即 y 分量超前 $\pi/2$。这时

$$\begin{cases}E_x=E_{0x}\cos(\omega t-kz-\varphi_x)\\E_y=E_{0y}\cos(\omega t-kz-\varphi_x+\Delta\varphi)=-E_{0y}\sin(\omega t-kz-\varphi_x)\end{cases}$$

消去 t 得

$$(E_x/E_{0x})^2+(E_y/E_{0y})^2=1$$

这正是椭圆方程,即电矢量端点的轨迹为椭圆,称为椭圆偏振。特别地,当 $E_{0x}=E_{0y}$时,轨迹为圆,称为圆偏振。

如果考察矢量端点随时间的移动情况,就会发现,此时矢量端点是绕顺时针方向旋转的。一般定义,从迎着光的方向看,电矢量端点绕顺时针旋转的,称右旋。

(4) $\Delta\varphi=-\pi/2$,即 x 分量超前 $\pi/2$。结论同(3)。但从迎着光的方向看,电矢量端点绕逆时针方向旋转,称为左旋。

(5) 其他情况,都为椭圆偏振。

事实上,一般情况下可导出电矢量端点的轨迹方程为(见习题 4.6)

$$\left(\frac{E_x}{E_{0x}}\right)^2+\left(\frac{E_y}{E_{0y}}\right)^2-2\frac{E_xE_y}{E_{0x}E_{0y}}\cos\Delta\varphi=\sin^2\Delta\varphi\tag{4.1-11}$$

总之,我们的结论是:$\Delta\varphi=0$ 或 π,为线偏振;$\Delta\varphi=\pm\pi/2$,且 $E_{0x}=E_{0y}$,为圆偏振;其他情况为椭圆偏振。

当 y 分量超前时($0<\Delta\varphi<\pi$ 或 $\sin\Delta\varphi>0$)为右旋;当 x 分量超前时($\pi<\Delta\varphi<2\pi$ 或 $-\pi<\Delta\varphi<0$,也即 $\sin\Delta\varphi<0$)为左旋。即电矢量的旋转方向总是从位相超前分量向位相落后分量旋转的。

当光沿负 z 方向传播时,结论为除左、右旋特性相反外($0<\Delta\varphi<\pi$ 为左旋,$-\pi<\Delta\varphi<0$ 为右旋),其余均相同。

上面讨论了平面单色波的偏振问题。但从普通光源发出的光往往不具有偏振性。这是因为在普通光源中各原子或分子发出的光波不仅初位相彼此无关联,它们的振动方向也是杂乱无章的。这时虽然仍可分解为 x、y 两个方向的振动,但两分量之间没有固定的位相差,合成矢量的端点不会呈现规律性的变化。我们把这种没有偏振性的光称为自然光。自然光可以通过各种偏振器件转化为偏振光。

*4.2　导电介质中的单色平面波

导电介质不同于绝缘介质,导体中有可以自由移动的电荷。这些电荷在入射场作用下形成传导电流。传导电流随外场变化,激发新的次生场,叠加在入射场上。研究导体中的电磁波必须考虑在入射场作用下导体中的电荷、电流变化的规律,求出导体的有效介电常数。

1. 导体的有效介电常数及其波动方程

我们首先证明在变化电磁场情况下,导体内仍不能存在自由电荷分布。设由于某种原因在导体内有密度为 ρ_f 的自由电荷,这个电荷将在导体内激发电场 $\boldsymbol{E}$,其满足

$$\varepsilon\nabla\cdot\boldsymbol{E}=\rho \tag{4.2-1}$$

相应地,在电场作用下,导体内将出现传导电流,传导电流密度矢量 $\boldsymbol{j}$ 满足

$$\boldsymbol{j}=\sigma_e\boldsymbol{E} \tag{4.2-2}$$

式中,σ_e 是导体电导率。由式(4.2-1)和式(4.2-2)得

$$\nabla\cdot\boldsymbol{j}=\frac{\sigma_e}{\varepsilon}\rho \tag{4.2-3}$$

这表明若导体内电荷密度不等于零,导体内就会出现传导电流。由电荷守恒定律 $\nabla\cdot\boldsymbol{j}=-\dfrac{\partial\rho}{\partial t}$ 及式(4.2-3)可得

$$\frac{\partial\rho}{\partial t}=-\frac{\sigma_e}{\varepsilon}\rho \tag{4.2-4}$$

对上式积分可得导体内电荷随时间的变化规律如下

$$\rho(t)=\rho_0\mathrm{e}^{-\frac{\sigma_e}{\varepsilon}t} \tag{4.2-5}$$

式中,ρ_0 是积分常数。若 $\rho_0=0$,即 $t=0$ 时导体内电荷密度为零,则 $\rho(t)$ 恒等于零。若 $\rho_0\neq0$,电荷密度将随时间呈指数衰减。$\varepsilon/\sigma_e=\tau$ 被称为衰减的特征时间,指电荷密度衰减到原来的 1/e 所需要的时间。由于 σ_e/ε 对一般金属导体可以大到 $10^{17}\sim10^{19}$ Hz,对于频率小于 10^{17} Hz 的波(相当于紫外光波段),仍可认为导体内电荷密度为零。这样,导体中单色波的电场散度

和旋度方程不必修改；而磁场由于导体内可以有不为零的传导电流，其关系由式(4.2-2)给出，则电流激发磁场，磁场旋度方程需要修改，具体如下：

$$\begin{cases}\nabla\times\boldsymbol{E}(\boldsymbol{r})=\mathrm{i}\mu\omega\boldsymbol{H}(\boldsymbol{r})\\ \nabla\times\boldsymbol{H}(\boldsymbol{r})=-\mathrm{i}\varepsilon\omega\boldsymbol{E}(\boldsymbol{r})+\sigma_{\mathrm{e}}\boldsymbol{E}\\ \nabla\cdot\boldsymbol{H}(\boldsymbol{r})=0\\ \nabla\cdot\boldsymbol{E}(\boldsymbol{r})=0\end{cases}\tag{4.2-6}$$

引进导体有效介电常数(复介电常数)为

$$\varepsilon'=\varepsilon+\mathrm{i}\frac{\sigma_{\mathrm{e}}}{\omega}\tag{4.2-7}$$

就可把式(4.2-6)的磁场旋度仍写成

$$\nabla\times\boldsymbol{H}(\boldsymbol{r})=-\mathrm{i}\varepsilon'\omega\boldsymbol{E}(\boldsymbol{r})\tag{4.2-8}$$

可见其形式与绝缘介质中的形式完全一样，所以对于导体而言，其中传播的单色波方程只需将 ε 换成 ε' 即可，其规律公式归纳如下：

$$\begin{cases}\nabla^2\boldsymbol{E}(\boldsymbol{r})+k'^2\boldsymbol{E}(\boldsymbol{r})=0\\ \nabla\cdot\boldsymbol{E}(\boldsymbol{r})=0\\ \boldsymbol{H}(\boldsymbol{r})=\dfrac{1}{\mathrm{i}\mu\omega}\nabla\times\boldsymbol{E}(\boldsymbol{r})\end{cases}\tag{4.2-9a}$$

或

$$\begin{cases}\nabla^2\boldsymbol{H}(\boldsymbol{r})+k'^2\boldsymbol{H}(\boldsymbol{r})=0\\ \nabla\cdot\boldsymbol{H}(\boldsymbol{r})=0\\ \boldsymbol{E}(\boldsymbol{r})=-\dfrac{1}{\mathrm{i}\omega\varepsilon'}\nabla\times\boldsymbol{H}(\boldsymbol{r})\end{cases}\tag{4.2-9b}$$

式中，$k'=\omega\sqrt{\mu\varepsilon'}$，可见其形式上同绝缘体中传播的单色波方程完全相同。

2. 导体中的平面单色波

对于式(4.2-9)的这组方程式仍有如下形式的平面波解

$$\boldsymbol{E}(\boldsymbol{r},t)=\boldsymbol{E}_0\mathrm{e}^{\mathrm{i}(\boldsymbol{k}'\cdot\boldsymbol{r}-\omega t)}\tag{4.2-10}$$

由 $k'=\omega\sqrt{\mu\varepsilon'}$，可知此处 $\boldsymbol{k}'$ 为复矢量，对于均匀平面单色波，$\boldsymbol{k}'$ 沿传播方向。但在一般情况下应有

$$\boldsymbol{k}'=\boldsymbol{\beta}+\mathrm{i}\boldsymbol{\alpha}\tag{4.2-11}$$

将式(4.2-11)代入式(4.2-10)得

$$\boldsymbol{E}(\boldsymbol{r},t)=\boldsymbol{E}_0\mathrm{e}^{-\boldsymbol{\alpha}\cdot\boldsymbol{r}}\mathrm{e}^{\mathrm{i}(\boldsymbol{\beta}\cdot\boldsymbol{r}-\omega t)}\tag{4.2-12}$$

由此可见导体中的波是衰减的。$\boldsymbol{\alpha}$ 的方向表示波衰减的方向，$|\boldsymbol{\alpha}|$ 描述波沿衰减方向单位长度的衰减量，称为衰减常数。$\boldsymbol{\beta}$ 的方向描述波的等相位面推进的方向，$|\boldsymbol{\beta}|$ 表示垂直于等相位面方向前进单位距离时的相位改变，称为相位常数。一般情况下 $\boldsymbol{\alpha}$ 和 $\boldsymbol{\beta}$ 的方向可能不一致，因而，电磁波等相位面上各处场强的幅度一般不相等。若等相位平面上各处场强的幅度相等(即 $\boldsymbol{\alpha}$ 和 $\boldsymbol{\beta}$ 同向)，称为均匀平面波；若等相位平面上各处场强的幅度不相等($\boldsymbol{\alpha}$ 和 $\boldsymbol{\beta}$ 不同向)，称为非均匀平面波。

要决定导电媒质中波的传播和衰减，必须求出 $\boldsymbol{\alpha}$ 和 $\boldsymbol{\beta}$ 的值。由式(4.2-11)和式(4.2-7)可得

$$\boldsymbol{\beta}^2-\boldsymbol{\alpha}^2+\mathrm{i}2\boldsymbol{\alpha}\cdot\boldsymbol{\beta}=\omega^2\mu\varepsilon+\mathrm{i}\omega\mu\sigma_{\mathrm{e}} \tag{4.2-13}$$

比较上式两端的实部和虚部得

$$\begin{cases}\boldsymbol{\beta}^2-\boldsymbol{\alpha}^2=\omega^2\mu\varepsilon\\ 2\boldsymbol{\alpha}\cdot\boldsymbol{\beta}=\omega\mu\sigma_{\mathrm{e}}\end{cases} \tag{4.2-14}$$

$\boldsymbol{\alpha}$ 和 $\boldsymbol{\beta}$ 共有 6 个分量，这两个方程式尚不足以确定出 $\boldsymbol{\alpha}$ 和 $\boldsymbol{\beta}$。通常需要由导体内波的具体激发条件补充新的方程。

若 $\boldsymbol{\alpha}$ 和 $\boldsymbol{\beta}$ 同向（这是特殊情形），只需取电场 $\boldsymbol{E}$ 的方向与磁场 $\boldsymbol{B}$ 的方向都与波矢 $\boldsymbol{k}$ 垂直（因而称为横电磁型的均匀平面波，即 TEM 波）。这时电场是线偏振或圆偏振的（由于磁场与电场相互保持垂直，磁场必须同时是线偏振或圆偏振的），且 $\boldsymbol{E}$、$\boldsymbol{B}$、$\boldsymbol{\beta}$ 三者成右手螺旋关系。若 $\boldsymbol{\alpha}$ 和 $\boldsymbol{\beta}$ 不同向（这是一般情形），则我们面临两种可能的选择：

（1）$\boldsymbol{E}$ 同时与 $\boldsymbol{\alpha}$ 和 $\boldsymbol{\beta}$ 两者都垂直（因而称为横电型均匀或非均匀平面波，即 TE 波）。这时电场 $\boldsymbol{E}$ 的方向与过该点的等相位面和等幅面的交线平行，且是线偏振波；而磁场 $\boldsymbol{B}$ 与 $\boldsymbol{E}$ 垂直，磁场位于由 $\boldsymbol{\alpha}$ 和 $\boldsymbol{\beta}$ 组成的平面上，且不可能是线偏振的，而是椭圆偏振的。

（2）若取 $\boldsymbol{B}$ 同时与 $\boldsymbol{\alpha}$ 和 $\boldsymbol{\beta}$ 两者都垂直（因而称为横磁型均匀或非均匀平面波，即 TM 波）。这时磁场 $\boldsymbol{B}$ 的方向与过该点的等相位面和等幅面的交线平行，且是线偏振波；而电场 $\boldsymbol{E}$ 与 $\boldsymbol{B}$ 垂直，电场位于由 $\boldsymbol{\alpha}$ 和 $\boldsymbol{\beta}$ 组成的平面上，且不可能是线偏振的，而是椭圆偏振的。

假设导体内的波是由导体面上垂直透射进来的，此时 $\boldsymbol{\alpha}$ 和 $\boldsymbol{\beta}$ 有相同的方向，都垂直于导体面。式(4.2-14)化为

$$\begin{cases}\beta^2-\alpha^2=\omega^2\mu\varepsilon\\ 2\alpha\beta=\omega\mu\sigma\end{cases} \tag{4.2-15}$$

解方程组得

$$\begin{cases}\alpha=\omega\sqrt{\mu\varepsilon}\left[\dfrac{1}{2}\left(\sqrt{1+(\sigma_{\mathrm{e}}/\omega\varepsilon)^2}-1\right)\right]^{1/2}\\ \beta=\omega\sqrt{\mu\varepsilon}\left[\dfrac{1}{2}\left(\sqrt{1+(\sigma_{\mathrm{e}}/\omega\varepsilon)^2}+1\right)\right]^{1/2}\end{cases} \tag{4.2-16}$$

假设 z 方向垂直于导体面指向导体内部，则导体中电场为 $\boldsymbol{E}=\boldsymbol{E}_0\mathrm{e}^{-\alpha z}\mathrm{e}^{\mathrm{i}(\beta z-\omega t)}$，其中 α 和 β 由式(4.2-16)给出。可得磁场为

$$\boldsymbol{H}(\boldsymbol{r})=\frac{1}{\mu\omega}(\beta+\mathrm{i}\alpha)\boldsymbol{e}_z\times\boldsymbol{E}(\boldsymbol{r}) \tag{4.2-17}$$

3. 良导体内电磁波的特点

传导电流比位移电流大得多的导体称为良导体。因为导体内传导电流 $\boldsymbol{j}=\sigma_{\mathrm{e}}\boldsymbol{E}$，位移电流为 $j_{\mathrm{D}}=\partial D/\partial t=\mathrm{i}\omega\varepsilon E$，所以良导体条件可表示为

$$\frac{\sigma_{\mathrm{e}}}{\omega\varepsilon}\gg 1 \tag{4.2-18}$$

可见良导体的概念是和频率有关的，在低频下的良导体，在高频下可能不再是良导体。不过对一般金属导体，$\sigma_{\mathrm{e}}/\varepsilon$ 高达 $10^{17}\sim10^{19}$，在经典理论适用的范围内，可以把金属看做良导体。

利用条件式(4.2-18)和式(4.2-16)中的 $\boldsymbol{\alpha}$ 和 $\boldsymbol{\beta}$，对良导体可近似为

$$\alpha\approx\beta\approx\sqrt{\frac{\omega\mu\sigma_{\mathrm{e}}}{2}} \tag{4.2-19}$$

下面讨论良导体内电磁波的一些特点。

(1) 穿透深度和趋肤效应

导体内的电磁波是衰减波，定义波振幅衰减到表面值的 1/e 时电磁波所传播的距离为穿透深度 δ。由式(4.2-12)可得

$$\delta=1/\alpha \tag{4.2-20}$$

对于良导体

$$\delta=\sqrt{\frac{2}{\omega\mu\sigma_e}} \tag{4.2-21}$$

导体内电磁波衰减的原因是，导体内自由电子在入射电场驱动下形成传导电流，这些电流的焦耳热消耗了电磁场能量。

当电磁波被导体导引时，导体内的电磁场是通过导体侧面折射进去的。由于电磁波只能透入导体表面薄层中，导体内电流也集中在靠近表面的薄层中。在高频情况下，穿透深度 δ 很小，电流趋于集中在表面薄层的现象更明显，这就是趋肤效应，而且频率越高，效应越明显。

(2) 导体内电磁波的相速度和色散

导体内电磁波的位相因子是 $e^{i(\boldsymbol{\beta}\cdot\boldsymbol{r}-\omega t)}$，电磁波的相速度是

$$v_p=\frac{\omega}{\beta}=\frac{1}{\sqrt{\mu\varepsilon}}\frac{1}{\left[\frac{1}{2}\left(\sqrt{1+(\sigma_e/\omega\varepsilon)^2}+1\right)\right]^{1/2}} \tag{4.2-22}$$

特别地，对于良导体，有

$$v_p=\sqrt{\frac{2\omega}{\mu\sigma_e}} \tag{4.2-23}$$

可见与绝缘介质情况不同，即使 ε、μ 都和频率无关，导体中的相速度仍依赖于频率。相速度依赖于频率的现象称为色散，即导体中一定存在色散。绝缘介质的色散常由 ε、μ 和频率有关引起，若 ε、μ 和频率无关，则不存在色散。良导体内电磁波的相速度比绝缘介质中的相速度要小得多。

(3) 导体中 $\boldsymbol{E}$ 和 $\boldsymbol{H}$ 的位相关系

由式(4.2-17)可得导体中的波阻抗

$$Z=\frac{E}{H}=\frac{\mu\omega}{(\beta+i\alpha)} \tag{4.2-24}$$

对于良导体可得

$$Z=\sqrt{\frac{\mu}{\varepsilon+i\dfrac{\sigma_e}{\omega}}} \tag{4.2-25}$$

Z 为复数，说明导体中的电场和磁场存在相位差。根据导体中的电磁波方程可知，$\boldsymbol{H}$ 的相位比 $\boldsymbol{E}$ 的相位滞后的角度为

$$\varphi=\arctan(\alpha/\beta) \tag{4.2-26}$$

对于良导体可以求出 $\varphi=\pi/4$，代入式(4.2-17)，于是良导体内的磁场可表示为

$$\boldsymbol{H}(\boldsymbol{r})=\sqrt{\frac{\sigma_e}{\mu\omega}}e^{i\pi/4}\boldsymbol{e}_z\times\boldsymbol{E}(\boldsymbol{r}) \tag{4.2-27}$$

(4) 导体中电磁波的能量和能流

由于磁场和电场的相位不同，良导体内电磁波的瞬时能流为

$$\boldsymbol{S}=\sqrt{\frac{\sigma_e}{\mu\omega}}E_0^2\mathrm{e}^{-2\alpha z}\cos(\beta z-\omega t)\cos(\beta z-\omega t+\pi/4)\boldsymbol{e}_z \tag{4.2-28}$$

可见,在一个周期内两余弦因子的乘积并不总是大于零,也就是说,能流不总是沿着 z 的正方向,在某一部分时间能流沿着 z 的正方向,在另一部分时间能流沿着 z 的负方向,但可以证明周期平均能流总是沿着 z 的正方向。由式(4.2-27)可以看出,良导体内电磁波磁场能量和电场能量之比为

$$\frac{\mu H^2}{\varepsilon E^2}=\frac{\mu}{\varepsilon}\frac{\sigma_e}{\mu\omega}=\frac{\sigma_e}{\varepsilon\omega}\gg 1 \tag{4.2-29}$$

表明良导体内电磁场能量主要是磁场能量。

4.3 电磁波在两种绝缘介质分界面上的反射和折射

前面讨论了电磁波在无限均匀绝缘介质和导电介质中的传播问题,这一节讨论电磁波在两种绝缘介质分界面上的反射和折射。

我们知道,当光波射到两种介质分界面上时,将发生反射和折射。光波是一定波长范围内的电磁波,其结果也适用于其他波长的电磁波,如无线电短波和微波等。

1. 反射定律和折射定律

设有两种均匀绝缘介质,其介电常数和磁导率分别为 ε_1、ε_2 和 μ_1、μ_2,分界面为一平面。一束单色平面电磁波自介质 1 以入射角 θ_i 射到分界面上,见图 4.3-1。当界面线度远大于波长时,可以看成无限大平面,我们将这个平面取为 xy 面,并使入射波波矢 $\boldsymbol{k}_i$ 在 xz 面内,即 $k_y=0$。用 $\boldsymbol{E}_i$、$\boldsymbol{E}_r$、$\boldsymbol{E}_t$ 分别表示入射波、反射波和折射波的电场强度,用 $\boldsymbol{k}_i$、$\boldsymbol{k}_r$、$\boldsymbol{k}_t$ 表示入射波、反射波和折射波的波矢,用 ω_i、ω_r、ω_t 分别表示入射波、反射波和折射波的频率,用 θ_i、θ_r、θ_t 分别表示入射波的入射角、反射波的反射角和折射波的折射角。

对于平面波入射,考虑到电磁波在无限大界面上每一点的行为相同,所以反射波、折射波也应是平面波,故入射波、反射波和折射波的表达式可分别写为

$$\begin{cases}\boldsymbol{E}_i=\boldsymbol{E}_{i0}\mathrm{e}^{\mathrm{i}(\boldsymbol{k}_i\cdot\boldsymbol{r}-\omega_i t)}\\ \boldsymbol{E}_r=\boldsymbol{E}_{r0}\mathrm{e}^{\mathrm{i}(\boldsymbol{k}_r\cdot\boldsymbol{r}-\omega_r t)}\\ \boldsymbol{E}_t=\boldsymbol{E}_{t0}\mathrm{e}^{\mathrm{i}(\boldsymbol{k}_t\cdot\boldsymbol{r}-\omega_t t)}\end{cases} \tag{4.3-1}$$

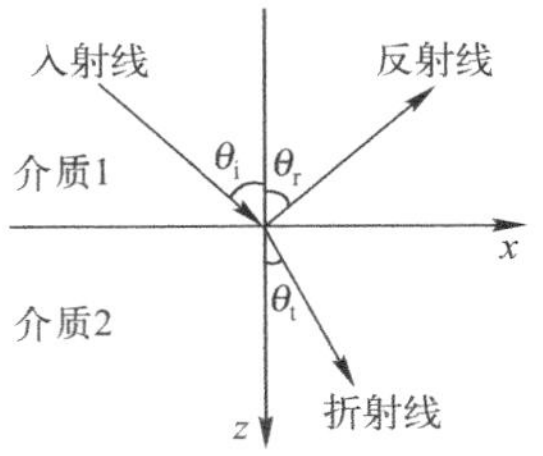

图 4.3-1 反射折射示意图

我们知道在 $z=0$ 平面上,电磁场应该满足边值关系,故电场强度在切线方向是连续的,即

$$\boldsymbol{n}\times(\boldsymbol{E}_{i0}\mathrm{e}^{\mathrm{i}(\boldsymbol{k}_i\cdot\boldsymbol{r}-\omega_i t)})+\boldsymbol{E}_{r0}\mathrm{e}^{\mathrm{i}(\boldsymbol{k}_r\cdot\boldsymbol{r}-\omega_r t)}-\boldsymbol{E}_{t0}\mathrm{e}^{\mathrm{i}(\boldsymbol{k}_t\cdot\boldsymbol{r}-\omega_t t)}=0 \tag{4.3-2}$$

在界面上确定的一点,上式化为

$$a\mathrm{e}^{\mathrm{i}\omega_i t}+b\mathrm{e}^{\mathrm{i}\omega_r t}=c\mathrm{e}^{\mathrm{i}\omega_t t} \tag{4.3-3}$$

式中,a,b,c 都是与时间无关的量。式(4.3-3)应在任意时刻都成立,这就要求

$$\omega_i=\omega_r=\omega_t \tag{4.3-4}$$

式(4.3-4)表明入射波、反射波、折射波都具有相同的频率。从微观角度看,在入射波作用下,界面两侧介质分子中的束缚电子将以入射波频率 ω 做强迫振动,并辐射出相同频率的电磁波。这

些电磁波和入射波相叠加,在界面两侧构成了反射波和折射波,今后我们将去掉 ω 上的脚标。

按照类似的方法可以证明:若要求式(4.3-2)在界面上任意点都成立,则必须有

$$\begin{cases} k_{ix}=k_{rx}=k_{tx} \\ k_{iy}=k_{ry}=k_{ty} \end{cases} \tag{4.3-5}$$

不失一般性,取入射波矢 k_i 在 xz 平面内,则入射波矢 $k_{iy}=0$,故有

$$k_{iy}=k_{ry}=k_{ty}=0 \tag{4.3-6}$$

式(4.3-6)表明入射波、反射波、折射波的波矢都在一个平面内,称此平面为入射面。故证明了几何光学反射定律及折射定律中入射光线、反射光线和折射光线位于同一平面内这一结论。

由 $k_{ix}=k_i\sin\theta_i$,$k_{rx}=k_r\sin\theta_r$,$k_{tx}=k_t\sin\theta_t$,且 $k_i=k_r=\omega\sqrt{\varepsilon_1\mu_1}$,$k_t=\omega\sqrt{\varepsilon_2\mu_2}$,又介质 1、2 的折射率为 $n_1=c/v_1=\sqrt{\varepsilon_{r1}\mu_{r1}}$,$n_2=c/v_2=\sqrt{\varepsilon_{r2}\mu_{r2}}$,故由式(4.3-5)的第一式可得

$$\theta_i=\theta_r \tag{4.3-7}$$

$$\frac{\sin\theta_i}{\sin\theta_t}=\frac{n_2}{n_1}=n_{21} \tag{4.3-8}$$

式(4.3-6)、式(4.3-7)、式(4.3-8)就是反射定律和折射定律。

2. 菲涅耳公式

在光学里,除了要考虑反射波、折射波的方向,还要考虑反射波、折射波与入射波的振幅与能量关系,而能量关系又决定于振幅关系。同样,现在我们应用电磁波的边值关系来讨论电磁波的入射波与反射波、折射波之间的振幅关系。当分界面两侧均为绝缘介质时传导电流 α_f 的值为零,由 2.4 节知

$$\boldsymbol{n}\times(\boldsymbol{E}_2-\boldsymbol{E}_1)=0 \tag{4.3-9}$$

$$\boldsymbol{n}\times(\boldsymbol{H}_2-\boldsymbol{H}_1)=0 \tag{4.3-10}$$

也即电场强度 $\boldsymbol{E}$ 和磁场强度 $\boldsymbol{H}$ 平行于分界面的分量都是连续的。为了能够写出电磁场场量的切向分量,有必要首先将所要考虑的波分解为两个独立的偏振方向,我们取入射波、反射波和折射波电场 $\boldsymbol{E}$ 的两个独立的偏振方向分别为垂直于入射面和平行于入射面。值得注意的是,在入射波电场 $\boldsymbol{E}$ 垂直于入射面的情况下,可以证明,反射波和折射波中不存在平行于入射面的电场;同理,在入射波电场 $\boldsymbol{E}$ 平行于入射面的情况下,反射波和折射波中不存在垂直于入射面的电场。

(1) 电场强度方向垂直入射面

这时,电场、磁场和波矢三者的方向关系如图 4.3-2 所示。

由式(4.3-9)、式(4.3-10)及图 4.3-2 可得电场强度方向垂直入射面的边界关系为

$$E_{i0}+E_{r0}=E_{t0} \tag{4.3-11}$$

$$H_{i0}\cos\theta_i-H_{r0}\cos\theta_r=H_{t0}\cos\theta_t \tag{4.3-12}$$

注意到 $\theta_i=\theta_r$,$H=\sqrt{\dfrac{\varepsilon}{\mu}}E$,并考虑到对一般非铁磁介质有 $\mu\approx\mu_0$,式(4.3-12)可写为

$$E_{i0}\cos\theta_i-E_{r0}\cos\theta_r=\sqrt{\frac{\varepsilon_2}{\varepsilon_1}}E_{t0}\cos\theta_t \tag{4.3-13}$$

解由式(4.3-11)和式(4.3-13)组成的方程组,并应用折射定律可得

$$r_\perp=\left(\frac{E_{r0}}{E_{i0}}\right)_\perp=\frac{n_1\cos\theta_i-n_2\cos\theta_t}{n_1\cos\theta_i+n_2\cos\theta_t}=-\frac{\sin(\theta_i-\theta_t)}{\sin(\theta_i+\theta_t)} \tag{4.3-14}$$

$$t_{\perp}=\left(\frac{E_{t0}}{E_{i0}}\right)_{\perp}=\frac{2n_1\cos\theta_i}{n_1\cos\theta_i+n_2\cos\theta_t}=\frac{2\cos\theta_i\sin\theta_t}{\sin(\theta_i+\theta_t)} \tag{4.3-15}$$

式(4.3-14)和式(4.3-15)为当电场强度方向垂直于入射面时，反射波及折射波与入射波的振幅之比。

(2) 电场强度方向平行于入射面

这时，电场、磁场和波矢三者的方向关系如图4.3-3所示。

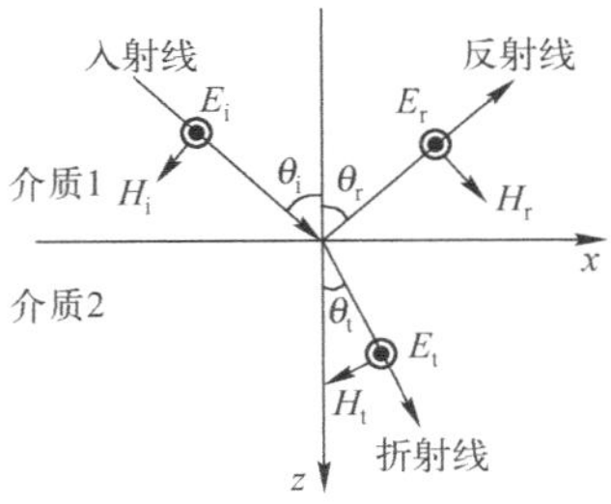

图4.3-2 电场强度方向垂直于入射面

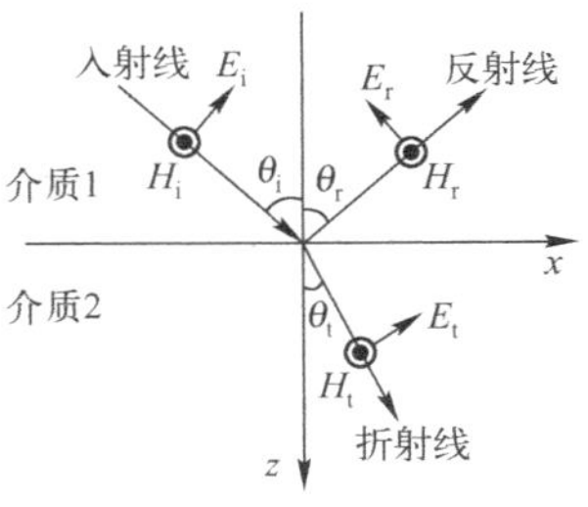

图4.3-3 电场强度方向平行于入射面

同理，由式(4.3-9)、式(4.3-10)及图4.3-3可知，电场强度方向平行于入射面时，其边界关系可写为

$$H_{i0}+H_{r0}=H_{t0} \tag{4.3-16}$$

$$E_{i0}\cos\theta_i-E_{r0}\cos\theta_r=E_{t0}\cos\theta_t \tag{4.3-17}$$

解式(4.3-16)和式(4.3-17)可得

$$r_{\parallel}=\left(\frac{E_{r0}}{E_{i0}}\right)_{\parallel}=\frac{n_2\cos\theta_i-n_1\cos\theta_t}{n_2\cos\theta_i+n_1\cos\theta_t}=\frac{\tan(\theta_i-\theta_t)}{\tan(\theta_i+\theta_t)} \tag{4.3-18}$$

$$t_{\parallel}=\left(\frac{E_{t0}}{E_{i0}}\right)_{\parallel}=\frac{2n_1\cos\theta_i}{n_2\cos\theta_i+n_1\cos\theta_t}=\frac{2\cos\theta_i\sin\theta_t}{\sin(\theta_i+\theta_t)\cos(\theta_i-\theta_t)} \tag{4.3-19}$$

式(4.3-18)和式(4.3-19)为当电场强度方向平行于入射面时，反射波及折射波与入射波的振幅之比。

式(4.3-14)、式(4.3-15)及式(4.3-18)、式(4.3-19)称为菲涅耳公式。

3. 菲涅耳公式的应用

(1) 反射系数和透射系数

菲涅耳公式直接给出了反射波或折射波与入射波的振幅的相对变化，这种变化用振幅反射系数$r_{\perp}$、$r_{\parallel}$或透射系数$t_{\perp}$、$t_{\parallel}$来描述，显而易见随着入射角的变化，其反射系数与透射系数均发生变化。

(2) 反射波、折射波偏振状态

菲涅耳公式表明，垂直于入射面的偏振波与平行于入射面的偏振波其反射和折射行为不同。特别当$\theta_i+\theta_t=\pi/2$时，$\tan(\theta_i+\theta_t)\to\infty$，由式(4.3-18)可知$r_{\parallel}=0$，即此时电场强度$\boldsymbol{E}$平行于入射面的分量没有反射波，这就是布儒斯特定律。这时入射角称为布儒斯特角，其大小为

$$\theta_B=\arctan n_{21} \tag{4.3-20}$$

由布儒斯特定律可知，当任意偏振态的电磁波以布儒斯特角入射到介质分界面上时，其反

射波只有垂直于入射面的线偏振波。

(3) 反射波、折射波相位变化

考虑反射波、折射波的相位关系与两侧介质的介电常数大小有关,这里只讨论光由光疏介质进入光密介质传播的情况;光由光密介质进入光疏介质时可能会发生全反射现象,情况变得更加复杂,这将在 4.4 节讨论。

对于反射波,在 $\boldsymbol{E}$ 垂直于入射面情况下,入射角 θ_i 大于折射角 θ_t,则由式(4.3-14)知,$r_\perp$ 为负数,表明反射波电场与入射波电场反向,相当于反射后损失了半个波长,这就是所谓半波损失。

在 $\boldsymbol{E}$ 平行于入射面情况下,由式(4.3-18)可知:当入射角小于布儒斯特角($\theta_i<\theta_B$)时,$r_\parallel>0$;若当入射角大于布儒斯特角($\theta_i>\theta_B$)时,$r_\parallel<0$。但是,与 $\boldsymbol{E}$ 垂直于入射面情况不同,反射波电场与入射波电场约定的正方向是不同的。所以,不能简单地根据 $r_\parallel$ 的正负取值判断有没有半波损失。例如,在入射角很小(或正入射)时,虽然 $r_\parallel>0$,但由图 4.3-3 可知,反射波电场与入射波电场约定方向此时正好相反,所以实际存在半波损失。同样,在入射角接近 90°(掠入射)时,反射波电场与入射波电场约定方向是相同的,而此时 $r_\parallel<0$,也存在半波损失。

对折射波,由式(4.3-15)和式(4.3-19)可知,折射波无相位损失。

(4) 反射率和透射率

利用菲涅耳公式还可以得到入射波、反射波和折射波的能量关系,这种关系用反射率 R 和透射率 T 描述。反射率定义为反射波平均能流法向分量与入射波平均能流法向分量之比。利用菲涅耳公式,当 $\boldsymbol{E}$ 垂直于入射面偏振时,反射率为

$$R_\perp=\left|\frac{\overline{\boldsymbol{S}}_r\cdot\boldsymbol{n}}{\overline{\boldsymbol{S}}_i\cdot\boldsymbol{n}}\right|=\left(\frac{E_{r0}}{E_{i0}}\right)_\perp^2=\frac{\sin^2(\theta_i-\theta_t)}{\sin^2(\theta_i+\theta_t)} \tag{4.3-21}$$

当 $\boldsymbol{E}$ 平行于入射面偏振时,反射率

$$R_\parallel=\left|\frac{\overline{\boldsymbol{S}}_r\cdot\boldsymbol{n}}{\overline{\boldsymbol{S}}_i\cdot\boldsymbol{n}}\right|=\left(\frac{E_{r0}}{E_{i0}}\right)_\parallel^2=\frac{\tan^2(\theta_i-\theta_t)}{\tan^2(\theta_i+\theta_t)} \tag{4.3-22}$$

透射率可定义为透射波平均能流法向分量与入射波平均能流法向分量之比。由于透射波与入射波在不同介质中传播,透射率不能单纯由菲涅耳公式给出的振幅比表示。通常可根据能量关系由公式 $T=1-R$ 给出。

【例 4-2】 一束右旋圆偏振光由空气入射到折射率为 1.5 的玻璃上,入射角为 45°。设波矢大小为 k,圆频率为 ω,入射光电场矢量的振幅为 E_0。

(1) 按图 4.3-4 所示坐标,写出入射光电场矢量的表达式。

(2) 反射光的偏振态是怎样的?写出反射光电场矢量的表达式。

解:(1) 如图 4.3-4 所示,入射光、反射光的电场垂直分量都沿 y 方向,$\boldsymbol{e}_\perp=\boldsymbol{e}_y$,平行分量在 xz 平面,$\boldsymbol{e}_{i\parallel}=\cos\theta_i\boldsymbol{e}_x-\sin\theta_i\boldsymbol{e}_z$,而入射光为右旋圆偏振光,所以电场矢量可写为

$$\boldsymbol{E}_i=\frac{E_0}{\sqrt{2}}(\boldsymbol{e}_{i\parallel}+e^{-i\frac{\pi}{2}}\boldsymbol{e}_{i\perp})e^{i(\boldsymbol{k}_i\cdot\boldsymbol{r}-\omega t)}$$

而入射波矢 $\boldsymbol{k}_i=\cos\theta_i\boldsymbol{e}_z+\sin\theta_i\boldsymbol{e}_x$,将 $\theta_i=45°$ 代入得

$$\boldsymbol{E}_i=\frac{E_0}{\sqrt{2}}\left[\frac{1}{\sqrt{2}}(\boldsymbol{e}_x-\boldsymbol{e}_z)+e^{-i\frac{\pi}{2}}\boldsymbol{e}_y\right]e^{i[k(x+z)/\sqrt{2}-\omega t]}$$

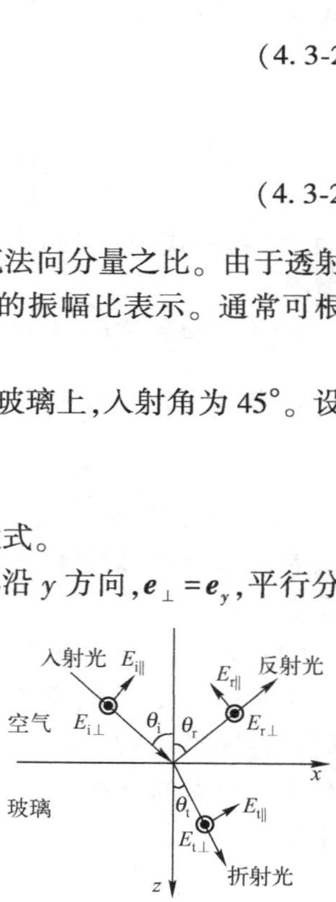

图 4.3-4 电场矢量的约定方向

(2) $$\theta_t=\arcsin\left(\frac{n_1\sin\theta_i}{n_2}\right)=\arcsin\left(\frac{\sin 45^\circ}{1.5}\right)=28.13^\circ$$

$$r_\perp=\frac{n_1\cos\theta_i-n_2\cos\theta_t}{n_1\cos\theta_i+n_2\cos\theta_t}=-0.303,\quad r_\parallel=\frac{n_2\cos\theta_i-n_1\cos\theta_t}{n_2\cos\theta_i+n_1\cos\theta_t}=0.092$$

$$\boldsymbol{E}_r=\frac{E_0}{\sqrt{2}}(r_\parallel\boldsymbol{e}_{r\parallel}+r_\perp e^{-i\frac{\pi}{2}}\boldsymbol{e}_{r\perp})e^{i(\boldsymbol{k}_r\cdot\boldsymbol{r}-\omega t)}=E_0(0.065\boldsymbol{e}_{r\parallel}+0.214e^{i\frac{\pi}{2}}\boldsymbol{e}_{r\perp})e^{i(\boldsymbol{k}_r\cdot\boldsymbol{r}-\omega t)} \quad (4.3\text{-}23)$$

由图 4.3-4 看出，平行分量、垂直分量与传播方向三者正好构成右手螺旋关系，相当于前面讨论偏振态时的 x、y、z 三个方向。式(4.3-23)表明反射光为左旋椭圆偏振光。用图 4.3-4 的坐标表示，式(4.3-23)改为

$$\boldsymbol{E}_r=E_0[0.046(-\boldsymbol{e}_x-\boldsymbol{e}_z)+0.214e^{i\frac{\pi}{2}}\boldsymbol{e}_y]e^{i[k(x-z)/\sqrt{2}-\omega t]}$$

4.4 全反射　消逝波和导引波

1. 全反射

设光波入射到两绝缘介质分界面，按折射定律 $n_1\sin\theta_i=n_2\sin\theta_t$，当 $n_1>n_2$ 时，$\theta_i>\theta_t$，且 θ_i 增加时，θ_t 也增大。所以入射角从 0 增大到某一值，θ_t 已先达到 90°。光从光密介质到光疏介质时，折射角达到 90°的入射角称为临界角，记作 θ_C，由折射定律容易得到

$$\theta_C=\arcsin(n_2/n_1) \quad (4.4\text{-}1)$$

当入射角达到临界角时，折射光方向已达到极限位置，即平行于分界面方向。这时，若进一步增大入射角，则入射光将全部反射回介质 I，这个现象称为全反射，如图 4.4-1 所示。

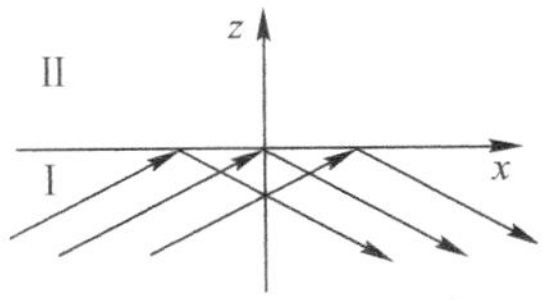

图 4.4-1　光的全反射

发生全反射时，光疏介质中不是没有电磁场，只不过电磁场不再以均匀平面波的形式出现。为讨论方便，设 z 方向为界面法线方向，xOz 为入射面。因为界面两侧波矢的平行分量相等，即有 $k_{tx}=k_{ix}=k_i\sin\theta_i$，$k_{ty}=k_{iy}=0$，因此

$$k_{tz}=\sqrt{k_t^2-k_{tx}^2}=\sqrt{k_t^2-k_i^2\sin^2\theta_i}=k_i\sqrt{(n_2/n_1)^2-\sin^2\theta_i}$$

当 $\theta_i>\theta_C$ 时，$\sin\theta_i>n_2/n_1$，故 k_{tz} 为虚数，即

$$k_{tz}=\pm ik_i\cdot\sqrt{\sin^2\theta_i-(n_2/n_1)^2} \quad (4.4\text{-}2)$$

后面将说明，式(4.2-2)中的符号应取“+”号。而

$$\cos\theta_t=\frac{k_{tz}}{k_t}=i\frac{n_1}{n_2}\sqrt{\sin^2\theta_i-\left(\frac{n_2}{n_1}\right)^2} \quad (4.4\text{-}3)$$

由式(4.4-3)确定的 θ_t 一般为复数，不再具有折射角的几何意义。由式(4.4-3)得

$$\sin\theta_t=\sqrt{1-\cos^2\theta_t}=\sqrt{1+\left(\frac{n_1}{n_2}\right)^2\left[\sin^2\theta_i-\left(\frac{n_2}{n_1}\right)^2\right]}=\frac{n_1}{n_2}\sin\theta_i$$

即 $n_1\sin\theta_i=n_2\sin\theta_t$，也就是说，折射定律在形式上仍成立。

在明确了 $\cos\theta_t$ 的取值后，我们可以用菲涅耳公式讨论全反射的情况。对于垂直于入射面分量的反射系数为

$$r_\perp=\frac{n_1\cos\theta_i-n_2\cos\theta_t}{n_1\cos\theta_i+n_2\cos\theta_t}=\frac{\cos\theta_i-i\sqrt{\sin^2\theta_i-n^2}}{\cos\theta_i+i\sqrt{\sin^2\theta_i-n^2}} \quad (4.4\text{-}4)$$

式中，$n=n_2/n_1$。而对于平行于入射面分量的反射系数为

$$r_{\parallel}=\frac{n_2\cos\theta_i-n_1\cos\theta_t}{n_2\cos\theta_i+n_1\cos\theta_t}=\frac{n^2\cos\theta_i-i\sqrt{\sin^2\theta_i-n^2}}{n^2\cos\theta_i+i\sqrt{\sin^2\theta_i-n^2}} \tag{4.4-5}$$

由式(4.4-4)和式(4.4-5)可知，$r_{\perp}$ 或 $r_{\parallel}$ 的分子与分母互为共轭复数，故 $r_{\perp}$ 或 $r_{\parallel}$ 的模为1，即

$$|r_{\perp}|=|r_{\parallel}|=1,\text{或 } r_{\perp}=e^{-i\varphi_{\perp}},r_{\parallel}=e^{-i\varphi_{\parallel}} \tag{4.4-6}$$

而其辐角为分子辐角的2倍，即

$$\varphi_{\perp}=2\arctan\left(\frac{\sqrt{\sin^2\theta_i-n^2}}{\cos\theta_i}\right) \tag{4.4-7}$$

$$\varphi_{\parallel}=2\arctan\left(\frac{\sqrt{\sin^2\theta_i-n^2}}{n^2\cos\theta_i}\right) \tag{4.4-8}$$

式(4.4-6)表明，全反射时反射率等于1，即光能没有透射损失，全都反射回光密介质。而式(4.4-7)和式(4.4-8)表明，在全反射下反射光相对于入射光有位相跃变，而且一般来说，$\varphi_{\perp}$ 和 $\varphi_{\parallel}$ 不相等，所以，若入射光为线偏振光，则反射光一般为椭圆偏振光。

2. 光疏介质中的波场——消逝波

照前所述，全反射时，入射光功率全部返回光密介质，那么在光疏介质中怎么会有透射波场呢？我们可以这样来理解：光刚入射到分界面时，经历了短暂的非稳态过程，而在此过程中，有部分电磁能流入光疏介质。而一旦稳态建立后，就不再有能量流入光疏介质内部，全部光能返回光密介质。事实上，全反射时光疏介质中的波矢为复矢量，k_{tz} 为虚数，其电场为

$$E_t(r,t)=E_{0t}e^{i(k_t\cdot r-\omega t)}=E_{0t}e^{ik_{tz}z}\cdot e^{i(k_{tx}\cdot x-\omega t)}$$

将式(4.4-2)代入上式，若式(4.2-2)中符号取“-”，则上式中的电场将随 z 指数增加到无限，这是不可能的。故式(4.4-2)中符号应取“+”。所以

$$E_t(r,t)=E_{0t}e^{-\alpha z}\cdot e^{i(k_{tx}\cdot x-\omega t)} \tag{4.4-9}$$

式中

$$\alpha=k_i\sqrt{\sin^2\theta_i-(n_2/n_1)^2} \tag{4.4-10}$$

由式(4.4-9)知，透射波不再是均匀平面波，而是沿 z 方向按指数规律迅速衰减的波，波场集中在 z 较小的范围内，其深度为

$$d=\frac{1}{\alpha}=\frac{\lambda_0}{2\pi\sqrt{n_1^2\sin^2\theta_i-n_2^2}} \tag{4.4-11}$$

λ_0 为光波在真空中的波长。故透入深度为波长量级，透射波好像是贴着分界面传播的，故称消逝波(或称倏逝波、表面波等)。

牛顿曾用棱镜及凸透镜观察消逝波的存在。如图4.4-2所示，入射光线在棱镜底面发生全反射，当透镜3不存在或远离棱镜1时，则在反射光方向观察到完整的全反射光斑。当透镜3逐渐向棱镜靠近时，两者间的空气间隙越来越小，当间隙小于4λ厚度时，就可以观察到一部分表面波进入透镜而在全反射光波中看到了变化，间隙越小，被截取进入透镜的能量就越多。这意味着透镜3对表面波产生了干扰，从而导致对全反射产生干扰。由此可知，全反射必须有一个表面波来引导。

这种在全内反射过程中产生的消逝波能穿过小间隙光疏介质而进入另一种光密介质的现

象叫做光学隧道效应,光学隧道显微镜正是应用了这一基本原理。

另一个证实消逝波存在的实验装置如图 4.4-3 所示,将棱镜置于一涂有感光乳胶的玻璃基板上,感光胶的折射率小于棱镜玻璃的折射率。如图 4.4-3 所示,入射的光波在棱镜底面发生全反射。但由于在乳胶介质中存在消逝波,结果使相应部位的乳胶感光,冲洗后可以看到曝光部分的椭圆形黑斑。这说明有一部分能量进入了第二介质中。

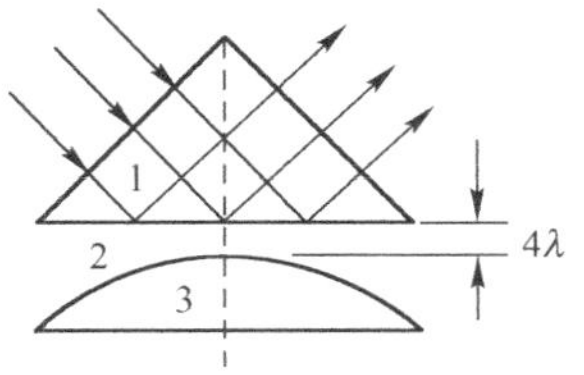

图 4.4-2 证明消逝波存在的实验装置示意图

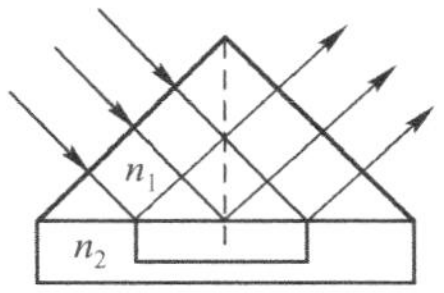

图 4.4-3 消逝波使基板上的感光乳胶感光

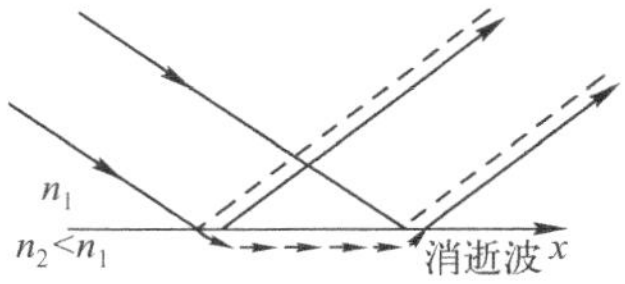

图 4.4-4 古斯-汉森位移

应该指出,虽然在第二介质中存在消逝波,但它并不向第二介质内部传输能量。计算表明,消逝波沿 z 方向的平均能流为零。这说明由第一介质流入第二介质和由第二介质返回第一介质的能量相等。进一步研究还表明,由第一介质流入第二介质的能量入口处和返回的能量出口处相隔约半个波长,因而当以有限宽度的光束入射时,可以发现反射光在界面上有一侧向位移,如图 4.4-4 所示。这一位移通常称为古斯-汉森(Goos-Hanchen)位移,它是造成全反射时反射光位相跃变的原因。

古斯-汉森位移可由这样的实验来验证:一束很窄的光从棱镜的一个面入射后到达棱镜底面,在底面上的一条窄带上镀了银反射膜层。这样光被分成了两个部分。入射到银层的光,因金属的屏蔽作用,光波仅能透入到几个纳米深的地方。而光在未镀银的底面产生全反射,其透入深度要大得多(差两个数量级)。所以,银层上反射的光几乎没有侧向位移,而其余部分存在侧向位移,两部分光会有明显错位。

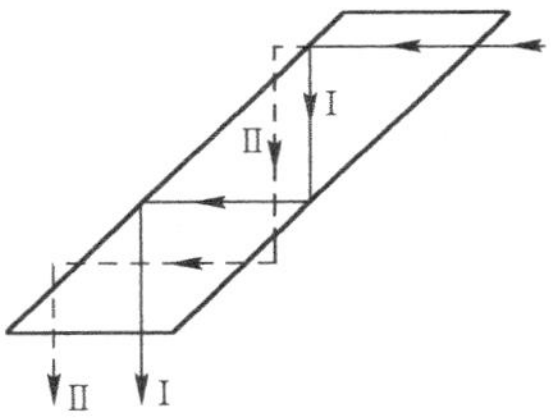

图 4.4-5 多次全反射时的古斯-汉森位移

实验上为了看清这一位移,通常采用多次反射的方法。如图 4.4-5 所示,将棱体加长,将棱镜的反射面中一部分镀银,其余部位则发生全内反射,这样光经多次反射后从镀银层反射的光与全反射的光就分离了。

3. 光密介质中的波场——导引波

由式(4.4-9)看出,消逝波沿平行于界面方向(x 方向)传播,而界面法线方向没有能量流动。实际光密介质中,在入射波与反射波的叠加区域也有类似的性质。为简单起见,只讨论垂直于入射面的分量,即电矢量平行于 y 方向的偏振。注意,反射光波矢 x 分量与入射光相同,而 z 分量相反。故入射波、反射波电场分别为

$$E_{iy}(r,t)=E_0 e^{i(k_{ix}\cdot x+k_{iz}\cdot z-\omega t)} \tag{4.4-12}$$

$$E_{ry}(r,t)=E_0 e^{i(k_{ix}\cdot x-k_{iz}\cdot z-\varphi_{\perp}-\omega t)} \tag{4.4-13}$$

式(4.4-12)和式(4.4-13)相加,可得叠加区域电场(见图 4.4-6),进而可得到能流密度的时间平均值:

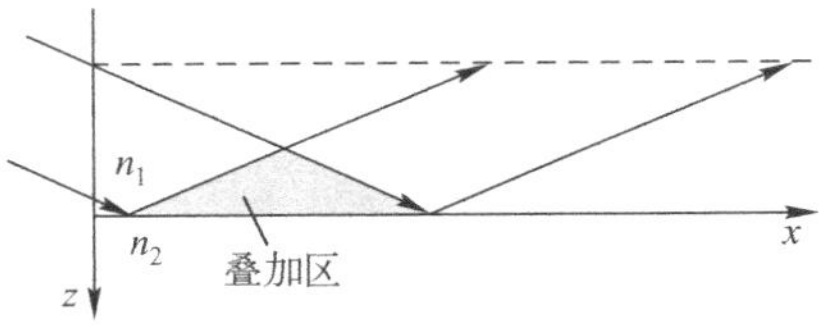

图 4.4-6 入射波与反射波的叠加

$$E_y = 2E_0\cos\left(hz+\frac{\varphi_\perp}{2}\right)e^{i(\beta x-\omega t-\frac{\varphi_\perp}{2})} \tag{4.4-14}$$

$$\overline{\boldsymbol{S}} = 2E_0^2\frac{\beta}{\omega\mu}\cos^2\left(hz+\frac{\varphi_\perp}{2}\right)\boldsymbol{e}_x \tag{4.4-15}$$

式中

$$\beta = k_{ix} = \frac{\omega}{c}n_1\sin\theta_i \tag{4.4-16}$$

$$h = k_{iz} = \frac{\omega}{c}n_1\cos\theta_i \tag{4.4-17}$$

分别称为纵向(平行界面方向)传播常数和横向(垂直界面方向)传播常数。

合成场具有以下一些性质:

(1) 能量沿平行界面方向流动,垂直界面方向无能量传输。由于这种波只沿平行界面方向传输功率,就好像是被界面所导引,故称导引波。

(2) 合成场沿 x 方向为行波,传播相速度为

$$v_p = \frac{\omega}{\beta} = \frac{c}{n_1\sin\theta_i} \tag{4.4-18}$$

可见,v_p 大于介质中的光速 c/n_1,甚至可以大于真空中的光速 c。相应的 x 方向波长为

$$\lambda_p = \frac{2\pi}{\beta} = \frac{\lambda_0}{n_1\sin\theta_i} \tag{4.4-19}$$

可见 λ_p 大于介质中的波长 λ_0/n_1,甚至可以大于真空中的波长 λ_0。导波光学中常称 λ_p 为导波波长。

(3) 合成场沿 z 方向为驻波。距离界面为 $\lambda_z/2$ 整数倍的平面上,场的分布与界面上完全相同。试设想在这些平面处放置第三块折射率为 $n_3=n_2$ 的光疏介质板,则中间夹层(光密介质)中的场分布应保持不变。当然,也可以在距离界面任意 $z=z_0$ 的平面上放置折射率 $n_3<n_1$ 的光疏介质平板,只要能满足该处场分布所要求的边界条件,则中间层的场也可保持不变。于是光波场便约束在中间光密介质层中沿界面方向传播。这就构成一个最简单的介质导波系统(简称波导),其中每一确定的稳态场分布即称为波导的一个传输模式。

上面的讨论假设电矢量垂直于入射面(y 方向),与导引波的传播方向(x 方向)垂直,故称横电波,记为 TE。若电矢量平行于入射面,则一般与导引波的传播方向不垂直,但此时磁矢量与之垂直,故称横磁波,记为 TM。

导引波和消逝波是介质波导理论的基础,在集成光学、光通信领域有很多应用。

*4.5 电磁波在导电介质表面上的反射和折射

设 $z<0$ 的半无穷空间中充满一种线性均匀各向同性的绝缘介质(以下标 1 记之),而 $z>0$ 的半无穷空间中充满一种线性均匀各向同性的导电介质(以下标 2 记之),且 $z<0$ 在的半无穷空间中有一单色波入射到介质分界面 $z=0$ 上。若在导电介质中引入复介电常量 $\varepsilon_2' = \varepsilon_2 + i\sigma/\omega$,则导电介质与绝缘介质中单色波所满足的麦克斯韦方程组形式相同。因而,导体与绝缘介质界面上的反射、折射公式及菲涅耳公式在形式上都相同,只是有些参量成为等效参量甚至是复数。

1. 导电介质中的折射波

为方便起见,这里我们假设 $\mu_2=\mu_0$。注意:当此假设不成立时,下面的正确结果均可由

式(4.5-1)替换得到。

$$\varepsilon_0 \rightarrow \varepsilon_0 \mu_0 / \mu_2 \tag{4.5-1}$$

导电介质的折射率为

$$n_2 = \sqrt{\frac{\varepsilon_2'}{\varepsilon_0}} = \sqrt{\frac{\varepsilon_2}{\varepsilon_0}\left(1+\frac{\mathrm{i}\sigma}{\omega\varepsilon_2}\right)} = (\eta + \mathrm{i}\kappa) \tag{4.5-2}$$

式中，η 与 κ 是式(4.5-3)，即

$$\begin{cases} \eta^2 - \kappa^2 = \dfrac{\varepsilon_2}{\varepsilon_0} \\ 2\eta\kappa = \dfrac{\sigma}{\omega\varepsilon_0} \end{cases} \tag{4.5-3}$$

确定的正实数，即

$$\begin{cases} \eta^2 = \dfrac{\varepsilon_2}{2\varepsilon_0}\left(\sqrt{1+\left(\dfrac{\sigma}{\omega\varepsilon_2}\right)^2}+1\right) \\ \kappa^2 = \dfrac{\varepsilon_2}{2\varepsilon_0}\left(\sqrt{1+\left(\dfrac{\sigma}{\omega\varepsilon_2}\right)^2}-1\right) \end{cases} \tag{4.5-4}$$

考虑到导电介质中有焦耳热耗损，折射波应为一个衰减波。导电介质中的波矢的大小为

$$k_{\mathrm{t}} = \frac{\omega n_2}{c} = k_0(\eta + \mathrm{i}\kappa) \tag{4.5-5}$$

式中，k_0 为该电磁波在真空中的波数。

导电介质中的折射波为

$$\begin{aligned} E_{\mathrm{t}} &= E_{\mathrm{t0}}\exp[\mathrm{i}(k_{\mathrm{tx}}x + k_{\mathrm{tz}}z - \omega t)] \\ &= E_{\mathrm{t0}}\exp[\mathrm{i}(k_{\mathrm{t}}\sin\theta_{\mathrm{t}}x + k_{\mathrm{t}}\cos\theta_{\mathrm{t}}z - \omega t)] \end{aligned} \tag{4.5-6}$$

由于折射定律形式不变，故有

$$\sin\theta_{\mathrm{t}} = \frac{n_1}{n_2}\sin\theta_{\mathrm{i}} = \frac{n_1}{\eta + \mathrm{i}\kappa}\sin\theta_{\mathrm{i}} \tag{4.5-7}$$

可见，折射角 θ_{t} 是复数。由式(4.5-5)与式(4.5-7)可知

$$\begin{cases} k_{\mathrm{t}}\sin\theta_{\mathrm{t}} = n_1 k_0 \sin\theta_{\mathrm{i}} \\ k_{\mathrm{t}}\cos\theta_{\mathrm{t}} = k_0\sqrt{\eta^2 - \kappa^2 - n_1^2\sin^2\theta_{\mathrm{i}} + 2\eta\kappa\mathrm{i}} = p + \mathrm{i}q \end{cases} \tag{4.5-8}$$

式中，p 与 q 是由式(4.5-9)，即

$$\begin{cases} p^2 - q^2 = (\eta^2 - \kappa^2 - n_1^2\sin^2\theta_{\mathrm{i}})k_0^2 \\ pq = \eta\kappa k_0^2 \end{cases} \tag{4.5-9}$$

决定的正实数。于是，折射波的电矢量，即式(4.5-6)可写为

$$\begin{aligned} E_{\mathrm{t}} &= E_{\mathrm{t0}}\exp[\mathrm{i}(n_1 k_0 \sin\theta_{\mathrm{i}}x + (p + \mathrm{i}q)z - \omega t)] \\ &= E_{\mathrm{t0}}\exp(-qz)\exp[\mathrm{i}(n_1 k_0 \sin\theta_{\mathrm{i}}x + pz - \omega t)] \end{aligned} \tag{4.5-10}$$

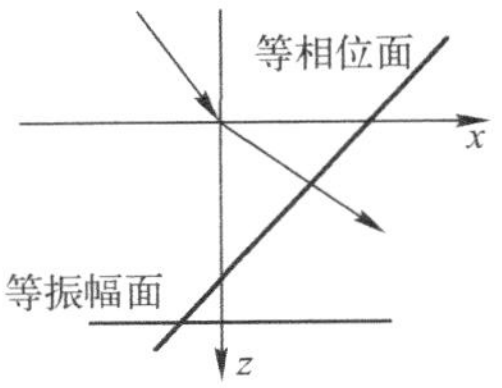

图 4.5-1　等相面与等幅面的不一致

由式(4.5-10)可见，E_{t} 的振幅具有衰减因子 $\exp(-qz)$，因而等幅面（即 qz = 常量）与分界面平行；而等相位面（即 $n_1 k_0 \sin\theta_{\mathrm{i}}x + pz - \omega t$ = 常量）在任一给定时刻 t，其法向与介质分界面法向的交角为 θ_{t}'，等相位面一般与等幅面不重合，如图 4.5-1

所示。由于等相位面上不同点处的波振幅不同，故折射波是所谓的非均匀平面波。

波的相位传播方向与等相位面垂直，故角 θ_t' 是真正的折射角。因而折射定律可写为

$$k_1\sin\theta_i=\sqrt{p^2+n_1^2k_0^2\sin^2\theta_i}\sin\theta_t' \tag{4.5-11}$$

或

$$n_1\sin\theta_i=n_2'\sin\theta_t' \tag{4.5-12}$$

式中

$$n_2'=\frac{1}{k_0}\sqrt{p^2+n_1^2k_0^2\sin^2\theta_i} \tag{4.5-13}$$

是导电介质的等效折射率。值得注意的是，n_2' 不仅与导电介质的性质有关，而且依赖于电磁波的频率和入射角。

导电介质中折射波的相速度，即等相位面传播的速度为

$$v_2'=\frac{c}{n_2'}=\frac{\omega}{k_0n_2'}=\frac{\omega}{\sqrt{p^2+n_1^2k_0^2\sin^2\theta_i}} \tag{4.5-14}$$

由式(4.5-14)可以看出等相位面的传播速度也与入射角有关。

值得注意的是，场矢量具有沿折射波传播方向的分量，因而导电介质中的折射波不是真正的横波。事实上，正如前面所指出的，在导电介质中一般情形下不存在与相位传播方向垂直的电矢量 $\boldsymbol{E}$ 与磁矢量 $\boldsymbol{H}$ 为线偏振的电磁波。

对于良导体，例如所有金属，$\sigma\gg\omega\varepsilon_2$；方程式(4.5-4)有近似解

$$\eta\approx\kappa\approx\sqrt{\frac{\sigma}{2\omega\varepsilon_0}}=\sqrt{\frac{\sigma\mu_2}{2\omega\varepsilon_0\mu_0}} \tag{4.5-15}$$

式中最后一步应用了式(4.5-1)所做的替换。于是，方程式(4.5-9)的解为

$$\begin{cases}p^2\approx\dfrac{1}{2}k_0^2\left[\sqrt{4\eta^4+n_1^4\sin^4\theta_i}-n_1^2\sin\theta_i\right]\\ q^2\approx\dfrac{1}{2}k_0^2\left[\sqrt{4\eta^4+n_1^4\sin^4\theta_i}+n_1^2\sin\theta_i\right]\end{cases} \tag{4.5-16}$$

由于 $\eta\approx\kappa\gg1$ 及 n_1 一般接近于 1，式(4.5-16)可写为

$$p\approx q\approx\eta k_0\approx\sqrt{\frac{\omega\sigma\mu_2}{2}} \tag{4.5-17}$$

可见，折射波的振幅具有一个衰减因子

$$\exp\left[-z\sqrt{\frac{\omega\sigma\mu_2}{2}}\right]=\exp[-z/\delta]$$

式中

$$\delta=\frac{1}{q}=\sqrt{\frac{2}{\omega\sigma\mu_2}} \tag{4.5-18}$$

是趋肤深度。可见高频电磁波仅能传播至导体内不远处，或者说高频电流只集中在导体表面很薄的一层内，这使得导线的电阻随频率增大而增大，导线的电感随频率增大而减小。对于理想导体，$\sigma\to\infty$，$\delta\to0$，因而电磁波不能穿入理想导体。

由式(4.5-13)知，良导体的等效折射率为

$$n_2'\approx\frac{p}{k_0}\approx\eta\approx\sqrt{\frac{\sigma}{2\omega\varepsilon_0}} \tag{4.5-19}$$

于是，折射定律为

$$\sin\theta_t' \approx \sqrt{\frac{2\omega\varepsilon_0}{\sigma}}\sin\theta_i \tag{4.5-20}$$

可见，折射角 θ_t' 对于良导体很小，而对于理想导体则趋于零。因而，不论入射角如何，在良导体中折射波的传播方向基本上与边界面垂直，其等相位面与等幅面是近似重合的。

这样，对于良导体，折射波可写为

$$\begin{cases} E_t \approx E_{t0}\exp[-qz]\exp[i(pz-\omega t)] \\ H_t \approx \dfrac{p}{\omega\mu_2}(1+i)E_t \end{cases} \tag{4.5-21}$$

由此易知，在良导体内电磁波的电矢量与磁矢量的相位相差 $\pi/4$。

2. 导电介质表面上的反射波

由式(4.5-8)可得

$$\begin{cases} \sin\theta_t = \dfrac{1}{k_t}n_1k_0\sin\theta_i \\ \cos\theta_t = \dfrac{1}{k_t}(p+iq) \end{cases} \tag{4.5-22}$$

- 若入射波的电矢量垂直于入射面，反射波的振幅可由菲涅耳公式得到

$$\left(\frac{E_{r0}}{E_{i0}}\right)_\perp = -\frac{\sin(\theta_i-\theta_t)}{\sin(\theta_i+\theta_t)} = \frac{(n_1k_0\cos\theta_i-p)-iq}{(n_1k_0\cos\theta_i+p)+iq} = \rho_\perp\exp(-i\varphi_\perp) \tag{4.5-23}$$

式中

$$\rho_\perp^2 = \frac{(n_1k_0\cos\theta_i-p)^2+q^2}{(n_1k_0\cos\theta_i+p)^2+q^2} \tag{4.5-24}$$

而相位改变为

$$\varphi_\perp = \arctan\frac{q}{n_1k_0\cos\theta_i-p} + \arctan\frac{q}{n_1k_0\cos\theta_i+p} \tag{4.5-25}$$

对于良导体，利用 $p\approx q\approx \eta k_0$ 与 $\eta\approx\sqrt{\dfrac{\sigma}{2\omega\varepsilon_0}}$，可将式(4.5-24)与式(4.5-25)近似为

$$\rho_\perp^2 \approx \frac{(n_1\cos\theta_i-\eta)^2+\eta^2}{(n_1\cos\theta_i+\eta)^2+\eta^2} = 1-\frac{4\gamma\cos\theta_i}{(1+\gamma\cos\theta_i)^2+1} \approx 1-2\gamma\cos\theta_i \tag{4.5-26}$$

$$\varphi_\perp = \arctan\frac{2n_1\eta\cos\theta_i}{n_1^2\cos^2\theta_i-2\eta^2} \approx \frac{2\gamma\cos\theta_i}{\gamma^2\cos^2\theta_i-2} \approx -\gamma\cos\theta \tag{4.5-27}$$

式中

$$\gamma = \frac{n_1}{\eta} \approx \sqrt{\frac{2\omega\varepsilon_1}{\sigma}} \ll 1 \tag{4.5-28}$$

- 若入射波的电矢量平行于入射面，为了避免繁复的计算，假设导体为良导体，因而有

$$\begin{cases} \sin\theta_t = \dfrac{1}{k_t}n_1k_0\sin\theta_i \approx \dfrac{n_1\sin\theta_i}{\eta(1+i)} = \dfrac{\gamma\sin\theta_i}{(1+i)} \\ \cos\theta_t = \dfrac{1}{k_t}(p+iq) = \dfrac{k_0\eta(1+i)}{k_t} \approx 1 \end{cases} \tag{4.5-29}$$

反射波的振幅可由菲涅耳公式得到

$$\left(\frac{E_{r0}}{E_{i0}}\right)_\parallel \approx \frac{(\cos\theta_i-\gamma)+i\cos\theta_i}{(\cos\theta_i+\gamma)+i\cos\theta_i} = \rho_\parallel\exp(-i\varphi_\parallel) \tag{4.5-30}$$

式中

$$\rho_{\parallel}^2 \approx \frac{(\cos\theta_{\mathrm{i}}-\gamma)^2+\cos^2\theta_{\mathrm{i}}}{(\cos\theta_{\mathrm{i}}+\gamma)^2+\cos^2\theta_{\mathrm{i}}} \tag{4.5-31}$$

$$\phi_{\parallel} = \arctan\frac{\cos\theta_{\mathrm{i}}}{\gamma-\cos\theta_{\mathrm{i}}}+\arctan\frac{\cos\theta_{\mathrm{i}}}{\gamma+\cos\theta_{\mathrm{i}}} \tag{4.5-32}$$

可以看出,对于良导体,反射系数都接近于1,且基本上与入射角无关。正是由于这一特性,才能用良导体实现对电磁波的屏蔽,并将电磁波用金属壁包围起来做成波导与谐振腔。

另外 p 与 q 的值越大,γ 的值便越小,反射系数也越接近于1。因此,若对于某一频率电磁波强烈地被吸收,则它也将强烈地被反射,因为这时 q 很大。于是,由透射光与反射光所展现的金属薄膜的颜色是互补的。例如,白光透过一片薄金铂后成为蓝色的。

正如全反射情形那样,从金属表面反射而导致的相位改变与入射波的偏振状态有关,也就是说入射波中与入射面垂直及平行的分量在反射时其相位发生不同的变化,因此,若入射波是线偏振波,且其偏振面与入射面既不平行也不垂直,则相应的反射波是椭圆偏振的。

习题 4

4.1 已知均匀平面波的电场为

$$\boldsymbol{E}=\left(-\boldsymbol{e}_x-\frac{3}{2}\sqrt{5}\,\boldsymbol{e}_y+\sqrt{5}\,\boldsymbol{e}_z\right)\exp[\mathrm{i}0.4\pi(\sqrt{5}x+2y+4z)]\ \mathrm{V/m}$$

波的频率为 $f=1.5\times10^8\ \mathrm{Hz}$,$\varepsilon_{\mathrm{r}}=4$,$\mu_{\mathrm{r}}=1$。求:

(1) 磁场强度 $\boldsymbol{H}$

(2) 波的传播方向的单位矢量、相速度、波长。

4.2 在无界的无损耗介质中,给定平面电磁波的电场和磁场为

$$\boldsymbol{E}=30\pi\boldsymbol{e}_z\exp\left(-\mathrm{i}\,\frac{4y}{3}\right),\quad \boldsymbol{H}=1.0\boldsymbol{e}_x\exp\left(-\mathrm{i}\,\frac{4y}{3}\right)$$

设介质的 $\mu_{\mathrm{r}}=1$,求:ε_{r},v_{p},ω。

4.3 频率为 ω 的电磁波在各向同性介质中传播时,$\boldsymbol{E}$,$\boldsymbol{D}$,$\boldsymbol{B}$,$\boldsymbol{H}$ 仍按 $\exp[\mathrm{i}(\boldsymbol{k}\cdot\boldsymbol{r}-\omega t)]$ 变化,但 $\boldsymbol{D}$ 不再与 $\boldsymbol{E}$ 平行(即 $\boldsymbol{D}=\varepsilon\boldsymbol{E}$ 不成立)。

(1) 证明 $\boldsymbol{k}\cdot\boldsymbol{B}=\boldsymbol{k}\cdot\boldsymbol{D}=\boldsymbol{B}\cdot\boldsymbol{D}=\boldsymbol{B}\cdot\boldsymbol{E}=0$,但一般 $\boldsymbol{k}\cdot\boldsymbol{E}\neq0$。

(2) 证明 $\boldsymbol{D}=\dfrac{1}{\omega^2\mu}[k^2\boldsymbol{E}-(\boldsymbol{k}\cdot\boldsymbol{E})\boldsymbol{k}]$。

(3) 证明能流 $\boldsymbol{S}$ 与波矢 $\boldsymbol{k}$ 一般不在同一方向上。

4.4 已知均匀平面波的电场

$$\boldsymbol{E}=[\boldsymbol{e}_x(a+\mathrm{i}b)+\boldsymbol{e}_y(b-\mathrm{i}a)]\exp(\mathrm{i}kz)$$

试确定其偏振态。

4.5 有两个频率和振幅都相等的单色平面波沿 z 轴传播,一个波沿 x 方向偏振,另一个沿 y 方向偏振,但相位比前者超前 $\pi/2$,求合成波的偏振。反之,一个圆偏振光可以分解为怎样的两个线偏振光?

4.6 设平面电磁波沿 z 轴传播,则电矢量为

$$E_x=E_{0x}\cos(\omega t-kz-\varphi_x),\quad E_y=E_{0y}\cos(\omega t-kz-\varphi_y)$$

求证电矢量端点轨迹方程为

$$\left(\frac{E_x}{E_{0x}}\right)^2+\left(\frac{E_y}{E_{0y}}\right)^2-\frac{2E_xE_y}{E_{0x}E_{0y}}\cos\Delta\varphi=\sin^2\Delta\varphi$$

提示:可先证明 $\cos\Delta\varphi=\cos[(\omega t-kz-\varphi_y)-(\omega t-kz-\varphi_x)]=\xi\eta+\sqrt{(1+\xi^2)(1-\eta^2)}$

其中 $\xi=E_x/E_{0x}$,$\eta=E_y/E_{0y}$。

4.7 平面电磁波垂直入射到金属表面上，试证明透入金属内部的电磁波能量全部变为焦耳热。

4.8 频率$f=10^6$Hz 的线偏振均匀平面波，从海水表面($z=0$)垂直向下(沿 z 方向)传播，且有 $z=0$ 时，$\boldsymbol{E}=\boldsymbol{e}_y 10\cos(2\pi\times10^6 t)$ V/m。又设在这一频率时，海水的 $\varepsilon_r=1$，$\mu_r=1$，$\sigma_e=4$S/m。求：

(1) 海水是良导体。

(2) 在 $z=1$m 处，电场强度、磁场强度的瞬时值。

4.9 右旋圆偏振波自空气投射到 $\varepsilon_r=2.7$，$\mu_r=1$ 的介质表面，入射角 $\theta_i=45°$。确定反射波和透射波的偏振状态；若要求反射波为线偏振的，求入射角。

4.10 一平面电磁波以 $\theta=45°$从真空入射到 $\varepsilon_r=2$ 的介质中，电场强度垂直于入射面，求反射系数和折射系数。

4.11 入射到两种不同介质界面上的线偏振光的电矢量与入射面成 α 角。若电矢量垂直于入射面的分波(s 波)和电矢量平行于入射面的分波(p 波)的反射率分别为 R_s 和 R_p。试写出总反射率 R 的表达式。

4.12 有一可见平面光波由水中入射到空气中，入射角为 60°。证明这时将会发生全反射并求折射波沿表面传播的相速度和透入空气的深度。设该波在空气中的波长 $\lambda=6.28\times10^{-5}$cm，水的折射率为 1.33。

4.13 空气中 $\boldsymbol{H}=-\boldsymbol{e}_y\exp[-\mathrm{i}\sqrt{2}\pi(x+z)]$ A/m 的平面波投向理想导体表面 $z=0$，求反射波的电场强度和磁场强度。

4.14 平面电磁波由真空斜入射到导电介质表面上，入射角为 θ_1，求导电介质中电磁波的相速度和衰减长度。若导电介质为金属，结果如何?

提示：导电介质中的波矢量 $\boldsymbol{k}=\boldsymbol{\beta}+\mathrm{i}\boldsymbol{\alpha}$，$\boldsymbol{\alpha}$ 只有 z 分量(为什么?)，其相速度 $v=\omega/\beta$，衰减深度为 $1/\alpha$。如果是良导体，则

$$\begin{cases}\dfrac{\omega^2}{c^2}\sin^2(\theta_1)+\beta_z^2-\alpha_z^2=0\\[2ex]\alpha_z\beta_z=\dfrac{1}{2}\omega\mu\sigma\end{cases}$$

所以

$$\beta_z^2=-\frac{\omega^2}{2c^2}\sin2\theta_1+\frac{1}{2}\left[\frac{\omega^4}{c^4}\sin^4\theta_1+\omega^2\mu^2\sigma^2\right]^{\frac{1}{2}}$$

$$\alpha_z^2=\frac{\omega^2}{2c^2}\sin^2\theta_1+\frac{1}{2}\left[\frac{\omega^4}{c^4}\sin^4\theta_1+\omega^2\mu^2\sigma^2\right]^{\frac{1}{2}}$$

第二篇　量子理论

第 5 章　量子理论的实验基础

量子理论的建立是 20 世纪物理学的最伟大的成就之一。20 世纪初，实验物理学的发展使得人们的认识开始进入微观领域。新发现的物理现象不能够从以牛顿方程和麦克斯韦方程等为基础的经典物理学中获得解释。物理学家们对此开始了新的物理学原理的探索，并认识到量子化是微观物理世界的基本原理，在量子化思想方法下，当时一些重要的物理实验所遭遇的经典理论上的困惑成功地得以化解。从历史上那些重要的实验中产生的朴素的量子化思想方法逐步发展成为现代物理学的一个重要的完整的理论体系——量子力学。回顾历史上那些著名的物理实验，了解量子理论的由来，对学习、认识和理解量子力学的基本原理，是很重要的。

5.1　黑体辐射与普朗克量子假说

1. 黑体辐射

在热力学温度 0K 以上的任何物体都会发射热辐射（即一定波长范围内的电磁波），也能吸收和反射外来的辐射。如果一个物体能够全部吸收外来的辐射而毫无反射，则此物体称为绝对黑体，简称黑体。黑体发射出来的热辐射称为黑体辐射。黑体是一种理想化的模型，实际中并不存在。如图 5.1-1 所示的带有一个小孔的空腔，是一个接近理想黑体的装置。光通过小孔从外部进入空腔，在内壁上多次反射与吸收，几乎完全被吸收，从小孔逃逸的光微乎其微。如果让空腔处于高温下，则其内部充满由内壁材料辐射的电磁波，在温度一定的条件下，一定会达到平衡，即单位时间内内壁辐射的频率为 ν 的电磁波能量与吸收的相同频率的电磁波能量相等。

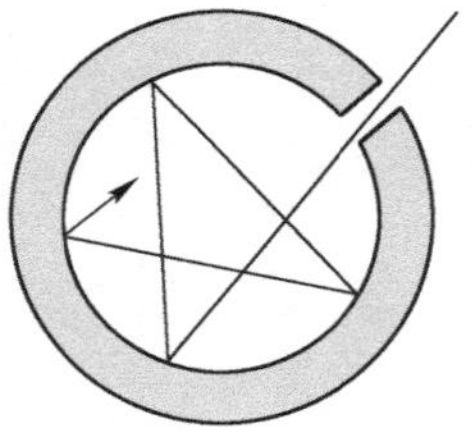

图 5.1-1　空腔的小孔可以看成黑体

2. 基尔霍夫定律

为了定量地描述热辐射的基本规律，首先介绍一下有关的物理量。

(1) 单色辐出度

单位时间内，从热力学温度为 T 的黑体表面单位面积上，在单位波长范围内所辐射的电磁波能量，称为单色辐出度，用 M_λ 表示，显然它是温度 T 和波长 λ 的函数，即

$$M_\lambda(T)=\frac{\mathrm{d}M}{\mathrm{d}\lambda} \tag{5.1-1}$$

（2） 辐出度

单位时间内，从温度为 T 的黑体的单位面积上，所辐射的各种波长的电磁波的总能量，称为物体的辐出度，显然它是温度 T 的函数，即

$$M(T)=\int_0^{\infty} M_\lambda(T)\,d\lambda \tag{5.1-2}$$

（3） 单色吸收比与单色反射比

任何物体在向周围发射辐射能的同时，也吸收了周围物体发射的辐射能。被物体吸收的能量与入射能量的比值称为该物体的吸收比；反射的能量与入射的能量的比值称为该物体的反射比。物体的吸收比和反射比显然都是温度和波长的函数。在波长 λ 到 $\lambda+d\lambda$ 范围内的吸收比称为单色吸收比，用 $\alpha_\lambda(T)$ 表示；在波长 λ 到 $\lambda+d\lambda$ 范围内的反射比称为单色反射比，用 $r_\lambda(T)$ 表示。显然，对于不透明的物体，单色吸收比和单色反射比之和为 1，即

$$\alpha_\lambda(T)+r_\lambda(T)=1 \tag{5.1-3}$$

而对于黑体，显然 $\alpha_\lambda(T)=1$。

1860 年，基尔霍夫从理论上提出了关于物体的辐出度与吸收比关系的重要定律：在相同的温度下，各种不同物体对相同波长的单色辐出度与单色吸收比的比值都相等，并且等于该温度下黑体对同一波长的单色辐出度。即

$$\frac{M_{\lambda 1}(T)}{\alpha_{\lambda 1}(T)}=\frac{M_{\lambda 2}(T)}{\alpha_{\lambda 2}(T)}=\cdots=M_{\lambda 0}(T) \tag{5.1-4}$$

式中，$M_{\lambda 0}(T)$ 表示黑体的单色辐出度。即说明，良好的吸收体也必然是良好的辐射体；反之亦然。

3. 黑体辐射的实验规律

19 世纪末，物理学家从实验和理论两方面研究了各种温度的黑体辐射，测量了它们的单色辐出度按波长分布的关系，得出了如图 5.1-2 所示的实验曲线。

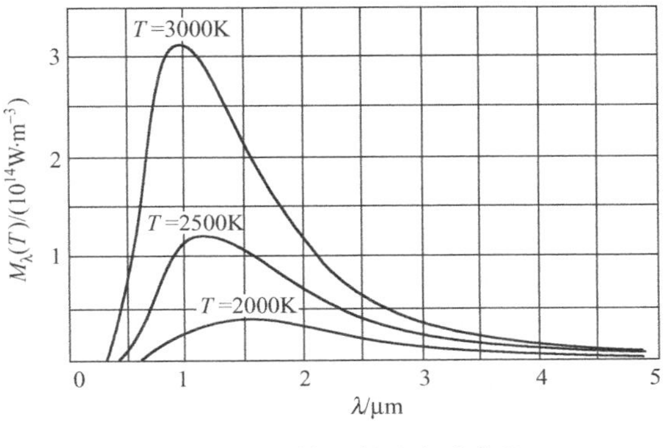

图 5.1-2　黑体辐射的实验曲线

根据实验曲线，得出了有关黑体辐射的两条普遍规律。

（1） 斯特藩（J.Stefan）-玻尔兹曼（L.Boltzman）定律

在图 5.1-2 中，每一条曲线反映了在一定温度下，黑体的单色辐出度随波长分布的情况。每一条曲线下的面积等于黑体在一定温度下的总辐出度，即

$$M(T)=\int_0^{\infty} M_\lambda\,d\lambda$$

由图 5.1-2 可见，$M(T)$ 随温度的升高而迅速增加。经实验确定，$M(T)$ 和热力学温度 T 的关系为

$$M(T)=\sigma T^4 \tag{5.1-5}$$

式中，$\sigma=5.67\times10^{-8}\mathrm{W/(m^2\cdot K^4)}$。这一结果称为斯特藩-玻尔兹曼定律，只适用于黑体，σ 称为斯特藩-玻尔兹曼常数。

(2) 维恩(W. Wien)位移定律

从图 5.1-2 中可以看出，在每一条曲线上，$M_\lambda(T)$ 有一个最大值(峰值)，即最大的单色辐出度。相应于该最大值的波长，叫做峰值波长 λ_m。随着温度 T 的增加，λ_m 向短波方向移动，两者之间的关系确定为

$$T\lambda_m=b \tag{5.1-6}$$

式中，$b=2.897\times10^{-3}\mathrm{m\cdot K}$。这一结果称为维恩位移定律。

【例 5-1】 (1) 在室温情况下(300K)的黑体，其单色辐出度的峰值所对应的波长是多少？

(2) 若使一个黑体单色辐出度的峰值所对应的波长为 $6.5\times10^{-7}\mathrm{m}$，其温度应为多少？

(3) 以上两个辐出度的比为多少？

解：(1) 由维恩位移定律可得

$$\lambda_m=b/T=\frac{2.897\times10^{-3}}{300}\mathrm{m}=9\,657\mathrm{nm}$$

(2) 由维恩位移定律可得

$$T=b/\lambda_m=\frac{2.897\times10^{-3}}{6.5\times10^{-7}}\mathrm{K}=4\,457\mathrm{K}$$

(3) 由斯特藩-玻尔兹曼定律可得

$$\frac{M(T_2)}{M(T_1)}=\left(\frac{T_2}{T_1}\right)^4=\left(\frac{4457}{300}\right)^4=4.87\times10^4$$

4. 黑体辐射经典理论解释

在 20 世纪初，瑞利和金斯对空腔(或黑体)辐射的能量密度进行了计算，计算结果表明，在经典物理学理论和实验结果之间存在着很大的偏差。下面介绍经典理论的分析过程。

考虑一个具有金属内壁的空腔，其金属壁被均匀地加热到温度 T。此时，金属壁会向空腔辐射电磁波。瑞利和金斯的做法是，首先利用经典的电磁理论去证明，在空腔的内部，辐射必定以驻波的形式存在，并且驻波的节点就在金属的表面上。他们利用几何关系，计算出在频率间隔 ν 到 $\nu+\mathrm{d}\nu$ 范围内的驻波数目，确定驻波数目与频率的关系。其次，利用分子运动论的结果，计算出当系统处于热平衡状态时这些驻波的平均总能量，在经典理论中，这个平均总能量只取决于温度 T，把这个频率间隔内的驻波数乘以驻波的平均能量，再除以空腔体积，就得到频率间隔在 ν 到 $\nu+\mathrm{d}\nu$ 内单位体积所包含的平均能量。

我们先考虑一维情况，然后把它推广到真实的三维空腔。设“一维空腔”的长度为 a。一维电磁驻波的电场可以表示为

$$E(x,t)=E_0\sin(2\pi x/\lambda)\sin(2\pi\nu t) \tag{5.1-7}$$

式中，λ 为电磁波的波长，ν 为其频率，而且有 $\nu=c/\lambda$。式(5.1-7)表示的波的振幅在空间中做正弦变化 $\sin(2\pi x/\lambda)$，随时间的变化以频率 ν 做简谐振动。为了满足驻波的要求，则有

$$\frac{a}{\lambda/2}=n,\ n=1,2,3,\cdots \tag{5.1-8}$$

这就决定了波长 λ 只能取一组特定的值。这些特定的值，使得驻波振幅的图样具有如图 5.1-3

所示的形状。

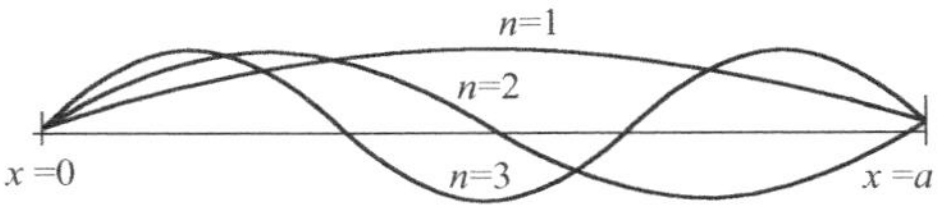

图 5.1-3 在以 $x=0$ 和 $x=a$ 为腔壁的“一维空腔”中，$n=1,2,3$ 时的驻波

实际上，利用频率或波矢来代替波长可能更方便，由于 $k_x=2\pi/\lambda$，式(5.1-8)可改写为

$$k_x a=\pi n,\quad n=1,2,3,\cdots \tag{5.1-9}$$

不同的整数 n 对应着波矢 k_x 的不同取值。用波矢来表示的优点是，波矢取值是等间距的，相邻波矢间隔为 $\delta k_x=\pi/a$。

波矢为 k_x 到 $k_x+\mathrm{d}k_x$ 的区间可能的状态数 $\mathrm{d}N=\mathrm{d}k_x/\delta k_x=\dfrac{a}{\pi}\mathrm{d}k_x$，考虑到波有两个可能的偏振态，则式(5.1-9)应乘以 2，即

$$\mathrm{d}N=\frac{2a}{\pi}\mathrm{d}k_x \tag{5.1-10}$$

下面我们把上述结果推广到三维真实的空腔，为了简化计算，设空腔为边长分别是 L_1，L_2 和 L_3 的长方体。式(5.1-9)变为

$$k_xL_1=\pi n_1,\quad k_yL_2=\pi n_2,\quad k_zL_3=\pi n_3\quad (n_i=1,2,3,\cdots;i=1,2,3) \tag{5.1-11}$$

按式(5.1-11)，k_x、k_y、k_z 都是等间隔取值的，间隔分别为 $\delta k_x=\pi/L_1$，$\delta k_y=\pi/L_2$，$\delta k_z=\pi/L_3$。以 k_x、k_y、k_z 三个量为坐标轴构成的空间称为波矢量空间，满足式(5.1-11)的点在波矢量空间的分布是均匀的，平均每个点占有的“体积”$\delta V_k=\delta k_x\delta k_y\delta k_z=\pi^3/(L_1L_2L_3)$。

波矢大小 k 与分量 k_x、k_y、k_z 的关系为

$$k^2=k_x^2+k_y^2+k_z^2 \tag{5.1-12}$$

波矢 k 到 $k+\mathrm{d}k$ 区间在波矢量空间占有的“体积”为 $4\pi k^2\mathrm{d}k$。但由式(5.1-11)可知，有意义的区域为 k_x、k_y、k_z 都取正值的区域，所以有效“体积”为 $\mathrm{d}V_k=\dfrac{1}{8}4\pi k^2\mathrm{d}k$。考虑到电磁波为横波，存在两种偏振模式，故波矢量在 $k\sim k+\mathrm{d}k$ 之间的模式数目为

$$\mathrm{d}N=2\mathrm{d}V_k/\delta V_k=2\times\frac{1}{8}\times 4\pi k^2\mathrm{d}k\cdot(L_1L_2L_3)/\pi^3 \tag{5.1-13}$$

而 $V=L_1L_2L_3$ 是空腔的体积，则单位空腔体积中波矢量在 $k\sim k+\mathrm{d}k$ 之间的模式数目为

$$\mathrm{d}N_k=\pi k^2\mathrm{d}k/\pi^3 \tag{5.1-14}$$

根据波矢量 k 与频率 ν 和光速 c 的关系 $k=2\pi\nu/c$，单位空腔体积中频率在 $\nu\sim\nu+\mathrm{d}\nu$ 之间的模式数目为

$$\mathrm{d}N_\nu=\frac{8\pi\nu^2\mathrm{d}\nu}{c^3} \tag{5.1-15}$$

根据经典动力学理论对气体温度的描述，气体的温度是组成气体的分子平均热能的量度，分子的速率服从玻尔兹曼分布，从而一个分子与每一个自由度有关的平均能量是 $\dfrac{1}{2}k_{\mathrm{B}}T$。将气体分子的经典动力学理论应用于黑体辐射，认为黑体空腔中电磁模式的能量也服从玻尔兹曼分布，频率为 ν 的电磁模式能量在 $E_\nu\to E_\nu+\mathrm{d}E_\nu$ 之间的概率为

$$\rho_\nu(E_\nu)\mathrm{d}E_\nu=\frac{\exp\left(-\dfrac{E_\nu}{k_{\mathrm{B}}T}\right)\mathrm{d}E_\nu}{\displaystyle\int_0^\infty \exp\left(-\dfrac{E_\nu}{k_{\mathrm{B}}T}\right)\mathrm{d}E_\nu} \tag{5.1-16}$$

从而，频率为 ν 的电磁模式的平均能量为

$$\overline{E}_\nu(T)=\frac{\int_0^\infty E_\nu \exp\left(-\frac{E_\nu}{k_B T}\right)\mathrm{d}E_\nu}{\int_0^\infty \exp\left(-\frac{E_\nu}{k_B T}\right)\mathrm{d}E_\nu}=k_B T \tag{5.1-17}$$

式中，$k_B=1.38066\times10^{-23}$ J/K，为玻尔兹曼常数。于是，空腔中频率在 $\nu\sim\nu+\mathrm{d}\nu$ 之间的能量密度为

$$\overline{E}_\nu(T)\,\mathrm{d}N_\nu=8\pi\nu^2 k_B T\mathrm{d}\nu/c^3=U(T,\nu)\,\mathrm{d}\nu \tag{5.1-18}$$

即

$$U(T,\nu)=8\pi\nu^2 k_B T/c^3 \tag{5.1-19}$$

这就是著名的瑞利-金斯公式。瑞利-金斯公式在低频段与实验相符，而在高频极限处是发散的。如果这个结论是正确的，那么，当人盯着看炉子内的热物质时，紫外线就会使眼睛变瞎。这与实际显然完全不符。历史上将其称为紫外灾难。

5. 普朗克的能量子假说

普朗克认为，造成紫外灾难的原因一定是经典的理论在黑体辐射问题的应用上出了问题。也就是说，黑体辐射一定服从某种尚未被揭示的不同于经典理论的物理规律。他指出，腔壁上的原子可以视为带电的谐振子，这些谐振子不断地发射和吸收频率与其振动频率相同的电磁波，与腔内辐射场交换能量。此外，他还提出：频率为 ν 的谐振子，其能量取值为 $h\nu$ 的整数倍，这个不可分割的能量单元称为能量子。

$$E_n(\nu)=nh\nu\quad(n=1,2,3,\cdots) \tag{5.1-20}$$

式中，常数因子 h 被称为普朗克常数，$h=6.62608\times10^{-34}$ J · s。

根据普朗克的假设，式(5.1-16)和式(5.1-17)中的积分应由求和代替

$$\int_0^\infty \exp\left(-\frac{E_\nu}{k_B T}\right)\mathrm{d}E_\nu \to \sum_{n=0}^{\infty}\exp\left(-\frac{nh\nu}{k_B T}\right)$$

$$\int_0^\infty E_\nu\exp\left(-\frac{E_\nu}{k_B T}\right)\mathrm{d}E_\nu \to \sum_{n=0}^{\infty}nh\nu\exp\left(-\frac{nh\nu}{k_B T}\right)$$

从而，频率为 ν 的电磁模式的平均能量为(参考习题 5.1)

$$\overline{E}(\nu)=\frac{\sum_{n=0}^{\infty}nh\nu\,\mathrm{e}^{-nh\nu/k_B T}}{\sum_{n=0}^{\infty}\mathrm{e}^{-nh\nu/k_B T}}=\frac{h\nu}{\mathrm{e}^{h\nu/k_B T}-1} \tag{5.1-21}$$

结合式(5.1-15)，得出

$$U(T,\nu)=\frac{8\pi h}{c^3}\,\frac{\nu^3}{\mathrm{e}^{h\nu/k_B T}-1} \tag{5.1-22}$$

- 在低频段　　$\mathrm{e}^{h\nu/k_B T}-1\approx\frac{h\nu}{k_B T}$，　$U(T,\nu)\approx\frac{8\pi\nu^2 k_B T}{c^3}$

与瑞利-金斯公式即式(5.1-19)相同。

事实上，在频率很低，或者温度很高的条件下，$\Delta E_\nu=(n+1)h\nu-nh\nu=h\nu$ 与经典平均能量 $k_B T$ 的比值很小，能量的量子化分布过渡到了连续分布。

● 在高频段 $e^{h\nu/k_BT}-1\approx e^{h\nu/k_BT}$, $U(T,\nu)\approx\frac{8\pi h\nu^3}{c^3}e^{-h\nu/k_BT}$

与维恩提出的经验公式

$$U(T,\nu)=c_1\nu^3e^{-c_2\nu/T}\quad (c_1,c_2 \text{ 为常数})$$

相一致。普朗克提出的能量不连续的量子化假设完全解释了黑体辐射问题(见图 5.1-4)。

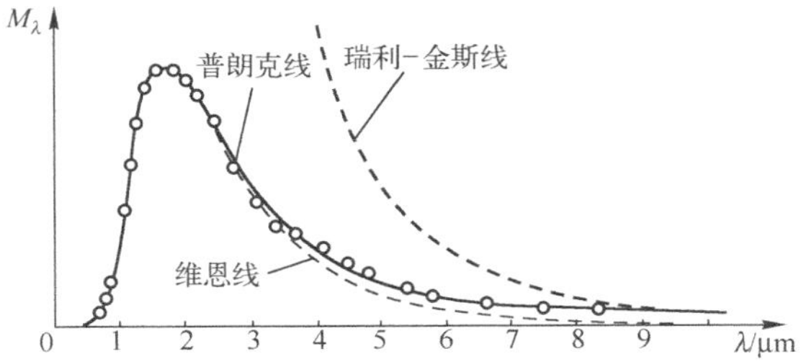

图 5.1-4 黑体辐射能量的分布

5.2 光电效应与光量子假说

在 19 世纪,杨(T. Yang)和菲涅耳(A. Fresnel)等人对光的干涉、衍射、偏振等现象进行了深入的研究,麦克斯韦(J. C. Maxwell)建立了光的电磁理论,这样人们便从实验和理论两方面充分肯定了光的波动性。1887 年,赫兹(H. Hertz)发现了光电效应。1905 年,爱因斯坦(A. Einstein)发展了普朗克的能量子假说,提出了光量子的概念,指出光除了波动性还具有粒子性,从理论上成功地说明了光电效应实验的规律。为此,爱因斯坦获得了 1921 年诺贝尔物理学奖。

1. 光电效应

1877 年,赫兹在实验上首先发现了光电效应。赫兹在验证麦克斯韦的电磁理论的火花放电实验时,意外发现:如果接收电磁波的电极受到紫外线照射,火花放电就变得容易产生,并将这一现象发表了论文《紫外线对放电的影响》。1888 年,德国物理学家霍尔瓦克斯(Hallwachs)证实,这是由于放电间隙内出现了荷电体的缘故。1899 年,J. J. 汤姆孙测出产生的光电流的荷质比,结果与阴极射线粒子的荷质比相近,说明产生的光电流和阴极射线一样是电子流。于是得出结论:光照射到金属表面使金属内部的自由电子获得更大的动能,因而从金属表面逸出。这种由于光的作用而从金属表面发射电子的现象称为光电效应。逸出的电子称为光电子。光电效应具有以下基本特点:

(1) 对于一定的金属,只有当照射光的频率 ν 高于某个值 ν_0 时,才有光电子逸出;否则,无论照射光有多强,都不会有光电子逸出。

(2) 光电子的能量仅依赖于照射光的频率,而与照射光的强度无关。

(3) 光电子的产生几乎与光照射同时发生,从光照射到金属的表面至发射光电子的时间间隔不超过 10^{-9}s。

从经典理论来看,光是电磁波,当光照射到金属表面的时候,金属中的电子将做受迫振动,从而连续地从波阵面获得能量。电子获得的能量由光的强度和照射时间决定,而与光的频率无关。因此,只要光的强度足够大或者光照的时间足够长,无论什么频率,总能产生光电效应。所以,从经典理论无法解释光电效应实验。

2. 光量子假说

受普朗克量子假设的启发,爱因斯坦于 1905 年发表的《关于光的产生和转化的一个启发性观点》一文中指出,光的波动理论在描述光的干涉、衍射等纯粹的光学现象的时候是十分卓越的,很难用别的理论来替换。但把这个理论用到光的产生和转化的现象上去时,它会导致同实验相矛盾。如果假定光的能量在空间不是连续分布的,我们就能更好地理解黑体辐射、光致发光、紫外光产生阴极射线,以及其他一些有关光的产生和转化现象。根据这个假设,光辐射的能量不是连续的,光束是由一个一个集中存在的、不可分割的能量子组成的。爱因斯坦把这种能量子称为光量子,也叫光子,每个光量子的能量 E 与辐射的频率 ν 成正比,即

$$E=h\nu \tag{5.2-1}$$

1916 年爱因斯坦又指出,光子不仅具有确定的能量,而且具有动量。根据相对论中能量与动量的关系式

$$E^2=m^2c^4+p^2c^2$$

得到光子(光子的静止质量 $m=0$)的动量和能量之间的关系式为

$$p=\frac{E}{c}=\frac{h\nu}{c}=\frac{h}{\lambda} \tag{5.2-2}$$

式(5.2-1)和式(5.2-2)也可以写成更加对称的形式

$$E=h\nu=\hbar\omega,\quad \boldsymbol{p}=\frac{h\nu}{c}\boldsymbol{n}=\frac{h}{\lambda}\boldsymbol{n}=\hbar\boldsymbol{k} \tag{5.2-3}$$

式(5.2-3)称为普朗克-爱因斯坦关系,式中 $\hbar=\dfrac{h}{2\pi}$称为约化普朗克常数,ω 为角频率,$\boldsymbol{n}$ 表示沿光子运动方向的单位矢量,$\boldsymbol{k}=\dfrac{2\pi}{\lambda}\boldsymbol{n}$ 称为波矢。

光量子假说成功地解释了光电效应现象。

光电子的激发,首先要克服金属脱出功 W_0,只有当照射光的频率高于

$$\nu_0=W_0/h \tag{5.2-4}$$

时,才会有光电子发射。而当光量子的能量 $h\nu$ 小于金属脱出功 W_0 时,无论照射光多强,都不会有光电子发射。光电子的能量

$$T=\frac{1}{2}m_eV^2=h\nu-W_0 \tag{5.2-5}$$

只与照射光的频率有关(m_e 为电子的质量,V 为电子速度)。式(5.2-5)称为光电效应的爱因斯坦方程。

*3. 康普顿散射实验

康普顿散射实验进一步证明了爱因斯坦的光量子概念。

1920 年,康普顿在观察 X 射线被物质散射时,发现散射线中含有波长变化的成分。图 5.2-1 是实验原理图。

来自于单色 X 射线源的一束波长为 λ_0 的狭窄 X 射线,被投射到散射物质(如石墨)上,入射光被散射后,在与入射方向成 θ 角的方向上用摄谱仪探测散射光。实验发现:

① 散射光中除了原波长 λ_0 的成分外,还有较 λ_0 更长的波长为 λ 的光;

② 波长差 $\Delta\lambda=\lambda-\lambda_0$ 随散射角 θ 的增大而增大,λ_0 谱线的强度随 θ 的增大而减小,λ 谱线

的强度随 θ 的增大而增大；

③ 若采用不同的的散射物质，在同一散射角度 θ 下的 $\Delta\lambda$ 与散射物质无关。

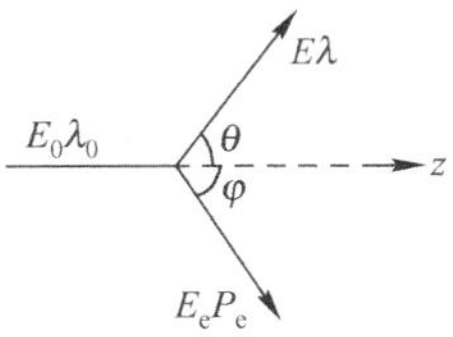

图 5.2-1　康普顿散射实验原理图

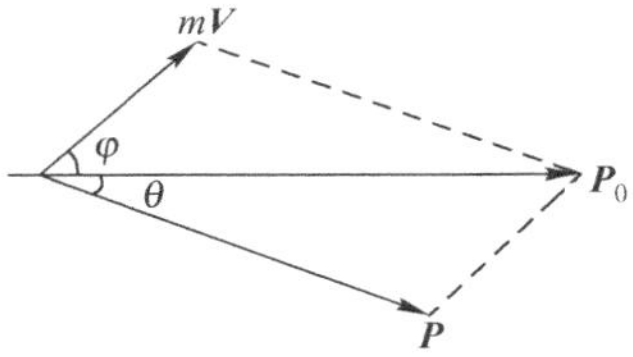

图 5.2-2　动量关系

按照经典的理论，如果单色光作用在尺寸较波长还小的带电粒子上，带电粒子将以与入射光相同的频率振动而产生相同频率的辐射。因此经典理论解释不了散射光红移的现象。

基于爱因斯坦的光量子假设，认为频率为 ν_0 的 X 射线由一些能量为 $h\nu_0$ 的光子组成。散射过程是光子与散射物质中受原子约束较弱的电子，或者与自由电子之间的类似于弹性碰撞的相互作用。据此可以计算出散射光的波长红移量 $\Delta\lambda$。

由于光量子的速率为光速，光量子的动量和能量在相对论形式下守恒（见图 5.2-2）：

$$h\nu_0+m_0c^2=h\nu+mc^2 \tag{5.2-6}$$

$$\boldsymbol{P}_0=\boldsymbol{P}+m\boldsymbol{V} \tag{5.2-7}$$

式中，ν_0 和 ν 分别是碰撞前后光子的频率，$\boldsymbol{P}_0$ 和 $\boldsymbol{P}$ 分别是碰撞前后光子的动量，其大小分别为

$$P_0=|\boldsymbol{P}_0|=h\nu_0/c,\quad P=|\boldsymbol{P}|=h\nu/c \tag{5.2-8}$$

m_0 和 m 分别是碰撞前后自由电子的质量，满足

$$m=\frac{m_0}{\sqrt{1-V^2/c^2}} \tag{5.2-9}$$

将式（5.2-6）两边平方，得到

$$(mc^2)^2=(h\nu_0)^2+(h\nu)^2-2h^2\nu\nu_0+(m_0c^2)^2+2m_0c^2h(\nu_0-\nu) \tag{5.2-10}$$

将式（5.2-8）、式（5.2-9）代入式（5.2-7）可以得到

$$(mV)^2c^2=(h\nu_0)^2+(h\nu)^2-2h^2\nu\nu_0\cos\theta \tag{5.2-11}$$

令 $\Delta\nu=\nu_0-\nu$，将式（5.2-10）与式（5.2-11）相减，并利用式（5.2-9），整理后得到

$$\frac{\nu_0-\nu}{\nu_0\nu}=\frac{h}{m_0c^2}(1-\cos\theta)=\frac{2h}{m_0c^2}\sin^2(\theta/2) \tag{5.2-12}$$

由 $\lambda=\dfrac{c}{\nu}$ 知，$\Delta\lambda=\lambda-\lambda_0\approx\dfrac{c(\nu_0-\nu)}{\nu^2}$。式（5.2-12）改写成

$$\Delta\lambda=\frac{2h}{m_0c}\sin^2(\theta/2) \tag{5.2-13}$$

式（5.2-13）不仅定性地解释了康普顿散射实验的结果，而且在定量上也完全吻合。

5.3　氢原子光谱与玻尔量子化条件

1911 年卢瑟福提出原子结构模型：原子由原子核与电子组成，原子核是一个很小的带正电的核，电子带负电绕核运转。按照经典力学，原子可能是一个静止体系，电子与核的电场相

互作用,不断辐射能量,最后将螺旋状地落入原子核。但从原子光谱观察,在没有外界作用时,原子不发生辐射;受到外界作用时,原子也只发射自己特有的频率,不会连续辐射。

爱因斯坦 1905 年提出光量子的概念后,并不受名人重视,甚至到 1913 年德国最著名的四位物理学家(包括普朗克)还把爱因斯坦的光量子概念说成是“迷失了方向”。可是,当时年仅 28 岁的玻尔,却创造性地把量子概念用到了当时人们持怀疑的卢瑟福原子结构模型中,解释了近 30 年的光谱之谜。

1. 光和电磁辐射

人们对原子中电子的分布和运动状态的了解,起初是受到了光谱的启发。1865 年麦克斯韦(J. C. Maxwell)指出光是电磁波,即电磁辐射的一种形式。电磁辐射包括无线电波、TV 波、微波、红外、可见光、紫外、X 射线、γ 射线和宇宙射线,如图 5.3-1 所示。可见光仅是电磁辐射的一小部分,波长范围是 380nm(紫光)至 780nm(红光)。

太阳光或白炽灯发出的白光,通过玻璃三棱镜时,所含不同波长的光可折射成红、橙、黄、绿、青、蓝、紫等没有明显分界线的光谱,这类光谱称为连续光谱。

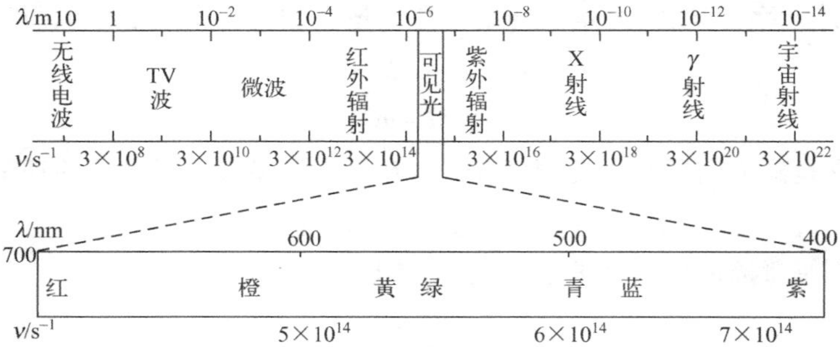

图 5.3-1 可见光与电磁辐射

2. 氢原子光谱

原子(例如氢原子)得到能量(如通过高温、通电等)会发出单色光,经过棱镜分光得到线状光谱。即原子光谱属于不连续光谱。每种元素都有自己的特征线状光谱。图 5.3-2 为一张氢原子的光谱照片,很明显光谱为线状结构。

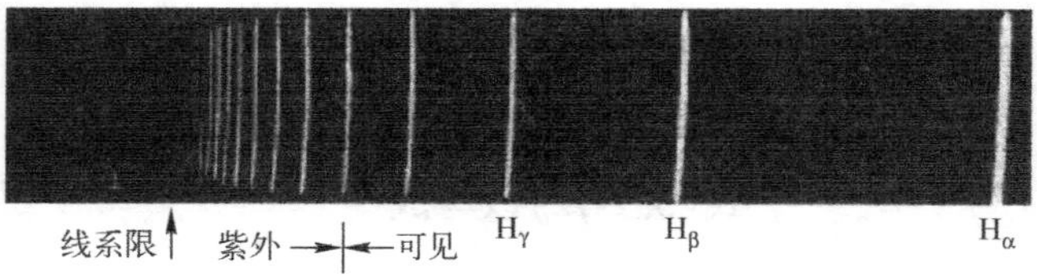

图 5.3-2 氢原子光谱与氢原子能量

1885 年,巴尔末(J. J. Balmer)总结了氢原子光谱的规律,提出了描述氢原子光谱的公式

$$\lambda = 365.46 \frac{n^2}{n^2 - 2^2} \text{nm} \quad (n = 3, 4, 5, \cdots) \tag{5.3-1}$$

式(5.3-1)可以改写为

$$\tilde{\nu} = \frac{1}{\lambda} = R\left(\frac{1}{2^2} - \frac{1}{n^2}\right) \quad (n = 3, 4, 5, \cdots) \tag{5.3-2}$$

式中,$R = 1.0973731534 \times 10^7 \text{m}^{-1}$ 被称为里德伯常数,$\tilde{\nu}$ 称为波数。式(5.3-2)描写的谱线系称

巴尔末系，谱线为可见光。1908—1953 年，人们发现除了巴尔末系的谱线外，氢原子还有其他谱线。例如在紫外区的赖曼(T. Lyman)系，满足

$$\tilde{\nu}=\frac{1}{\lambda}=R\left(\frac{1}{1^2}-\frac{1}{n^2}\right)\quad (n=2,3,4,5,\cdots) \tag{5.3-3}$$

在红外区的帕邢(F. Paschen)系、布拉开(F. Brackett)系、普丰特(H. A. Pfund)系分别满足

$$\frac{1}{\lambda}=R\left(\frac{1}{3^2}-\frac{1}{n^2}\right);\quad \frac{1}{\lambda}=R\left(\frac{1}{4^2}-\frac{1}{n^2}\right);\quad \frac{1}{\lambda}=R\left(\frac{1}{5^2}-\frac{1}{n^2}\right) \tag{5.3-4}$$

将式(5.3-2)、式(5.3-3)和式(5.3-4)归结成

$$\tilde{\nu}=\frac{1}{\lambda}=R\left(\frac{1}{k^2}-\frac{1}{n^2}\right)\quad (k=1,2,3,\cdots;n=k+1,k+2,k+3,\cdots) \tag{5.3-5}$$

3. 玻尔的氢原子理论

关于原子的结构，人们提出了各种不同的模型，1911 年卢瑟福(E. Rutherford)为了解释粒子被重元素散射时大角度散射的起因，提出了原子的有核模型，即原子是由带正电的原子核和核外做轨道运动的电子组成的。根据卢瑟福提出的原子模型，电子在原子中绕核运动。这种加速运动着的电子应发射电磁波，它的频率等于电子绕核运动的频率。由于能量辐射，原子系统的能量就会不断地减少，频率也将连续改变，因而所发射的光谱应该是连续的。同时，由于能量的减少，电子将沿螺旋线运动逐渐接近原子核，最后落到核上。因此，按照经典的理论，卢瑟福的核式结构就不可能是稳定的系统。

为了克服经典理论所遇到的上述困难，玻尔(N. Bohr)在卢瑟福的原子模型的基础上，结合氢原子光谱的实验规律，并把普朗克和爱因斯坦的量子假说推广应用到原子系统上，在1913 年提出了氢原子结构的理论。他保留了电子绕核做轨道运动的概念，但提出了两个基本假设，使氢原子光谱规律获得了很好的解释。

(1) 定态假设：原子系统只能处在一系列不连续的能量状态，在这些状态中，电子绕核做轨道运动，但并不辐射电磁波。这时原子就处于稳定状态，简称定态。

(2) 频率条件：只有当电子从一个轨道跃迁到另一个轨道时，即原子从一个定态跃迁到另一个定态时，才发射或吸收一个光子。如果原子在跃迁前后的定态能量分别为 E_n 和 E_k，则发射或吸收光子的频率为

$$\nu_{kn}=\frac{|E_n-E_k|}{h} \tag{5.3-6}$$

式中，h 为普朗克常数。当 $E_n>E_k$ 时发射光子，$E_n<E_k$ 时吸收光子。

为了确定电子运动的轨道，玻尔提出了一个量子化条件：在电子绕核做圆周运动中，其稳定状态必须满足电子的角动量 L 是$\frac{h}{2\pi}$的整数倍，即

$$L=n\hbar\quad (n=1,2,3,\cdots) \tag{5.3-7}$$

式中，n 为正整数，称为量子数。$\hbar=\frac{h}{2\pi}$，称为约化普朗克常数，其值等于 $1.0545887\times10^{-34}\,\mathrm{J\cdot s}$。

玻尔根据上述假设计算了氢原子在稳定态中的轨道半径和能量。他认为，氢原子的核外电子在绕核做圆周运动的时候，原子核对电子的库仑引力承担向心力，应用库仑定律和牛顿运动定律得

$$\frac{e^2}{4\pi\varepsilon_0 r_n^2}=m\frac{v_n^2}{r_n}\quad (n=1,2,3,\cdots) \tag{5.3-8}$$

又根据角动量量子化条件

$$L_n=mv_nr_n=n\hbar \tag{5.3-9}$$

联立式(5. 3-8)和式(5. 3-9)得

$$r_n=n^2r_1 \tag{5.3-10}$$

式中,$r_1=\dfrac{4\pi\varepsilon_0\hbar^2}{me^2}=5.29\times10^{-11}\text{m}$,称为玻尔半径。

当电子在半径为 r_n 的轨道上运动时,该氢原子系统的能量 E_n 等于原子核与轨道电子这一带电系统的静电势能和电子的动能之和。如取无限远处静电势能为零,则有

$$E_n=\frac{1}{2}mv_n^2-\frac{e^2}{4\pi\varepsilon_0 r_n} \tag{5.3-11}$$

由式(5. 3-8)知,$\dfrac{1}{2}mv_n^2=\dfrac{e^2}{8\pi\varepsilon_0 r_n}$,结合式(5. 3-10)有

$$E_n=-\frac{e^2}{8\pi\varepsilon_0 r_n}=-\frac{1}{n^2}\frac{me^4}{8\varepsilon_0^2h^2}\quad (n=1,2,3,\cdots) \tag{5.3-12}$$

式(5. 3-12)表示电子在第 n 个稳定轨道上运动时氢原子系统的能量。由于量子数只能取整数,所以原子系统的能量是不连续的。也就是说,能量是量子化的,这种量子化的能量称为能级。

把 $n=1$ 代入式(5. 3-12)得 $E_1=-13.6\text{eV}$,这是氢原子的最低能级,也称基态能级,这个值与用实验方法测得的氢原子电离能量符合得很好。$n>1$ 的各稳定态,其能量大于基态能量,随量子数 n 的增加而增大,能量间隔减小。这种状态称为受激态。

下面我们用玻尔理论来研究氢原子光谱的规律。根据玻尔假设,当原子从较高能态 E_n 向较低能态 E_k 跃迁时,发射一个光子,其频率和波数为

$$\nu_{kn}=\frac{E_n-E_k}{h}$$

$$\tilde{\nu}_{kn}=\frac{E_n-E_k}{hc}$$

把能量表达式,即式(5. 3-12)代入上式,即可得氢原子光谱的波数公式

$$\tilde{\nu}_{kn}=\frac{me^4}{8\varepsilon_0^2h^3c}\left(\frac{1}{k^2}-\frac{1}{n^2}\right) \tag{5.3-13}$$

这与氢原子光谱的经验公式,即式(5. 3-5)是一致的。又可得里德伯常数的理论值为

$$R_{\text{H}}=\frac{me^4}{8\varepsilon_0^2h^3c}=1.097\times10^7\text{m}^{-1} \tag{5.3-14}$$

理论值和实验值符合得很好。这样,氢原子光谱的规律得到了满意的解释。原子定态的存在,也在 1914 年由弗兰克(J. Frank)和赫兹(G. Hertz)的实验中得到了证实。玻尔理论的成功,大大扩展了量子论的影响。

1915 年,索末菲(A. Sommerfeld)从两个方面扩充了玻尔理论。首先他把玻尔的量子化条件推广为

$$\oint p\text{d}q=nh\quad (n=1,2,3,\cdots) \tag{5.3-15}$$

式中,q 为广义坐标,p 为相应的广义动量。例如,当 q 为角度时,p_q 就是角动量,积分回路是电

子轨道运动一周。其次,他引进了相对论,考虑了电子质量随速度的变化。这样不仅能够解释氢原子和碱金属(Li,Na,K 等)原子光谱,而且还能初步解释氢原子光谱的精细结构。

玻尔理论和它以后的发展虽然在原子结构问题上取得了很大的成功,但也遇到了重重困难。事实上,该理论只是对氢原子取得了成功;对于碱金属原子,由于它们在许多方面同氢原子相似,可以近似地用氢原子来处理;对于只有两个电子的氦原子,理论竟得不到与实验一致的结果。即使对于氢原子,它也只能算出谱线的频率,算不出谱线的强度。

玻尔理论之所以存在这些缺陷,主要是由于它还没有完全摆脱经典物理概念的束缚。该理论一方面做了一些同经典规律针锋相对的假设,另一方面又依旧把电子看成经典力学中的质点,用经典的方法计算电子的轨道,并且量子化条件的引进又缺乏不容置疑的理论根据。这一切都反映了早期量子论的局限性。实际上,微观粒子具有比宏观粒子复杂得多的波粒二象性。正是在这一基础上,1926 年薛定谔、海森堡等人建立了新的量子力学,由于量子力学能够反映微观粒子的波粒二象性,所以成为一个完整的描述微观粒子运动规律的力学体系。

【例 5-2】 在气体放电管中,用能量为 12.5eV 的电子通过碰撞使氢原子激发,问受激发的原子向低能级跃迁时,能发射哪些波长的光谱线?

解: 设氢原子全部吸收电子的能量后最高能激发到第 n 能级,此能级的能量为 $-13.6/n^2$eV,所以

$$E_n-E_1=\left[-\frac{13.6}{n^2}-(-13.6)\right]\text{eV}$$

把 $E_n-E_1=12.5$eV 代入上式解得 $n=3.5$。因为 n 只能取整数,所以氢原子最高能激发到 $n=3$ 的能级,当然也能激发到 $n=2$ 的能级。于是能产生 3 条谱线

$$n=3\to n=1\quad \tilde{\nu}_1=R\left(\frac{1}{1^2}-\frac{1}{3^2}\right)=\frac{8}{9}R\qquad \lambda_1=\frac{9}{8R}=\frac{9}{8\times1.097\times10^7}=102.6\text{nm}$$

$$n=3\to n=2\quad \tilde{\nu}_2=R\left(\frac{1}{2^2}-\frac{1}{3^2}\right)=\frac{5}{36}R\qquad \lambda_2=\frac{36}{5R}=\frac{36}{5\times1.097\times10^7}=656.3\text{nm}$$

$$n=2\to n=1\quad \tilde{\nu}_3=R\left(\frac{1}{1^2}-\frac{1}{2^2}\right)=\frac{3}{4}R\qquad \lambda_3=\frac{4}{3R}=\frac{4}{3\times1.097\times10^7}=121.5\text{nm}$$

5.4 德布罗意物质波、不确定关系

1. 德布罗意物质波

在汤姆孙发现电子以后的 20 多年里,人们一直把电子视为经典粒子,直至建立在纯粹粒子观念基础上的玻尔理论明显地暴露出其自身的缺陷以后,德布罗意才首先对其提出了异议。在光具有波粒二象性的启发下,德布罗意指出:“一方面,光的量子说并不能令人满意,因为它解释光微粒的能量所用的方程 $E=h\nu$ 中含有频率 ν。纯粹的微粒理论中找不着任何依据能使我们说明这个频率,单是为了这一项理由,在光的问题上我们就被迫同时引入微粒的观念和周期性的观念。另一方面,电子在原子中的稳定运动的确立引入了整数。直到今天,在物理学中涉及整数的现象只有干涉和正常的振动模式。这一事实告诉我们:不能把电子看成单纯的微粒,必须也赋予它周期性的特征”。基于这种考虑,1923—1924 年他提出了所有微观粒子都具有波粒二象性的假设。德布罗意认为:“任何物体伴随以波,而且不可能把物体的运动同波的

传播分开。”并且给出了粒子的能量 E 和动量 $\boldsymbol{p}$ 与伴随波的频率 ν 和波长 λ 之间的关系为

$$E=h\nu=\hbar\omega,\quad \boldsymbol{p}=\frac{h}{\lambda}\boldsymbol{n}=\hbar k \tag{5.4-1}$$

这个公式称为德布罗意关系。这个关系式的形式同光子和光波的关系式(5.2-3)完全一样。不过,对于光子 $\lambda\nu=c$,而一个静止质量不为零的粒子的波长和频率之间没有这样的关系。

【例 5-3】 在一电子束中,电子的动能为 200eV,求此电子的德布罗意波长。已知电子的静止质量为 $m_0=9.1\times10^{-31}$kg,1eV=1.6×10^{-19}J。

解:由于电子的动能并不大,不必用相对论来处理问题,所以有

$$v=\sqrt{\frac{2E_k}{m_0}}=8.4\times10^6\text{m/s}$$

由式(5.4-1)得电子的德布罗意波长为

$$\lambda=\frac{h}{m_0v}=\frac{6.63\times10^{-34}}{9.1\times10^{-31}\times8.4\times10^6}=8.67\times10^{-2}\text{nm}$$

这个波长的数量级和 X 射线的波长数量级相同。

【例 5-4】 计算质量 $m=0.01$kg,速度 $v=300$m/s 的子弹的德布罗意波的波长。

解:根据德布罗意公式可得

$$\lambda=\frac{h}{mv}=\frac{6.63\times10^{-34}}{0.01\times300}\text{m}=2.21\times10^{-34}\text{m}$$

可以看出,因为普朗克常量是一个极微小的量,所以宏观物体的波长小到实验难以测量的程度,因而宏观物体仅表现出粒子性。

2. 德布罗意波的实验证明

从例 5-3 可见,电子的速度为 10^6m/s 数量级时,其德布罗意波长的数量级和 X 射线的波长数量级相当。所以用一般可见光的衍射方法是难以观测到像电子、质子、中子等物质粒子的波动性的。戴维孙(C. J. Davisson)和革末(L. H. Germer)率先采用了与观测 X 射线衍射现象相类似的方法,他们认为晶体对电子物质波的衍射,理应与对 X 射线衍射满足相同的条件。1927 年,戴维孙和革末首先做出了低速电子在镍单晶表面上发射后产生衍射的实验,同年汤姆孙(G. P. Thomson)使高速的电子通过金属箔获得了电子衍射图样。此后这类实验相继被做出。如图 5.4-1 所示为 CsI 的电子衍射图样。

这种与微观粒子相联系的波,为了区别于电磁波,也称为物质波。物质波的衍射现象不仅在理论上有重要的意义,而且在现代科学技术上也得到了广泛的应用,如电子显微镜、慢中子衍射技术等。

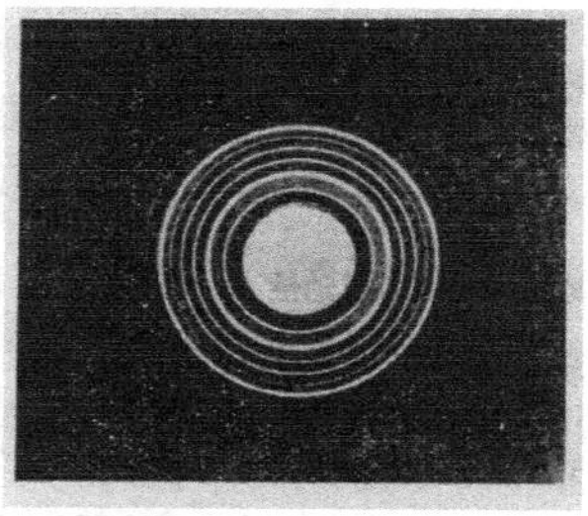

图 5.4-1　CsI 的电子衍射图样

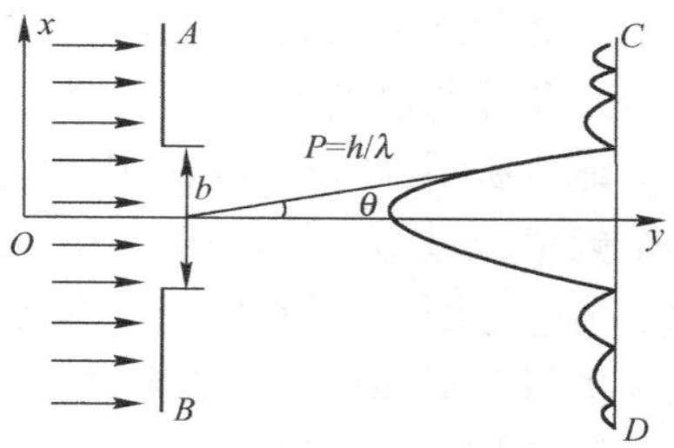

图 5.4-2　用电子衍射说明不确定关系

3. 不确定关系

在经典物理学中,运动质点具有确定的轨道,质点任一时刻的运动状态可以同时用位置坐标和动量来完全描述。也就是说,我们可以同时准确地测量质点在任意时刻的坐标和动量。那么,对于具有波粒二象性的微观粒子来说,是否也能用确定的坐标和确定的动量来描述呢?下面以电子通过单缝衍射为例来进行讨论。

设有一束电子沿 y 轴射向屏 AB 上缝宽为 b 的狭缝,于是,在照相底片 CD 上,可以观察到如图 5.4-2 所示的衍射图样。如果我们仍用坐标 x 和动量 p 来描述这一电子的运动状态,那么,我们不禁要问:一个电子通过狭缝的瞬时,它是从缝上哪一点通过的呢?也就是说,电子通过狭缝的瞬时,其坐标 x 为多少?显然,这一问题,我们无法准确地回答,因为此时该电子究竟在缝上哪一点通过是无法确定的,即我们不能准确地确定该电子通过狭缝时的坐标。然而,该电子确实是通过了狭缝,因此,我们可以认为电子在 x 轴上坐标的不确定范围

$$\Delta x = b \tag{5.4-2}$$

在同一瞬间,由于衍射的缘故,电子动量的大小虽未变化,但动量的方向有了改变。由图 5.4-2可以看到,如果只考虑一级(即 $k=1$)衍射图样,则电子绝大多数落在一级衍射角范围内,电子动量沿 x 轴方向分量的不确定范围为

$$\Delta p_x = p\sin\theta = p\,\frac{\lambda}{b} \tag{5.4-3}$$

由德布罗意关系

$$\lambda = h/p \tag{5.4-4}$$

则有

$$\Delta p_x = h/b \tag{5.4-5}$$

这样,在电子通过狭缝的瞬间,其坐标和动量都存在着各自的不确定范围。而且,由上面的讨论可知,这两个量的不确定度是相互关联的:缝越窄(b 越小),则 Δx 越小,而 Δp_x 越大;反之亦然。不难看出,Δx 和 Δp_x 存在着下面的关系

$$\Delta x \Delta p_x = h \tag{5.4-6}$$

式中,Δx 是 x 轴上坐标的不确定范围,Δp_x 是沿 x 轴方向电子动量 x 分量的不确定范围。

式(5.4-6)只是一个估算关系,并不是按定义严格推导出来的。严格的理论给出的不确定性关系是(见 6.2 节)

$$\Delta x \Delta p_x \geqslant \hbar/2 \tag{5.4-7}$$

这个关系称为不确定关系。不确定关系表明:对于微观粒子不能同时用确定的位置和确定的动量来描述。

不确定关系是海森伯于 1927 年研究了许多理想实验后得到的,这个关系明确指出,对微观粒子来说,企图同时确定其位置和动量是没有意义的,粒子坐标不确定量和动量不确定量的乘积不能小于作用量子 h,这是微观粒子波粒二象性的必然表现。

物理学家发现,不仅坐标与动量这一对物理量有这种不确定关系,在能量与时间这一对物理量中也存在同样关系:

$$\Delta E \Delta t \geqslant \hbar/2 \tag{5.4-8}$$

这说明"不确定"关系在微观世界是一个普遍规律,需要有一个专门研究微观粒子运动规律的学说,量子力学就在这样的环境中诞生了。宏观世界是由宏观量的微观体系组成的。既然微观体系有不确定关系,那么在宏观体系也应该存在。这种观点是正确的,但由于宏观作用量子

h 是一个极小的量，其数量级仅为 10^{-34}，数量级相差太大，"不确定"关系在宏观体系中感觉不出来罢了。需要指出的是，不确定关系是由微观粒子固有属性决定的，与仪器精度和测量方法的缺陷无关。

习题 5

5.1 令 $Z = \sum_{n=0}^{\infty} e^{-nh\nu\beta}$，则 $Z = \frac{1}{1 - e^{-h\nu\beta}}$。求 $\sum_{n=0}^{\infty} nh\nu e^{-nh\nu\beta}$，并推导式(5.1-21)。

（提示：$\frac{dZ}{d\beta} = -\sum_{n=0}^{\infty} nh\nu e^{-nh\nu\beta}$）

5.2 辐出度与能量密度的关系为 $M=\frac{1}{4}cU$，而辐出度常按波长分布的形式表示，试根据式(5.1-23)并利用 $M_\nu\,|d\nu| = M_\lambda\,|d\lambda|$ 和 $c=\nu\lambda$，证明：

$$M_\lambda(T)=\frac{2\pi hc^2}{\lambda^5}\frac{1}{e^{hc/(k_B T\lambda)}-1}$$

5.3 利用上题结果证明，使单色辐出度取极大值的波长满足 $\lambda_m T=\frac{hc}{4.965k_B}\equiv b$（常数），并求出常数 b 的值。

（提示：方程 $5(1-e^{-x})-x=0$ 的解为 $x=4.965$）

5.4 根据式(5.1-23)并利用 $M(T) = \frac{1}{4}c\int_0^{\infty} U(T,v)\,dv$，推导斯特藩-玻尔兹曼定律，即 $M(T)=\sigma T^4$，式中，$\sigma=\frac{2\pi^5 k_B^4}{15c^2h^3}\approx 5.67\times10^{-18}\,W\cdot K^{-4}\cdot m^{-2}$。

（提示：可利用积分公式 $\int_0^{\infty}\frac{x^3}{e^x - 1}dx = \frac{\pi^4}{15}$）

5.5 试计算氢原子巴耳末系的长波极限波长 λ_{lm} 和短波极限波长 λ_{sm}。

5.6 (1) 一次电离的氦原子发生怎样的跃迁，才能发射和氢光谱线 H_α 非常接近的谱线？

(2) 二次电离的锂原子的电离能为多少？

5.7 设某氢原子体系，氢原子都处于基态，用能量为 12.9eV 的电子束去轰击，问：

(1) 氢原子可激发的最高能态的主量子数？

(2) 该氢原子体系所能发射的谱线一共有几条？画出能级跃迁示意图。

(3) 其中有几条谱线属于可见光？

5.8 设电子与光子的波长均为 0.50nm，试求两者的动量之比及动能之比。

5.9 若一个电子的动能等于它的静能，试求该电子的速率和德布罗意波的波长。

第 6 章　量子力学初步

在第 5 章的讨论中,我们知道微观粒子具有波粒二象性。微观粒子的这种特殊的性质与宏观粒子具有本质的区别,为此,我们在描述微观粒子的运动状态的时候,应该以波粒二象性为主要依据,旧的理论对微观世界不再适用,必须建立反映微观世界规律的理论。在一系列实验的基础上,经过德布罗意、薛定谔、海森堡、玻恩和狄拉克等人的工作,建立了反映微观粒子属性和规律的量子力学。按照量子力学,微观粒子的状态由波函数完全描述,而波函数满足薛定谔方程;力学量用算符表示,算符的本征值就是此力学量可以得到的测量值,在某一状态下测量力学量得到各个本征值都是可能的,其概率决定于状态波函数。本章主要阐述量子力学的这些基本观点,并通过几个特殊例子体会微观粒子运动的量子力学描述方法。最后简要介绍微扰理论、量子跃迁和电子自旋。

6.1　薛定谔方程与波函数

麦克斯韦方程组给出的波动方程解决了电磁场的波动性的问题。分析和描述物质粒子波动性也应该有相应的波动方程。那么,这个波动方程是什么呢?

1. 薛定谔方程

为了简单,我们先从一维情况开始。一个沿 x 方向传播的平面波的函数为

$$u(x,t)=Ae^{\mathrm{i}(kx-2\pi\nu t)}$$

式中,A 是振幅,k 是波矢量,ν 是频率。微观粒子具有波粒二象性,自由粒子的波动性应该表现为平面波。由德布罗意波长给出的波矢量为

$$k=p/\hbar \tag{6.1-1}$$

而频率 ν 与能量 E 的关系为

$$\nu=E/h \tag{6.1-2}$$

得到描述自由粒子波动性的波函数

$$\Psi(x,t)=Ae^{\mathrm{i}(px-Et)/\hbar} \tag{6.1-3}$$

由式(6.1-3)不难得出 $$\frac{\partial\Psi}{\partial t}=-\frac{\mathrm{i}}{\hbar}E\Psi,\quad \frac{\partial\Psi}{\partial x}=\frac{\mathrm{i}}{\hbar}p\Psi$$

或写成

$$\mathrm{i}\hbar\frac{\partial\Psi}{\partial t}=E\Psi,\quad -\mathrm{i}\hbar\frac{\partial\Psi}{\partial x}=p\Psi \tag{6.1-4}$$

$\mathrm{i}\hbar\dfrac{\partial}{\partial t}$作用于波函数 $\Psi(x,t)$后,得到粒子的能量 E 乘以 $\Psi(x,t)$,因而$\mathrm{i}\hbar\dfrac{\partial}{\partial t}$是与能量相联系的算符;而$-\mathrm{i}\hbar\dfrac{\partial}{\partial x}$作用于波函数 $\Psi(x,t)$后,得到粒子的动量 p 乘以 $\Psi(x,t)$,因而算符$-\mathrm{i}\hbar\dfrac{\partial}{\partial x}$是与动量相联系的算符(一维形式)。由式(6.1-4)得$\left(-\mathrm{i}\hbar\dfrac{\partial}{\partial x}\right)^2\Psi=p^2\Psi$,而对于自由粒子,$E=\dfrac{p^2}{2m}$,

因此

$$i\hbar\frac{\partial\Psi}{\partial t}=-\frac{\hbar^2}{2m}\frac{\partial^2}{\partial x^2}\Psi \tag{6.1-5}$$

式(6.1-5)是一维自由粒子波函数满足的微分方程。

可以将式(6.1-5)推广到一般情况。首先,对于三维情况,可以设想

$$p_x\rightarrow -i\hbar\frac{\partial}{\partial x},\quad p_y\rightarrow -i\hbar\frac{\partial}{\partial y},\quad p_z\rightarrow -i\hbar\frac{\partial}{\partial z}$$

故

$$p^2\rightarrow -\hbar^2\left(\frac{\partial^2}{\partial x^2}+\frac{\partial^2}{\partial y^2}+\frac{\partial^2}{\partial z^2}\right)=-\hbar^2\nabla^2$$

其次,对于非自由粒子,能量包括动能和势能,即 $E=\frac{p^2}{2m}+U$。于是,式(6.1-5)变为

$$i\hbar\frac{\partial\Psi(\boldsymbol{r},t)}{\partial t}=\left[-\frac{\hbar^2}{2m}\nabla^2+U(\boldsymbol{r},t)\right]\Psi(\boldsymbol{r},t) \tag{6.1-6}$$

引入

$$\hat{H}=-\frac{\hbar^2}{2m}\nabla^2+U(\boldsymbol{r},t) \tag{6.1-7}$$

称为哈密顿算符,代表粒子的能量,式(6.1-6)改写为

$$i\hbar\frac{\partial}{\partial t}\Psi(\boldsymbol{r},t)=\hat{H}\Psi(\boldsymbol{r},t) \tag{6.1-8}$$

式(6.1-6)和式(6.1-8)是由薛定谔给出的描述物质波的波动方程,称为薛定谔方程。

需要指出的是,薛定谔方程只是源于猜测和推想,而并非来自于严格的物理定理和数学逻辑。所以,薛定谔方程是量子力学的一个基本假设。我们知道,经典力学中的牛顿方程是通过实验总结出来的。然而,描述物质波的波函数所满足的方程不能通过实验得到,只能通过有限的实验现象由假设和猜想给出。其正确与否,应通过实验检验该方程导出的结果来判断。任何一个理论,都是以一些不能由逻辑推理得出的公理或者假设为基础建立起来的,量子力学也是如此。

2. 波函数

经典形式的波动方程中,有关时间的偏导数为二阶导数,从方程求解的角度看,需要知道初始时刻的波函数及其一阶导数的值,才能确定以后任意时刻波函数的取值。而薛定谔方程中,有关时间的偏导数为一阶导数,只要知道初始时刻的波函数就能确定以后任意时刻波函数的取值。这实际隐含着量子力学的一个基本假设,即波函数完全描述了微观粒子的状态。

那么波函数又代表什么呢?我们知道,光也具有波粒二象性,从波动的观点看,光的衍射图样亮处光强大,暗处光强小。而光强与光振动的振幅的平方成正比,所以图样亮的地方光振动的振幅平方大,暗处的光振动的振幅的平方小。按照粒子观点,光强大的地方表示单位时间内到达该处的光子数多;光强小的地方,则表示单位时间内到达该处的光子数少。为了统一这两种观点,我们得出的结论是,光子在某处出现的概率与该处光振动的振幅的平方成正比。

现在把这一结论推广到微观粒子,物质波的强度也应该与波函数的平方成正比。因此我们得到类似的结论:在某一时刻,在空间某一地点,粒子数出现的概率正比于该时刻、该地点的波函数的平方。波函数的统计解释是玻恩(M. Born)在 1926 年提出来的,为此,他与博特(W. W. G Bothe,德国物理学家)共同获得 1954 年诺贝尔物理学奖。

一般情况下,物质波的波函数是复数,而概率却必须是实数,所以,在某一时刻,空间某一点

粒子出现的概率正比于波函数与其共轭复数的乘积,即 $|\Psi|^2=\Psi\Psi^*$。在空间某点(x,y,z)附近找到粒子的概率与这区域的大小有关,在一个很小的区域,即 $x\to x+\mathrm{d}x, y\to y+\mathrm{d}y, z\to z+\mathrm{d}z$ 的范围内,Ψ 可以认为不变,粒子在该区域内出现的概率将正比于体积微元 $\mathrm{d}V=\mathrm{d}x\mathrm{d}y\mathrm{d}z$ 的大小,即

$$|\Psi|^2\mathrm{d}V=\Psi\Psi^*\mathrm{d}V \tag{6.1-9}$$

$|\Psi|^2$ 为粒子在某一时刻在某点附近单位体积元中的概率,称为概率密度。

由于粒子要么出现在空间的这个区域,要么出现在其他的区域,所以某时刻在整个空间找到粒子的概率应该为 1,即

$$\int_{-\infty}^{\infty}|\Psi|^2\mathrm{d}V=1 \tag{6.1-10}$$

式(6.1-10)称为归一化条件。

按照波函数的统计解释,对波函数提出下列条件应当是合理的:(1) 波函数应取有限值;(2) 波函数在空间是连续的(一般要求波函数及其一阶导数都是连续的);(3) 波函数应为单值函数。上述条件称为波函数的标准条件。

【例 6-1】 设粒子在一维空间运动,已知描写它的波函数为

$$\Psi(x,t)=A\exp\left(-\frac{1}{2}\alpha^2x^2-\frac{\mathrm{i}}{2}\omega t\right)$$

式中,α 和 ω 为确定的常数,A 为任意的常数。

求:(1) 归一化的波函数;(2) 概率密度函数;(3) 粒子在何处出现的概率最大?

解:(1) 在一维空间中,归一化条件为

$$\int_{-\infty}^{\infty}|\Psi(x,t)|^2\mathrm{d}x=1$$

则

$$A^2\int_{-\infty}^{\infty}\exp(-\alpha^2x^2)\mathrm{d}x=2A^2\int_{0}^{\infty}\exp(-\alpha^2x^2)\mathrm{d}x=2A^2\frac{\sqrt{\pi}}{2\alpha}=1$$

所以有 $A=\left(\frac{\alpha}{\sqrt{\pi}}\right)^{1/2}$。于是

$$\Psi(x,t)=\left(\frac{\alpha}{\sqrt{\pi}}\right)^{1/2}\exp\left(-\frac{1}{2}\alpha^2x^2-\frac{\mathrm{i}}{2}\omega t\right)$$

(2) 粒子的概率密度函数为

$$w(x)=|\Psi(x,t)|^2=\frac{\alpha}{\sqrt{\pi}}\exp(-\alpha^2x^2)$$

(3) 粒子在 $x\to x+\mathrm{d}x$ 内出现的概率为

$$\mathrm{d}W(x)=w(x)\mathrm{d}x=|\Psi(x,t)|^2\mathrm{d}x=\frac{\alpha}{\sqrt{\pi}}\exp(-\alpha^2x^2)\mathrm{d}x$$

根据极大值的条件,令$\frac{\mathrm{d}w(x)}{\mathrm{d}x}=0$,则有

$$-2\alpha^2x\frac{\alpha}{\sqrt{\pi}}\exp(-\alpha^2x^2)=0$$

所以得 $x=0$,即粒子在 $x=0$ 处出现的概率最大。

* 3. 态叠加原理

薛定谔方程是线性方程,所以如果 $\Psi_1(\boldsymbol{r},t)$ 和 $\Psi_2(\boldsymbol{r},t)$ 都是方程的解,则两函数的叠加也

一定是方程的解。但由于波函数不是力学量，这种叠加与经典力学中力学量的叠加完全不同，即所谓态的叠加：如果 $\Psi_1(\boldsymbol{r},t)$ 和 $\Psi_2(\boldsymbol{r},t)$ 都是粒子可能的状态，则它们的线性叠加 $c_1\Psi_1(\boldsymbol{r},t)+c_2\Psi_2(\boldsymbol{r},t)$（$c_1$ 和 c_2 为常数）也是粒子可能的状态。更为一般地，如果 $\Psi_i(i=1,2,\cdots)$ 是粒子可能的状态，则它们的线性叠加

$$\Psi = \sum_{i=1} c_i \Psi_i \tag{6.1-11}$$

也是粒子可能的状态。这就是量子力学的态叠加原理。当粒子处于式(6.1-11)所描述的状态时，粒子部分地处于状态 $\Psi_1,\Psi_2,\cdots$ 中。

6.2 节将讨论，通过力学量算符 $\hat{F}$ 对体系波函数的作用，即可获得体系关于该力学量的信息，所以，体系的波函数确定了体系的物理状态，波函数又称为状态函数，或者态函数。

*4. 概率流密度

将式(6.1-6)取共轭，由于势场函数是实函数：

$$-\mathrm{i}\hbar\frac{\partial}{\partial t}\Psi^*(\boldsymbol{r},t)=\left[-\frac{\hbar^2}{2m}\nabla^2+U(\boldsymbol{r},t)\right]\Psi^*(\boldsymbol{r},t) \tag{6.1-12}$$

将式(6.1-6)左乘 $\Psi^*(\boldsymbol{r},t)$ 并减去式(6.1-12)左乘 $\Psi(\boldsymbol{r},t)$，得到

$$\frac{\partial}{\partial t}|\Psi|^2-\frac{\mathrm{i}\hbar}{2\mu}\nabla\cdot(\Psi^*\ \nabla\Psi-\Psi\ \nabla\Psi^*)=0 \tag{6.1-13}$$

即

$$\frac{\partial}{\partial t}\rho+\nabla\cdot\boldsymbol{j}=0 \tag{6.1-14}$$

式中，$\rho=|\Psi|^2$ 是概率密度，$\boldsymbol{j}=-\frac{\mathrm{i}\hbar}{2\mu}\nabla\cdot(\Psi^*\ \nabla\Psi-\Psi\ \nabla\Psi^*)$ 是概率流密度，表示粒子在 t 时刻于 $\boldsymbol{r}$ 处单位时间内沿 $\boldsymbol{j}$ 方向穿过与 $\boldsymbol{j}$ 垂直的单位面积的概率。式(6.1-14)具有流体力学中的连续性方程的形式，是量子力学中对粒子数守恒的数学表示。

6.2 力学量与算符

在经典力学中，粒子运动的状态可以用坐标、动量、角动量、动能、势能等力学量来描述，在任何状态下其力学量都有确定的值。由于微观粒子具有波粒二象性，微观粒子的状态需要用波函数来描述，但是波函数 Ψ 并不是量子力学中的力学量。而粒子某一特定的性质需要用相应的力学量描述，故需要建立力学量的取值与波函数的关系。量子力学中是用算符来表示力学量的。波函数和用算符表示的力学量是量子力学的核心概念，两者结合才能完整地描述粒子的行为。

1. 算符

所谓算符就是指作用在一个函数上得出另一个函数的运算符号。

$$\hat{F}u=v \tag{6.2-1}$$

例如，$\hat{F}$ 可以是 $\frac{\mathrm{d}}{\mathrm{d}x}$、$(\ )^2$、$\nabla$、$\nabla^2$ 等。以下讨论量子力学中算符的一般性质。

(1) 算符相等

设有两个算符 $\hat{F}$ 和 $\hat{G}$，如果对任意的函数 u，都有

$$\hat{F}u=\hat{G}u \tag{6.2-2}$$

则我们说算符$\hat{F}$和$\hat{G}$相等，即

$$\hat{F}=\hat{G} \tag{6.2-3}$$

(2) 算符之和

对任意的函数 u，算符$\hat{F}$和$\hat{G}$之和，记为$\hat{F}+\hat{G}$，其定义为

$$(\hat{F}+\hat{G})u=\hat{F}u+\hat{G}u \tag{6.2-4}$$

显然，算符的求和满足交换律和分配律。

(3) 算符之积

对任意的函数 u，算符$\hat{F}$和$\hat{G}$之积，记为$\hat{F}\hat{G}$，其定义为

$$(\hat{F}\hat{G})u=\hat{F}(\hat{G}u) \tag{6.2-5}$$

即算符$\hat{F}\hat{G}$对 u 的结果，等于先用$\hat{G}$对 u 作用，得到$\hat{G}u$；然后再用$\hat{F}$对$\hat{G}u$ 作用，得到结果。一般说来，算符之积不满足交换律，即$\hat{F}\hat{G}\neq\hat{G}\hat{F}$。

如果对任意的函数 u，都有

$$\hat{F}\hat{G}u=\hat{G}\hat{F}u \tag{6.2-6}$$

则称算符$\hat{F}$和$\hat{G}$是对易的，即$\hat{F}\hat{G}=\hat{G}\hat{F}$。一般定义对易子(也称对易关系或泊松括号)为

$$[\hat{F},\hat{G}]=\hat{F}\hat{G}-\hat{G}\hat{F} \tag{6.2-7}$$

如果$\hat{F}$和$\hat{G}$可对易，则$[\hat{F},\hat{G}]=0$。

(4) 算符的本征态与本征值

如果算符$\hat{F}$作用于函数 u，等于一常数乘以函数 u，即

$$\hat{F}u=\lambda u \tag{6.2-8}$$

式中，λ 为常量，则称函数 u 为算符$\hat{F}$的本征函数，λ 为对应的本征值。式(6.2-8)也称算符$\hat{F}$的本征方程。

由式(6.2-8)不难看出，如果 u 是算符$\hat{F}$的本征函数，则乘以常数因子后，即 cu 也是$\hat{F}$的本征函数，本征值相同。所以，一般需通过归一化来确定常数因子，即令$\int_{-\infty}^{\infty}|cu|^2\mathrm{d}V=1$。当然前提是积分$\int_{-\infty}^{\infty}|u|^2\mathrm{d}V$的值是有限的。但许多情况并非如此，如下面的例 6-2。

【例 6-2】 证明 $\Psi(x)=A\mathrm{e}^{\mathrm{i}p_0x/\hbar}$是算符 $\hat{p}=-\mathrm{i}\hbar\dfrac{\mathrm{d}}{\mathrm{d}x}$的本征函数，并讨论归一化方法。

证：因为
$$\hat{p}\Psi(x)=-\mathrm{i}\hbar\frac{\mathrm{d}}{\mathrm{d}x}A\mathrm{e}^{\mathrm{i}p_0x/\hbar}=p_0A\mathrm{e}^{\mathrm{i}p_0x/\hbar}=p_0\Psi(x)$$

所以 $\Psi(x)$ 是算符 $\hat{p}=-\mathrm{i}\hbar\dfrac{\mathrm{d}}{\mathrm{d}x}$ 的本征函数，本征值为 p_0。这里 p_0 可以连续取值，即所谓本征值构成连续谱。而$\int_{-\infty}^{\infty}|\Psi(x)|^2\mathrm{d}x=\int_{-\infty}^{\infty}|A|^2\mathrm{d}x\to\infty$，所以不能采用简单的方法归一化。但考虑不同本征值 p_0 和 p_0' 的两个本征函数的积分，即

$$\int_{-\infty}^{\infty}\Psi_{p_0}^*(x)\Psi_{p_0'}(x)\mathrm{d}x=|A|^2\int_{-\infty}^{\infty}\mathrm{e}^{\mathrm{i}(p_0'-p_0)x/\hbar}\mathrm{d}x=|A|^2 2\pi\hbar\delta(p_0'-p_0)$$

所以取 $A=1/(2\pi\hbar)^{1/2}$，可使积分值最简化。这就是连续谱情况的归一化方法。

2. 力学量算符

(1) 基本力学量算符

在经典力学中，坐标和动量是基本力学量，其他力学量可以表示成坐标及动量的函数。6.1 节在讨论薛定谔方程时曾指出，算符 $-i\hbar\dfrac{\partial}{\partial x}$ 作用在自由粒子波函数时等于 p_x 与波函数相乘，所以可用 $-i\hbar\dfrac{\partial}{\partial x}$ 表示动量在 x 方向分量的算符。其他分量类似，即

$$\hat{p}_x=-i\hbar\frac{\partial}{\partial x},\quad \hat{p}_y=-i\hbar\frac{\partial}{\partial y},\quad \hat{p}_z=-i\hbar\frac{\partial}{\partial z} \tag{6.2-9}$$

而坐标算符

$$\hat{x}=x,\quad \hat{y}=y,\quad \hat{z}=z \tag{6.2-10}$$

或改成矢量表示

$$\hat{\boldsymbol{r}}=\boldsymbol{r},\quad \hat{\boldsymbol{p}}=-i\hbar\nabla \tag{6.2-11}$$

对于表示成坐标及动量的函数的力学量，将表达式中的坐标和动量改成相应的算符就可得到相应的算符表示。但实际上，在经典力学中等价的表达式用算符表示时并不等价。例如，在经典表示时，$xp_x=p_xx$；而在算符表示时，由于

$$\hat{p}_x\hat{x}u=-i\hbar\frac{\partial}{\partial x}(xu)=-i\hbar\left(x\frac{\partial u}{\partial x}+u\right)$$

而

$$\hat{x}\hat{p}_xu=-i\hbar x\frac{\partial u}{\partial x}$$

所以

$$(\hat{x}\hat{p}_x-\hat{p}_x\hat{x})u=i\hbar u$$

即

$$[\hat{x},\hat{p}_x]=\hat{x}\hat{p}_x-\hat{p}_x\hat{x}=i\hbar \tag{6.2-12}$$

说明 $\hat{x}\hat{p}_x\neq\hat{p}_x\hat{x}$，所以由经典表达式改造成算符表达式时必须遵循一定原则，如表示力学量的算符都是厄密算符。

(2) 厄密算符

所谓厄密算符 $\hat{F}$，即对于任意的函数 φ 和 φ'，满足

$$\int\varphi^*\ \hat{F}\varphi'\mathrm{d}V=\int(\hat{F}\varphi)^*\varphi'\mathrm{d}V \tag{6.2-13}$$

很容易证明厄密算符的本征值是实数。

设厄密算符 $\hat{F}$ 的本征值为 λ，对应的本征函数为 φ。式(6.2-13)中令 $\varphi=\varphi'$，则

$$\text{左边}=\int\varphi^*\ \hat{F}\varphi\mathrm{d}V=\lambda\int\varphi^*\varphi\mathrm{d}V,\quad \text{右边}=\int(\hat{F}\varphi)^*\varphi\mathrm{d}V=\lambda^*\int\varphi^*\varphi\mathrm{d}V$$

故有

$$(\lambda-\lambda^*)\int|\varphi^2|\,\mathrm{d}V=0$$

上式中的积分因子大于 0，所以 $\lambda=\lambda^*$。

3. 力学量的测量值及概率

力学量的算符取厄密算符保证了其本征值一定为实数。厄密算符的另一个重要特性是：属于厄密算符不同本征值的本征函数正交。

设厄密算符 $\hat{F}$ 的本征值分别为 λ_i 和 λ_j，且 $\lambda_i\neq\lambda_j$，对应的本征函数分别为 φ_i 和 φ_j，有

$$\int \varphi_j^* \hat{A}\varphi_i \mathrm{d}V = \lambda_i \int \varphi_j^* \varphi_i \mathrm{d}V = \int (\hat{A}\varphi_j)^* \varphi_i \mathrm{d}V = \lambda_j \int \varphi_j^* \varphi_j \mathrm{d}V$$

即

$$(\lambda_j - \lambda_i) \int \varphi_j^* \varphi_i \mathrm{d}V = 0$$

由于 $\lambda_i \neq \lambda_j$,故$\int \varphi_j^* \varphi_i \mathrm{d}V = 0$。

在本征值 λ_i 构成分立谱的条件下,假定 φ_i 和 φ_j 已经归一化,其正交性表示为

$$\int \varphi_j^* \varphi_i \mathrm{d}V = \delta_{ij} = \begin{cases} 1 & (i = j) \\ 0 & (i \neq j) \end{cases} \tag{6.2-14}$$

在例 6-2 中看到,如果本征值 λ 构成连续谱,本征函数 φ_λ 归一化为 δ 函数

$$\int \varphi_\lambda^* \varphi_{\lambda'} \mathrm{d}V = \delta(\lambda - \lambda') \tag{6.2-15}$$

力学量算符$\hat{F}$的属于不同本征值的本征函数,代表着不同的本征态。算符$\hat{F}$本征函数的正交特性,表明算符$\hat{F}$的不同本征态是彼此独立的。量子力学假设:当体系处于力学量 F 的算符$\hat{F}$的本征态,即 $\Psi=\varphi$ 时,力学量 F 有确定的值,即 φ 对应的本征值。当体系的状态不是力学量的本征态时,结果又如何呢?

数学上已经证明,归一化后的厄密算符本征函数 φ_i 构成完备系$\{\varphi_i\}$,又称为正交归一系,即函数空间的一组正交归一基矢量。任何一个确定的函数都可以在此基$\{\varphi_i\}$上展开。因此,如果 Ψ 是体系的态函数,则有

$$\Psi = \sum_i c_i \varphi_i \tag{6.2-16}$$

一般情况下,测量力学量 F 所得的值,必定是算符$\hat{F}$的本征值之一,测得的概率是 $|c_i|^2$。

由于

$$\int \varphi_j^* \Psi \mathrm{d}V = \sum_i c_i \int \varphi_j^* \varphi_i \mathrm{d}V = \sum_i c_i \delta_{ij} = c_j$$

所以展开系数 c_i 可按式(6.2-17) 求出

$$c_i = \int \varphi_i^* \Psi \mathrm{d}V \tag{6.2-17}$$

将上面讨论的结果推广到连续谱的情况,则

$$\Psi(\boldsymbol{r}) = \int c_\lambda \varphi_\lambda(\boldsymbol{r}) \mathrm{d}\lambda \tag{6.2-18}$$

$$c_\lambda = \int \varphi_\lambda^*(\boldsymbol{r}) \Psi(\boldsymbol{r}) \mathrm{d}V \tag{6.2-19}$$

前面的例 6-2 实际上讨论动量 x 分量算符 $\hat{p}_x = -\mathrm{i}\hbar \dfrac{\partial}{\partial x}$的本征态问题,与本征值 p_x 对应的归一化本征函数写为

$$\Psi_{p_x}(x) = \frac{1}{(2\pi\hbar)^{1/2}} \mathrm{e}^{\mathrm{i}p_x x/\hbar} \tag{6.2-20}$$

满足

$$\int_{-\infty}^{\infty} \Psi_{p_x'}^*(x) \Psi_{p_x}(x) \mathrm{d}x = \delta(p_x - p_x') \tag{6.2-21}$$

三维形式,即 $\hat{p}_x$、$\hat{p}_y$、$\hat{p}_z$ 的共同本征函数

$$\Psi_p(x,y,z) = \frac{1}{(2\pi\hbar)^{3/2}} \mathrm{e}^{\mathrm{i}(p_x x + p_y y + p_z z)/\hbar} \tag{6.2-22}$$

满足
$$\int \Psi_{p'}^{*}(\boldsymbol{r})\Psi_{p}(\boldsymbol{r})\,\mathrm{d}V=\delta(\boldsymbol{p}-\boldsymbol{p}') \tag{6.2-23}$$

由于本征值$\boldsymbol{p}'$构成连续谱,波函数的展开式为积分形式

$$\Psi(\boldsymbol{r})=\int c(\boldsymbol{p}')\Psi_{p'}(\boldsymbol{r})\,\mathrm{d}\boldsymbol{p}' \tag{6.2-24}$$

展开系数由下式决定

$$c(\boldsymbol{p})=\int \Psi_{p}^{*}(\boldsymbol{r})\Psi(\boldsymbol{r})\,\mathrm{d}V \tag{6.2-25}$$

展开系数$c(\boldsymbol{p})$的模平方$|c(\boldsymbol{p})|^2$应该表示粒子在动量空间的概率密度。

4. 平均值公式

设$\{\varphi_i\}$是力学量算符$\hat{F}$的正交归一基矢量。体系的态函数Ψ的展开式为$\Psi=\sum\limits_{i}c_i\varphi_i$,则

$$\int \Psi^{*}\hat{F}\Psi\mathrm{d}\tau=\sum_{nm}c_m^{*}c_n\int\varphi_m^{*}\hat{F}\varphi_n\mathrm{d}\tau=\sum_{mn}\lambda_n c_m^{*}c_n\delta_{mn}=\sum_{n}|c_n|^2\lambda_n \tag{6.2-26}$$

由于$|c_n|^2$是状态Ψ下测量力学量F得到λ_n值的概率,所以式(6.2-26)右边$\sum\limits_{n}|c_n|^2\lambda_n$就是$F$的平均值,所以可得到在$\Psi$下计算$F$平均值的另一方法:

$$\overline{F}=\sum_{n}\lambda_n|c_n|^2=\int\Psi^{*}\hat{F}\Psi\mathrm{d}\tau \tag{6.2-27}$$

5. 不确定关系的算符表述

第5章我们用电子衍射说明了不确定关系。实际上,基于算符对易关系能够更准确地表述不确定关系,并且更具有普遍性。

假设厄密算符$\hat{A}$和$\hat{B}$的对易关系是

$$[\hat{A},\hat{B}]=\mathrm{i}\hat{k} \tag{6.2-28}$$

$\hat{k}$可以是一个算符或者普通的数。用$\overline{k}$和$\overline{A}$、$\overline{B}$分别表示$\hat{k}$和$\hat{A}$、$\hat{B}$的平均值,令$\Delta\hat{A}=\hat{A}-\overline{A}$和$\Delta\hat{B}=\hat{B}-\overline{B}$,则利用$\hat{A}$与$\hat{B}$是厄密算符和平均值公式可以证明

$$\overline{(\Delta\hat{A})^2}\cdot\overline{(\Delta\hat{B})^2}\geqslant\overline{(\hat{k})}^2/4 \tag{6.2-29}$$

如果$\hat{A}$和$\hat{B}$不对易,则$(\hat{k})^2\neq0$。式(6.2-29)算符形式表示的不确定关系,两个力学量能否同时确定取决于它们间的对易关系。应用于坐标和动量、能量和时间,得到

$$\left.\begin{aligned}
&\overline{(\Delta x)^2}\cdot\overline{(\Delta p_x)^2}\geqslant\hbar^2/4\\
&\overline{(\Delta y)^2}\cdot\overline{(\Delta p_y)^2}\geqslant\hbar^2/4\\
&\overline{(\Delta z)^2}\cdot\overline{(\Delta p_z)^2}\geqslant\hbar^2/4\\
&\overline{(\Delta t)^2}\cdot\overline{(\Delta E)^2}\geqslant\hbar^2/4
\end{aligned}\right\} \tag{6.2-30}$$

式(6.2-30)表明,动量和坐标、能量和时间不能同时确定。

6.3 定态薛定谔方程

在许多情况下,微观粒子的势能U仅是坐标的函数,而与时间无关,薛定谔方程的求解过

程可以简化。本节先建立定态薛定谔方程,并通过一维势场的几个特殊例子体会微观粒子运动的量子力学描述方法。

1. 定态薛定谔方程

势能 U 与时间 t 无关时,薛定谔方程为

$$i\hbar \frac{\partial}{\partial t}\Psi(\boldsymbol{r},t) = \left[-\frac{\hbar^2}{2m}\nabla^2 + U(\boldsymbol{r})\right]\Psi(\boldsymbol{r},t)$$

可以通过分离变量来求解。令 $\Psi(\boldsymbol{r},t)=\Psi(\boldsymbol{r})f(t)$,代入上式,并将变量分离:

$$\frac{i\hbar}{f}\frac{df(t)}{dt} = \frac{1}{\Psi(\boldsymbol{r})}\left[-\frac{\hbar^2}{2m}\nabla^2\Psi(\boldsymbol{r}) + U(\boldsymbol{r})\Psi(\boldsymbol{r})\right]$$

上式只能为一个常量,设为 E,于是

$$\frac{i\hbar}{f}\frac{df(t)}{dt} = E,\quad \frac{1}{\Psi(\boldsymbol{r})}\left[-\frac{\hbar^2}{2m}\nabla^2\Psi(\boldsymbol{r}) + U(\boldsymbol{r})\Psi(\boldsymbol{r})\right] = E$$

容易求出 $f(t)=e^{-iEt/\hbar}$,故 $\Psi(\boldsymbol{r},t)=\Psi(\boldsymbol{r})e^{-iEt/\hbar}$,$\Psi(\boldsymbol{r})$ 满足

$$\left[-\frac{\hbar^2}{2m}\nabla^2 + U(\boldsymbol{r})\right]\Psi(\boldsymbol{r}) = E\Psi(\boldsymbol{r}) \tag{6.3-1}$$

式(6.3-1)也称定态薛定谔方程。由式(6.1-7)表示的哈密顿算符知,式(6.3-1)即

$$\hat{H}\Psi(\boldsymbol{r}) = E\Psi(\boldsymbol{r}) \tag{6.3-2}$$

所以定态薛定谔方程也就是哈密顿算符(能量算符)的本征方程,E 即能量。

下面讨论用定态薛定谔方程求解一维势场问题的几个例子。

2. 一维无限深势阱

如图 6.3-1 所示,设 $U(x) = \begin{cases} 0, & 0 \leqslant x \leqslant a \\ \infty, & x < 0, x > a \end{cases}$

将 $U(x)$ 代入式(6.3-1),显然,当 $x<0$ 和 $x>a$ 时,$\Psi(x)=0$。而在 $0\leqslant x\leqslant a$ 时,有

$$-\frac{\hbar^2}{2m}\frac{d^2}{dx^2}\Psi(x) = E\Psi(x)$$

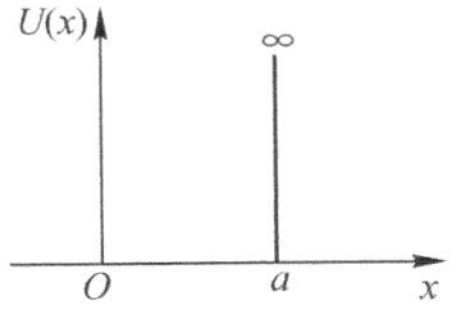

图 6.3-1 一维无限深势阱

其解为 $\Psi(x) = A\sin kx + B\cos kx,\quad k = \sqrt{\frac{2mE}{\hbar^2}}$

在边界上,$\Psi(x)$ 连续,有

$$\Psi(0) = B = 0,\quad \Psi(a) = A\sin ka = 0$$

因为 $A\neq 0$(否则 $\Psi(x)\equiv 0$),所以

$$ka = n\pi,\quad E = E_n = \frac{n^2\pi^2\hbar^2}{2ma^2} \tag{6.3-3}$$

$$\Psi(x) = \begin{cases} A_n \sin\frac{n\pi}{a}x, & 0 \leqslant x \leqslant a \\ 0, & x < 0, x > a \end{cases} \tag{6.3-4}$$

归一化求系数 A_n:

$$|A_n|^2 \int_0^a \left(\sin\frac{n\pi}{a}x\right)^2 dx = 1$$

得 $|A_n|^2=\dfrac{2}{a}$,取 $A_n=\sqrt{\dfrac{2}{a}}$,最后得到波函数为

$$\Psi(x)=\begin{cases}\sqrt{\dfrac{2}{a}}\sin\dfrac{n\pi}{a}x, & 0\leqslant x\leqslant a\\ 0, & x<0,x>a\end{cases}\tag{6.3-5}$$

一维无限深势阱中粒子的波函数和概率密度如图 6.3-2 所示。

式(6.3-5)在 $|x|\geqslant a$ 时均为 0,即粒子被束缚在势阱的内部。我们通常把在无限远处为零的波函数所描写的状态称为束缚态。一般来说,束缚态所属的能级是分立的。

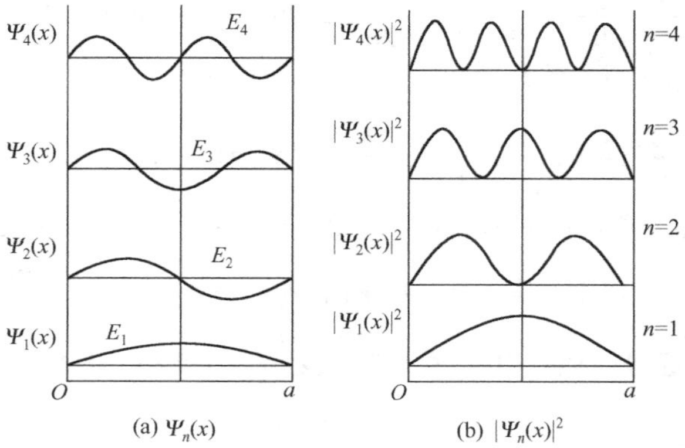

图 6.3-2　一维无限深势阱中粒子的波函数和概率密度

【例 6-3】 试求在一维无限深势阱中粒子概率密度最大的位置。

解: 一维无限深势阱中粒子概率密度为

$$|\Psi(x)|^2=\frac{2}{a}\sin^2\frac{n\pi}{a}x,\quad n=1,2,3,\cdots$$

为了求最大值的位置,令上式的一阶导数为零

$$\left.\frac{\mathrm{d}|\Psi(x)|^2}{\mathrm{d}x}\right|_{x=0}=\frac{4n\pi}{a^2}\sin\left(\frac{n\pi}{a}x\right)\cos\left(\frac{n\pi}{a}x\right)=0$$

上式中,$\sin\left(\dfrac{n\pi}{a}x\right)=0$ 时就是波函数为 0,是概率最小处;概率最大处对应于

$$\cos\left(\frac{n\pi}{a}x\right)=0$$

所以有
$$\frac{n\pi}{a}x=(2k+1)\frac{\pi}{2},\quad k=0,1,2,\cdots,n-1$$

则最大值的位置为
$$x=(2k+1)\frac{a}{2n}$$

例如 $n=1$,此时 k 只能取 0,最大值的位置为 $x=a/2$;

$n=2$,此时 k 只能取 0 和 1,最大值的位置为 $x=a/4,3a/4$;

$n=3$,此时 k 只能取 0、1 和 2,最大值的位置为 $x=a/6,3a/6,5a/6$;

可见,概率密度最大值的数目和量子数 n 相等。

3. 一维线性谐振子

一维线性谐振子的势能

$$U(x) = \frac{1}{2}m\omega^2 x^2 \tag{6.3-6}$$

式中,m 和 ω 分别是谐振子的质量和角频率。将式(6.3-6)代入式(6.3-1)

$$\left[-\frac{\hbar^2}{2m}\frac{\mathrm{d}^2}{\mathrm{d}x^2} + \frac{1}{2}m\omega^2 x^2\right]\Psi(\boldsymbol{x}) = E\Psi(x) \tag{6.3-7}$$

令 $\alpha = \sqrt{\frac{m\omega}{\hbar}}$,$\lambda = \frac{2E}{\hbar\omega}$,$\xi = \alpha x$,式(6.3-7)成为

$$\frac{\mathrm{d}^2}{\mathrm{d}\xi^2}\Psi(\xi) + (\lambda - \xi^2)\Psi(\xi) = 0 \tag{6.3-8}$$

令 $\Psi(\xi) = \mathrm{e}^{-\xi^2/2}H(\xi)$,$H(\xi)$满足方程

$$\frac{\mathrm{d}^2}{\mathrm{d}\xi^2}H(\xi) - 2\xi\frac{\mathrm{d}}{\mathrm{d}\xi}H(\xi) + (\lambda - 1)H(\xi) = 0 \tag{6.3-9}$$

令
$$H(\xi) = \sum_{n=0}^{\infty} a_n \xi^n$$

得到递推公式
$$a_{n+2} = \frac{2n + 1 - \lambda}{(n+1)(n+2)}a_n \tag{6.3-10}$$

当 $n \to \infty$ 时,$a_{n+2}/a_n \to 2/n$。

$H(\xi)$当 $n \to \infty$ 时的渐近行为和 e^{ξ^2}一致,而 $\Psi(\xi) \to \mathrm{e}^{-\xi^2/2}\mathrm{e}^{\xi^2} = \mathrm{e}^{\xi^2/2} \to$发散。因此 $H(\xi)$不能是无穷级数,只能是多项式。即在某一项截止:$a_{n+2} = 0$。从而得到

$$\lambda = \lambda_n = 2n + 1 \tag{6.3-11}$$

$$E = E_n = \left(n + \frac{1}{2}\right)\hbar\omega, \quad n = 0,1,2,\cdots \tag{6.3-12}$$

$H(\xi) = H_n(\xi)$称为厄密多项式。这里,我们不加讨论地直接给出厄密多项式的微分形式

$$H_n(\xi) = (-1)^n \mathrm{e}^{\xi^2}\frac{\mathrm{d}^n}{\mathrm{d}\xi^n}\mathrm{e}^{-\xi^2} \tag{6.3-13}$$

归一化后的波函数为

$$\Psi(x) = \left(\frac{\alpha}{\sqrt{\pi}2^n n!}\right)^{1/2}\mathrm{e}^{-\alpha^2 x^2/2}H_n(\alpha x) \tag{6.3-14}$$

经典力学中的谐振子,其振幅 A 可以任意取值,经典线性谐振子的能量是可以连续变化的值,而且最低的能量为零。而由量子力学的结果,即式(6.3-12)可知,线性谐振子的能量只能取离散的值,即能量是量子化了的,而且最低能量(零点能)为 $E_0 = \frac{1}{2}\hbar\omega$。任意两个能级的能量差为$\Delta E_n = E_{n+1} - E_n = \hbar\omega$,即能级的间隔相同,表明能级是均匀分布的,如图 6.3-3 所示。

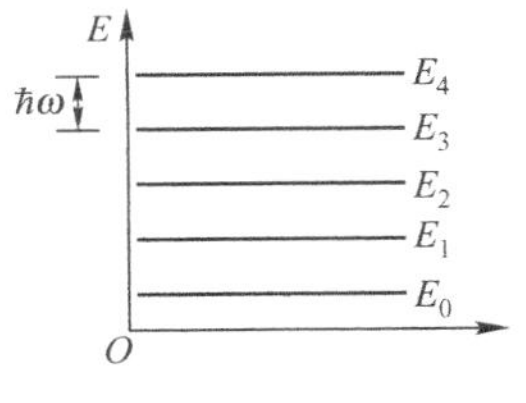

图 6.3-3　线性谐振子的能级

普朗克分析黑体辐射的谐振子量子化假设没有考虑零点能 $E_0 = \frac{1}{2}\hbar\omega$,得到了正确的公式,是因为零点能对辐射没有贡献。

存在零点能$\frac{1}{2}\hbar\omega$ 实际上是微观粒子波动性的本质表现。零点能的存在已为光的散射实

验所证实。光被晶格散射是由于原子的振动。按照经典理论,当温度趋于 0K 时,原子的能量趋于零,即原子趋于静止,这时将不会引起光散射。然而,实验表明,当温度趋于 0K 时,散射光的强度并不趋于零,而是趋于一个不为零的极限值。这说明,即使在 0K 时,原子并不静止,而是有零点振动。

*4. 一维势垒、势垒贯穿

上面我们讨论了体系的势能在无限远处为无限大,体系的波函数在无限远处为零,这样就使得体系的能级是分立的。下面我们讨论体系势能在无限远处为有限值(这里取为零)的情况,这时粒子可以在无限远处出现,波函数在无限远处不再为零,由于没有无限远波函数为零的约束,体系的能量将可以取任意的值,即组成连续谱。

若有一粒子在如图 6.3-4 所示的力场中沿 x 方向运动,其势能在有限区域($0<x<a$)内等于常量 U_0,这种势能分布称为一维势垒。即

$$U(x)=\begin{cases}U_0, & 0\leqslant x\leqslant a\\ 0, & x<0, x>a\end{cases}$$

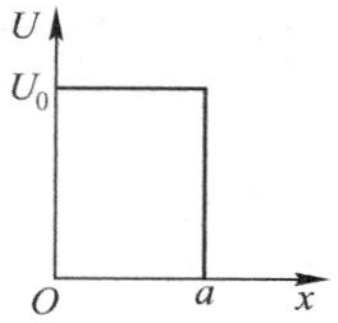

图 6.3-4　一维势垒

开始时,若粒子处于 $x<0$ 的区域,而且其能量 E 又小于势垒的高度 U_0,从经典物理学看,粒子无法穿越此高度进入 $x>0$ 的区域,更不能进入 $x>a$ 的区域。然而,从量子力学分析,粒子仍然可以穿过宽度为 a 的势垒进入 $x>a$ 的区域。大量的事实证明,量子力学的结论是正确的。

设一质量为 m 的粒子,以能量 E 向 x 轴的正向运动,因为 U_0 与时间无关,所有问题归结为求解定态薛定谔方程。

当 $x<0$ 时,设波函数为 $\Psi_1(x)$,薛定谔方程为

$$-\frac{\hbar^2}{2m}\frac{\mathrm{d}^2\Psi_1}{\mathrm{d}x^2}=E\Psi_1 \tag{6.3-15}$$

当 $0<x<a$ 时,设波函数为 $\Psi_2(x)$,则薛定谔方程为

$$-\frac{\hbar^2}{2m}\frac{\mathrm{d}^2\Psi_2}{\mathrm{d}x^2}+U_0\Psi_2=E\Psi_2 \tag{6.3-16}$$

当 $x>a$ 时,设波函数为 $\Psi_3(x)$,则薛定谔方程为

$$-\frac{\hbar^2}{2m}\frac{\mathrm{d}^2\Psi_3}{\mathrm{d}x^2}=E\Psi_3 \tag{6.3-17}$$

考虑 $E<U_0$ 的情况,令 $k_1=\sqrt{\frac{2mE}{\hbar^2}}$,$k_2=\sqrt{\frac{2m(U_0-E)}{\hbar^2}}$,则有

$$\frac{\mathrm{d}^2\Psi_1}{\mathrm{d}x^2}+k_1^2\Psi_1=0,\quad \frac{\mathrm{d}^2\Psi_2}{\mathrm{d}x^2}+k_2^2\Psi_2=0,\quad \frac{\mathrm{d}^2\Psi_3}{\mathrm{d}x^2}+k_1^2\Psi_3=0$$

解这三个方程得

$$\Psi_1(x)=A_1\mathrm{e}^{\mathrm{i}k_1x}+B_1\mathrm{e}^{-\mathrm{i}k_1x},\ \Psi_2(x)=A_2\mathrm{e}^{k_2x}+B_2\mathrm{e}^{-k_2x},\ \Psi_3(x)=A_3\mathrm{e}^{\mathrm{i}k_1x}+B_3\mathrm{e}^{-\mathrm{i}k_1x} \tag{6.3-18}$$

式(6.3-18)中的 $\mathrm{e}^{\mathrm{i}k_1x}$ 表示沿 x 轴正向传播的平面波,$\mathrm{e}^{-\mathrm{i}k_1x}$ 表示沿 x 轴负向传播的反射波。由于粒子在 $x>a$ 的区域不会有反射,所以 $B_3=0$。又由波函数的单值、连续条件:

$$\Psi_1(0)=\Psi_2(0),\quad \frac{\mathrm{d}\Psi_1(0)}{\mathrm{d}x}=\frac{\mathrm{d}\Psi_2(0)}{\mathrm{d}x}$$

$$\Psi_2(a)=\Psi_3(a),\quad \frac{\mathrm{d}\Psi_2(a)}{\mathrm{d}x}=\frac{\mathrm{d}\Psi_3(a)}{\mathrm{d}x}$$

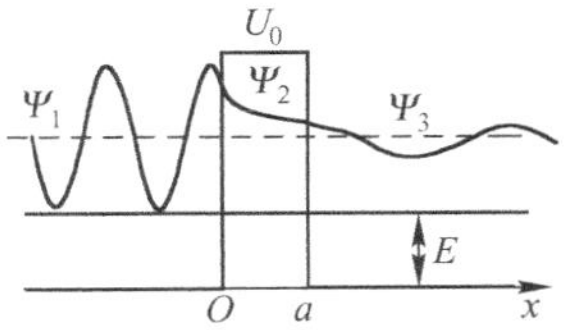

图 6.3-5　势垒贯穿

以上 4 个式子可以决定 5 个常数 A_1、B_1、A_2、B_2、A_3 之间的比例关系。因此,若已知入射波的振幅 A_1,则可求出反射波的振幅 B_1 和透射波的振幅 A_3。图 6.3-5 示出了三个区域的波函数的情况。图中表明,即使粒子的能量在 $E<U_0$ 的情况下,粒子在势垒区($0<x<a$)和势垒后($x>a$)区域的波函数也不为零。也就是说,粒子以一定的概率出现在势垒内,还以一定的概率穿透势垒进入 $x>a$ 的区域。粒子能穿透比其能量更高的势垒的现象,称为隧道效应。

在微观领域中,因隧道效应而产生的物理现象的例子是很多的。例如,金属的冷发射,原子核的 α 衰变,导体中自由电子的形成,导体间的接触电势差,以及 20 世纪 60 年代出现的隧道二极管等。利用隧道效应还研制成功了扫描隧道显微镜,它是研究材料表面结构的重要工具。

6.4　轨道角动量和氢原子的量子力学描述

上一节所举的例子都是一维的,只需一个量子数就能确定定态波函数。在三维情况下,同一个能量本征值对应的定态波函数可以有许多个,实际上可以选择定态波函数(哈密顿算符 $\hat{H}$ 的本征函数)也是其他力学量的本征函数,这样会带来许多便利。因为只有对易算符才具有共同的本征函数,所以需要找出与 $\hat{H}$ 对易的力学量。

1. 轨道角动量算符 $\hat{\boldsymbol{L}}$

经典力学中,轨道角动量表示为 $\boldsymbol{L}=\boldsymbol{r}\times\boldsymbol{p}$,量子力学中应改成算符表示:

$$\hat{\boldsymbol{L}}=\hat{\boldsymbol{r}}\times\hat{\boldsymbol{p}}=-\mathrm{i}\hbar\boldsymbol{r}\times\nabla \tag{6.4-1}$$

矢量算符 $\hat{\boldsymbol{L}}$ 的三个分量为

$$\left.\begin{aligned}\hat{L}_x&=y\hat{p}_z-z\hat{p}_y=-\mathrm{i}\hbar\left(y\frac{\partial}{\partial z}-z\frac{\partial}{\partial y}\right)\\ \hat{L}_y&=z\hat{p}_x-x\hat{p}_z=-\mathrm{i}\hbar\left(z\frac{\partial}{\partial x}-x\frac{\partial}{\partial z}\right)\\ \hat{L}_z&=x\hat{p}_y-y\hat{p}_x=-\mathrm{i}\hbar\left(x\frac{\partial}{\partial y}-y\frac{\partial}{\partial x}\right)\end{aligned}\right\} \tag{6.4-2}$$

角动量算符最具代表性的特征是其分量间的对易关系。式(6.2-12)即 $[x,\hat{p}_x]=\mathrm{i}\hbar$ 表明,坐标 x 与同方向的动量分量 p_x 的算符是不对易的,其他分量也类似,即

$$[x,\hat{p}_x]=\mathrm{i}\hbar,\quad [y,\hat{p}_y]=\mathrm{i}\hbar,\quad [z,\hat{p}_z]=\mathrm{i}\hbar \tag{6.4-3}$$

但容易验证,不同分量的坐标与动量是对易的,即

$$[x,\hat{p}_y]=[x,\hat{p}_z]=[y,\hat{p}_x]=[y,\hat{p}_z]=[z,\hat{p}_x]=[z,\hat{p}_y]=0 \tag{6.4-4}$$

而且坐标与坐标任意分量之间是对易的,动量与动量任意分量之间也是对易的。

$$[x,y]=[x,z]=[y,z]=0,\quad [\hat{p}_x,\hat{p}_y]=[\hat{p}_x,\hat{p}_z]=[\hat{p}_y,\hat{p}_z]=0 \tag{6.4-5}$$

这里$[\hat{A},\hat{B}]$称为泊松括号，容易证明，泊松括号有如下基本的运算规律。

$$[\hat{A}+\hat{B},\hat{C}]=[\hat{A},\hat{C}]+[\hat{B},\hat{C}] \tag{6.4-6}$$

$$[\hat{A}\hat{B},\hat{C}]=\hat{A}[\hat{B},\hat{C}]+[\hat{A},\hat{C}]\hat{B} \tag{6.4-7}$$

再讨论轨道角动量算符的对易关系。

$$[\hat{L}_x,\hat{L}_y]=[y\hat{p}_z-z\hat{p}_y,z\hat{p}_x-x\hat{p}_z] \tag{6.4-8}$$

由式(6.4-3)~式(6.4-7)得

$$\begin{aligned}[\hat{L}_x,\hat{L}_y]&=[y\hat{p}_z,z\hat{p}_x]+[z\hat{p}_y,x\hat{p}_z]\\&=y[\hat{p}_z,z]\hat{p}_x+x[z,\hat{p}_z]\hat{p}_y\\&=-\mathrm{i}\hbar y\hat{p}_x+\mathrm{i}\hbar x\hat{p}_y=\mathrm{i}\hbar\hat{L}_z\end{aligned} \tag{6.4-9}$$

分别将(x,y)变换成(y,z)和(z,x)，得到

$$[\hat{L}_y,\hat{L}_z]=\mathrm{i}\hbar\hat{L}_x,\quad [\hat{L}_z,\hat{L}_x]=\mathrm{i}\hbar\hat{L}_y \tag{6.4-10}$$

按矢量叉乘关系，角动量对易关系也可表示成

$$\hat{\boldsymbol{L}}\times\hat{\boldsymbol{L}}=\mathrm{i}\hbar\hat{\boldsymbol{L}} \tag{6.4-11}$$

利用直角坐标与球坐标的关系(见图6.4-1)，可以证明在球坐标系下，角动量算符只与角度坐标有关。

$$\begin{cases}x=r\sin\theta\cos\varphi\\y=r\sin\theta\sin\varphi\\z=r\cos\theta\end{cases}\qquad\begin{cases}r=\sqrt{x^2+y^2+z^2}\\\theta=\arctan\dfrac{\sqrt{x^2+y^2}}{z}\\\varphi=\arctan\dfrac{y}{x}\end{cases}$$

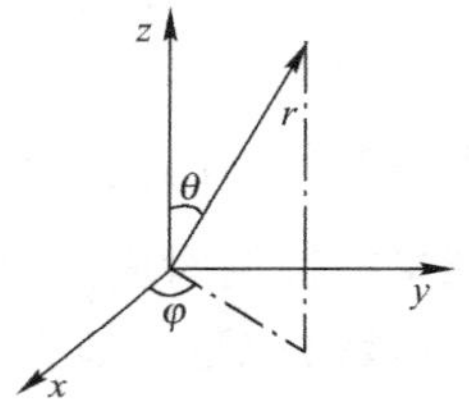

图6.4-1 直角坐标与球坐标的关系

由此得到球坐标系下的轨道角动量算符

$$\begin{cases}\hat{L}_x=\mathrm{i}\hbar\left(\sin\varphi\dfrac{\partial}{\partial\theta}+\cot\theta\cos\varphi\dfrac{\partial}{\partial\varphi}\right)\\\hat{L}_y=\mathrm{i}\hbar\left(-\cos\varphi\dfrac{\partial}{\partial\theta}+\cot\theta\sin\varphi\dfrac{\partial}{\partial\varphi}\right)\\\hat{L}_z=-\mathrm{i}\hbar\dfrac{\partial}{\partial\varphi}\end{cases} \tag{6.4-12}$$

由式(6.4-12)得出球坐标系下的轨道角动量平方算符

$$\hat{L}^2=\hat{L}_x^2+\hat{L}_y^2+\hat{L}_z^2=-\hbar^2\left[\frac{1}{\sin\theta}\frac{\partial}{\partial\theta}\left(\sin\theta\frac{\partial}{\partial\theta}\right)+\frac{1}{\sin^2\theta}\frac{\partial^2}{\partial\varphi^2}\right] \tag{6.4-13}$$

容易看出，$\hat{L}_z$只与φ的导数有关，而$\hat{L}^2$与φ的关系也限于φ的导数，所以$\hat{L}^2$和$\hat{L}_z$是对易的。实际上，$\hat{L}^2$和$\hat{L}_x$、$\hat{L}_y$也都是对易的。也就是说，$\hat{L}^2$和$\hat{L}_x$、$\hat{L}_y$、$\hat{L}_z$三者中的每一个都有共同的本征函数。但是，$\hat{L}_x$、$\hat{L}_y$和$\hat{L}_z$彼此之间没有共同的本征函数，因为它们彼此不对易。

设$Y(\theta,\varphi)$是$\hat{L}_z$和$\hat{L}^2$的共同本征函数，$\hat{L}_z$和$\hat{L}^2$相应的本征值分别为$m\hbar$和$\lambda\hbar^2$，则按式(6.4-12)和式(6.4-13)，有

$$-\mathrm{i}\hbar\frac{\partial}{\partial\varphi}Y(\theta,\varphi)=m\hbar Y(\theta,\varphi) \tag{6.4-14}$$

$$-\hbar^2\left[\frac{1}{\sin\theta}\frac{\partial}{\partial\theta}\left(\sin\theta\frac{\partial}{\partial\theta}\right)+\frac{1}{\sin^2\theta}\frac{\partial^2}{\partial\varphi^2}\right]Y(\theta,\varphi)=\lambda\hbar^2Y(\theta,\varphi) \tag{6.4-15}$$

由式(6.4-14)可知 $Y(\theta,\varphi)=P(\theta)\Phi(\varphi)$,其中 $\Phi(\varphi)=A\mathrm{e}^{\mathrm{i}m\varphi}$。$\varphi$ 与 $\varphi+2\pi$ 实际为同一点,由波函数的单值性要求:$\Phi(\varphi+2\pi)=\Phi(\varphi)$,得到:$m=0,\pm1,\pm2,\cdots$。$m$ 称为磁量子数。令$x=\cos\theta$,得到 $P(x)$所满足的方程

$$\frac{\mathrm{d}}{\mathrm{d}x}\left[(1+x^2)\frac{\mathrm{d}}{\mathrm{d}x}\right]P(x)+\left[\lambda-\frac{m^2}{1-x^2}\right]P(x)=0 \tag{6.4-16}$$

式(6.4-16)是连带勒让德方程。数学物理方法中对连带勒让德函数 $P_l^m(x)$有详细的讨论,这里直接给出结果:

(1) $x=\pm1$(即 $\theta=0,\pi$)是方程的奇点。要使得在 θ 变化的整个区域($0\to\pi$)内 $P(x)$有限,必须有

$$\lambda=l(l+1) \tag{6.4-17}$$

$$P(x)=P_l^m(x)\quad(l=0,1,2,\cdots;m=0,\ \pm1,\ \pm2,\cdots,\ \pm l) \tag{6.4-18}$$

(2) $P(x)$的表达式为

$$P_l^m(x)=(1-x^2)^{\frac{|m|}{2}}\frac{\mathrm{d}^{|m|}}{\mathrm{d}x^{|m|}}P_l(x) \tag{6.4-19}$$

式中
$$P_l(x)=\frac{1}{2^l l!}\frac{\mathrm{d}^l}{\mathrm{d}x^l}(x^2-1)^l \tag{6.4-20}$$

是 l 阶勒让德多项式。

(3) $\hat{L}_z$ 和$\hat{L}^2$ 的共同本征函数

$$\hat{L}_zY_{lm}(\theta,\varphi)=m\hbar Y_{lm}(\theta,\varphi),\quad \hat{L}^2Y_{lm}(\theta,\varphi)=l(l+1)\hbar^2Y_{lm}(\theta,\varphi) \tag{6.4-21}$$

而
$$Y_{lm}(\theta,\varphi)=N_{lm}P_l^m(\cos\theta)\mathrm{e}^{\mathrm{i}m\varphi} \tag{6.4-22}$$

式中,归一化常数
$$N_{lm}=\sqrt{\frac{(l-|m|)!\ (2l+1)}{(l+|m|)!\ 4\pi}} \tag{6.4-23}$$

$Y_{lm}(\theta,\varphi)$称为球谐函数。正交关系为

$$\int_0^{2\pi}\mathrm{d}\varphi\int_0^{\pi}\sin\theta\mathrm{d}\theta Y_{l'm'}^*(\theta,\varphi)Y_{lm}(\theta,\varphi)=\delta_{ll'}\delta_{mm'} \tag{6.4-24}$$

下面列出前面几个球谐函数:

$$Y_{0,0}=\frac{1}{\sqrt{4\pi}},\ Y_{1,1}=\sqrt{\frac{3}{8\pi}}\sin\theta\mathrm{e}^{\mathrm{i}\varphi},\ Y_{1,0}=\sqrt{\frac{3}{4\pi}}\cos\theta,\ Y_{1,-1}=\sqrt{\frac{3}{8\pi}}\sin\theta\mathrm{e}^{-\mathrm{i}\varphi}$$

2. 氢原子的量子力学描述

氢原子是由氢原子核和一个核外电子构成的系统。氢原子的运动可以分解为系统质心的运动和折合质量为

$$\mu=\frac{Mm_e}{M+m_e}\quad(M\ 为原子核质量,m_e\ 为电子质量) \tag{6.4-25}$$

的粒子相对质心的运动。质心的运动属于自由粒子运动,与氢原子的光谱没有关系。相对质心的运动是受库仑势作用的运动。参考式(1.4-33),以质心为原点的球坐标系下的 Laplace 算

子可写成

$$\nabla^2=\frac{1}{r^2}\left[\frac{\partial}{\partial r}\left(r^2\frac{\partial}{\partial r}\right)+\frac{1}{\sin\theta}\frac{\partial}{\partial\theta}\left(\sin\theta\frac{\partial}{\partial\theta}\right)+\frac{1}{\sin^2\theta}\frac{\partial^2}{\partial^2\varphi}\right]$$

再结合式(6.4-13)给出的轨道角动量平方算符$\hat{L}^2$,相对运动的哈密顿算符为

$$\hat{H}=-\frac{\hbar^2}{2\mu r^2}\left[\frac{\partial}{\partial r}\left(r^2\frac{\partial}{\partial r}\right)\right]+\frac{\hat{L}^2}{2\mu r^2}-\frac{e^2}{4\pi\varepsilon_0 r}\tag{6.4-26}$$

式中,$U(\boldsymbol{r})=-\frac{e^2}{4\pi\varepsilon_0 r}$是库仑势。

通过分离变量来求解本征方程

$$\hat{H}\Psi(r,\theta,\varphi)=E\Psi(r,\theta,\varphi)\tag{6.4-27}$$

令

$$\Psi(r,\theta,\varphi)=R(r)Y_{lm}(\theta,\varphi)\tag{6.4-28}$$

$Y_{lm}(\theta,\varphi)$是球谐函数。将式(6.4-28)和式(6.4-26)代入式(6.4-27),并利用式(6.4-21),可解出径向波函数

$$R(r)=R_{nl}(r)=N_{nl}\mathrm{e}^{-\frac{r}{na_0}}\left(\frac{2r}{na_0}\right)^l L_{n+l}^{2l+1}\left(\frac{2r}{na_0}\right)\tag{6.4-29}$$

式中,$a_0=\frac{4\pi\varepsilon_0\hbar^2}{\mu \mathrm{e}^2}$,称为第一轨道玻尔半径;$L_{n+l}^{2l+1}\left(\frac{2r}{na_0}\right)$称为缔合拉盖尔多项式

$$L_{n+l}^{2l+1}(\rho)=\sum_{i=0}^{n-l-1}(-1)^{i+1}\frac{[(n+l)!]^2\rho^i}{(n-l-1-i)!(2l+i+1)!i!}\tag{6.4-30}$$

N_{nl}是归一化常数

$$N_{nl}=\left\{\left(\frac{2}{na_0}\right)^3\frac{(n-l-1)!}{2n[(n+l)!]^3}\right\}^{\frac{1}{2}}\tag{6.4-31}$$

式(6.4-29)~式(6.4-31)中的n称为总量子数,或者主量子数,l为轨道量子数,要求$n\geqslant l+1$。或者表示成:$l=0,1,2,\cdots,n-1$;$n=1,2,3,\cdots$

下面列出前面几个径向函数(这里保留核电荷数Z,以便推广到类氢离子;对于氢原子取$Z=1$):

$$R_{1,0}=\left(\frac{Z}{a_0}\right)^{\frac{3}{2}}2\exp\left(-\frac{Zr}{a_0}\right)$$

$$R_{2,0}=\left(\frac{Z}{2a_0}\right)^{\frac{3}{2}}2\left(2-\frac{Zr}{a_0}\right)\exp\left(-\frac{Zr}{2a_0}\right)$$

$$R_{2,1}=\left(\frac{Z}{2a_0}\right)^{\frac{3}{2}}\frac{Zr}{\sqrt{3}a_0}\exp\left(-\frac{Zr}{2a_0}\right)$$

相应的能量本征值为

$$E=E_n=-\frac{\mu e^4}{32\pi^2\varepsilon_0^2\hbar^2n^2},\quad n=1,2,3,\cdots\tag{6.4-32}$$

由于原子核的质量远大于电子的质量,即$M\gg m_e$,所以$\mu=\frac{Mm_e}{M+m_e}$可以用m_e来代替:

$$E=E_n=-\frac{m_e e^4}{32\pi^2\varepsilon_0^2\hbar^2 n^2},\quad n=1,2,3,\cdots$$

这正是由玻尔量子化假设得到的结论。

不同 l、m 值下的本征函数 $\Psi_{nlm}(r,\theta,\varphi)=R_{nl}(r)Y_{lm}(\theta,\varphi)$ 表示彼此独立的物理状态。但是,氢原子的能量 E_n 只由主量子数 n 确定,而与轨道量子数 l 和磁量子数 m 无关。也就是说,这些彼此独立的物理状态具有共同的能量本征值。这种情况称为简并。具有某个共同本征值的彼此独立的所有物理状态称为简并态。所有简并态的数目称为简并度。对于主量子数为 n 的氢原子态,如果不考虑电子的自旋态,其轨道量子数 l 的取值分别为 $0,1,2,\cdots,n-1$。对于每一个 l 值,一共有 $2l+1$ 个不同的 m 的取值:$-l,-l+1,\cdots,-1,0,1,2,\cdots,l$。所以,在不考虑电子自旋的条件下,氢原子的简并度为

$$\sum_{l=0}^{n-1}(2l+1)=n^2 \tag{6.4-33}$$

*6.5 定态微扰理论

前面我们讨论的一维无限深势阱中的粒子、线性谐振子和氢原子等,都是通过解这些体系的哈密顿算符的本征方程(即定态薛定谔方程),从而求出其本征值和本征函数的。在这些问题中,由于体系的哈密顿算符都比较简单,一般我们可以精确求解。然而在许多实际情况下,由于体系的哈密顿算符比较复杂,所以我们只能借助一些近似的方法求解。近似求解的方法很多,而且每一种近似方法都有一定的适用范围,其中用得最多的是微扰的方法。微扰论分为两大类:一类是系统的哈密顿算符不显含时间,讨论的是定态的问题,我们将在本节中介绍;另一类是哈密顿算符显含时间,讨论的是系统状态之间的跃迁问题,可以用来研究光的发射和吸收,将在 6.6 节中介绍。

设体系的哈密顿算符 $\hat{H}$ 不显含时间 t,即属于定态问题,其定态薛定谔方程为

$$\hat{H}\Psi=E\Psi \tag{6.5-1}$$

由于比较复杂,要精确求解这个方程一般来说是比较困难的,但是如果算符 $\hat{H}$ 可以写成

$$\hat{H}=\hat{H}_0+\hat{H}' \tag{6.5-2}$$

式中,算符 $\hat{H}_0$ 的本征值方程可以精确求解,而 $\hat{H}'$ 项的作用相对于 $\hat{H}_0$ 项的作用很小,所以可把 $\hat{H}'$ 项看成微扰,则体系的定态薛定谔方程,即式(6.5-1)可以用微扰展开方法近似求解。

假设无微扰时体系的能量是 $\hat{H}_0$ 的第 k 个本征值,这里可能出现两种情况:一种是能级无简并,即体系处于一个定态 Ψ_k;另一种是能级 E_k 是简并的,即属于能级 E_k 的有 $\Psi_{k1},\Psi_{k2},\cdots,\Psi_{kf}$ 等 f 个线性独立的本征函数(设 E_k 是 f 度简并的)。定态微扰理论将对这两种情况分别加以处理。

1. 非简并定态微扰理论

设无微扰时体系的能量是哈密顿算符 $\hat{H}_0$ 的第 n 个本征值且无简并,即只有一个本征函数与之对应;当体系受到一个与时间无关的微扰 $\hat{H}'$ 的作用时,它将处于一个新的能级 E 和状态

Ψ，显然 E 和 Ψ 是 $\hat{H}=\hat{H}_0+\hat{H}'$ 的本征值和本征函数，即有

$$\hat{H}\Psi = (\hat{H}_0 + \hat{H}')\Psi = E\Psi \tag{6.5-3}$$

由于 $\hat{H}'$ 是一个很微小的扰动，则我们可以设想把 E_n 和 Ψ_n 分别写成多级修正的形式

$$E_n = E_n^{(0)} + E_n^{(1)} + E_n^{(2)} + E_n^{(3)} + \cdots \tag{6.5-4}$$

$$\Psi_n = \Psi_n^{(0)} + \Psi_n^{(1)} + \Psi_n^{(2)} + \cdots \tag{6.5-5}$$

式中，$E_n^{(i)}$ 为 i 级小量，$E_n^{(0)}$ 是 $\hat{H}_0$ 的本征值。$\Psi_n^{(0)}$ 是 $\hat{H}_0$ 的属于本征值 $E_n^{(0)}$ 的本征函数，$\Psi_n^{(i)}$ 是波函数的第 i 级修正项。

将式(6.5-4)和式(6.5-5)代入式(6.5-3)，得

$$(\hat{H}_0 + \hat{H}')(\Psi_n^{(0)} + \Psi_n^{(1)}) + \cdots = (E_n^{(0)} + E_n^{(1)} + E_n^{(2)} + \cdots)(\Psi_n^{(0)} + \Psi_n^{(1)} + \cdots) \tag{6.5-6}$$

因为等式两边同等级别的小量相等，得到下面的一系列方程

$$\hat{H}_0\Psi_n^{(0)} = E_n^{(0)}\Psi_n^{(0)} \tag{6.5-7}$$

$$\begin{cases} \hat{H}_0\Psi_n^{(1)} + \hat{H}'\Psi_n^{(0)} = E_n^{(0)}\Psi_n^{(1)} + E_n^{(1)}\Psi_n^{(0)} \\ \hat{H}_0\Psi_n^{(2)} + \hat{H}'\Psi_n^{(1)} = E_n^{(0)}\Psi_n^{(2)} + E_n^{(1)}\Psi_n^{(1)} + E_n^{(2)}\Psi_n^{(0)} \\ \vdots \end{cases} \tag{6.5-8}$$

将式(6.5-8)中的第一个方程改写为

$$E^{(1)}\Psi_n^{(0)} = (\hat{H}_0 - E_n^{(0)})\Psi_n^{(1)} + \hat{H}'\Psi_n^{(0)} \tag{6.5-9}$$

用 $\Psi_n^{(0)*}$ 左乘式(6.5-9)再在全空间积分

$$E^{(1)}\int\Psi_n^{(0)*}\Psi_n^{(0)}\mathrm{d}\tau = \int\Psi_n^{(0)*}(\hat{H}_0 - E_n^{(0)})\Psi_n^{(1)}\mathrm{d}\tau + \int\Psi_n^{(0)*}\hat{H}'\Psi_n^{(0)}\mathrm{d}\tau$$

上式中 $\int\Psi_n^{(0)*}(\hat{H}_0 - E_n^{(0)})\Psi_n^{(1)}\mathrm{d}\tau = \int[(\hat{H}_0 - E_n^{(0)})\Psi_n^{(0)}]^*\Psi_n^{(1)}\mathrm{d}\tau = 0$

假设 $\Psi_n^{(0)}$ 是归一化的，有

$$E^{(1)} = \int\Psi_n^{(0)*}\hat{H}'\Psi_n^{(0)}\mathrm{d}\tau \tag{6.5-10}$$

能量本征值的一级近似为

$$E^1 = E_n^{(0)} + E_n^{(1)} \tag{6.5-11}$$

将 $\Psi_n^{(1)}$ 按 $\hat{H}_0$ 的本征函数系 $\{\Psi_m^{(0)}\}$ 展开。因为已经将 Ψ 中的 0 级近似归于 $\Psi_n^{(0)}$，所以 $\Psi_n^{(1)}$ 的展开式中不包含 $m=n$ 的项：

$$\Psi_n^{(1)} = \sum_{m\neq n} a_m\Psi_m^{(0)} \tag{6.5-12}$$

将式(6.5-12)代入式(6.5-8)中的第一个方程

$$\sum_{m\neq n} a_m(E_n^{(0)} - E_m^{(0)})\Psi_m^{(0)} = \hat{H}'\Psi_n^{(0)} - E^{(1)}\Psi_n^{(0)} \tag{6.5-13}$$

将式(6.5-13)左乘 $\Psi_k^{(0)*}(k\neq n)$，再在全空间积分

$$(E_n^{(0)} - E_k^{(0)})a_k = \int\Psi_k^{(0)*}\hat{H}'\Psi_n^{(0)}\mathrm{d}\tau \equiv H'_{kn} \tag{6.5-14}$$

根据非简并条件，$E_n^{(0)}-E_k^{(0)}\neq 0$，有

$$a_k = \frac{H'_{kn}}{E_n^{(0)} - E_k^{(0)}} \tag{6.5-15}$$

本征函数 Ψ 的一级近似为

$$\Psi^{1}=\Psi_{n}^{(0)}+\sum_{m\neq n}\frac{H'_{mn}}{E_{n}^{(0)}-E_{m}^{(0)}}\Psi_{m}^{(0)} \tag{6.5-16}$$

同样,可以求出波函数更高级次的近似。

能量二级修正为

$$E_{n}^{(2)}=\sum_{m\neq n}\frac{|H'_{nm}|^{2}}{E_{n}^{(0)}-E_{m}^{(0)}} \tag{6.5-17}$$

2. 简并定态微扰理论

上节我们讨论的微扰理论,对简并态并不适用。现在我们讨论 E_n 有简并的情况。

设$\hat{H}_0$ 的本征值 $E_n^{(0)}$ 是 $k(k>1)$度简并的,即

$$\hat{H}_{0}\Psi_{i}=E_{n}^{(0)}\Psi_{i}\quad (i=1,2,\cdots,k) \tag{6.5-18}$$

体系 0 级近似的波函数将是这 k 个$\hat{H}_0$ 本征函数的叠加,即

$$\Psi_{n}^{(0)}=\sum_{i=1}^{k}a_{i}^{(0)}\Psi_{i} \tag{6.5-19}$$

将式(6.5-19)代入式(6.5-9)中,得

$$(\hat{H}_{0}-E_{n}^{(0)})\sum_{i=1}^{k}a_{i}^{(0)}\Psi_{i}=E_{n}^{(1)}\sum_{i=1}^{k}a_{i}^{(0)}\Psi_{i}-\sum_{i=1}^{k}a_{i}^{(0)}\hat{H}'\Psi_{i} \tag{6.5-20}$$

式(6.5-20)的左边为 0。左乘 $\Psi_l^*(l=1,2,\cdots,k)$后再在全空间积分,得

$$E_{n}^{(1)}a_{l}^{(0)}-\sum_{i=1}^{k}H'_{li}a_{i}^{(0)}=0\quad (l=1,2,\cdots,k) \tag{6.5-21}$$

式中

$$H'_{li}=\int\Psi_{l}^{*}\hat{H}'\Psi_{i}\mathrm{d}\tau\quad (l=1,2,\cdots,k) \tag{6.5-22}$$

将式(6.5-21)改写为

$$\sum_{i=1}^{k}(H'_{li}-E_{n}^{(1)}\delta_{li})a_{i}^{(0)}=0\quad (l=1,2,\cdots,k) \tag{6.5-23}$$

显然,系数 $a_i^{(0)}$ 不能全为 0。根据线性方程,$a_i^{(0)}$ 有非零解的条件是

$$|H'_{li}-E_{n}^{(1)}\delta_{li}|_{k\times k}=\begin{vmatrix} H'_{11}-E_{n}^{(1)} & H'_{12} & \cdots & H'_{1k}\\ H'_{21} & H'_{22}-E_{n}^{(1)} & \cdots & H'_{2k}\\ \vdots & \vdots & \ddots & \vdots\\ H'_{k1} & H'_{k2} & \cdots & H'_{kk}-E_{n}^{(1)} \end{vmatrix}=0 \tag{6.5-24}$$

式(6.5-24)称为久期方程,其 k 个根就是 k 个一级小量 $E_n^{(1)}$ 的值。从而得到体系能量本征值的一级近似。若 $E_n^{(1)}$ 的 k 个根均不相同,则一级近似解完全消除了简并。若 $E_n^{(1)}$ 尚有重根,则需要通过更高级的近似才能完全消除简并。

*6.6 光的吸收和发射

在上一节我们讨论的是微扰与时间无关的情况。在这种情况下,系统的哈密顿量不显含时间,系统具有定态。在本节我们将讨论光的吸收和发射,微扰将与时间有关,此时就不再是定态问题了。因为当原子受到外界电磁场的作用后,在吸收和发射光的同时,将由一个能级跃

迁到另一个能级,原子的状态发生了改变,所以必须通过求解含时薛定谔方程来解决。量子力学的重要贡献之一就是能够计算从一个态 Ψ_n 到另一个态 Ψ_m 的跃迁概率。

1. 与时间有关的微扰理论

如果哈密顿算符与时间有关,体系处于非定态。假设体系的哈密顿算符由不含时间变量的$\hat{H}_0$ 和含时间变量的$\hat{H}'(t)$两部分组成

$$\hat{H}' = \hat{H}_0 + \hat{H}'(t) \tag{6.6-1}$$

$\hat{H}_0$ 的本征函数为 φ_n,对应的本征值为 ε_n,即

$$\hat{H}_0\varphi_n = \varepsilon_n\varphi_n \tag{6.6-2}$$

定态波函数

$$\Phi_n = \varphi_n e^{-i\varepsilon_n t/\hbar} \tag{6.6-3}$$

设体系的波函数为 Ψ。将 Ψ 按$\hat{H}_0$ 的定态波函数展开

$$\Psi = \sum_n c_n(t)\Phi_n \tag{6.6-4}$$

将式(6.6-1)、式(6.6-2)、式(6.6-3)和式(6.6-4)代入薛定谔方程

$$i\hbar\frac{\partial}{\partial t}\Psi = \hat{H}\Psi$$

得到

$$i\hbar\sum_n \Phi_n\frac{dc_n(t)}{dt} = \sum_n c_n(t)\hat{H}'\Phi_n \tag{6.6-5}$$

以 Φ_f^* 左乘式(6.6-5)再在整个空间积分,并利用 Φ_n 的正交特性,得到

$$i\hbar\frac{dc_f(t)}{dt} = \sum_n c_n(t)\hat{H}'_{f_n}e^{i\omega_{f_n}t} \tag{6.6-6}$$

式中

$$\hat{H}'_{f_n} = \int\varphi_f^*\hat{H}'\varphi_n d\tau,\quad \omega_{f_n} = \frac{1}{\hbar}(\varepsilon_f - \varepsilon_n) \tag{6.6-7}$$

在能量随时间的变化相对较小的情况下,可以近似将 $t=0$ 时刻的展开系数代替任意时刻的展开系数,即

$$c_n(t) = c_n(0)$$

设体系的初始状态为 φ_i,即 $c_n(0)=\delta_{ni}$,由式(6.6-6)得

$$i\hbar\frac{dc_f(t)}{dt} = \hat{H}'_{f_i}e^{i\omega_{f_i}t} \tag{6.6-8}$$

积分得

$$c_f(t) = \frac{1}{i\hbar}\int_0^t \hat{H}'_{f_i}e^{i\omega_{f_i}t'}dt' \tag{6.6-9}$$

显然,$|c_f(t)|^2$ 即是 t 时刻,体系从初始态 i 态跃迁到终态 f 态的概率 $W_{i\to f}$。

$$W_{i\to f} = \frac{1}{\hbar^2}\left|\int_0^t \hat{H}'_{f_i}e^{i\omega_{f_i}t'}dt'\right|^2 \tag{6.6-10}$$

设体系受频率为 ω 的电磁场作用,$\hat{H}'(t)$可以写成

$$\hat{H}'(t) = \hat{A}\cos\omega t = \frac{1}{2}\hat{A}(e^{-i\omega t} + e^{i\omega t})$$

上式等号右边两项的处理完全类似,先只看其中一项,即

$$\hat{H}'(t) = \frac{1}{2}\hat{A}e^{-i\omega t} \tag{6.6-11}$$

代入式(6.6-9)得

$$c_f(t)=-\frac{A_{f_i}}{2\hbar}\frac{e^{i(\omega_{f_i}-\omega)t}-1}{\omega_{f_i}-\omega} \tag{6.6-12}$$

式中，$A_{f_i}=\int\varphi_f^*\hat{A}\varphi_i\mathrm{d}\tau$ 。

跃迁概率

$$W_{i\to f}=|c_f(t)|^2=\frac{|A_{f_i}|^2}{\hbar^2}\frac{\sin^2(\omega_{f_i}-\omega)t/2}{(\omega_{f_i}-\omega)^2} \tag{6.6-13}$$

数学上，$\dfrac{\sin^2(\omega_{f_i}-\omega)t/2}{(\omega_{f_i}-\omega)^2}$可以近似地用$\dfrac{1}{2}\pi t\delta(\omega_{f_i}-\omega)$来代替，则

$$W_{i\to f}=\frac{\pi t}{2\hbar^2}|A_{f_i}|^2\delta(\omega_{f_i}-\omega)=\frac{\pi t}{2\hbar}|A_{f_i}|^2\delta(\varepsilon_f-\varepsilon_i-\hbar\omega) \tag{6.6-14}$$

单位时间内的跃迁概率

$$w_{i\to f}=\frac{\pi}{2\hbar^2}|A_{f_i}|^2\delta(\omega_{f_i}-\omega)=\frac{\pi}{2\hbar}|A_{f_i}|^2\delta(\varepsilon_f-\varepsilon_i-\hbar\omega) \tag{6.6-15}$$

式(6.6-15)表明，只有当 $\varepsilon_f-\varepsilon_i=\hbar\omega$，或者 $\varepsilon_i-\varepsilon_f=\hbar\omega$ 时，才能产生由初态 φ_i 到末态 φ_f 的最大跃迁。因为 $\varepsilon_i>\varepsilon_f$，$w_{i\to f}$是辐射跃迁。将式(6.6-11)中的因子 $e^{-i\omega t}$换成 $e^{i\omega t}$，式(6.6-15)中的 $\delta(\varepsilon_f-\varepsilon_i-\hbar\omega)$变成$\delta(\varepsilon_f-\varepsilon_i+\hbar\omega)$，其他不变。此时 $w_{i\to f}$的峰值条件是 $\varepsilon_f-\hbar\omega=\varepsilon_i$，即$\varepsilon_f>\varepsilon_i$，$w_{i\to f}$是吸收跃迁。综合起来，式(6.6-15)改写为

$$w_{i\to f}=\frac{\pi}{2\hbar^2}|A_{f_i}|^2\delta(\omega_{f_i}\pm\omega)=\frac{\pi}{2\hbar}|A_{f_i}|^2\delta(\varepsilon_f-\varepsilon_i\pm\hbar\omega) \tag{6.6-16}$$

式(6.6-16)表明，在频率为 ω 的电磁场作用下，吸收和发射具有相同的跃迁概率。

2. 爱因斯坦发射和吸收系数

原子能级之间的跃迁分为从高能级到低能级的辐射跃迁和从低能级到高能级的吸收跃迁。辐射跃迁又分为不受外界影响而自发产生的跃迁和在外界(如辐射场)激励下产生的受激跃迁。爱因斯坦引进三个系数：自发发射系数 A_{mk}和受激发射系数 B_{mk}分别表示由能级 E_m到能级 E_k的自发跃迁和受激跃迁概率，受激吸收系数 B_{km}表示由能级 E_k 到能级 E_m 的受激跃迁概率。在激励条件是电磁场的情况下，假定作用于原子的电磁场在频率为 $\omega\sim\omega+\mathrm{d}\omega$ 之间的能量密度为 $I(\omega)\mathrm{d}\omega$，则单位时间内原子由 E_m 能级因为受到激励而发射光子 $\hbar\omega_{mk}$跃迁到 E_k能级的概率为 $B_{mk}I(\omega_{mk})$，反过来，原子吸收光子 $\hbar\omega_{mk}$从 E_k 能级跃迁到 E_m 能级的概率为 $B_{km}I(\omega_{mk})$。假定处于 E_k 能级和 E_m 能级的原子数目分别为 N_k 和 N_m，爱因斯坦建立了热平衡下发射和吸收相等的方程

$$N_m[A_{mk}+B_{mk}I(\omega_{mk})]=N_kB_{km}I(\omega_{mk}) \tag{6.6-17}$$

因为 N_m 和 N_k 服从玻尔兹曼分布

$$N_k/N_m=e^{-\frac{E_k-E_m}{k_BT}}=e^{\frac{\hbar\omega_{mk}}{k_BT}} \tag{6.6-18}$$

k_B 为玻尔兹曼常数。由式(6.6-17)和式(6.6-18)得到

$$I(\omega_{mk})=\frac{A_{mk}}{B_{km}}\frac{1}{e^{\frac{\hbar\omega_{mk}}{k_BT}}-\frac{B_{mk}}{B_{km}}} \tag{6.6-19}$$

根据热平衡时黑体辐射的普朗克公式，即式(5.1-22)，可以得出

$$\begin{cases} B_{mk} = B_{km} \\ A_{mk} = \dfrac{\hbar\omega_{mk}^3}{c^3\pi^2}B_{mk} \end{cases} \tag{6.6-20}$$

现在讨论 B_{mk}。我们知道，光波对原子的作用存在于原子的内部，光波的波长远大于原子的尺寸。为简单起见，假定光场 $\boldsymbol{E}$ 是沿 z 轴传播的平面单色偏振光。

$$\boldsymbol{E} = E_0 \mathrm{e}^{\mathrm{i}\left(\frac{2\pi z}{\lambda}-\omega t\right)}\boldsymbol{i} \approx E_0 \mathrm{e}^{-\mathrm{i}\omega t}\boldsymbol{i} \tag{6.6-21}$$

式(6.6-21)中的 $\boldsymbol{i}$ 是 x 方向的单位矢量。电子在光场中的势能，即原子哈密顿算符的微扰为

$$H' = exE_0\cos\omega t \tag{6.6-22}$$

比较式(6.6-22)和式(6.6-11)得

$$\hat{A} = eE_0x \tag{6.6-23}$$

由式(6.6-15)得 $$w_{m\to k} = \frac{\pi e^2E_0^2}{2\hbar^2}|x_{mk}|^2\delta(\omega_{mk}-\omega),\quad x_{mk} = \int\varphi_m^* x\varphi_k\mathrm{d}\tau \tag{6.6-24}$$

式(6.6-23)中，E_0 是频率为 ω 的光场的振幅。E_0 与能量密度 $I(\omega)$ 的关系为

$$I(\omega) = \frac{1}{2}\varepsilon_0E_0^2 \tag{6.6-25}$$

将式(6.6-25)代入式(6.6-24)，得

$$w_{m\to k} = \frac{\pi e^2}{\hbar^2\varepsilon_0}|x_{mk}|^2I(\omega)\delta(\omega_{mk}-\omega) \tag{6.6-26}$$

单色光并非实际的情况，光子的频率总是分布在一定的范围内。所以，$I(\omega)$ 要用 $I(\omega)\mathrm{d}\omega$ 代替，并积分：

$$\begin{aligned} w_{m\to k} &= \frac{\pi e^2}{\hbar^2\varepsilon_0}|x_{mk}|^2\int I(\omega)\delta(\omega_{mk}-\omega)\mathrm{d}\omega \\ &= \frac{\pi e^2}{\hbar^2\varepsilon_0}|x_{mk}|^2I(\omega_{mk}) \end{aligned} \tag{6.6-27}$$

通常情况下，电场沿 x，y 和 z 三个方向都有分量。所以式(6.6-27)中 $|x_{mk}|^2$ 项要用平均值 $\frac{1}{3}(|x_{mk}|^2+|y_{mk}|^2+|z_{mk}|^2)$ 来代替：

$$w_{m\to k} = \frac{\pi e^2}{3\hbar^2\varepsilon_0}(|x_{mk}|^2+|y_{mk}|^2+|z_{mk}|^2)I(\omega_{mk}) \tag{6.6-28}$$

从而得出 $$B_{mk} = \frac{\pi e^2}{3\hbar^2\varepsilon_0}(|x_{mk}|^2+|y_{mk}|^2+|z_{mk}|^2) \tag{6.6-29}$$

根据式(6.6-29)，产生跃迁的条件是 x_{mk}，y_{mk}，z_{mk} 不全为 0。我们知道，原子中的电子受到库仑场的作用，根据式(6.4-28)的讨论，电子的态函数为径向函数 $R(r)$ 与球谐函数 $Y_{lm}(\theta,\varphi)$ 的乘积。因为 $x=r\sin\theta\cos\varphi$，$y=r\sin\theta\sin\varphi$ 和 $z=r\cos\theta$，设跃迁前后球谐函数的量子数分别为 l，m 和 l'，m'，根据球谐函数的性质，矩阵元 x_{mk}，y_{mk}，z_{mk} 不全为 0 的条件是

$$\Delta l = l - l' = \pm 1,\quad \Delta m = m - m' = 0,\ \pm 1 \tag{6.6-30}$$

式(6.6-30)称为光场作用下原子跃迁的选择定则。

6.7 电子自旋

关于电子自旋,虽然历史上有过争论,但现在已经是量子力学理论中不可缺少的部分。所谓电子自旋,是指电子除了轨道运动的轨道角动量外,还具有自身固有的自旋角动量。或者说,除了轨道运动之外,电子还具有内部转动自由度。

1. 施特恩–格拉赫实验

对电子自旋的认识,历史上源于1922年的施特恩(O. Stern)和格拉赫(W. Gerlach)完成的实验。实验装置见图6.7-1。实验中让银原子束通过不均匀磁场。因为原子磁矩取向的原因,在磁场梯度内受到不同大小和方向的力而发生偏转,最后淀积在玻璃板P上。实验结果如下:银原子束在磁场中分裂为朝相反方向偏转的两束,没有不偏转的原子。每束原子在玻璃板上留下一条黑带。

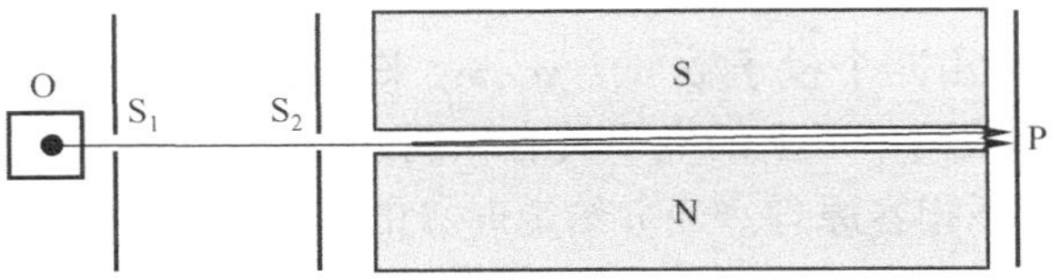

图6.7-1　施特恩–格拉赫实验装置

我们知道,电子轨道运动的磁矩$\boldsymbol{\mu}_l$和角动量$\boldsymbol{L}$之间的关系是

$$\boldsymbol{\mu}_l = -\mu_B \frac{\boldsymbol{L}}{\hbar} \tag{6.7-1}$$

式中,$\mu_B = \dfrac{e\hbar}{2m_e}$,是玻尔磁子。原子的角动量$\boldsymbol{L}$应该是各个电子轨道角动量$\boldsymbol{L}_i$的矢量和。因为电子的轨道角动量量子数为整数,所以电子轨道角动量合成的原子总的角动量量子数l也是整数,其分量数,也即简并度为$2l+1$,是奇数。由此推论,如果电子只有轨道角动量,则施特恩–格拉赫实验中玻璃板上的原子淀积带应该是奇数条,而不是两条。因此,除了轨道角动量外,电子还应该具有某种内部的转动自由度。电子自旋的概念于1925年被首次提出。认为每个电子具有量子数为1/2的自旋角动量$\boldsymbol{S}$,每个电子具有自旋磁矩$\boldsymbol{M}_s$,其关系为$\boldsymbol{M}_s = -\dfrac{e}{m_e}\boldsymbol{S}$。现在我们知道,银原子内电子的总轨道角动量为零,整个原子的角动量就是一个价电子的自旋角动量,其简并度为$2s+1 = 2\times\dfrac{1}{2}+1 = 2$($s$为自旋量子数)。这就是为什么施特恩–格拉赫实验中玻璃板上的原子淀积带为两条的原因。

2. 电子自旋的特点

电子自旋的主要特点概括如下。

(1) 自旋角动量算符$\hat{\boldsymbol{S}}$应该服从$\hat{\boldsymbol{S}}\times\hat{\boldsymbol{S}} = \mathrm{i}\hbar\,\hat{\boldsymbol{S}}$对易关系的规律。

(2) 自旋量子数为$s=1/2$,则自旋角动量的平方为$s(s+1)\hbar^2 = \dfrac{1}{2}\times\left(\dfrac{1}{2}+1\right)\hbar^2 = \dfrac{3}{4}\hbar^2$;

（3）由于自旋量子数为 $s=1/2$，所以 $\hat{S}_z$（$\hat{S}_x$ 和 $\hat{S}_y$ 也类似）的本征值只有 $\pm\frac{\hbar}{2}$ 两个。以 $\chi_{\pm 1/2}$ 代表相应的本征态，则

$$\hat{S}_z\chi_{\pm 1/2}=\pm\frac{\hbar}{2}\chi_{\pm 1/2},\quad \hat{S}^2\chi_{\pm 1/2}=\frac{3}{4}\hbar^2\chi_{\pm 1/2} \tag{6.7-2}$$

$\chi_{+1/2}$ 和 $\chi_{-1/2}$ 是自旋角动量在 z 方向的分量分别为 $\frac{1}{2}\hbar$ 和 $-\frac{1}{2}\hbar$ 的两个量子态。因此，受库仑势作用的电子的状态波函数一般应为

$$\Psi(r,\theta,\varphi,s)=R(r)\mathrm{Y}_{lm}(\theta,\varphi)\chi_s \tag{6.7-3}$$

3. 泡利不相容原理

综上所述，氢原子中电子的稳定状态用一组量子数 n,l,m_l,m_s 来描述，实际上对任何种类的原子也是这样，在一般情况下，电子的能量主要取决于主量子数 n，与角量子数 l 只有微小的关系。在无外磁场的时候，电子能量与磁量子数无关。

原子内的电子的状态由四个量子数 n,l,m_l,m_s 来确定。泡利（W. Pauli）指出：在一个原子系统内，不可能有两个或两个以上的电子具有相同的状态，即不可能具有相同的四个量子数 n,l,m_l,m_s。这称为泡利不相容原理。当 n 给定时，l 的取值为 $0,1,2,\cdots n-1$，一共有 n 个；当 l 给定时，m_l 的可能值为 $-l,-l+1,\cdots,0,\cdots,l$，共 $2l+1$ 个；当 n,l,m_l 都给定时，m_s 取 1/2 或 −1/2 两个可能值。所以根据泡利不相容原理可以计算出，原子中具有相同主量子数 n 的电子数目最多为 $\sum_{l=0}^{n-1}2(2l+1)=\frac{2+2(2n-1)}{2}n=2n^2$。

再对四个量子数 n,l,m_l,m_s 的物理含义做一总结：主量子数 n 决定原子中电子的能量，$n=1,2,\cdots$；角量子数 l 决定电子绕核运动的角动量的大小，$l=0,1,2,\cdots,n-1$；磁量子数 m_l 决定电子绕核运动的角动量在外磁场中的取向，$m_l=0,\pm1,\pm2,\cdots,\pm l$；自旋量子数 m_s 决定电子自旋角动量在外磁场中的取向，$m_s=\pm 1/2$。

4. 角动量叠加及光谱线的精细结构

一个原子中的一个单电子的总角动量 $\boldsymbol{J}$，是由它的轨道角动量 $\boldsymbol{L}$ 和它的自旋量 $\boldsymbol{S}$ 之矢量和组成的，即

$$\boldsymbol{J}=\boldsymbol{L}+\boldsymbol{S} \tag{6.7-4}$$

对角量子数 l 的一个给定值，则一个单电子的总角动量子数有两个值，也就是

$$j=l+1/2 \qquad 和 \qquad j=l-1/2 \tag{6.7-5}$$

当 $l=0$ 时，只有自旋角动量，即 $j=1/2$；当 $l=1$ 时，$j=3/2$ 或者 1/2；当 $l=2$ 时，$j=5/2$ 或者3/2……

利用电子自旋理论可以解释原子光谱的超精细结构。当电子绕着带正电荷的核做圆周轨道运动时，将产生一个磁场，和电子自旋有关的磁矩将同该磁场相互作用，使得态 $j=l+1/2$ 和 $j=l-1/2$ 的能量略有不同，也即能级发生分裂。于是，能级间跃迁形成的光谱线也会发生分裂，在高分辨率的光谱仪中可以看到若干条十分接近的谱线。

习题 6

6.1 一个粒子沿 x 方向运动，可以用下列波函数描述：$\Psi(x)=C\dfrac{1}{1+\mathrm{i}x}$。

求：(1) 波函数的归一化形式；(2) 粒子坐标的概率分布函数；(3) 在何处找到粒子的概率最大？

6.2 一个粒子沿 x 方向运动，可以用下列波函数描述

$$\Psi(x)=\begin{cases}Ax\mathrm{e}^{-\lambda x}, & x\geqslant 0\\ 0, & x<0\end{cases},\lambda>0$$

试求：(1) 归一化常数；(2) 粒子出现的概率密度；(3) 在何处找到粒子的概率最大？

(提示：积分公式$\int_0^\infty x^2\mathrm{e}^{-ax}\mathrm{d}x = 2/a^3$)

6.3 一维无限深势阱中粒子的定态波函数为 $\Psi(x)=\sqrt{\dfrac{2}{a}}\sin\dfrac{n\pi x}{a}$。

试求：(1) 粒子处于基态和 $n=2$ 状态时，在 $x=0$ 到 $x=a/3$ 之间找到粒子的概率；

(2) 概率密度最大处和最大值。

6.4 判断下列算符是否为厄密算符：

(1) xp_z； (2) $\mathrm{i}(\hat{p}_x^2x-x\hat{p}_x^2)$； (3) $\hat{p}_xx-x\hat{p}_x$。

6.5 证明以下对易关系：

(1) $[y\hat{p}_z-z\hat{p}_y,\hat{p}_y]=\mathrm{i}\hbar\hat{p}_z$； (2) $[y\hat{p}_z-z\hat{p}_y,y]=\mathrm{i}\hbar z$

6.6 质量为 μ 的一维自由运动粒子的波函数为

$$\Psi(x) = A(1+\cos kx)\sin kx$$

求动量的平均值 $\bar{p}$ 和能量的平均值 $\bar{E}$。

6.7 设粒子处于$[0,a]$范围内的一维无限深势阱中，状态用波函数

$$\Psi(x) = \frac{4}{\sqrt{a}}\sin\frac{\pi x}{a}\cos^2\frac{\pi x}{a}$$

描述，求粒子能量的可能值及相应概率。

6.8 质量为 m 的粒子在一维势阱

$$U(x) = \begin{cases}0, & 0<x<a\\ U_0>0, & \text{其他}\end{cases}$$

中运动，求束缚态($0<E<U_0$)的能级所满足的方程。并证明当 $U_0\to\infty$ 时，趋近于一维无限深势阱的结论。

(提示：波函数和其一阶导数连续。)

6.9 氢原子处于 $n=2,l=1,m_l=-1$ 态，试确定：(1) 原子的能量；(2) 电子的转动角动量的大小；(3) 电子的转动角动量的 z 分量。

6.10 氢原子处于基态 $\Psi(r,\theta,\varphi)=\dfrac{1}{\sqrt{\pi a_0^3}}\mathrm{e}^{-r/a_0}$，求：(1) r 的平均值；(2) 最可几半径(指概率密度最大处对应的半径)r_m。

6.11 xy 平面上自由转子的哈密顿算符为$\hat{H}=\dfrac{\hat{L}_z^2}{2I}$，其中，$\hat{L}_z=-\mathrm{i}\hbar\dfrac{\partial}{\partial\varphi}$，$I$ 为转动惯量。求归一化波函数 Ψ 和能量本征值 E。

6.12 根据泡利不相容原理，在主量子数 $n=2$ 的壳层上最多可能有几个电子？写出每个电子所具有的四个量子数 n,l,m_l,m_s 的值。

第三篇　固体光电基础

第 7 章　固体物理基础

固体可以分为晶体（晶态）和非晶体（非晶态）两大类。我们碰到的固体多数以晶态的形式存在，晶体内部的分子、原子或离子（以后统称为粒子）是按一定的周期排列的，即晶体的结构具有规则性。所以，研究固体是从研究晶体开始的。

由于粒子排列的规则性以及由此产生的几何规则性是晶体的最基本的特征，也是研究晶体其他宏观性质和微观过程的基础，所以我们将首先讨论晶体中粒子规则排列的一些基本概念和基本规律。接着阐明粒子是怎样相互作用结合成晶体的。由于晶体内粒子间存在着相互作用力，各个粒子的振动也并非是孤立的，而是相互联系着的，因此在晶体中形成了各种模式的波。最后讨论晶体的能带理论，它是研究固体中电子运动的理论基础。

7.1　晶体的特征与晶体结构的周期性

1. 晶体的特征

常见的晶体往往是一个凸多面体，围成这个凸多面体的面是光滑的，称为单晶体。晶态物质在适当的条件下都能自发地发展为单晶体。发育良好的单晶体，外形上最显著的特征是晶面有规则的配置。晶体外形上的规则性反映内部分子（原子）间排列的有序性。单晶体就是在整块材料中，粒子都是有规则地、周期性地重复排列着的。由于粒子排列具有方向性，所以单晶体的宏观性质也往往呈现各向异性，即在不同方向上晶体具有不同的物理性质，如力学性质（硬度、弹性模量等）、光学性质（折射率等）、电学性质（电阻系数等）。

由于生长条件的不同，同一品种的晶体，其外形不是一样的。例如，氯化钠（岩盐）晶体的外形可以是立方体或八面体，也可能是立方体和八面体的混合体，如图 7.1-1 所示。图 7.1-2 示出了石英晶体的一些外形。

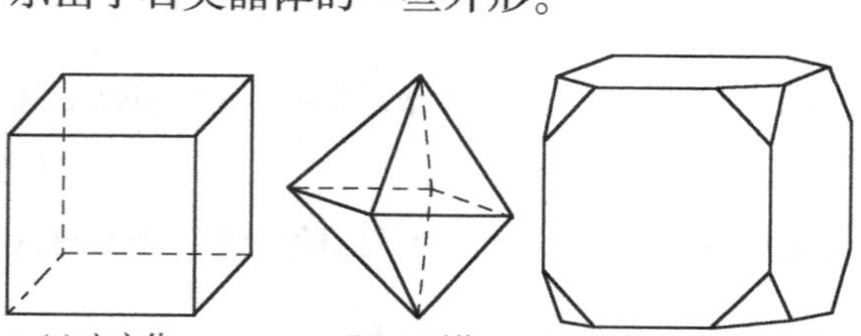

(a) 立方体　(b) 八面体　(c) 立方和八面混合体

图 7.1-1　氯化钠的若干外形

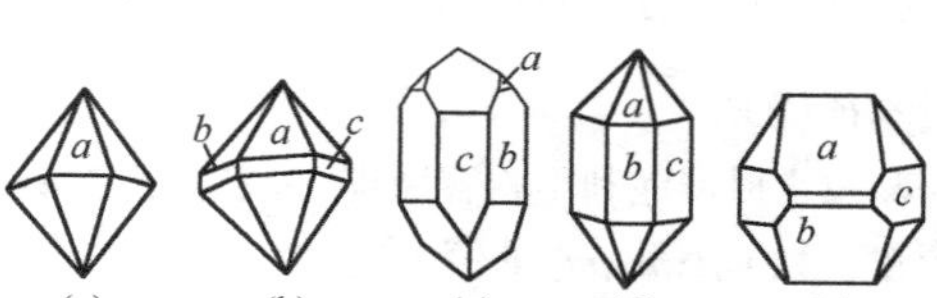

(a)　(b)　(c)　(d)　(e)

图 7.1-2　石英晶体的外形

外界条件能使某一组晶面相对地变小,或完全隐没。例如,图 7.1-1(b)表示氯化钠立方体的六个晶面消失了,而发展成八面体的八个晶面。因此,晶面本身的大小和形状是受晶体生长时外界条件影响的,不是晶体品种的特征因素。

那么晶体外形中,有没有受内在结构决定而不受外界条件影响的主要因素呢?这样的因素是有的,晶面间的夹角就是晶体品种的特征因素。每一品种,不论其外形如何,总具有一套特征性的夹角。例如石英晶体。图 7.1-2 所示的 a、b 面间的夹角总是 $141°47'$,b、c 面间的夹角总是 $120°00'$,a、c 面间的夹角总是 $113°08'$。这个普遍的规律被概括为**晶面角守恒定律:属于同一品种的晶体,两个对应晶面(或晶棱)间的夹角恒定不变**。因为同一品种的晶体,尽管外界条件使外形不同,但其内部结构相同。其共同性就表现为晶面间夹角的守恒。

因为晶面的相对大小和形状都是不重要的,重要的是晶面的相对方位,所以可以用晶面法线的取向来表征晶面的方位,而以法线间夹角来表征晶面间的夹角(两个晶面的法线间的夹角是这两个晶面夹角的补角)。测量晶面间夹角可以有多种方法,但要准确测定晶面间夹角,需要专用测角仪。晶面角测定常用于矿石的鉴别。

微小的单晶也称做晶粒。晶粒的大小可以小到微米量级,也可以大到眼睛能够清晰看到的程度。由大量晶粒组成的晶体称为多晶体(多晶)。在每个晶粒内部,粒子的排列是规则的,但是在晶粒的交界处,粒子排列的规则性被破坏。由于晶粒有各种取向,所以多晶体的外形不具有规则性,其宏观性质往往表现为各向同性。金属一般都属于多晶体,用显微镜观察金属,可知金属由许多小晶粒组成;用 X 射线衍射方法对小晶粒进行的研究表明,小晶粒(线度为微米量级)内部是有序排列的。本章所讨论的晶体,如不特别说明,都是指单晶体。

晶态固体,例如金属、岩盐等**具有一定的熔点**;**非晶态固体**,例如白蜡、玻璃、橡胶等则**没有固定的熔点**。非晶态固体又叫做过冷液体,它们在凝结过程中不经过结晶(即有序化)的阶段,非晶体中分子与分子的结合是无规的。雪花往往呈六角形,这是因为水在凝结的时候,分子是按着一定的规则排列的。晶态固体的内部,至少在微米量级的范围内是有序排列的,这叫做长程序。在熔化过程中,晶态固体的长程序解体时对应着一定的熔点,非晶态固体因为没有长程序,也就没有固定的熔点。

2. 晶体结构的周期性

从 X 射线研究的结果,我们知道晶体确实是由粒子有规则地、周期性地重复排列而成的。这种性质称为晶体结构的周期性。讨论晶体结构就是要搞清晶体的基本结构单元,以及这些单元是如何在空间排列的。

晶体结构中存在基本的结构单元,称为基元。基元的某个特征点(如重心)可表征基元在空间的位置,此点代表着结构中相同的位置(如图 7.1-3 中的黑点),以后叫做结点或格点。一般而言,结点可以是基元中任意的点,但各个基元中相应的点的位置取法应是相同的。

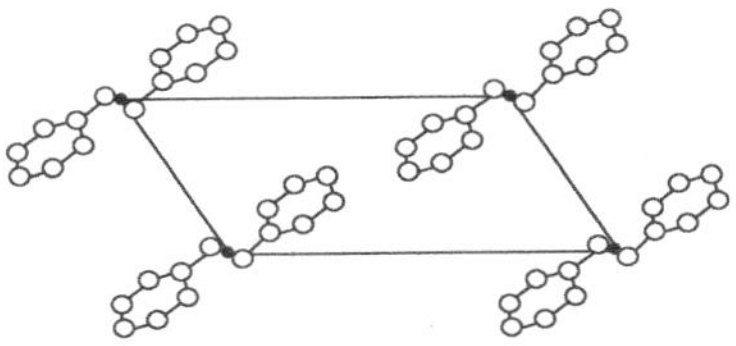

图 7.1-3　结点示例图

晶体中所有的基元都是等同的。整个晶体的结构,可以看成是由这种基元沿空间三个不同的方向,各按一定的距离周期性地平移而构成的,每一平移的距离称为周期。因此,在一定的方向有着一定的周期;不同方向上的周期一般不相同。这样,点阵中每个结点的周围情况都是一样的。实际上,任何两个基元中相应粒子周围的情况是相同的,而每个基元中各个粒子的周围情况当然是不相同的。

结点的总体,称为布喇菲点阵或布喇菲格子,这种格子的特点是每点周围的情况都一样。晶体的布喇菲格子描写了基元在空间的排列情况,可以这样概括晶体的结构,即

晶体结构 = 基元+布喇菲格子

即使微小的晶粒也包含了成千上万个粒子,所以布喇菲格子中的结点可以看成是无限多的。通过这些结点,可以作许多平行的直线族和平行的晶面族。这样,点阵就成为一些网格,称为晶格,如图 7. 1-4 所示。

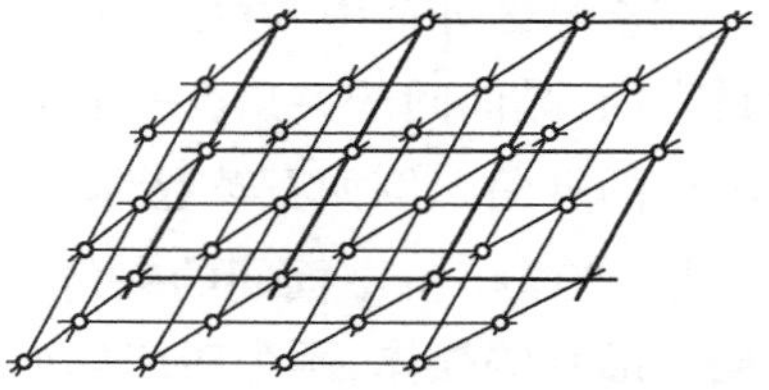

图 7. 1-4　晶体的网络

由于晶格的周期性,可取一个以结点为顶点、边长等于该方向上的周期的平行六面体作为重复单元,来概括晶格的特征。将晶体看成是由某种最小单元无空隙地堆砌而成的,此最小重复单元称做固体物理学原胞或简称原胞。显然原胞包含基元及其周围空间,在三维情况下,原胞总可以取为平行六面体。

图 7. 1-5 所示为在二维情况下晶体结构、基元、原胞、布喇菲格子的一个例子。在二维情况下,原胞一般取为平行四边形,两边长方向正好为一个周期。应当指出,原胞的取法不是唯一的,即两边长方向可以有不同取法,但平行四边形面积总是相同的。另外,不管原胞如何选取,布喇菲格子是唯一的。

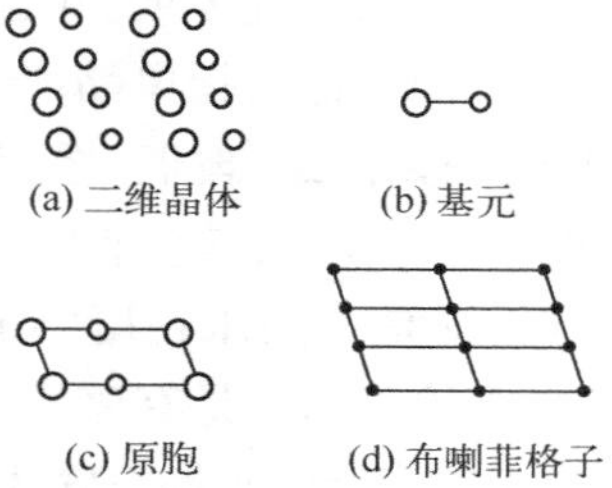

图 7. 1-5　二维晶体、基元、原胞、布喇菲格子示意图

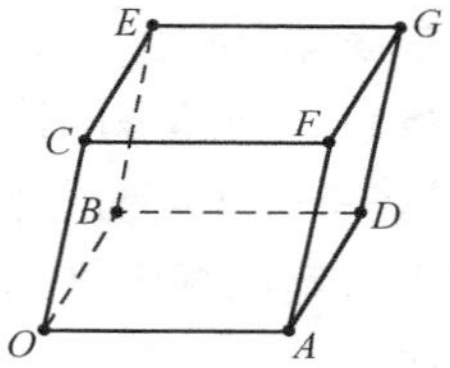

图 7. 1- 6　平行六面体原胞

在三维情况下,原胞取为平行六面体,如图 7. 1- 6 所示。原胞交于一点(如 O)的三条棱(如 OA、OB、OC)代表了三个不同空间取向的三个周期,可以取作为三个基矢,即 $\boldsymbol{a}_1=\overrightarrow{OA}$,$\boldsymbol{a}_2=\overrightarrow{OB}$,$\boldsymbol{a}_3=\overrightarrow{OC}$。基矢是三个独立矢量,如果以某一格点为坐标原点,则任一格点的位矢 $\boldsymbol{R}$ 都可表示为

$$\boldsymbol{R}=m_1\boldsymbol{a}_1+m_2\boldsymbol{a}_2+m_3\boldsymbol{a}_3 \tag{7. 1-1}$$

式中,m_1、m_2、m_3 都是整数。$\boldsymbol{R}$ 也称为格矢。显然,基矢确定了,则原胞就确定了,同时也可以由式(7. 1-1)把任意格点的位置确定下来。

如果晶体由完全相同的一种原子组成,则叫做**简单格子**。在简单格子中,每个原子的周围情况完全相同。如果晶体的基元中包含两种或两种以上的原子,则每个基元中,相应的同种原子各构成和结点相同的网格,称为**子晶格**,它们相对位移而形成所谓**复式格子**。显然,复式格子是由若干相同结构的子晶格相互位移套构而成的。

由于晶体结构的周期性,在任何两个原胞中相对应的点上,晶体的微观物理性质完全相同。若设 $\boldsymbol{r}$ 为原胞中任意一点的位矢,$V(\boldsymbol{r})$ 为该点的某一微观物理量(如静电势能、电子云密度等),则

$$V(\boldsymbol{r}) = V(\boldsymbol{r}+\boldsymbol{R}) \tag{7.1-2}$$

或者说，把一个晶体结构平移任一格矢 $\boldsymbol{R}$，结果将与原来的晶体结构完全重合，没有任何改变。晶体结构的这种性质被称为平移对称性（平移不变性）。这里，我们认为从微观上看晶体是无限大的。

3. 原胞与晶胞

如果只要求反映周期性的特征（即只需概括空间三个方向上的周期的大小），则选取的重复单元可让结点只在顶角上，内部和面上皆不含其他的结点。这样**选取的重复单元体积最小，就是固体物理学原胞**。实际上，除了周期性外，每种晶体还有自己特殊的对称性，为了同时反映对称的特征，结晶学上所取的重复单元体积不一定最小，结点不仅在顶角上，通常还可以在体心或面心上。这种能**反映晶体对称性的重复单元称做结晶学原胞或简称晶胞**（也称布喇菲原胞）。晶胞的大小可以是固体物理学原胞的若干倍。一般用 $\boldsymbol{a}_1$、$\boldsymbol{a}_2$、$\boldsymbol{a}_3$ 表示原胞的基矢，而用 $\boldsymbol{a}$、$\boldsymbol{b}$、$\boldsymbol{c}$ 表示晶胞的基矢。

结晶学中，属于立方晶系的布喇菲格子有简立方、体心立方和面心立方三种，其晶胞如图 7.1-7 所示。立方晶系晶胞的三个基矢长度相等，并且互相垂直，即 $a=b=c$；$\boldsymbol{a}\perp\boldsymbol{b}$，$\boldsymbol{b}\perp\boldsymbol{c}$，$\boldsymbol{c}\perp\boldsymbol{a}$。晶胞的边长称为晶格常数。取晶轴边长方向为坐标轴，$\boldsymbol{i}$、$\boldsymbol{j}$、$\boldsymbol{k}$ 表示坐标系的单位矢量。下面对这三种结构分别进行讨论。

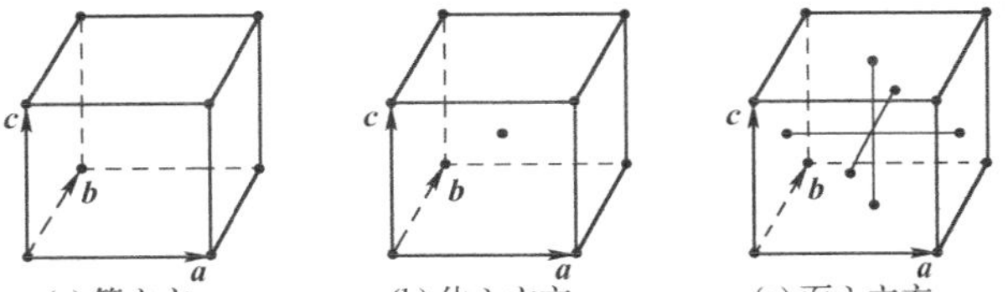

(a) 简立方　(b) 体心立方　(c) 面心立方

图 7.1-7　立方晶系的晶胞

（1）简立方

结点在立方体的顶角上，晶胞其他部分没有结点，这样的晶胞自然也是最小的重复单元，也即原胞。每个原胞实际上只包含 1 个结点，因为每一个结点为 8 个原胞所共有，所以它对 1 个原胞的贡献只有 1/8；现在原胞有 8 个结点在其顶点，这 8 个结点对 1 个原胞的贡献恰好是 1 个结点。原胞的体积也是 1 个结点所“占”有的体积，这个原胞只包含 1 个结点，因此，原胞的基矢为

$$\boldsymbol{a}_1=\boldsymbol{i}a,\quad \boldsymbol{a}_2=\boldsymbol{j}a,\quad \boldsymbol{a}_3=\boldsymbol{k}a$$

容易看出，对于简立方，1 个结点周围最近邻的结点有 6 个，距离为 a；次近邻的结点有 12 个，距离为 $\sqrt{2}a$。

（2）体心立方

除顶角上有结点外，还有一个结点在立方体的中心，故称为体心。乍看起来，顶角和体心上结点周围情况似乎不同，实际上就整个空间的晶格来看，完全可把晶胞的顶点取在晶胞的体心上。这样心就变成角，角也就变成心了。所以在顶角和体心上结点周围的情况仍是一样的。不过晶胞中包含两个结点，固体物理中常要求布喇菲格子的原胞中只包含一个结点，即按最小重复单元选取原胞，如图 7.1-8(a) 所示。

按这个取法，基矢分别为

$$\boldsymbol{a}_1=\frac{a}{2}(-\boldsymbol{i}+\boldsymbol{j}+\boldsymbol{k}),\ \boldsymbol{a}_2=\frac{a}{2}(\boldsymbol{i}-\boldsymbol{j}+\boldsymbol{k}),\ \boldsymbol{a}_3=\frac{a}{2}(\boldsymbol{i}+\boldsymbol{j}-\boldsymbol{k}) \tag{7.1-3}$$

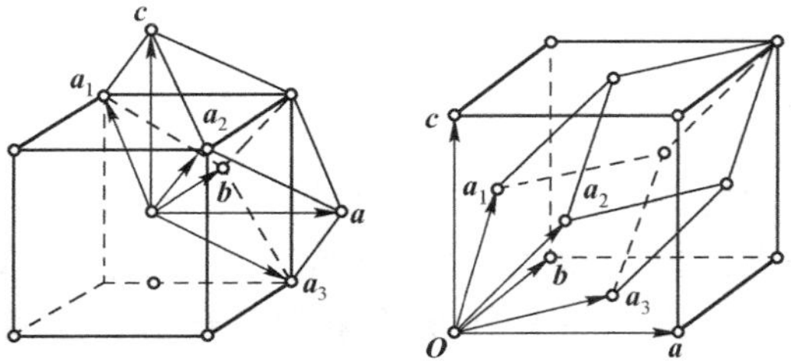

(a) 体心立方　　(b) 面心立方

图 7.1-8　固体物理学中原胞选取

容易证明，新取原胞的体积为 $\boldsymbol{a}_1\cdot(\boldsymbol{a}_2\times\boldsymbol{a}_3)=a^3/2$。

因为原来晶胞体积为 a^3，含有 2 个结点，新取原胞的体积恰为 $a^3/2$，所以包含 1 个结点。

容易看出，对于体心立方，1 个结点周围最近邻的结点有 8 个，距离为 $\sqrt{3}a/2$；次近邻的结点有 6 个，距离为 a。

(3) 面心立方

这里除顶角上有结点外，在立方体的 6 个面的中心还有 6 个结点，故称为面心立方。与对体心立方情形的论证相同，面心的结点和顶角的结点周围的情况实际上是一样的。每个面为两个相邻的晶胞所公有，于是每个面心结点只有 1/2 属于一个晶胞，6 个面心结点事实上只有 3 个是属于这个晶胞的，因此面心立方的晶胞具有 4 个结点。固体物理学中对面心立方晶格所选取的原胞如图 7.1-8(b)所示。原来面心立方的 6 个面心结点和 2 个顶角结点构成了新取的原胞的 8 个顶角结点。它的基矢为

$$\boldsymbol{a}_1=\frac{a}{2}(\boldsymbol{j}+\boldsymbol{k}),\ \boldsymbol{a}_2=\frac{a}{2}(\boldsymbol{k}+\boldsymbol{i}),\ \boldsymbol{a}_3=\frac{a}{2}(\boldsymbol{i}+\boldsymbol{j}) \tag{7.1-4}$$

并且新取原胞的体积为 $\boldsymbol{a}_1\cdot(\boldsymbol{a}_2\times\boldsymbol{a}_3)=a^3/4$，原胞中只包含 1 个结点。

式(7.1-3)和式(7.1-4)具有旋环性，数学上表述很方便，它们分别是体心立方和面心立方的固体物理学原胞基矢的特征表示。

对于面心立方，一个结点周围最近邻的结点数不容易看出。考虑一个面心，通过它作与上下面平行的平面，此面上有 4 个最近邻结点；通过它作与左右面平行的平面，此面上也有 4 个最近邻结点；同理在与前后面平行的面上也有 4 个，所以总共有 12 个最近邻结点，距离都为 $\sqrt{2}a/2$。

4. 实际晶体举例

(1) 氯化铯结构

氯化铯（CsCl）由铯离子（Cs^+）和氯离子（Cl^-）结合而成，是一种典型的离子晶体，它的结晶学原胞如图 7.1-9 所示。在立方体的顶角上是 Cl^-，在体心上是 Cs^+（如取立方体，顶角上为 Cs^+，体心上是 Cl^-，也是一样的），但 Cl^- 或 Cs^+ 则各自组成简立方结构的子晶格。氯化铯结构是由两个简立方的子晶格彼此沿立方体空间对角线位移 1/2 的长度套构而成的。氯化铯结构是复式格子，它的固体物理原胞是简立方，不过每个原胞中包含两个原子（离子），但不把它的结构说成是"体心立方"。

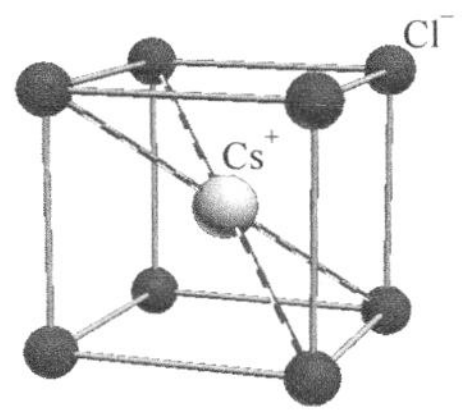

图 7.1-9　氯化铯结构的结晶学原胞

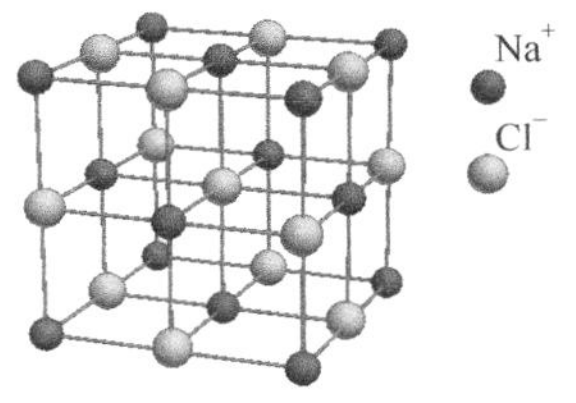

图 7.1-10　氯化钠结构的结晶学原胞

(2) 氯化钠结构

另一种典型的离子晶体是氯化钠,由钠离子(Na^+)和氯离子(Cl^-)结合而成,是一种典型的离子晶体,它的结晶学原胞如图 7.1-10 所示(钠离子和氯离子分别用较黑的小圆球和较亮的大圆球表示)。从图中看出,如果只看 Na^+,它构成面心立方格子;同样 Cl^-也构成面心立方格子。这两个面心立方子晶格各自的原胞具有相同的基矢,只不过互相有一个位移。氯化钠结构的固体物理学原胞的取法,可以按 Na^+的面心立方格子选基矢,新取的原胞的顶角上为 Na^+,而内部包含一个 Cl^-,所以这个原胞中包含一个 Na^+和一个 Cl^-。如果按 Cl^-的面心立方格子选基矢,其结果是一样的。

为了避免混淆,这里强调指出:按固体物理的观点,复式格子总是由若干相同结构的子晶格互相位移套构而成的;说结构、取原胞都是对布喇菲格子而言的。例如,称氯化钠结构为面心立方(而不称为简立方);称氯化铯结构为简立方(而不称为体心立方)。

(3) 金刚石结构

金刚石是由碳原子组成的。它虽由一种原子构成,但是它的晶格是一个复式格子。金刚石结构的晶胞如图 7.1-11 所示,碳原子分成两类:一类碳原子(不妨称做 A 类)在晶胞的表面上,构成面心立方排列;在晶胞内部还有 4 个碳原子(不妨称做 B 类),这 4 个原子分别位于 4 个空间对角线的 1/4 处,它们各有一个最近的 A 类原子在晶胞顶角上,这 4 个顶角是互不相邻的(两者连线是立方体的面对角线)。B 类碳原子的位置正好是 A 类碳原子沿某条体对角线方向平移 1/4 到达的位置,$A_1 \to B_1$,$A_2 \to B_2$,$A_3 \to B_3$,$A_4 \to B_4$。

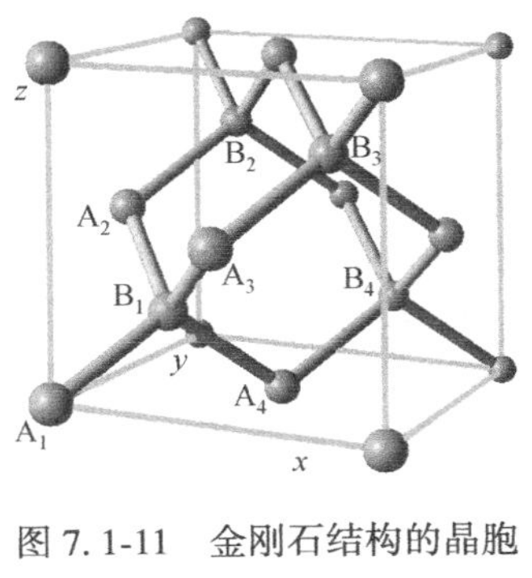

图 7.1-11　金刚石结构的晶胞

金刚石中碳原子的结合是由于碳原子公有外壳层的 4 个价电子形成共价键,每个碳原子和周围 4 个原子共价。由图 7.1-11可以看出一个 B 碳原子周围有 4 个 A 碳原子,构成一个正四面体,B 在正四面体的中心,同它共价的 4 个 A 类碳原子在正四面体的顶角上,中心的 B 碳原子和顶角上每一个 A 碳原子共用 2 个价电子。如图 7.1-11 所示,棒状线条即代表共价键。可以想象,在正四面体中心的 B 碳原子共价键的取向,同顶角上的 A 碳原子是不同的,若一个的共价键指向左上方,则另一个的共价键必指向右下方,如图 7.1-11 所示。由于共价键的取向不同,这两种碳原子的周围情况不同,因此,金刚石结构是个复式格子,由 2 个面心立方的子晶格彼此沿其空间对角线位移 1/4 的长度套构而成。图 7.1-11 所示是金刚石晶胞,不是最小重复单元,如果要取金刚石的原胞,则其取法与前面说的面心立方的原胞的取法相同,原胞中包含 A 类、B 类碳原子各 1 个。

【例 7-1】 以图 7.1-11 所示的晶胞中心为原点,写出金刚石晶胞中 B 类碳原子的直角坐标。

解：为讨论方便，假设晶胞边长 $a=1$。A 类碳原子位于顶角和面心，顶角坐标可表示为 $\left(\pm\frac{1}{2},\pm\frac{1}{2},\pm\frac{1}{2}\right)$，面心坐标可表示为 $\left(\pm\frac{1}{2},0,0\right)$，$\left(0,\pm\frac{1}{2},0\right)$，$\left(0,0,\pm\frac{1}{2}\right)$。A 类碳原子沿体对角线[1,1,1]方向平移 $\frac{1}{4}$ 到 B 类碳原子，则坐标由 (x,y,z) 变为 $\left(x+\frac{1}{4},y+\frac{1}{4},z+\frac{1}{4}\right)$，留在晶胞内的点应满足 $|x|<\frac{1}{2}$，$|y|<\frac{1}{2}$，$|z|<\frac{1}{2}$。所以有四点，即 $B_1\left(-\frac{1}{4},-\frac{1}{4},-\frac{1}{4}\right)$、$B_2\left(-\frac{1}{4},\frac{1}{4},\frac{1}{4}\right)$、$B_3\left(\frac{1}{4},-\frac{1}{4},\frac{1}{4}\right)$、$B_4\left(\frac{1}{4},\frac{1}{4},-\frac{1}{4}\right)$。

图 7.1-12 画出了这四个碳原子的排列情况。可见，金刚石晶胞内的四个碳原子排列在边长为 $a/2$ 的小立方体的顶角上，互不相邻，两个碳原子的连线沿小立方体的面对角线方向。任意三个碳原子可确定一个面，共有四个面，围成一个正四面体。所以四个碳原子也可看成位于一个正四面体的四个顶角上。另外，由图 7.1-11 可以看出，B_1 周围的四个碳原子 A_1、A_2、A_3、A_4 的相对排列也可以用一个小立方体联系起来，B_1 在中心，而 A_1、A_2、A_3、A_4 在小立方体的 4 个互不相邻的顶角上。搞清碳原子的排列情况，对于分析金刚石晶体的对称性十分重要。

重要的半导体材料，如锗、硅等，都有四个价电子，它们的晶体结构和金刚石的结构相同。

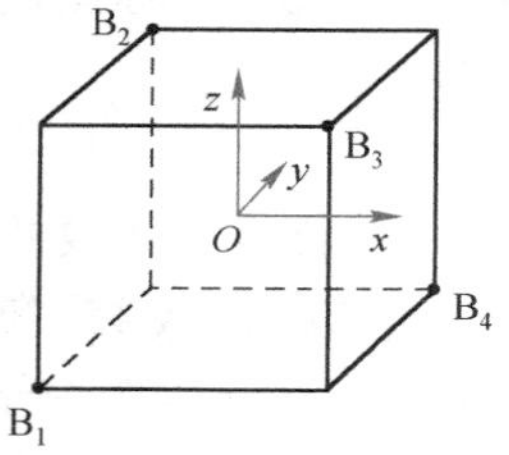

图 7.1-12　金刚石晶胞内四个碳原子排列

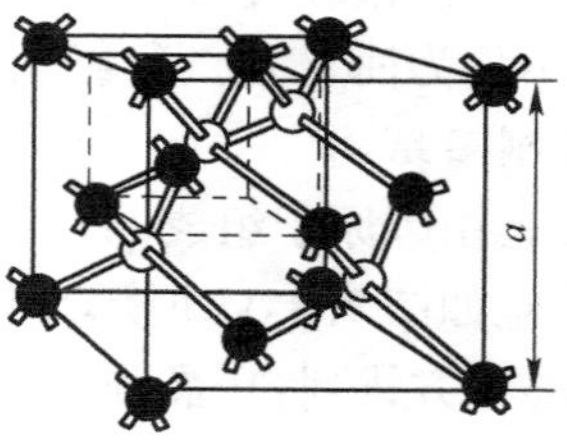

图 7.1-13　闪锌矿结构

(4) *闪锌矿结构*

Ⅲ族元素 Al、Ga、In 和Ⅴ族元素 P、As、Sb 按照 1∶1 化学比合成的Ⅲ－Ⅴ族化合物，它们绝大多数是闪锌矿结构（见图 7.1-13），与金刚石结构类似。所不同的是，闪锌矿结构由不同的两种原子组成。即两类原子各构成面心立方子晶格，沿空间对角线位移 1/4 的长度套构而成。许多重要的化合物半导体，如锑化铟、砷化镓等都是闪锌矿结构，在集成光学上显得很重要的磷化铟也是闪锌矿结构。

7.2　晶列与晶面、倒格子

1. 晶列

对于布喇菲格子的情形，所有格点周围的情况都是一样的；如果通过任何两个格点连一直线（见图 7.2-1），则这一直线上包含无限个相同格点。这样的直线称为晶列。晶体外表上所见的晶棱是重要的晶列。晶列上格点的分布具有一定的周期（即其上任何两相邻格点的间距是相等的）。由于所有格点周围的情况都是一样的，因此通过任何其他的格点作该晶列的平行线，其上的格点分布与该晶列相同。这样可以得到许许多多平行的晶列，即所谓的晶列族，它们把所有的格点包括而无遗漏。在一平面中，相邻晶列之间的距离相等。此外，通过一格点可以有无限多个晶列，其中每一晶列都有一族平行的晶列与之对应，所以共有无限多族的平行晶列。

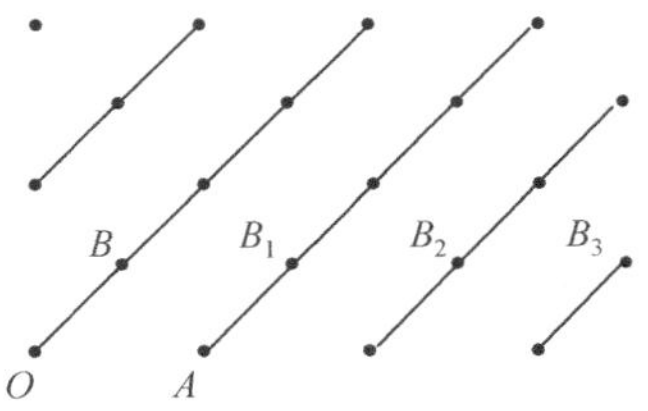

图 7.2-1　晶列

由于每一族中的晶列互相平行，并且完全等同，一族晶列的特点是晶列的取向，称为晶向。晶列的方向可以用简单的数字来表示。在图 7.2-1 中 O 与 B 是其晶列上的最近两点，取格点 O 为原点，$\boldsymbol{a}_1$、$\boldsymbol{a}_2$、$\boldsymbol{a}_3$ 为原胞的三个基矢，则格点 B 的位矢为

$$\boldsymbol{R}_l = l_1\boldsymbol{a}_1 + l_2\boldsymbol{a}_2 + l_3\boldsymbol{a}_3 \tag{7.2-1}$$

式中，l_1、l_2、l_3 是整数。OB 方向可以用这三个整数来确定，叫晶列指数，习惯上用方括弧来表示，记为$[l_1, l_2, l_3]$。若两个格点不是其晶列上的最近两点，则相对位矢用基矢展开时，系数 l_1、l_2、l_3 不是互质的，需要简约为互质后才代表晶列的方向。

在图 7.2-1 中，若取 OA 为基矢 $\boldsymbol{a}_1$ 方向，OB 为基矢 $\boldsymbol{a}_2$ 方向，则沿 OB 方向的晶列指数是[010]，沿 OB_1、OB_2、OB_3 方向的晶列指数分别是[110]、[210]、[310]。可见，晶列中相邻格点距离越远，则晶列指数越大。格点之间距离近，则相互作用就强。所以晶体中重要的晶列是那些指数较小的晶列。

2. 晶面

同样，通过任一格点，可以作全同的晶面和一晶面平行，构成一族平行晶面，所有的格点都在一族平行的晶面上而无遗漏。这样一族晶面不仅平行，而且等距，各晶面上格点分布情况相同。晶格中有无限多族的平行晶面(见图 7.2-2)。

同样，在每一族中晶面也互相平行，并且完全等同，晶面的特点也由取向决定，因此无论对于晶列或晶面，只需标志其取向。

要描写一个平面的方位，通常就是在一个坐标系中表示出该平面的法线的方向余弦。但方向余弦不够简洁，我们希望用一组整数描写晶面取向。选取某一格点为原点，原胞三个基矢 $\boldsymbol{a}_1$、$\boldsymbol{a}_2$、$\boldsymbol{a}_3$ 的方向为三个坐标轴，这三个轴不一定相互正交。晶格中一族的晶面不仅平行，并且等距。考虑晶面族中离原点最近的晶面，它在三个轴上的截距分别为 d_1、d_2、d_3。由于 $\boldsymbol{a}_1$、$\boldsymbol{a}_2$、$\boldsymbol{a}_3$ 矢量端点为格点(见图 7.2-3)，而一族晶面必包含了所有的格点，则 d_1 必为 $\boldsymbol{a}_1$ 的若干分之一，d_2 必为 a_2 的若干分之一，d_3 必为 a_3 的若干分之一，即

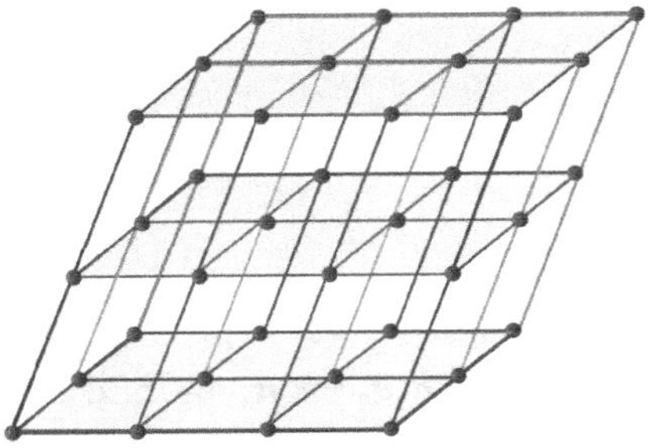
图 7.2-2　晶面族

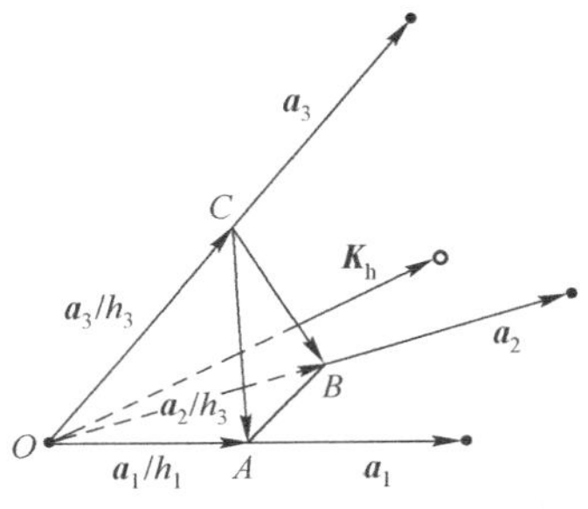

图 7.2-3　晶面族中离原点最近的面

$$d_1=a_1/h_1,\quad d_2=a_2/h_2,\quad d_3=a_3/h_3 \tag{7.2-2}$$

式中,h_1、h_2、h_3 为整数。用(h_1,h_2,h_3)表示晶面的取向,称为**晶面指数或密勒指数**。

密勒指数简单的晶面也是重要的晶面,如(110)、(111)等。实际上,密勒指数简单的晶面族中,面间距 d 大,所以这种晶面容易解理。对于一定的晶格,结点所“占”的体积(即最小重复单元的体积)是一定的,因此在面间距大的晶面上,格点的(因而原子的)面密度必然大。这样的晶面,由于单位表面能量小,容易在晶体生长过程中显露在外表。又由于面上的原子密度大,对射线的散射强,因而密勒指数简单的晶面族,在 X 射线衍射中,往往为照片中的浓黑斑点所对应。

3. 倒格子

设任意矢量 $\boldsymbol{P}$ 用基矢 $\boldsymbol{a}_1$、$\boldsymbol{a}_2$、$\boldsymbol{a}_3$ 展开,系数为 p_1、p_1、p_3,即 $\boldsymbol{P}=p_1\boldsymbol{a}_1+p_2\boldsymbol{a}_2+p_3\boldsymbol{a}_3$。如果 $\boldsymbol{a}_1$、$\boldsymbol{a}_2$、$\boldsymbol{a}_3$ 不是正交的,则系数 p_1 不能由 $\boldsymbol{P}$ 与 $\boldsymbol{a}_1$ 的点乘求得。如果找到一个矢量 $\boldsymbol{b}_1$,它与 $\boldsymbol{a}_2$、$\boldsymbol{a}_3$ 都正交(例如 $\boldsymbol{b}_1\propto\boldsymbol{a}_2\times\boldsymbol{a}_3$),则 $\boldsymbol{P}\cdot\boldsymbol{b}_1=p_1(\boldsymbol{a}_1\cdot\boldsymbol{b}_1)$,即 $\boldsymbol{P}$ 与 $\boldsymbol{b}_1$ 的点乘只与 p_1 有关。同理,找到矢量 $\boldsymbol{b}_2$ 与 $\boldsymbol{a}_1$、$\boldsymbol{a}_3$ 正交,$\boldsymbol{b}_3$ 与 $\boldsymbol{a}_1$、$\boldsymbol{a}_2$ 正交。有了矢量 $\boldsymbol{b}_1$、$\boldsymbol{b}_2$、$\boldsymbol{b}_3$,则任意矢量用基矢 $\boldsymbol{a}_1$、$\boldsymbol{a}_2$、$\boldsymbol{a}_3$ 展开时,展开系数很容易求出。实际上,矢量 $\boldsymbol{b}_1$、$\boldsymbol{b}_2$、$\boldsymbol{b}_3$ 还有许多用途,下面给出更准确的定义。

(1) 倒格子基矢

设晶格的基矢为 $\boldsymbol{a}_1$、$\boldsymbol{a}_2$、$\boldsymbol{a}_3$,由它们构成另一组矢量

$$\boldsymbol{b}_1=\frac{2\pi[\boldsymbol{a}_2\times\boldsymbol{a}_3]}{\Omega},\quad \boldsymbol{b}_2=\frac{2\pi[\boldsymbol{a}_3\times\boldsymbol{a}_1]}{\Omega},\quad \boldsymbol{b}_3=\frac{2\pi[\boldsymbol{a}_1\times\boldsymbol{a}_2]}{\Omega} \tag{7.2-3}$$

式中,Ω 是晶格原胞的体积,即 $\Omega=\boldsymbol{a}_1\cdot(\boldsymbol{a}_2\times\boldsymbol{a}_3)$。以 $\boldsymbol{b}_1$、$\boldsymbol{b}_2$、$\boldsymbol{b}_3$ 为基矢可以构成一个新点阵,称为倒格子;而把原来的晶格(即以 $\boldsymbol{a}_1$、$\boldsymbol{a}_2$、$\boldsymbol{a}_3$ 为基矢构成的点阵)称为正格子。

不难验证,式(7.2-3)的定义满足下面的关系

$$\boldsymbol{a}_i\cdot\boldsymbol{b}_j=2\pi\delta_{ij}=\begin{cases}2\pi & (i=j)\\ 0 & (i\neq j)\end{cases} \tag{7.2-4}$$

特例:$\boldsymbol{a}_i$ 为正交系时,则 $\boldsymbol{b}_i=\dfrac{2\pi}{a_i^2}\boldsymbol{a}_i$。

正格子和倒格子的线度关系除 2π 因子外,互为倒数;正格子线度的量纲为[米],倒格子线度的量纲为[米]$^{-1}$。在倒格子定义式(7.2-3)中引入 2π 因子,可以为处理波矢有关的问题带来方便。实际上,正格子与倒格子互为傅氏变换空间,正格子对应的是坐标空间,倒格子对应的是波矢空间。

(2) 倒格矢与晶面族法线的关系

在倒格子中,倒格点的相对位矢称为倒格矢,常用符号 $\boldsymbol{K}$ 或 $\boldsymbol{G}$ 表示。设倒格子的基矢为 $\boldsymbol{b}_1$、$\boldsymbol{b}_2$、$\boldsymbol{b}_3$,一般倒格矢可表示为

$$\boldsymbol{K}_h=h_1\boldsymbol{b}_1+h_2\boldsymbol{b}_2+h_3\boldsymbol{h}_3 \tag{7.2-5}$$

式中,h_1、h_2、h_3 为整数。

可证,正格子中一族晶面(h_1,h_2,h_3)和倒格矢 $\boldsymbol{K}_h=h_1\boldsymbol{b}_1+h_2\boldsymbol{b}_2+h_3\boldsymbol{h}_3$ 是正交的。参看图 7.2-3,晶面族(h_1,h_2,h_3)中最靠近原点的晶面 ABC 在基矢 $\boldsymbol{a}_1$、$\boldsymbol{a}_2$、$\boldsymbol{a}_3$ 上的截距为 a_1/h_1、a_2/h_2、a_3/h_3。由图可知,ABC 面上的两个矢量$\overrightarrow{CA}$和$\overrightarrow{CB}$可表示为

$$\overrightarrow{CA}=\overrightarrow{OA}-\overrightarrow{OC}=\boldsymbol{a}_1/h_1-\boldsymbol{a}_3/h_3,\quad \overrightarrow{CB}=\overrightarrow{OB}-\overrightarrow{OC}=\boldsymbol{a}_2/h_2-\boldsymbol{a}_3/h_3$$

如果能够证明$\overrightarrow{CA}$和$\overrightarrow{CB}$都与$\boldsymbol{K}_h$垂直，即满足$\boldsymbol{K}_h \cdot \overrightarrow{CA}=0$和$\boldsymbol{K}_h \cdot \overrightarrow{CB}=0$，则$\boldsymbol{K}_h$必与晶面族$(h_1, h_2, h_3)$正交。事实上，因为$\boldsymbol{a}_i \cdot \boldsymbol{b}_j = 2\pi\delta_{ij}$，所以

$$\boldsymbol{K}_h \cdot \overrightarrow{CA} = (h_1\boldsymbol{b}_1 + h_2\boldsymbol{b}_2 + h_3\boldsymbol{b}_3) \cdot (\boldsymbol{a}_1/h_1 - \boldsymbol{a}_3/h_3) = 0$$

$$\boldsymbol{K}_h \cdot \overrightarrow{CB} = (h_1\boldsymbol{b}_1 + h_2\boldsymbol{b}_2 + h_3\boldsymbol{b}_3) \cdot (\boldsymbol{a}_2/h_2 - \boldsymbol{a}_3/h_3) = 0$$

另外，由倒格矢$\boldsymbol{K}_h$的长度很容易求出晶面族(h_1, h_2, h_3)中邻近的两个面的距离。图7.2-3中的ABC面就是晶面族(h_1, h_2, h_3)中最靠近原点的晶面，因此这族晶面的面间距$d_{h_1h_2h_3}$就等于原点到ABC面的垂直距离。而这族晶面的法线方向可用$\boldsymbol{K}_h$表示，所以$d_{h_1h_2h_3}$就等于$\overrightarrow{OA}$往$\boldsymbol{K}_h$方向的投影值（当然也可以是$\overrightarrow{OB}$或$\overrightarrow{OC}$的投影值，结果是一样的），即

$$d_{h_1h_2h_3} = \frac{\boldsymbol{a}_1}{h_1} \cdot \frac{\boldsymbol{K}_h}{|\boldsymbol{K}_h|} = \frac{\boldsymbol{a}_1}{h_1} \cdot \frac{h_1\boldsymbol{b}_1 + h_2\boldsymbol{b}_2 + h_3\boldsymbol{b}_3}{|\boldsymbol{K}_h|} = \frac{2\pi}{|\boldsymbol{K}_h|} \tag{7.2-6}$$

7.3 晶体结构的对称性、晶系

1. 物体的对称性与对称操作

对称性，特别是几何形状的对称性，是很直观的性质。例如，图7.3-1中的圆形、正方形、等腰梯形和不规则四边形，就有明显的不同程度的对称。但是怎样用一种系统的方法才能科学地、具体地来概括和区别所有这些不同情况的对称性呢？我们可以结合图7.3-1的具体例子来回答这个问题。

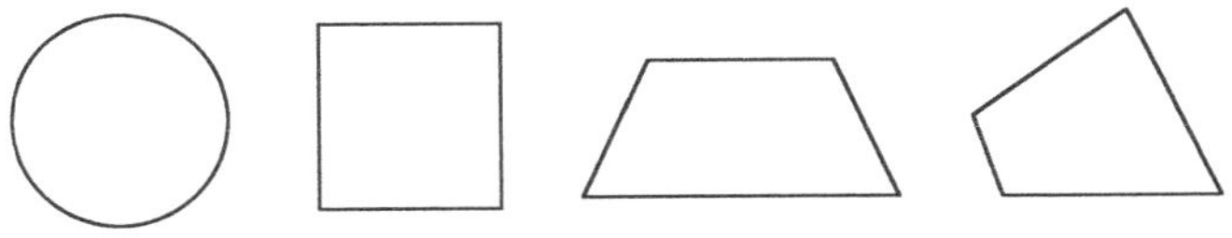

(a) 圆　(b) 正方形　(c) 等腰梯形　(d) 不规则四边形

图7.3-1　几何形状的对称性

首先，它们不同程度的对称性可以从图形的旋转中来分析。显然，圆形绕通过圆心并与纸面垂直的轴旋转任何角度都是不变的，正方形则只有绕中心轴旋转$\frac{\pi}{2}$、π、$\frac{3\pi}{2}$的情况下才会与自身重合，而等腰梯形和不规则的四边形则在任何旋转下都不能保持不变。

上面的分析表明，考察图7.3-1所示各图形在旋转中的变化可以具体地显示出它们之间不同程度的对称，但是，还不足以区别图(c)和图(d)之间的差别。为了进一步显示其区别，可以考察图形按一个平面做左右反射（或说镜面成像）后会发生怎样的变化。显然，圆形对包含任意的直径并与纸面垂直的平面做反射都不改变，正方形则只有对于包含对边中心的连线或包含对角线的垂直平面做反射才保持不变，等腰梯形只有对包含两底中心连线的垂直平面的反射不变，不规则四边形则不存在任何左右对称的垂直平面。

以上分析所用的方法，概括起来说，就是考察在一定几何变换之下物体的不变性。我们注意到上面所考虑的几何变换（旋转和反射）都是正交变换（即保持两点距离不变的变换）。概括宏观对称性的系统方法正是考察物体在正交变换下的不变性。在三维情况下，正交变换可

以写成

$$\begin{bmatrix}x\\y\\z\end{bmatrix}\to\begin{bmatrix}x'\\y'\\z'\end{bmatrix}=\begin{bmatrix}a_{11}&a_{12}&a_{13}\\a_{21}&a_{22}&a_{23}\\a_{31}&a_{32}&a_{33}\end{bmatrix}\begin{bmatrix}x\\y\\z\end{bmatrix}\tag{7.3-1}$$

其中 $\boldsymbol{a}_{ij}$ 是正交矩阵($i,j=1,2,3$)。正交变换分成两大类,一类是变换矩阵的行列式等于+1,这实际代表一个空间转动。例如,绕 z 轴旋转 π 后,坐标变换关系为 $x\to x'=-x$, $y\to y'=-y$, $z\to z'=z$,记变换矩阵为 $\boldsymbol{R}$,则

$$\boldsymbol{R}=\begin{bmatrix}-1&0&0\\0&-1&0\\0&0&1\end{bmatrix}\tag{7.3-2}$$

另一类是变换矩阵的行列式等于-1。例如对 x-y 平面做反射,则 $x\to x'=x$, $y\to y'=y$, $z\to z'=-z$,即变换矩阵为

$$\boldsymbol{M}=\begin{bmatrix}1&0&0\\0&1&0\\0&0&-1\end{bmatrix}\tag{7.3-3}$$

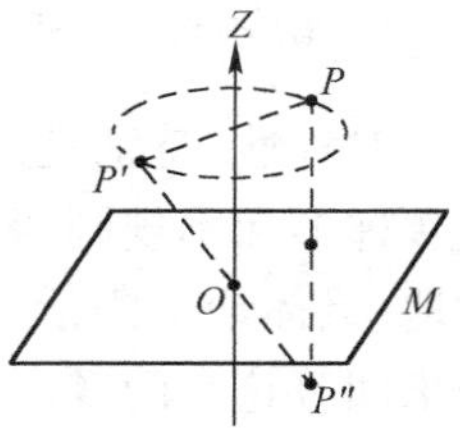

图 7.3-2 镜面等价于转 π 加中心反演

然而,变换矩阵的行列式等于-1 的最简单情况是所谓的中心反演,即

$$x\to x'=-x,\quad y\to y'=-y,\quad z\to z'=-z$$

或用位矢表示,变换为 $\boldsymbol{r}\to-\boldsymbol{r}$。中心反演的变换矩阵为

$$\boldsymbol{I}=\begin{bmatrix}-1&0&0\\0&-1&0\\0&0&-1\end{bmatrix}\tag{7.3-4}$$

由式(7.3-2)~式(7.3-4)可知,$\boldsymbol{M}=\boldsymbol{IR}$。这就是说,平面反射等价于绕垂直轴旋转 π 后再进行中心反演。如图 7.3-2 所示,P 点经转动到 P',再经中心反演到 P'',很容易看出,P'' 正好是 P 点在通过原点垂直转轴的平面 M 的镜像。所以一般地说,变换矩阵的行列式等于-1 代表一个空间转动加上通过原点的反演。

如果一个物体在某一正交变换下不变,我们就称这个变换为物体的一个对称操作。说明一个物体的对称性,可归结为列举它的全部对称操作。显然,一个物体的对称操作越多,表明它的对称性越高。上面对图 7.3-1 所做的分析,实际上就是指出了各图形所具有的对称操作。下面举例说明三维物体的对称性。

【例 7-2】 分析立方体的对称性,找出立方体的全部对称操作。

解: 立方体 3 个边长相等,并互相垂直。

(1) 绕对面中心连线(也称立方轴,即图 7.3-3(a)中的 OA, OB 或 OC)转动 π/2, π, 3π/2, 3 个立方轴,共 9 个对称操作;

(2) 绕对棱中心连线(也称面对角线,见图 7.3-3(b)中中心面上的对角线)转动 π,6 个不同的面对角线共 6 个对称操作;

(3) 绕对角连线(也称体对角线,见图 7.3-3(c))转动 2π/3, 4π/3,4 个不同的体对角线,共 8 个对称操作。

显然,正交变换

$$E=\begin{bmatrix}1 & 0 & 0\\0 & 1 & 0\\0 & 0 & 1\end{bmatrix} \tag{7.3-5}$$

即不动,也算一个对称操作。这样加起来,一共是 24 个对称操作。

显然,立方体的几何中心也是对称中心,即对此点进行中心反演立方体保持不变。因此,以上每一个转动加一中心反演仍是对称操作。

以上便是立方体所具有的全部对称操作,总共 48 个。

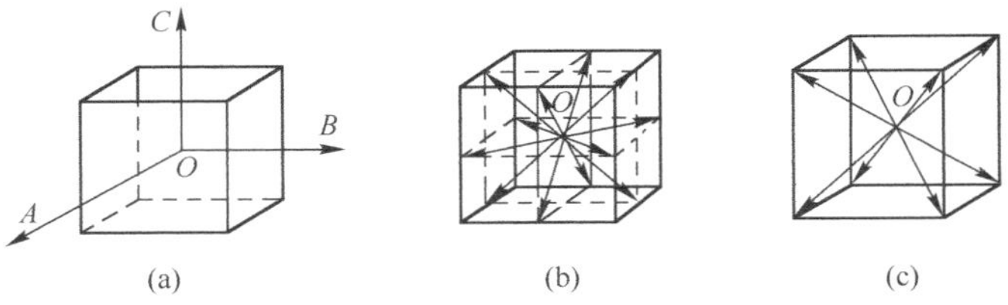

图 7.3-3　立方体的对称轴

【例 7-3】　分析正六角柱的对称性,找出它的全部对称操作。

解:(1) 绕底面中心连线(或称中心轴线)转 $\pi/3, 2\pi/3, \pi, 4\pi/3, 5\pi/3$,共 5 个对称操作。

(2) 绕对棱中点连线转 π,如图 7.3-4 所示,共有 3 个这样的连线(实线),共 3 个对称操作。

(3) 绕图示相对的面中心的连线(虚线)转 π,这样的连线共有 3 条,共 3 个对称操作。

不动也算一个对称操作,故共有 12 个对称操作。

以上每一个对称操作加上中心反演仍为对称操作。这样得到全部 24 个对称操作。

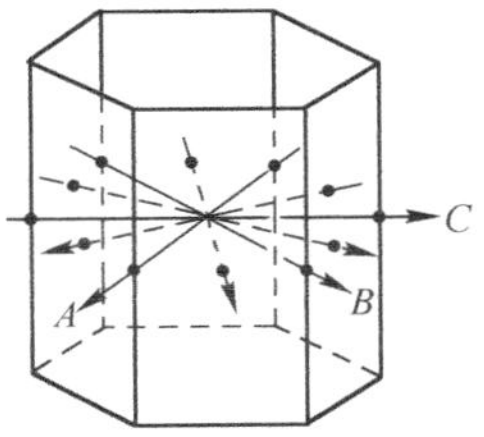

图 7.3-4　正六角柱的对称性

在具体概括一个物体的对称性时,为了简便,有时不去一一列举所有对称操作,而是描述它所具有的所谓"对称素"。如果一个物体绕某一个轴转 $2\pi/n$ 以及它的倍数都不变时,这个轴便称为物体的 n **重旋转轴**。如果不是简单转动,而是附加反演,就称为旋转-反演轴。一个物体的旋转轴或旋转-反演轴统称为物体的"**对称素**"。显然,列举出一个物体的对称素和列举对称操作一样,只会更为简便。n 重旋转轴和 n 重旋转反演轴有时简单地用 n 和 $\bar{n}$ 标记。

*2. 晶体的对称点群

一些晶体在几何外形上表现出明显的对称,如立方、六角等对称。这种对称性不仅表现在几何外形上,而且反映在晶体的宏观物理性质中,对于研究晶体的性质有极重要的意义。

晶体具有各种宏观对称性,原因就在于原子的规则排列。周期排列是所有晶体的共同性质,而正是在粒子周期排列的基础之上产生了不同晶体所特有的各式各样的宏观对称性。

(1) 对称操作的组合

设正交变换 $\boldsymbol{A}$ 和正交变换 $\boldsymbol{B}$ 都是物体的对称操作,即物体通过变换 $\boldsymbol{A}$ 或 $\boldsymbol{B}$ 都是不变的。那么,物体经过变换 $\boldsymbol{A}$ 后紧接着进行变换 $\boldsymbol{B}$,物体也应该不变。这就是说,如果 $\boldsymbol{A}$ 和 $\boldsymbol{B}$ 都是对称操作,则其组合 $\boldsymbol{C}=\boldsymbol{BA}$ 也是对称操作。这是不是意味着,如果物体有两个对称操作,就可以组合出第三个对称操作,第三个对称操作与前面的对称操作组合可以得到第四个,依次类推,物体可以有无限多个对称操作呢？其实不然，两个对称操作的组合虽然也是对称操作，但可能不是新的对称操作。下面举例说明。

【例 7-4】 立方体如图 7.3-5 所示，证明绕 OA 转 π 接着绕 OB 转 π，等价于绕 OC 转 π（结论对长方体同样适用）。

证： 取坐标轴 x,y,z 分别沿 OA,OB,OC，则绕 OA 转 π 的变换矩阵为 $\boldsymbol{A}=\begin{bmatrix}1&0&0\\0&-1&0\\0&0&-1\end{bmatrix}$；绕 OB 转 π 的变换矩阵为 $\boldsymbol{B}=\begin{bmatrix}-1&0&0\\0&1&0\\0&0&-1\end{bmatrix}$；绕 OC 转 π 的变换矩阵为 $\boldsymbol{C}=\begin{bmatrix}-1&0&0\\0&-1&0\\0&0&1\end{bmatrix}$。因为 $\boldsymbol{BA}=\boldsymbol{C}$，所以绕 OA 转 π 接着绕 OB 转 π，等价于绕 OC 转 π。

如果将式(7.3-5)所示的单位矩阵 $\boldsymbol{E}$ 包含在内，则 $\boldsymbol{E},\boldsymbol{A},\boldsymbol{B},\boldsymbol{C}$ 四个操作无论如何组合，都仍然是这四个操作，不会产生新的对称操作。组合关系如表 7.3-1 所示。

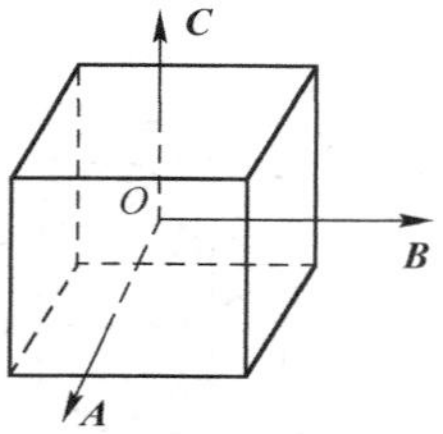

图 7.3-5 操作的等价性

表 7.3-1 四个操作的组合表

	E	*A*	*B*	*C*
E	*E*	*A*	*B*	*C*
A	*A*	*E*	*C*	*B*
B	*B*	*C*	*E*	*A*
C	*C*	*B*	*A*	*E*

一般说来，一个物体的全部对称操作将构成一个闭合的体系，其中任意两个“元”相乘，结果仍包含在这个体系之中。前面我们把“不动”也列为物体的对称操作之一，很容易看到，只有这样，才能保证对称操作的上述闭合性。

实际上，一个物体的对称操作构成数学上的“群”，上面说明的闭合性正是群的最基本的性质，对称性的系统理论就是建立在群的数学理论基础之上的。

(2) 点群

下面先分析晶体的布喇菲格子的对称性，说明由于晶体周期性的限制，布喇菲格子的对称轴只有若干种类型。

设想有一转动对称轴，转角为 θ。画出布喇菲格子中垂直转轴的晶面，在这个晶面内有两个近邻点 A 与 B，如图 7.3-6 所示。如绕 A 转 θ 角，则将使 B 格点转到 B' 的位置，由于转动不改变格子，在 B' 处必定原来就有一格点。因为，布喇菲格子的特点是所有的格点都是等价的，B 和 A 完全等价，所以转动也同样可以绕 B 进行。设想绕 B 做 $(-\theta)$ 转动，这将使 A 格点转至图中 A' 位置，说明 A' 处原来也必有一格点。不难看出，$B'A'$ 平行于 AB，两条平行晶列上的格点分布完全相同，而前面假定 A 与 B 是近邻格点，即相距一个周期，故 $B'A'$ 距离应为 AB 距离的整数倍，即

$$B'A'=nAB \tag{7.3-6}$$

式中，n 为整数。另一方面，根据图形的几何关系得

$$B'A'=AB+2AB\cos(\pi-\theta)=AB(1-2\cos\theta) \tag{7.3-7}$$

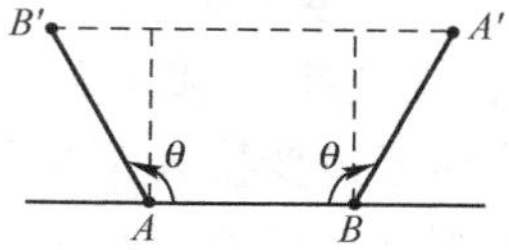

图 7.3-6 布喇菲格子的对称轴

由式(7.3-6)和式(7.3-7)得 $n=1-2\cos\theta$，因为 $\cos\theta$ 必须在

+1 到-1 之间，n 只能有-1,0,1,2,3 这 5 个值，相应地

$$\theta=0^\circ,60^\circ,90^\circ,120^\circ,180^\circ \tag{7.3-8}$$

由于以上论证只假设了布喇菲格子的存在。这就表明，不论任何晶体，它的宏观对称只可能有下列 10 种对称素：

$$1,2,3,4,6 \quad 和 \quad \bar{1},\bar{2},\bar{3},\bar{4},\bar{6}$$

值得指出对称素$\bar{2}$代表先转动 π 再对原点做中心反演，前面已经指出（见图 7.3-2），这相当于有一个对称面。因此，这个对称素一般称为镜面，常引入符号 m 表示。

在以上 10 种对称素的基础上组成的对称操作群，一般称为点群。

具体的分析证明，由于对称素组合时受到的严格限制，由 10 种对称素只能组成 32 个不相同的点群。这就是说，晶体的宏观对称只有 32 个不同类型，分别由 32 个点群来概括。

下面介绍一些常见的点群。

- 最简单的点群只含一个元素，有时用 C_1 标记。它表征没有任何对称的晶体。
- 只包含一个转轴的点群称为回转群，标记为 C_2,C_3,C_4,C_6。C_n 表示有一个 n 重旋转轴。
- 包含一个 n 重旋转轴和 n 个垂直的二重轴的点群称为双面群，标记为 D_n。这样的点群有 D_2,D_3,D_4,D_6。
- 还有许多点群是由上述点群增加反演中心或一些镜面而成的，用以上的点群标记加一定的下角标来表示，如 C_{nh},C_{nv},D_{nh}等。
- 正四面体有 24 个对称操作，它们构成所谓正四面体群，标记为 T_d。
- 在正四面体群的 24 个对称操作中有 12 个是纯转动（正交矩阵行列式等于 1）的，构成 T 群。
- 正立方体的 48 个对称操作构成立方点群 O_h。
- 立方点群的 48 个操作中有一半是纯转动，构成 O 群。

表 7.3-2　晶体的 32 种宏观对称类型

符　　号	符号的意义	对 称 类 型	数　　目
C_n	具有 n 重旋转轴（简称 n 重轴）	C_1,C_2,C_3,C_4,C_6	5
C_i	对称心（i）	C_i	1
C_s	对称面（m）	C_s	1
C_{nh}	h 代表除 n 重轴外还有与轴垂直的水平对称面	$(C_{1h}=C_s),C_{2h},C_{3h},C_{4h},C_{6h}$	4
C_{nV}	V 代表除 n 重轴外还有通过该轴的铅垂对称面	$(C_{1V}=C_s),C_{2V},C_{3V},C_{4V},C_{6V}$	4
D_n	具有 n 重轴及 n 个与之垂直的 2 重轴	$(D_1=C_2),D_2,D_3,D_4,D_6$	4
D_{nh}	h 的意义与前相同	$D_{2h},D_{3h},D_{4h},D_{6h}$	4
D_{nd}	d 表示还有一个平分两个 2 重轴间夹角的对称面	D_{2d},D_{3d}	2
S_n	经 n 重旋转后，再经垂直该轴的平面的镜像	$(S_1=C_s,S_2=C_i,S_3=C_{3h})\ S_4,S_6$	2
T	代表有四个 3 重轴和三个 2 重轴（正四面体的旋转对称性）	T	1
T_h	h 的意义与前相同	T_h	1
T_d	d 的意义与前相同	T_d	1
O	代表三个互相垂直的 4 重轴及六个 2 重、四个 3 重轴（立方体的旋转对称性）	O	1
O_h	h 的意义与前相同	O_h	1
	总共		32

3. 晶系

结晶学中所选取的布喇菲原胞(即晶胞),不仅反映晶格的周期性,而且反映了晶体的对称性。晶胞不一定是一个最小的重复单元,一般包括几个最小的重复单元;结点不仅在顶角上,而且可以在体心或面心上。晶胞的基矢沿对称轴或在对称面的法向,构成了晶体的坐标系。基矢的晶向就是坐标轴的晶向,称为晶轴。晶轴上的周期就是基矢的大小,称为晶格常数。按坐标系的性质,晶体可划分为七大晶系。每一晶系有一种或数种特征性的晶胞,共有 14 种晶胞。这里只介绍七大晶系中晶轴的选取,并列出各晶系的晶胞,而不介绍选取原胞的具体方法。

因为结晶学中的三个基矢 $\boldsymbol{a}$、$\boldsymbol{b}$、$\boldsymbol{c}$ 沿晶体的对称轴或对称面的法向,在一般情况下,它们构成斜坐标系。它们间的夹角用 α、β、γ 表示。即 $\boldsymbol{a}$、$\boldsymbol{b}$ 间的夹角为 γ,$\boldsymbol{b}$、$\boldsymbol{c}$ 间的夹角为 α,$\boldsymbol{c}$、$\boldsymbol{a}$ 间的夹角为 β。以下列出按坐标系性质划分的七大晶系:

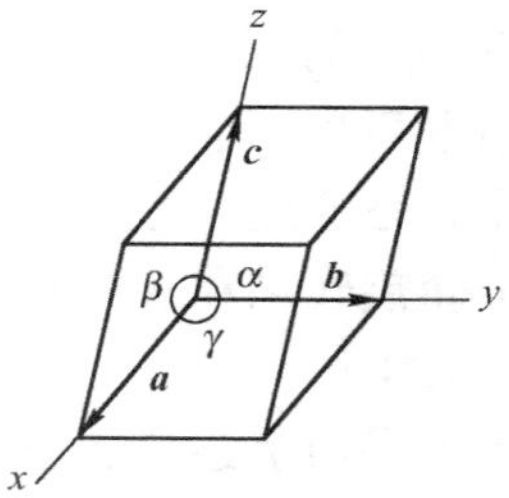

图 7.3-7　晶体对称轴和夹角

(1) 三斜晶系

$$\alpha\neq\beta\neq\gamma\neq90°,\quad a\neq b\neq c \tag{7.3-9}$$

其晶胞就是一般的平行六面体,没有任何对称轴。平行六面体的几何中心是其对称中心,所以这种晶系中的晶体最多只有两种对称操作,即不动和中心反演。

(2) 单斜晶系

$$\alpha=\gamma=90°,\quad \beta\neq90°,\quad c<a \tag{7.3-10}$$

只有一个角不是直角,即 $\boldsymbol{b}$ 垂直于 $\boldsymbol{a}$ 与 $\boldsymbol{c}$ 所在平面,$\boldsymbol{b}$ 是 2 重轴。1 个 2 重轴和对称中心组合最多可得到 4 个不同的对称操作。

因为只有 $\boldsymbol{a}$ 与 $\boldsymbol{c}$ 是互相倾斜的,所以称为单斜系。

(3) 正交晶系

$$\alpha=\beta=\gamma=90°,\quad a\neq b\neq c \tag{7.3-11}$$

其晶胞实际是一个长方体,对面中心连线都是 2 重轴,即有 3 个 2 重轴。它们与对称中心组合最多可得到 8 个不同的对称操作。

(4) 四方晶系(又称正方晶系或四角晶系)

$$\alpha=\beta=\gamma=90°,\quad a=b\neq c \tag{7.3-12}$$

其晶胞实际是一个四方体,即上下底面为正方形,四个侧面为长方形。上下底面的中心连线为 4 重轴;侧面的对面中心连线是 2 重轴,有 2 个;另外侧棱中的对棱中点连线也是 2 重轴,也有 2 个。1 个 4 重轴、4 个 2 重轴以及对称中心组合最多可得到 16 个不同的对称操作。

(5) 六角晶系

$$\alpha=\beta=90°,\quad \gamma=120°,\quad a=b \tag{7.3-13}$$

其晶胞可取为正六角柱,由例 7-3 可知,这种晶系中的晶体最多有 24 个不同的对称操作。

(6) 三角晶系

$$\alpha=\beta=\gamma\neq90°,\quad a=b=c \tag{7.3-14}$$

3 个角都相等的顶点有 2 个,其连线是 3 重轴,与之垂直的有 3 个 2 重轴。最多有 12 个不同的对称操作。

(7) 立方晶系

$$\alpha=\beta=\gamma=90^\circ,\quad a=b=c \tag{7.3-15}$$

其晶胞取为立方体,由例 7-2 可知,这种晶系中的晶体最多有 48 个不同的对称操作。

晶系是按对称性来划分的,同一晶系中不同的布喇菲格子的对称性相同。对于某些晶系,在体心或面心放置格点并不破坏其对称性,但却形成不同的周期性结构,即有不同类型的布喇菲格子。七类晶系的 14 种布喇菲格子如图 7.3-8 所示。

需要指出的是,对于复式格子,晶体的对称性可能低于其布喇菲格子的对称性。这是因为,复式格子是由若干相同结构的子晶格相互位移套构而成的。复式格子中的各个粒子各构成一个子晶格,虽然各子晶格中的粒子的相对分布是相同的,但各子晶格的对称中心在空间不一定重合,有相对位移。只有各子晶格共同的对称操作才是晶体的对称操作。所以,晶体的对称群一般是其布喇菲格子对称群的一个子群。例如,金刚石结构是一个复式格子,单独看一类碳原子,形成面心立方的点阵分布,其对称性与立方体相同,有 48 个对称操作;但由于两个面心立方的子晶格彼此沿其空间对角线位移 1/4 的长度,故对两类碳原子都适合的对称操作却只有 24 个。

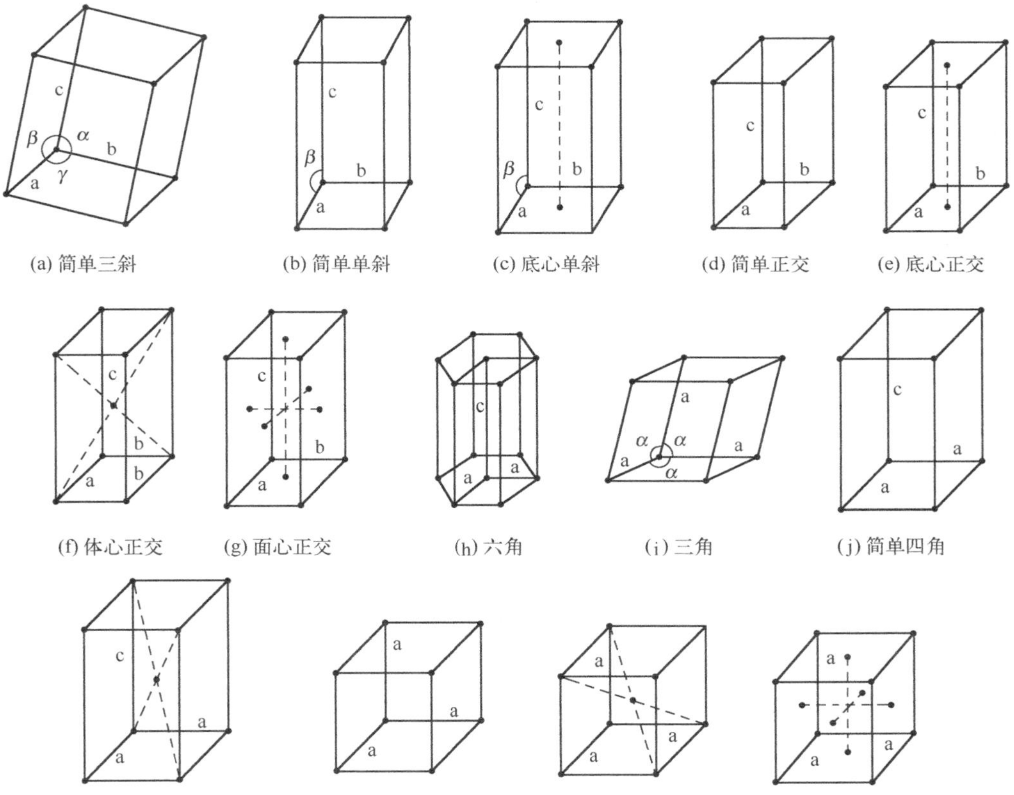

图 7.3-8 14 种布喇菲格子的晶胞

7.4 晶体的结合

粒子结合为晶体有几种不同的基本形式。晶体结合的基本形式与晶体的几何结构和物理、化学性质都有密切的联系，因此是研究晶体的重要基础。

一般晶体的结合，可以概括为离子性结合、共价结合、金属性结合和范德瓦耳斯结合四种不同的基本形式。进一步讨论元素和化合物晶体的结合时将看到，实际晶体的结合是以这四种基本结合形式为基础的，但是，可以具有复杂的性质。不仅一个晶体可以兼有几种结合形式，而且，由于不同结合形式之间存在着一定的联系，实际晶体的结合可以具有两种结合之间的过渡性质。

1. 离子性结合

靠这种形式结合的晶体称为离子晶体或极性晶体。最典型的离子晶体就是周期表中 IA 族的碱金属元素 Li、Na、K、Rb、Cs 和ⅦA 族的卤族元素 F、Cl、Br、I 之间形成的化合物。

这种结合的基本特点是以离子而不是以原子为结合的单元，例如，NaCl 晶体是以 Na^+和 Cl^-为单元结合成的晶体。它们的结合靠离子之间的库仑吸引作用。虽然，同电性的离子之间存在着排斥作用，但由于在离子晶体的典型晶格（如 NaCl 晶格，CsCl 晶格）中，正负离子相间排列，使每一种离子以异号的离子为近邻，因此，库仑作用总的效果是吸引的。

典型的离子晶体（如 NaCl），正负离子中的电子都具有满壳层的结构。库仑作用使离子聚合起来，但当两个满壳层的离子相互接近到它们的电子云发生显著重叠时，就会产生强烈的排斥作用。电子云的动能正比于（电子云密度）$^{2/3}$，相邻离子接近时发生电子云重叠使电子云密度增加，从而使动能增加，表现为强烈的排斥作用。离子晶体所处的状态，实际上是电子云重叠引起的排斥作用与库仑吸引作用相平衡的结果。

离子性结合要求正负离子相间排列，因此，在晶格结构上有明显的反映。NaCl 和 CsCl 结构便是两种最简单和常见的离子晶体结构。

2. 共价结合

以共价结合的晶体称为共价晶体或同极晶体。

共价结合是靠两个原子各贡献一个电子，而形成所谓共价键的。氢分子是靠共价键结合的典型例子。实际上，共价键的现代理论正是由氢分子的量子理论开始的。我们知道，根据量子理论，两个氢原子各有一个电子在 1s 轨道上，可以取正或反自旋，两个原子合在一起时，可以形成两个电子自旋取向相反的单重态，或自旋取向相同的三重态。如图 7.4-1 所示为单重态和三重态的电子云分布（图示为等电子云密度线）。单重态中，自旋相反的电子在两个核之间的区域有较大的密度，在这里它们同时和两个核有较强的吸引作用，从而把两个原子结合起来。这样一对为两个原子所共有的自旋相反配对的电子结构称为共价键。

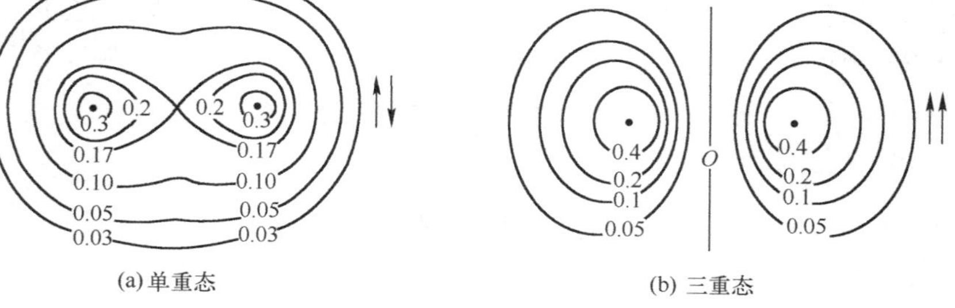

图 7.4-1　H_2 分子中电子云的等密度线图

共价结合有两个基本特征:饱和性和方向性。

饱和性是指一个原子只能形成一定数目的共价键,因此,依靠共价键只能和一定数目的其他原子相结合。共价键只能由所谓未配对的电子形成,可以用氢原子和氦原子的对比来说明。氢原子在 1s 轨道上只有一个电子,自旋可以取任意方向,这样的电子称为未配对的电子;而在氦原子中,1s 轨道上有两个电子,根据泡利原理,它们必须具有相反的自旋,这样自旋已经"配对"的电子便不能形成共价键。根据这个原则,价电子壳层如果不到半满,所有价电子都可以是不配对的,因此,能形成共价键的数目与价电子数目相等;当价电子壳层超过半满时,由于泡利原理,部分电子必须自旋相反配对,所以能形成的共价键数目少于价电子的数目。

方向性指原子只在特定的方向上形成共价键。根据共价键的量子理论,共价键的强弱决定于形成共价键的两个电子轨道相互交叠的程度,因此,一个原子是在价电子波函数最大的方向上形成共价键的。例如,在 p 态的价电子云具有哑铃的形状,因此,便是在对称轴的方向上形成共价键的。

金刚石中的共价键如图 7.4-2 所示。金刚石中的碳原子有 4 个价电子,1 个碳原子可以和邻近的 4 个碳原子形成 4 个共价键。它们处在四面体的顶角方向。

硅单晶和锗单晶也都是共价晶体,它们与金刚石晶格结构相同。随着半导体材料的发展,发现最好的半导体往往主要是以共价键为基础的,从而推进了对共价结合的了解。

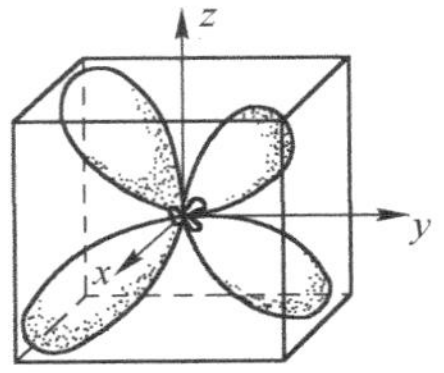

图 7.4-2　金刚石中的共价键

3. 金属性结合

金属性结合的基本特点是电子的"共有化",也就是说,在结合成晶体时,原来属于各原子的价电子不再束缚在原子上,而转变为在整个晶体内运动,它们的波函数遍及整个晶体。这样,在晶体内部,一方面是由共有化电子形成的负电子云,另一方面是浸在这个负电子云中的带正电的各原子实,如图 7.4-3 所示。晶体的结合主要靠负电子云和正离子实之间的库仑相互作用。显然体积越小负电子云越密集,库仑相互作用的库仑能越低,起着将原子聚合起来的作用。晶体的平衡是依靠一定的排斥作用与以上库仑吸引作用相抵的。排斥作用有两个来源:当体积缩小,共有化电子密度增加的同时,它们的动能将增加;另外,当原子实相互接近到其电子云发生显著重叠时,也将和在离子晶体中一样,产生强烈的排斥作用。

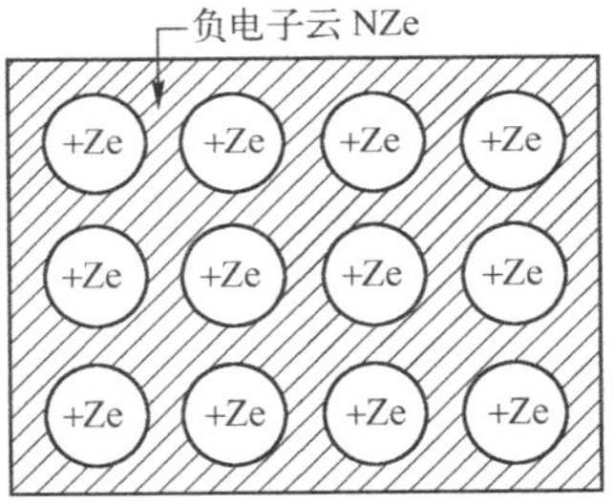

图 7.4-3　金属中价电子的共有化

我们所熟悉的金属的特性,如导电性、导热性、金属光泽,都是和共有化电子可以在整个晶体内自由运动相联系的。

金属性结合和前两种结合对比、还有一个重要的特点,就是对晶格中原子排列的具体形式没有特殊的要求。金属结合可以说首先是一种体积的效应,原子越紧凑,库仑能就越低。由于以上的原因,很多的金属元素采用面心立方或六角密排结构,它们都是排列最密集的晶体结构,配位数(近邻的数目)都是 12。体心立方也是一种比较普通的金属结构,也有较高的配位数 8。

金属的一个很重要的特点是一般都具有很大的范性,可以经受相当大的范性形变,这是金属广泛用做机械材料的一个重要原因。正是由于金属结合对原子排列没有特殊的要求,所以比较容易造成排列的不规则性。

4. 范德瓦耳斯结合

在上述几种结合中,原子的价电子的状态在结合成晶体时,都发生了根本性的变化:在离子晶体中,由原子首先转变为正负离子;在共价晶体中,价电子形成共价键的结构;在金属中,价电子转变为共有化电子。范德瓦耳斯结合则往往产生于原来具有稳固的电子结构的原子或分子之间,如具有满壳层结构的惰性气体元素,或价电子已用于形成共价键的饱和分子。它们结合为晶体时基本上保持着原来的电子结构。

简单来讲,范德瓦耳斯结合是一种瞬时的电偶极矩的感应作用。可以结合图 7.4-4 所示的两个原子的示意图来定性说明产生这种作用的原因。图(a)和图(b)分别表示电子运动中两个典型的瞬时状况。很容易看到,图(a)的库仑作用能为负,图(b)的库仑能为正。但统计地讲,图(a)的情况出现的概率将略大于图(b),因此统计平均吸引作用将占优势。由于这个缘故,尽管两个原子都是中性的,但是将产生一定的平均吸引作用,这就是所谓的范德瓦耳斯吸引作用。

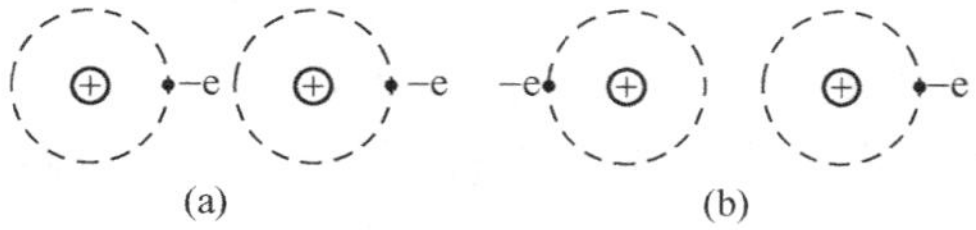

图 7.4-4　分子晶体中瞬间电偶极矩的产生示意图

7.5　晶格振动和声子

前面,我们把组成晶体的粒子看成是处在自己的平衡位置上的,粒子严格按周期性排列着。实际上,晶体中的粒子并不是固定不动的,而是在平衡位置附近振动。由于晶体内原子间存在着相互作用力,各个原子的振动也并非是孤立的,而是相互联系着的,因此在晶体中形成了各种模式的波。晶格振动对晶体的许多性质有重要的影响。例如固体的比热容、热膨胀、热导等直接与晶格振动有关。晶格振动的研究,最早就是从晶体的热学性质开始的。晶格振动与固体的电学、光学性质等都有关系,因此,固体中粒子振动的研究,是固体物理中的一个重要课题。

1. 一维单原子晶格的振动

考虑如图 7.5-1 所示的一维原子链的振动。每个原子都具有相同的质量 m,平衡时原子间距为 a。由于热运动各原子离开了它的平衡位置,用 μ_n 代表第 n 个原子离开平衡位置的位移,第 n 个原子和第 $n+1$ 个原子间的相对位移是 $\mu_{n+1}-\mu_n$。下面先求由于原子间的相互作用,原子所受到的恢复力与相对位移的关系。

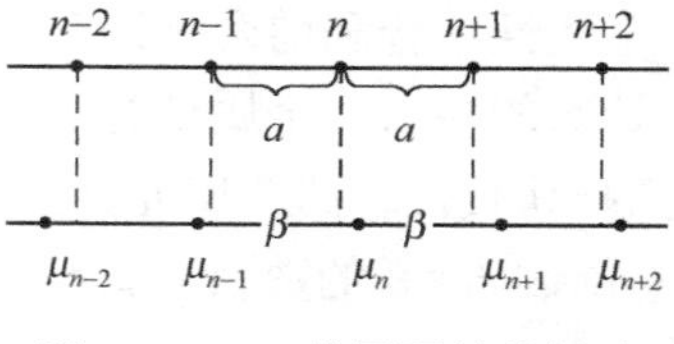

图 7.5-1　一维原子链的振动

设在平衡位置时,两个原子间的相互作用势能是 $U(a)$,令$\delta=\mu_{n+1}-\mu_n$,则产生相对位移后,相互作用势能变

成$U(a+\delta)$。将 $U(a+\delta)$在平衡位置附近用泰勒级数展开,得到

$$U(a+\delta)=U(a)+\left(\frac{\mathrm{d}U}{\mathrm{d}r}\right)_a\delta+\frac{1}{2}\left(\frac{\mathrm{d}^2U}{\mathrm{d}r^2}\right)_a\delta^2+\cdots \tag{7.5-1}$$

式中,首项为常数,一次项为零(因为在平衡时势能取极小值)。当δ很小,即振动很微弱时,势能展开式中可只保留到δ^2项,则恢复力为

$$F=-\frac{\mathrm{d}U}{\mathrm{d}\delta}=-\left(\frac{\mathrm{d}^2U}{\mathrm{d}r^2}\right)_a\delta=-\beta\delta \tag{7.5-2}$$

这叫做简谐近似。上式中的β称为恢复力常数,有

$$\beta=\left(\frac{\mathrm{d}^2U}{\mathrm{d}r^2}\right)_a \tag{7.5-3}$$

如果只考虑相邻原子的互作用,则第 n 个原子所受到的总作用力为

$$F_n=\beta(\mu_{n+1}-\mu_n)-\beta(\mu_n-\mu_{n-1})=\beta(\mu_{n+1}+\mu_{n-1}-2\mu_n)$$

第 n 个原子的运动方程可写成

$$m\frac{\mathrm{d}^2\mu_n}{\mathrm{d}t^2}=\beta(\mu_{n+1}+\mu_{n-1}-2\mu_n)\quad(n=1,2,\cdots,N) \tag{7.5-4}$$

对于每一个原子,都有一个类似于式(7.5-4)的运动方程,因此方程的数目和原子数相同。

式(7.5-4)的解可能有许多种,考虑最简单的解的形式,即各原子做振幅相同(设为A)、角频率为ω的简谐振动,位移为

$$\mu_n=A\mathrm{e}^{\mathrm{i}(qna-\omega t)} \tag{7.5-5}$$

式中,na是第 n 个原子的平衡位置的坐标,qna 表示第 n 个原子振动的相位因子。当第 n'个和第 n 个原子的相位因子之差($qn'a-qna$)为 2π 的整数倍时,有

$$\mu_{n'}=A\mathrm{e}^{\mathrm{i}(qn'a-\omega t)}=A\mathrm{e}^{\mathrm{i}(qna-\omega t)}=\mu_n$$

换言之,当第 n'和第 n 个原子的距离($n'a-na$)为 $2\pi/q$ 的整数倍时,原子因振动而产生的位移相等。也就是说,原子振动随空间呈周期性变化,空间周期 $\lambda=2\pi/q$,如图 7.5-2 所示。晶体中所有原子共同参与的同一种频率的振动,不同原子的振动位相随空间呈周期性变化,这种振动以波的形式在整个晶体中传播,称为**格波**。显然,$\lambda=2\pi/q$ 是格波的波长,q 是格波的波矢。

把式(7.5-5)代入式(7.5-4)中,注意到$\mu_{n\pm1}=\mathrm{e}^{\pm\mathrm{i}qa}\mu_n$,可得

$$m(-\mathrm{i}\omega)^2=\beta(\mathrm{e}^{\mathrm{i}qa}+\mathrm{e}^{-\mathrm{i}qa}-2)$$

所以

$$\omega^2=\frac{2\beta}{m}[1-\cos(qa)] \tag{7.5-6}$$

亦即

$$\omega=2\left(\frac{\beta}{m}\right)^{1/2}\left|\sin\left(\frac{qa}{2}\right)\right| \tag{7.5-7}$$

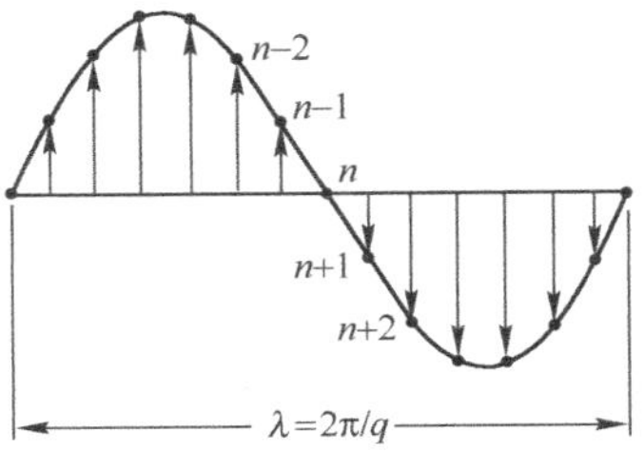

图 7.5-2　格波

格波的波速 $v_{\mathrm{p}}=\omega/q$。由式(7.5-7)看出,波速一般是波矢 q 或波长 λ 的函数。式(7.5-7)代表一维简单晶格中格波的色散关系。图 7.5-3 为式(7.5-7)所表示的色散关系,其中取 qa 介于$(-\pi,\pi)$之间。

格波不同于连续介质中的弹性波,其振动点的坐标(即原子的平衡位置 $x_n=na$)在空间是分列的,不同波矢的波动对这些分列点的振动描述可以完全相同。例如,对于一维简单格子,若 $q'=q+\frac{2\pi}{a}$,由式(7.5-7)知对应的频率 $\omega'=\omega$,而位移$\mu'_n=A\mathrm{e}^{\mathrm{i}(q'na-\omega't)}=A\mathrm{e}^{\mathrm{i}(qna+2\pi n-\omega t)}=\mu_n$,

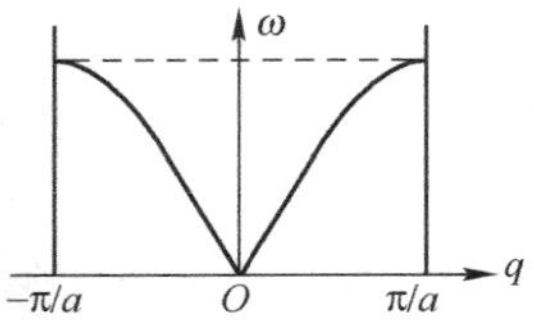

图 7.5-3　一维单原子链格波的色散关系

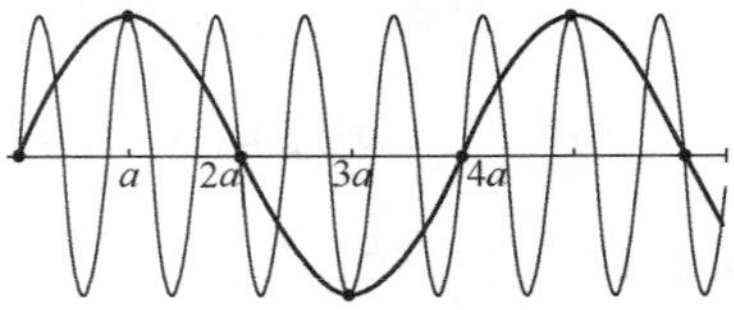

图 7.5-4　不同波矢对应的原子振动相同

即各原子的振动完全相同。图 7.5-4 中,一个格波的波矢 $q=\frac{\pi}{2a}$,相应的波长 $\lambda=4a$;另一个格波的波矢 $q'=q+\frac{2\pi}{a}=\frac{5\pi}{2a}$,相应的波长 $\lambda'=\frac{4}{5}a$。两种格波描写的原子的位置是完全相同的,即任意时刻原子都处在两种波形线的交点处。因此,格波具有简约的性质,可将波矢限于一个周期范围,$-\frac{\pi}{a}<q\leqslant+\frac{\pi}{a}$,称为简约区。

2. 周期性边界条件

上面的讨论中忽略了边界效应。很显然边界上原子所处的情况与体内原子不同,边界处原子的振动状态应该和内部原子的振动状态有所差别。在前面的讨论中,没有考虑边界问题,认为一维晶体是无限的。但实际晶体总是有限的,总存在着边界,而此边界对内部原子的振动状态总会有所影响。玻恩和卡门把边界对内部原子振动状态的影响考虑成如下面所述的周期性边界条件。设想在一个长为 Na 的有限晶体边界之外,仍然有无穷多个相同的晶体。并且各块晶体内相对应的原子的运动情况一样,即第 j 个原子和第 $tN+j$ 个原子的运动情况一样,其中 $t=1,2,3,\cdots$。这样设想的无限晶体中的原子和原来实际的有限晶体中的原子,两者所受到的互作用势能的确是有差别的。但是进一步的分析表明,由于互作用主要是短程的,实际的有限晶体中只有边界上极少数原子的运动才受到相邻的假想晶体的影响。就有限晶体而言,绝大部分原子的运动实际上不会受到这些假想晶体的影响。

在上述假想的周期性边界条件下,对于一维有限的简单格子,第一个原胞的原子应和第 $N+1$ 个原胞的原子振动情况相同,即

$$\mu_1=\mu_{N+1} \tag{7.5-8}$$

而

$$\mu_1=A\mathrm{e}^{\mathrm{i}(qa-\omega t)},\quad \mu_{N+1}=A\mathrm{e}^{\mathrm{i}[q(N+1)a-\omega t]}$$

因此

$$\mathrm{e}^{\mathrm{i}qNa}=1$$

要使上式成立,必须有 $qNa=2\pi l$(l 为整数),也即

$$q=2\pi l/(Na)\quad (l\text{ 为整数}) \tag{7.5-9}$$

即描写晶格振动状态的波矢 q 只能取一些分立的值。因为 q 可限于简约区,即$-\frac{\pi}{a}<q\leqslant+\frac{\pi}{a}$,所以 l 限于$-\frac{N}{2}<l\leqslant\frac{N}{2}$。由此可知,$l$ 只能取 N 个不同的值,因而 q 也只能取 N 个不同的值。这里 N 是原胞的数目。

周期性边界条件式(7.5-8)并没有规定振动量在边界上的值,但却反映了晶体大小是有限的这一基本特征,得出了波矢只能取分列值这样的结论。也就是说,只要晶体大小有限,则波矢取值就不是连续的。而且按式(7.5-9),波矢取值只与宏观参量 $L=Na$(L 是晶体长度)有关,晶体长度相差若干个晶格周期,对波矢取值影响甚微。

上面讨论的是一维单原子晶格情况，每个原胞只有一个原子。如果每个原胞有多个原子，或者原子不限于一维晶体，则一般的结论是：

$$\text{晶格振动波矢的数目} = \text{晶体原胞数} \tag{7.5-10}$$

$$\text{晶格振动模式的数目} = \text{晶体的自由度数} \tag{7.5-11}$$

3. 晶格振动量子化、声子

我们知道微观粒子的运动一般需由量子理论来描写。量子力学与经典力学对谐振子的描写很不相同。经典力学中，一维谐振子的动能为

$$T=\frac{1}{2}m\dot{x}^2$$

式中，$\dot{x}$表示对时间求导，即$\dot{x}=\frac{\mathrm{d}x}{\mathrm{d}t}$。

势能为

$$U=\frac{1}{2}m\omega^2x^2$$

总能量为

$$E=T+U=\frac{1}{2}m\dot{x}^2+\frac{1}{2}m\omega^2x^2$$

在经典力学中力学量取连续值。在量子力学中，力学量用算符表示。能量算符即哈密顿算符为

$$\hat{H}=\frac{\hat{p}^2}{2m}+\frac{1}{2}m\omega^2x^2 \tag{7.5-12}$$

解定态薛定谔方程$\hat{H}\psi(x)=E\psi(x)$，可得到能量的本征值

$$E_n=\left(n+\frac{1}{2}\right)\hbar\omega \qquad (n=0,1,2,\cdots) \tag{7.5-13}$$

即能量只能取一些分立值。

晶格振动描写的是许许多多微观粒子的振动，振动的许多性质不能用经典力学阐述。但试图用量子力学的理论讨论晶格振动时会遇到很大的困难。为简单起见，下面只讨论一维简单格子的情况。只考虑最近邻粒子间的相互作用，则晶体的势能为

$$U=\frac{\beta}{2}\sum_n(\mu_{n+1}-\mu_n)^2 \tag{7.5-14}$$

动能为

$$T=\frac{1}{2}\sum_n m\dot{\mu}_n^2 \tag{7.5-15}$$

从式(7.5-15)看出，势能函数包含有依赖于两原子坐标的交叉项，这就给理论的表述带来了困难。处理多自由度的振动问题时，往往引入新的坐标，势能函数和动能函数用新的坐标描写时，将不出现坐标交叉项，这样引入的坐标称为正则坐标(又称简正坐标)。

现引入一组新坐标$Q_q(t)$，它与原坐标$\mu_n(t)$的关系为

$$Q_q(t)=\sqrt{\frac{m}{N}}\sum_n\mu_n(t)\mathrm{e}^{-\mathrm{i}qna} \tag{7.5-16}$$

可以证明，用$Q_q(t)$表示哈密顿量时可以消去交叉项

$$H=\frac{1}{2}\sum_q(|P_q|^2+\omega_q^2|Q_q|^2) \tag{7.5-17}$$

式中，$P_q=\dot{Q}_q$。显然，式(7.5-17)中等号右边每项 $H_q=\frac{1}{2}(|P_q|^2+\omega_q^2|Q_q|^2)$ 代表一个谐振子的能量，H 包含有 N 项，所以总能量是 N 个独立谐振子能量之和。

用量子理论处理，可求得谐振子能量

$$E(\omega_q)=\left(n_q+\frac{1}{2}\right)\hbar\omega_q \tag{7.5-18}$$

以上结果说明，N 个原子的集体振动可转化为 N 个独立的谐振子，各振子的能量是量子化的。因此，可以用独立简谐振子的振动来表述格波的独立模式，这就是声子概念的由来。声子就是晶格振动中的简谐振子的能量量子。声子具有能量 $\hbar\omega$、动量 $\hbar\boldsymbol{q}$。但声子只是反映晶体原子集体运动状态的激发单元，它不能脱离固体而单独存在，它并不是一种真实的粒子，只是一种准粒子。

声子的概念不仅生动地反映了晶格振动能量的量子化，而且在分析与晶格振动有关的问题时也带来很大的方便，使问题的分析更加形象化。有了声子的概念后，格波在晶体中传播受到散射的过程，可以理解为声子同晶体中的原子的碰撞；电子波在晶体中被散射也可看成是由电子和声子的碰撞引起的。实践证明，这样的概念是正确的，而且这样的理解对于处理问题带来了很大的方便。光在晶体中的散射，很大程度上也可看成光子与声子的相互作用乃至强烈的耦合。

*4. 一维双原子晶格的振动

为简单起见，考虑由两种不同原子所构成的一维复式格子，相邻同种原子间的距离为 $2a$（$2a$ 是该复式格子的晶格常数），如图 7.5-5 所示。质量为 m 的原子位于…$2n-1$，$2n+1$，$2n+3$，…各点；质量为 M 的原子位于…$2n-2$，$2n$，$2n+2$，…各点。类似于式(7.5-4)得到

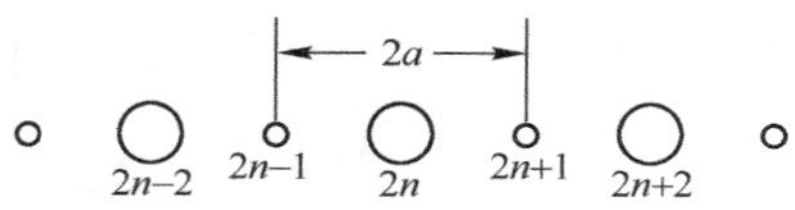

图 7.5-5　一维双原子链

$$\left.\begin{aligned} m\frac{\mathrm{d}^2\mu_{2n+1}}{\mathrm{d}t^2}&=\beta(\mu_{2n+2}+\mu_{2n}-2\mu_{2n+1})\\ M\frac{\mathrm{d}^2\mu_{2n+2}}{\mathrm{d}t^2}&=\beta(\mu_{2n+3}+\mu_{2n+1}-2\mu_{2n+2})\end{aligned}\right\} \tag{7.5-19}$$

为明确起见，这里假设 $M>m$，与单原子链情况相似，方程组(7.5-19)的解也可以是角频率为 ω 的简谐振动：

$$\left.\begin{aligned}\mu_{2n+1}&=A\mathrm{e}^{\mathrm{i}[q(2n+1)a-\omega t]}\\ \mu_{2n+2}&=B\mathrm{e}^{\mathrm{i}[q(2n+2)a-\omega t]}\end{aligned}\right\} \tag{7.5-20}$$

由于这里包含有两种不同的原子，这两种不同原子振动的振幅，一般来说也是不同的。

把式(7.5-20)代入式(7.5-19)，得

$$\left.\begin{aligned}-m\omega^2A&=\beta(\mathrm{e}^{\mathrm{i}qa}+\mathrm{e}^{-\mathrm{i}qa})B-2\beta A\\ -M\omega^2B&=\beta(\mathrm{e}^{\mathrm{i}qa}+\mathrm{e}^{-\mathrm{i}qa})A-2\beta B\end{aligned}\right\} \tag{7.5-21}$$

上式又可改写为

$$\left.\begin{aligned}(2\beta-m\omega^2)A-(2\beta\cos qa)B&=0\\ -(2\beta\cos qa)A+(2\beta-M\omega^2)B&=0\end{aligned}\right\} \tag{7.5-22}$$

若 A、B 有异于零的解，则其系数行列式必须等于零，即

$$\begin{vmatrix}2\beta-m\omega^2 & -2\beta\cos qa\\ -2\beta\cos qa & 2\beta-M\omega^2\end{vmatrix}=0 \tag{7.5-23}$$

也即

$$mM\omega^4-2\beta(m+M)\omega^2+4\beta^2-4\beta^2\cos^2 qa=0$$

由此可以解得 $$\omega^2=\frac{1}{2mM}\left[2\beta(m+M)\pm\sqrt{4\beta^2(m+M)^2-4mM\cdot 4\beta^2\sin^2 qa}\right]$$

$$=\frac{\beta}{mM}\{(m+M)\pm[m^2+M^2+2mM\cos(2qa)]^{\frac{1}{2}}\} \tag{7.5-24}$$

由式(7.5-24)可以看到,ω 与 q 之间存在着两种不同的色散关系,即对一维复式格子,可以存在两种独立的格波(这一点与前面所讨论的一维简单晶格不同,对于一维简单晶格,只能存在一种格波)。这两种不同的格波各有自己的色散关系:

$$\omega_1^2=\frac{\beta}{mM}\{(m+M)-[m^2+M^2+2mM\cos(2qa)]^{\frac{1}{2}}\} \tag{7.5-25}$$

$$\omega_2^2=\frac{\beta}{mM}\{(m+M)+[m^2+M^2+2mM\cos(2qa)]^{\frac{1}{2}}\} \tag{7.5-26}$$

由以上可看出,对于一维复式格子,角频率 ω 也是波矢 q 的周期函数,可把 q 值限制在 $\left(-\frac{\pi}{2a},\frac{\pi}{2a}\right)$,其中 $2a$ 是该复式格子的晶格常数。

再回过来看式(7.5-25)和式(7.5-26),因为 $-1\leqslant\cos(2qa)\leqslant 1$,所以 ω_1 的最大值为(假设 $M>m$)

$$(\omega_1)_{最大}=\left(\frac{\beta}{mM}\right)^{\frac{1}{2}}\{(m+M)-(M-m)\}^{\frac{1}{2}}=\left(\frac{2\beta}{M}\right)^{\frac{1}{2}} \tag{7.5-27}$$

而 ω_2 的最小值为 $$(\omega_2)_{最小}=\left(\frac{\beta}{mM}\right)^{\frac{1}{2}}\{(m+M)+(M-m)\}^{\frac{1}{2}}=\left(\frac{2\beta}{m}\right)^{\frac{1}{2}} \tag{7.5-28}$$

因为 $M>m$,从而 ω_2 的最小值比 ω_1 的最大值还要大。换句话说,ω_1 支的格波频率总比 ω_2 支的频率为低。实际上,ω_2 支的格波可以用光来激发,所以常称为光频支格波,简称光学波。而 ω_1 支则称为声频支格波,简称声学波。现在,由于高频超声波技术的发展,ω_1 支也可以用超声波来激发了。

*5. 声学波和光学波

再来讨论复式格子中两支格波的色散关系。ω_1 支的色散关系,即式(7.5-25)可改写为

$$\omega_1^2=\frac{\beta}{mM}\{(m+M)-\{(m+M)^2-2mM[1-\cos(2qa)]\}^{\frac{1}{2}}\}$$

$$=\frac{\beta}{mM}(m+M)\left\{1-\left[1-\frac{4mM}{(m+M)^2}\sin^2(qa)\right]^{\frac{1}{2}}\right\} \tag{7.5-29}$$

如果 $\frac{4mM}{(m+M)^2}\sin^2(qa)\ll 1$(这对应于波矢较小或波长较大的情形),则式(7.5-29)近似地化为

$$\omega_1=\left(\frac{2\beta}{m+M}\right)^{\frac{1}{2}}|\sin(qa)| \tag{7.5-30}$$

把式(7.5-30)与式(7.5-7)比较,可见 ω_1 支的色散关系与一维简单格子的情形在形式上是相同的,也具有如图 7.5-3 所示的特征。这也就是说,由完全相同原子所组成的简单格子只有声学波。

ω_2 支的色散关系,即式(7.5-26)则可改写为

$$\omega_2^2=\frac{\beta}{mM}\{(m+M)+\{(m+M)^2-2mM[1-\cos(2qa)]\}^{\frac{1}{2}}\}$$

$$=\frac{\beta}{mM}(m+M)\left\{1+\left[1-\frac{4mM}{(m+M)^2}\sin^2(qa)\right]^{\frac{1}{2}}\right\} \tag{7.5-31}$$

在$\frac{4mM}{(m+M)^2}\sin^2(qa)<1$的条件下，式(7.5-31)可近似地化为

$$\omega_2^2=\frac{2\beta}{mM}(m+M)\left[1-\frac{mM}{(m+M)^2}\sin^2(qa)\right] \tag{7.5-32}$$

可见，当$q\to 0$(即波长λ很大)时，光学波的频率具有最大值：

$$(\omega_2)_{最大}=\left(\frac{2\beta}{\mu}\right)^{1/2} \tag{7.5-33}$$

式中，$\mu=\frac{mM}{m+M}$是两种原子的折合质量。而当$q\to 0$时，由式(7.5-30)看出，$\omega_1\to 0$，而声学波频率则为最小。

综合以上结果，归纳如下：

(1) 声学波的频率ω_1的最大值为$\left(\frac{2\beta}{M}\right)^{1/2}$(当$q=\pm\frac{\pi}{2a}$时)；最小值为0(当$q\to 0$时)。

(2) 光学波的频率ω_2的最大值为$\left(\frac{2\beta}{\mu}\right)^{1/2}$(当$q\to 0$时)；最小值为$\left(\frac{2\beta}{m}\right)^{1/2}$(当$q=\pm\frac{\pi}{2a}$时)。

一维双原子复式格子中，声学波与光学波的色散曲线(振动频谱)如图 7.5-6 所示。

再看相邻两种原子振幅之比，这由式(7.5-22)决定。

- 对于声学波

$$\left(\frac{A}{B}\right)_1=\frac{2\beta\cos(qa)}{2\beta-m\omega_1^2} \tag{7.5-34}$$

因为$\omega_1^2<\frac{2\beta}{M}(m<M)$，而一般$\cos(qa)>0$，所以$\left(\frac{A}{B}\right)_1=0$。这就是说，相邻两种不同原子的振幅都有相同的正号或负号，即对于声学波，相邻原子都是沿着同一方向振动的，如图 7.5-7 所示。当波长相当长时，声学波实际上代表原胞质心的振动。

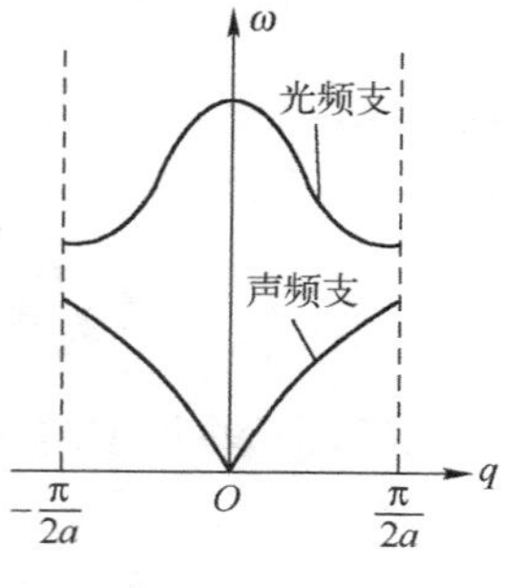

图 7.5-6 一维双原子复式格子的振动频谱

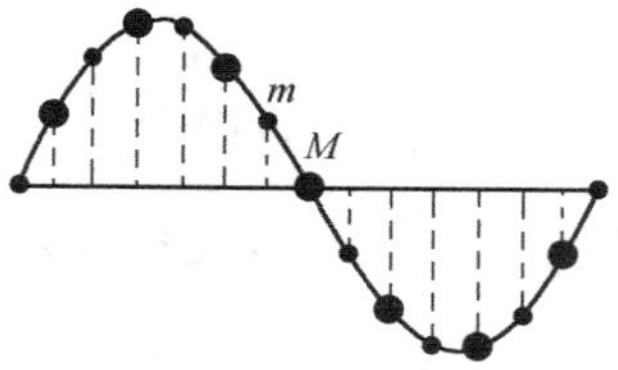

图 7.5-7 声学波振动示意图

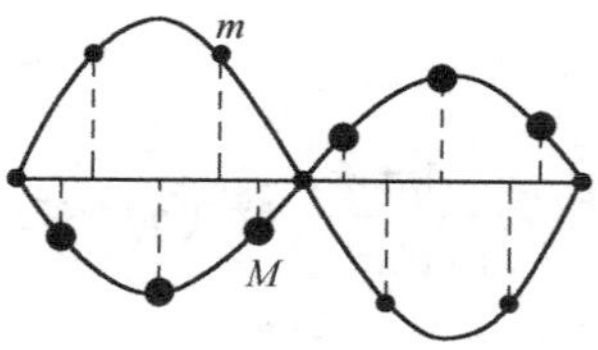

图 7.5-8 光学波振动示意图

- 对于光学波，相邻两种原子振幅之比为

$$\left(\frac{A}{B}\right)_2=\frac{2\beta-M\omega_2^2}{2\beta\cos(qa)}$$

因 $\omega_2^2>\frac{2\beta}{M}(m<M)$，而一般 $\cos(qa)>0$，所以 $\left(\frac{A}{B}\right)_2<0$。由此可见，对于光学波，相邻两种不同原子的振动方向是相反的。而当 q 很小时，$\cos(qa)\approx1$，又 $\omega_2^2=\frac{2\beta}{\mu}$，得出

$$\left(\frac{A}{B}\right)_2=-\frac{M}{m} \tag{7.5-35}$$

因此对于波长很长的光学波（长光学波），$mA+MB=0$，即原胞的质心保持不动。由此也可定性地看出，光学波代表原胞中两个原子的相对振动。光学波的振动如图 7.5-8 所示。

7.6 自由电子理论

金属中的价电子，受原子束缚很弱，可以看做在金属体内的自由运动。或者说，金属中的价电子可以视为自由电子，它们不受任何外力作用，彼此之间也没有相互作用，各自独立地运动。在金属内部，自由电子的势能是一个常数，可以取为势能的零点。

1. 一维自由电子

势能取为零时的定态薛定谔方程为

$$-\frac{\hbar^2}{2m}\frac{\mathrm{d}^2\psi}{\mathrm{d}x^2}=E\psi \tag{7.6-1}$$

方程的解也就是一维自由电子的波函数，即

$$\psi(x)=A\exp(\mathrm{i}k_x x) \tag{7.6-2}$$

代表沿 x 方向的行波。而能量

$$E=\frac{\hbar^2k_x^2}{2m} \tag{7.6-3}$$

设晶体长度为 L，即电子在 $0<x<L$ 范围内存在，则 $\int_0^L|\psi(x)|^2\mathrm{d}x=1$，可求出归一化系数 A，得到归一化波函数

$$\psi(x)=\sqrt{1/L}\ \exp(\mathrm{i}k_x x) \tag{7.6-4}$$

实际晶体的大小是有限的，有两种方法来处理晶体的有限性对晶体内部电子状态的影响。一种是从简化晶体边界附近的势场入手，例如，认为晶体外的势能高于晶体内部的势能，用一个阶跃势代替边界附近的实际势场。甚至用一个无限高的势垒来简化，将电子看成在无限深势阱中的运动。另一种方法类似于晶格振动中的周期性边界条件，不去研究边界势场如何简化，而假想所研究的晶体是许许多多首尾相连的完全相同的晶体中的一个，每块晶体对应处的运动状态相同，即

$$\psi(x+L)=\psi(x) \tag{7.6-5}$$

周期性边界条件虽然没有规定波函数在边界上的具体取值，但仍能反映晶体的有限大小给晶体内部电子状态带来的限制。这种处理方式更具普遍性，不仅能用于金属情况，也能用于其他晶体。

将式(7.6-4)代入式(7.6-5)，化简后可得 $\exp(\mathrm{i}k_xL)=1$，故

$$k_xL=2\pi n\quad(n\ 为任意整数)$$

所以 $$k_x = 2\pi n/L \tag{7.6-6}$$

这就是说，波矢 k_x 只能取分立值，邻近两波矢的间隔为 $\delta k_x = 2\pi/L$。

讨论（见图 7.6-1）：

（1）由于 L 为晶体的长度，远远大于晶格常数，故 δk_x 很小，k_x 可视为准连续地取值。

（2）能量是波矢的偶函数，即 $E(k_x)=E(-k_x)$。按统计原理，能量相同的状态被电子占有的概率相同，故无外场时 k_x 与 $-k_x$ 出现的概率相同。

（3）在波矢 k_x 轴上，由于 k_x 的取值是等间隔的，如果用一个点代表一个量子态，则点子在 k_x 轴上均匀分布。

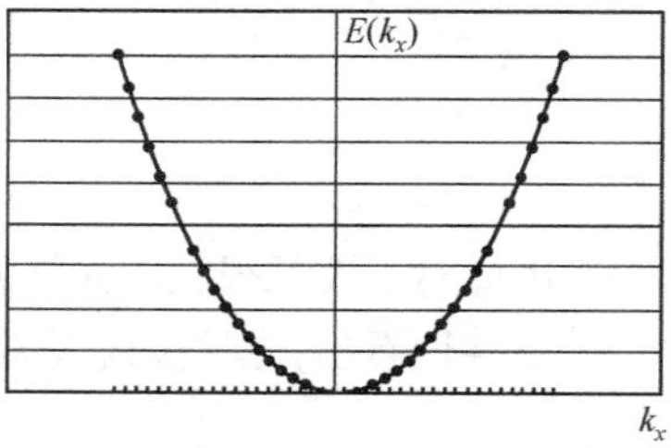

图 7.6-1　一维自由电子的量子态

k_x 的取值是等间隔的（$\delta k_x = 2\pi/L$），能量取值是等间隔的吗？由式（7.6-3）知，能量是波矢的二次函数，能量取值间隔 $\delta E = \dfrac{\hbar^2 k_x}{m}\delta k_x$，所以能量取值不是等间隔的，它随 k_x 增加而增加。由于 k_x 准连续地取值，所以可用微分的方法求单位能量间隔的量子态数。

能量在 $0\sim E$ 范围所对应的波矢范围为：$0\sim k_x = \pm\sqrt{2mE}/\hbar$。由于 k_x 可正负取值，所以波矢总宽度为 $2\sqrt{2mE}/\hbar$，再除以波矢间隔 δk_x，就是能量在 $0\sim E$ 范围内的量子态数，即

$$N = (2\sqrt{2mE}/\hbar)/(2\pi/L) = 2L\sqrt{2mE}/h \tag{7.6-7}$$

对上式微分，得到能量在 $E\sim E+\Delta E$ 范围内的量子态数为

$$\Delta N = \frac{L}{h}\sqrt{\frac{2m}{E}}\Delta E$$

考虑到电子自旋具有向上和向下两种状态，上式应乘以 2，故

$$\Delta N = 2\,\frac{L}{h}\sqrt{\frac{2m}{E}}\Delta E \tag{7.6-8}$$

2. 三维自由电子

三维自由电子的波函数 $\psi(\boldsymbol{r}) = A\exp(\mathrm{i}\boldsymbol{k}\cdot\boldsymbol{r}) = A\mathrm{e}^{\mathrm{i}(k_x x+k_y y+k_z z)}$。若电子在边长为 L 的立方体内运动，归一化后的波函数为 $\psi(\boldsymbol{r}) = \dfrac{1}{L^{3/2}}\mathrm{e}^{\mathrm{i}(k_x x+k_y y+k_z z)}$。而能量

$$E = \frac{\hbar^2(k_x^2+k_y^2+k_z^2)}{2m} = \frac{\hbar^2 k^2}{2m} \tag{7.6-9}$$

k_x、k_y、k_z 的取值类似于式（7.6-6），都是等间隔取值，间隔为 $2\pi/L$，所以，在 k_x、k_y、k_z 构成的波矢空间中代表量子态的点子分布是均匀的，如图 7.6-2 所示。一个点子占有的"体积"是 $\delta\Omega = (2\pi/L)^3$。

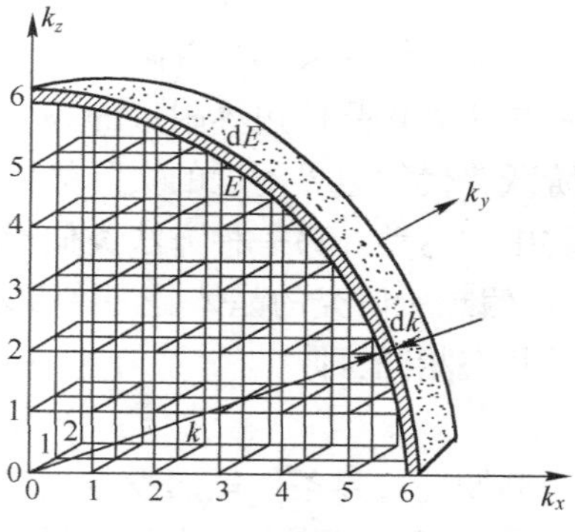

图 7.6-2　三维能态密度的计算

由能量表达式解出波矢 k 的取值为

$$k = \sqrt{2mE}/\hbar \tag{7.6-10}$$

能量在 $0\sim E$ 范围内、在 k 空间占有的"体积"，就是以式(7.6-10)决定的波矢值为半径的球体体积

$$\Omega = \frac{4}{3}\pi k^3 = \frac{4}{3}\pi(2mE)^{3/2}/\hbar^3 \tag{7.6-11}$$

所以能量在 $0\sim E$ 范围内的量子态数为

$$N=\Omega/\delta\Omega=\left[\frac{4}{3}\pi(2mE)^{3/2}/\hbar^3\right]/(2\pi/L)^3=\frac{4}{3}\pi L^3(2mE)^{3/2}/h^3 \tag{7.6-12}$$

对上式微分就得到能量在 $E\sim E+\Delta E$ 范围内的量子态数

$$\Delta N=2\pi L^3(2m)^{3/2}E^{1/2}\Delta E/h^3 \tag{7.6-13}$$

考虑到电子自旋具有向上和向下两种状态，上式应乘以 2，并注意到晶体体积为 $V=L^3$，故单位能量间隔的量子态数（也称能态密度）

$$D(E)=\Delta N/\Delta E=4\pi V(2m)^{3/2}E^{1/2}/h^3 \tag{7.6-14}$$

能态密度是一个重要的概念，半导体中载流子浓度、固体比热、电导率、磁导率的计算都要用到能态密度公式。式(7.6-14)是假设金属为立方体情况下导出的结果，实际上它同样适用于长方体或其他外形的情况。

*3. 费米球

如果 k 空间从原点到半径为 k_F 的球面之间的量子态数正好等于电子数目 N，则此球称为费米球。费米球体积为 $\left(\frac{4}{3}\pi k_F^3\right)$，考虑到自旋有 2 个态，因此

$$2\times\left(\frac{4}{3}\pi k_F^3\right)\bigg/\left(\frac{2\pi}{L}\right)^3=N \tag{7.6-15}$$

若 N 已知，而晶体体积 $V=L^3$，则由上式得费米球半径为

$$k_F=\left(\frac{3\pi^2 N}{V}\right)^{1/3} \tag{7.6-16}$$

费米球表面处的能量称为费米能量，即

$$E_F=\frac{\hbar^2 k_F^2}{2m}=\frac{\hbar^2}{2m}\left(\frac{3\pi^2 N}{V}\right)^{2/3} \tag{7.6-17}$$

7.7 能带模型

自由电子模型可以解释金属的许多性质，但是它完全忽略了晶体中周期性势场的作用，因而带有很大的局限性。例如它不能揭示出晶体中电子的能带结构。

图 7.7-1 是晶体中电子所受势场的示意图。孤立原子中，中心区域势能较低，随着离中心的距离增加，势能单调增加，最后趋于一恒定值。而原子结合成晶体时，原子呈周期性排列，

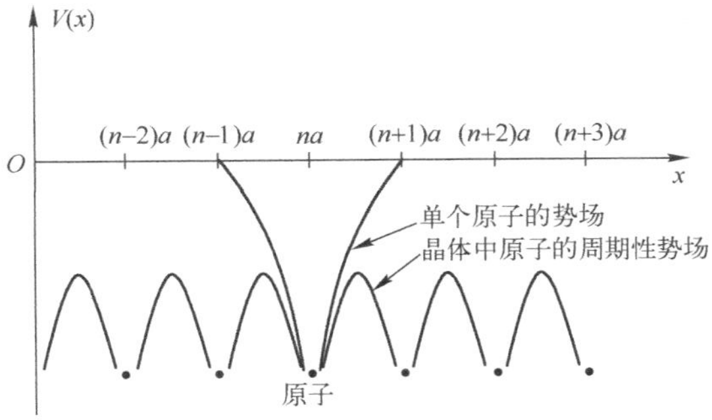

图 7.7-1　晶体中势场的示意图

各原子势场叠加后，总势能也呈周期性起伏。

实际晶体中的周期势场是很复杂的，在计算能带结构时，经常采用各种近似方法。这里介绍其中的两种方法，即准自由电子近似和紧束缚近似，它们是分别从两个极端来考虑能带计算问题的。

1. 准自由电子近似

准自由电子近似的出发点是：在某些晶体（如金属）中，原子对价电子的束缚很弱，电子势能的周期性起伏较小，即势能的变化部分与平均动能比较起来是比较小的。因此，电子的运动虽然受到周期场的影响，但很接近于自由电子。这样，就可以把周期场作为对自由电子运动的微扰来处理。

(1) 零级近似下电子的能量和波函数

零级近似就是用势场平均值代替原子实产生的势场，$\overline{V}=\overline{V}(x)$，而将周期性势场的起伏量作为微扰来处理

$$V(x)-\overline{V}=\Delta V \tag{7.7-1}$$

零级近似下，有

$$H_0=-\frac{\hbar^2}{2m}\frac{\mathrm{d}^2}{\mathrm{d}x^2}+\overline{V} \tag{7.7-2}$$

薛定谔方程为

$$-\frac{\hbar^2}{2m}\frac{\mathrm{d}^2\psi^0}{\mathrm{d}x^2}+\overline{V}\psi^0=E^0\psi^0 \tag{7.7-3}$$

零级近似下的波函数和能量本征值为

$$\psi_k^0(x)=\frac{1}{\sqrt{L}}\mathrm{e}^{\mathrm{i}kx},\quad E_k^0=\frac{\hbar^2k^2}{2m}+\overline{V} \tag{7.7-4}$$

满足周期边界条件下的波矢取值 $k=l\dfrac{2\pi}{Na}$，l 为整数，$Na=L$ 为晶体长度。

(2) 微扰下的能量本征态

哈密顿量

$$H=H_0+H' \tag{7.7-5}$$

式中

$$H_0=-\frac{\hbar^2}{2m}\frac{\mathrm{d}^2}{\mathrm{d}x^2}+\overline{V},\quad H'=V(x)-\overline{V}=\Delta V \tag{7.7-6}$$

微扰下，$\psi_k^0(x)$已不是能量的本征函数。但由不同波矢的零级波函数的组合可以得到一般的电子波函数

$$\psi_k(x)=\psi_k^0(x)+\sum_{k'}{}'c_{k'}\psi_{k'}^0(x) \tag{7.7-7}$$

即波函数总可表示为零级波函数的叠加。第一项为主要项，第二项为修正项，求和号带撇表示不包括 $k'=k$ 项。叠加系数 $c_{k'}$ 与积分因子 $\int_0^L\psi_{k'}^{0\,*}(x)H'\psi_k^0(x)\mathrm{d}x$ 有关，可证：当 $k'-k\neq n\dfrac{2\pi}{a}$时（见习题 7.14）

$$\int_0^L\psi_{k'}^{0\,*}(x)H'\psi_k^0(x)\mathrm{d}x=0 \tag{7.7-8}$$

这就是说，修正项中只有当波矢与主要项的波矢相差 $2\pi/a$ 的整数倍时才会起作用。另外，由于 $V(x)$是周期函数，可展开成傅里叶级数

$$V(x)=V_0+\sum_n{}'V_n\mathrm{e}^{\mathrm{i}\frac{2\pi}{a}nx} \tag{7.7-9}$$

n 取任意整数，但求和号带撇表示不包括 $n=0$ 项。最后可求得修正后的波函数为

$$\psi_k(x)=\frac{1}{\sqrt{L}}\mathrm{e}^{\mathrm{i}kx}+\frac{1}{\sqrt{L}}\mathrm{e}^{\mathrm{i}kx}\sum_n{}'\frac{V_n^*}{\frac{\hbar^2}{2m}\left[k^2-\left(k-\frac{n}{a}2\pi\right)^2\right]}\mathrm{e}^{-\mathrm{i}2\pi\frac{n}{a}x} \tag{7.7-10}$$

（3）微扰下的电子波函数的意义

式(7.7-10)等号右边第一项表示波矢为 k 的前进的平面波，第二项表示平面波受到周期性势场作用产生的散射波，散射波的波矢 $k'=k-\frac{n}{a}2\pi$，相关散射波成分的振幅为 $\frac{V_n^*}{\frac{\hbar^2}{2m}\left[k^2-\left(k-\frac{n}{a}2\pi\right)^2\right]}$。如果入射波波矢 $k=\frac{n\pi}{a}$，散射波成分的振幅 $\frac{V_n^*}{\frac{\hbar^2}{2m}\left[k^2-\left(k-\frac{n}{a}2\pi\right)^2\right]}\rightarrow\infty$，波函数修正项发散，这与修正项作用应较小相矛盾，说明当入射波波矢取 π/a 的整数倍时，简单微扰法不再适用。

下面说明为什么当入射波波矢取 π/a 的整数倍时，散射波很强以致不能用简单微扰法来处理。图 7.7-2 所示为晶格原子对入射波的散射。由于原子间距为 a，所以相邻原子散射波的路程差为 $2a$，对应的相位差为 $k\cdot 2a$。如果相邻原子散射波的相位差为 2π 的整数倍，$k\cdot 2a=2\pi n$，则满足相干加强条件，散射波会很强。这时的入射波波矢 $k=n\pi/a$，这就是入射波波矢取 π/a 的整数倍时会导致散射波很强的原因。散射波与入射波方向相反，其波矢为 $k'=-n\pi/a$，按式(7.7-4)，零级能量值与 $k=n\pi/a$ 的状态相同，对于能量相同或非常接近的状态应当用简并微扰理论来处理。

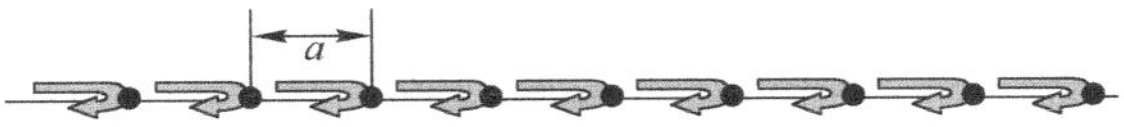

图 7.7-2　入射波受周期排列的原子散射

（4）电子波矢在 $k=n\pi/a$ 附近的能量和波函数

入射波矢 $k=n\pi/a$（即所谓的布里渊边界）处，用简单微扰论会出现奇异现象，原因是能量相同的 $k'=-n\pi/a$ 会形成很强的散射波，需要用简并微扰理论处理。实际上，就是要用能量相同或十分接近的波函数进行适当组合构成新的（零级）近似波函数。

为了更具普遍性，考虑 $k=n\pi/a$ 附近的一点，$k=n\pi/a(1+\Delta)$，Δ 是一个小量（不妨假设 $\Delta>0$，如图 7.7-3(a)所示），对其有主要影响的状态是 $k'=k-\frac{2n\pi}{a}$，即 $k'=-\frac{n\pi}{a}(1-\Delta)$。按简并微扰理论，$k$ 与 k'组合得到两个新的近似波函数，所对应的能量为

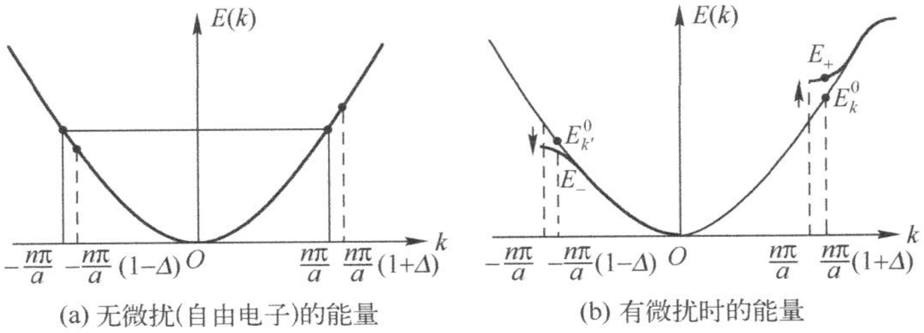

图 7.7-3　布里渊边界附近两个状态的耦合

$$E_+=\overline{V}+T_n+|V_n|+\Delta^2T_n\left(\frac{2T_n}{|V_n|}+1\right),\ E_-=\overline{V}+T_n-|V_n|-\Delta^2T_n\left(\frac{2T_n}{|V_n|}-1\right) \tag{7.7-11}$$

式中

$$T_n=\frac{\hbar^2}{2m}\left(\frac{n\pi}{a}\right)^2 \tag{7.7-12}$$

如图 7.7-3(b)所示,两个相互影响的状态 k 和 k'微扰后,能量变为 E_+和 E_-,E_+比原来能量较高的 E_k^0 更高,而 E_-比原来能量较低的 $E_{k'}^0$更低。

(5) 能带和带隙(禁带)

图 7.7-4 同时画出了 $\Delta>0$ 和 $\Delta<0$ 两种情形下完全对称的能级图。A 和 C、B 和 D 代表同一状态,它们从 $\Delta>0$、$\Delta<0$ 两个方向当 $\Delta\to 0$ 时的共同极限。

在远离布里渊区边界,近自由电子的能谱和自由电子的能谱相近,即能量曲线近似为抛物线;在布里渊边界 $k=\pm\frac{\pi}{a}n$ 附近,能量曲线偏离抛物线,能量较低侧曲线向下弯,能量较高侧曲线向上弯,造成能量分裂,即较大范围能量不能取值。

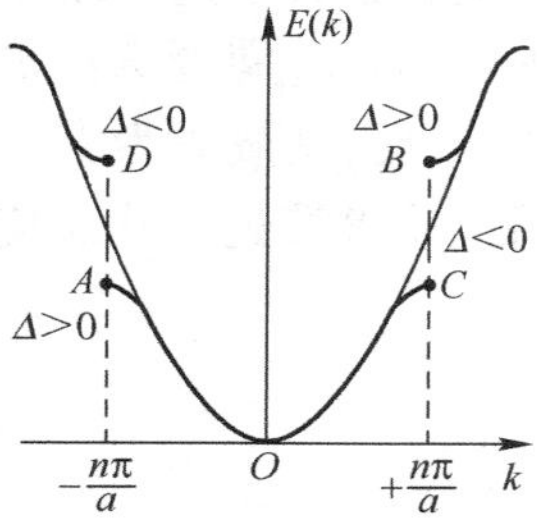

图 7.7-4 布里渊边界处能量的分裂

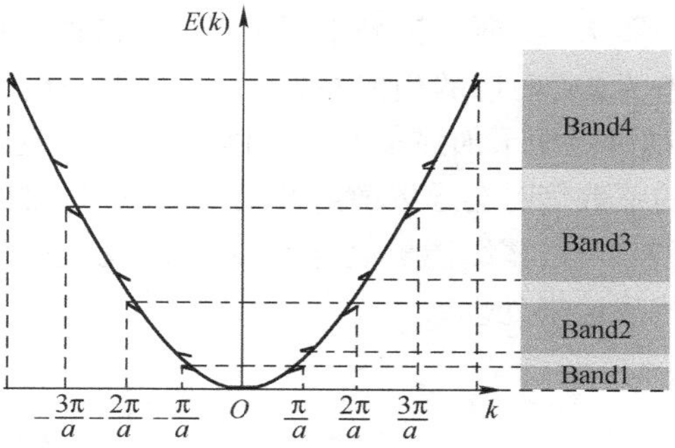

图 7.7-5 能带和带隙

由于每个波矢 k 都有一个量子态,而晶体中原胞的数目 N 是很大的,$k=l\frac{2\pi}{Na}$,波矢 k 取值非常密集。波矢 k 准连续地取值,相应的能量也就准连续地取值。但与自由电子情况不同,准自由电子的能量在布里渊区边界发生断裂,形成所谓的带状结构,即能量在某些范围密集地取值使许多能级集合在一起(称允带);而在另一些范围能量不能取值,一条能级也没有(称禁带),如图 7.7-5 所示。

有关能带,可总结出以下一些特点:

① 能带底部,能量向上弯曲;能带顶部,能量向下弯曲。

② 禁带出现在波矢空间倒格矢(一维情况倒格子基矢 $\boldsymbol{b}=\frac{2\pi}{a}\boldsymbol{e}_x$,倒格矢是其整数倍)的中点处,即

$$k=\pm\frac{1}{2}\ \frac{2\pi}{a};\pm\frac{1}{2}\ \frac{4\pi}{a};\pm\frac{1}{2}\ \frac{6\pi}{a};\pm\frac{1}{2}\ \frac{8\pi}{a};\cdots \tag{7.7-13}$$

③ 禁带的宽度

$$E_g=2|V_1|,2|V_2|,2|V_3|,\cdots,2|V_n|,\cdots \tag{7.7-14}$$

V_n 大小取决于晶体中势场的形式。

④ 能带中电子的能量 E 是波矢 k 的偶函数。

对于任意能带都满足 $E_s(k)=E_s(-k)$，这里 s 是能带序数。

*2. 布洛赫定理

在式(7.7-10)表示的波函数中提取一因子，即

$$u_k(x)=1+\sum_n{}'\frac{V_n^*}{\frac{\hbar^2}{2m}\left[k^2-\left(k-\frac{n}{a}2\pi\right)^2\right]}\mathrm{e}^{-\mathrm{i}2\pi\frac{n}{a}x} \tag{7.7-15}$$

注意到 $\mathrm{e}^{-\mathrm{i}2\pi n}=1$，由式(7.7-15)很容易证明 $u_k(x)$ 是周期函数，即满足

$$u_k(x+a)=u_k(x) \tag{7.7-16}$$

所以，周期性势场中运动的电子的波函数可表示成

$$\psi_k(x)=\frac{1}{\sqrt{L}}\mathrm{e}^{\mathrm{i}kx}u_k(x) \tag{7.7-17}$$

或将归一化因子并入周期性函数中，则布洛赫函数(定理)为

$$\psi(x)=\mathrm{e}^{\mathrm{i}kx}u_k(x) \tag{7.7-18}$$

不难验证

$$\psi(x+a)=\mathrm{e}^{\mathrm{i}k(x+a)}u_k(x+a)=\mathrm{e}^{\mathrm{i}ka}\mathrm{e}^{\mathrm{i}kx}u_k(x)=\mathrm{e}^{\mathrm{i}ka}\psi(x) \tag{7.7-19}$$

当平移晶格周期时，波函数只增加了位相因子。

应当指出，布洛赫定理对周期性势场是普遍适用的，可用量子力学理论严格证明。对于三维情况，布洛赫定理可类似地表述为：势场 $V(\boldsymbol{r})$ 具有晶格周期性时，电子波函数满足薛定谔方程 $\left[-\frac{\hbar^2}{2m}\nabla^2+V(\boldsymbol{r})\right]\psi(\boldsymbol{r})=E\psi(\boldsymbol{r})$ 的解具有以下形式，即 $\psi(\boldsymbol{r})=\mathrm{e}^{\mathrm{i}\boldsymbol{k}\cdot\boldsymbol{r}}u_k(\boldsymbol{r})$，其中 u 为晶格周期性函数 $u_k(\boldsymbol{r}+\boldsymbol{R}_n)=u_k(\boldsymbol{r})$，$\boldsymbol{k}$ 为一矢量，$\boldsymbol{R}_n$ 为晶格平移矢量。

3. 紧束缚近似

紧束缚近似的基础是：在一些非导体中，原子间的距离较大；电子受每个原子的束缚比较紧；当电子处在某一个原子附近时，将主要受到该原子势场的作用，其他原子的影响很小。因此，电子的运动类似于孤立原子中束缚电子的情形。这样就可以从原子轨道波函数出发，组成晶体中电子的波函数。所以这种方法也被称为原子轨道线性组合法(LCAO)。

具体方法这里不再详述，大体上有以下几个步骤：

(1) 将各原子态组成布洛赫波；

(2) 再将能带中的电子态写成布洛赫波的线性组合；

(3) 最后代入薛定谔方程求解组合系数和能量本征值。

图 7.7-6 示出了晶体中电子的能带与原子的能级之间的联系。在原子结合成晶体后，原来孤立原子中的一个电子能级，现在由于原子之间的相互作用而分裂成一个能带。能量低的带对应于内层电子的能级，而对于内层电子来说，原子之间相互作用的影响较小，所以能量低的带较窄。

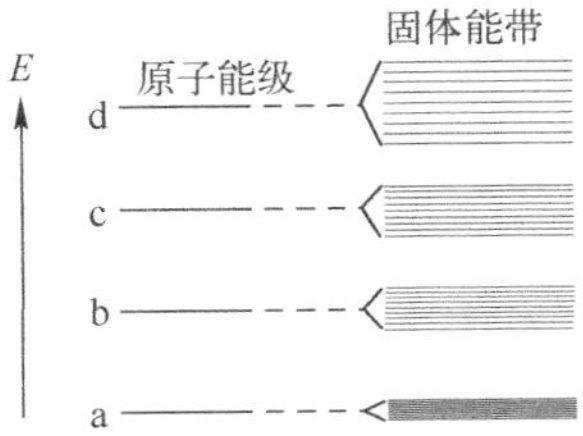

图 7.7-6　能级与能带

能带计算的其他方法有：正交化平面波方法、$\boldsymbol{k}\cdot\boldsymbol{P}$ 微扰法、原胞法、赝势法等。在计算中

都充分利用晶体结构的周期性和对称性以进行简化。

7.8 晶体的导电性

1. 电子运动的速度和加速度、有效质量

现在讨论外场作用下晶体电子的运动规律。首先要知道晶体电子在波矢 k_0 状态的平均运动速度。通常电子的波矢并非是一个确定值,而是以某 k_0 为中心在 Δk 范围内取值的,即形成一个波包。所以电子运动的平均速度相当于以 k_0 为中心的波包移动的速度。

波包的速度即为群速度

$$v(k_0)=\left(\frac{\mathrm{d}\omega}{\mathrm{d}k}\right)_0=\frac{1}{\hbar}\left(\frac{\mathrm{d}E}{\mathrm{d}k}\right)_0 \tag{7.8-1}$$

波包的大小如果大于许多个原胞,则晶体中电子的运动可以看成波包的运动。波包的运动规律同经典粒子一样,波包移动的速度等于粒子处于波包中心那个状态所具有的平均速度。

对完全自由的电子,在一维运动的情形下,能量为 $E=\frac{\hbar^2k_x^2}{2m}$,由式(7.8-1)得到,$v_x=\frac{1}{\hbar}\frac{\mathrm{d}E}{\mathrm{d}k_x}=\frac{\hbar k_x}{m}$,这是我们熟悉的结果。

现在求在外力 F_x 作用下,晶体电子的加速度。按照力学的原理,在 $\mathrm{d}t$ 时间内电子获得的能量 $\mathrm{d}E$ 等于外力所做的功,即

$$\mathrm{d}E=F_xv_x\mathrm{d}t \tag{7.8-2}$$

或写成

$$\frac{\mathrm{d}E}{\mathrm{d}t}=F_x\cdot v_x=F_x\cdot\frac{1}{\hbar}\frac{\mathrm{d}E}{\mathrm{d}k_x} \tag{7.8-3}$$

另一方面,电子的加速度可由速度对时间求导得到

$$\frac{\mathrm{d}v_x}{\mathrm{d}t}=\frac{\mathrm{d}}{\mathrm{d}t}\left(\frac{1}{\hbar}\frac{\mathrm{d}E}{\mathrm{d}k_x}\right)=\frac{1}{\hbar}\frac{\mathrm{d}}{\mathrm{d}k_x}\left(\frac{\mathrm{d}E}{\mathrm{d}t}\right) \tag{7.8-4}$$

将式(7.8-3)代入上式,得

$$\frac{\mathrm{d}v_x}{\mathrm{d}t}=F_x\cdot\frac{\mathrm{d}}{\mathrm{d}k_x}\left(\frac{1}{\hbar^2}\frac{\mathrm{d}E}{\mathrm{d}k_x}\right)=\frac{1}{\hbar^2}\frac{\mathrm{d}^2E}{\mathrm{d}k_x^2}\cdot F_x \tag{7.8-5}$$

同牛顿定律 $\frac{\mathrm{d}v_x}{\mathrm{d}t}=\frac{1}{m^*}F_x$ 比较,确定电子的有效质量 m^* 的倒数

$$m^{*-1}=\frac{1}{\hbar^2}\frac{\mathrm{d}^2E}{\mathrm{d}k_x^2} \tag{7.8-6}$$

这由 $E(k_x)$ 函数的二阶导数决定。若 E 与 k_x 的关系曲线如图 7.8-1(a)所示,则 v_x 与 k_x 的关系曲线如图 7.8-1(b)所示,在能带底部及顶部,电子平均速度为零,因为在此处 $\frac{\mathrm{d}E}{\mathrm{d}k_x}=0$。由图 7.8-1 还可以看出,当 $k_x=k_x^0$ 时,即在 $E(k_x)$ 曲线上的拐点处,v_x 的绝对值最大,超过此点时,v_x 随 E 的增大而减小,这是与自由电子不同的地方。图 7.8-1 (c)示出了图 7.8-1 (a)关系下的有效质量。由图可见,能带底部电子的有效质量为正,而在能带顶部电子的有效质量为负,这

说明在能带顶部,电子的运动好像是具有负质量 $m_{顶}^*$ 的自由电子。

下面对有效质量做进一步的物理解释。按牛顿定律,$m\dfrac{\mathrm{d}\boldsymbol{v}}{\mathrm{d}t}=\boldsymbol{F}_{合}=\boldsymbol{F}_{外}+\boldsymbol{F}_{晶}$,$\boldsymbol{F}_{外}$ 指外场对电子的作用力,$\boldsymbol{F}_{晶}$ 指周期场即晶格对电子的作用力,称为晶格力。周期场对电子的作用力(晶格力)比较复杂,并且往往事先不知道。实际上晶格对电子的作用是量子效应,即使知道也不能简单地用经典的方法来处理。若引入有效质量 $m^*=\dfrac{\boldsymbol{F}_{外}}{\boldsymbol{F}_{外}+\boldsymbol{F}_{晶}}m$,则牛顿定律表达式可写为:$\dfrac{\mathrm{d}\boldsymbol{v}}{\mathrm{d}t}=\dfrac{\boldsymbol{F}_{外}}{\boldsymbol{m}^*}$。这样,至少可以在形式上不必考虑晶格力,而只考虑外场力对电子运动的影响。

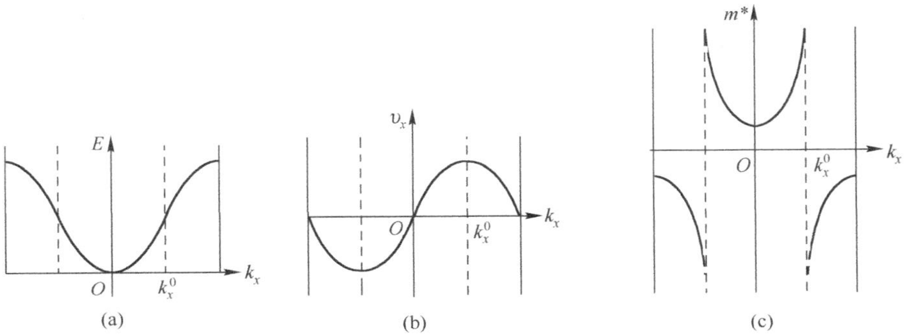

图 7.8-1　能量、速度、有效质量与 k_x 的函数关系

有效质量包含了周期场的影响,所以,有效质量与惯性质量是两个不同的概念。对于自由电子:$\boldsymbol{F}_{晶}=0$,所以,$m^*=m$。而周期场中的电子已不是自由电子,它在运动过程中总是受到周期场的作用,即 $\boldsymbol{F}_{晶}\neq 0$。我们只是为了讨论电子运动的方便,在形式上把它看成一个“自由电子”,将周期场的作用归并到有效质量中,而将电子对外场的响应写成类似于经典牛顿定律的形式。引入有效质量的意义是,在讨论电子的运动时,无须涉及晶体内部势场对电子的作用,只需考虑外场的作用。引进有效质量之后,电子在晶体中的运动,犹如自由空间中的电子一样。一般来说,对应外层能带的电子有效质量较小,而对应内层能带的电子有效质量较大。这就是电子的有效质量 m^* 为何与电子的真实质量 m 可以有很大差别的原因。

晶体中电子的有效质量 m^* 不同于自由电子的质量 m,是由于计入了周期场的影响,而有效质量的正负也可从电子与晶格交换动量方面来理解。在有效质量 $m^*>0$ 的情况下,电子从外场中获得的动量多于电子交给晶格的动量;在有效质量 $m^*<0$ 的情况下,电子从外场中得到的动量比它交给晶格的动量少。

在三维情况下,由于晶体的各向异性,通常有效质量是一个张量,有效质量的一般定义(张量定义):

$$(m_{ij}^*)^{-1}=\frac{1}{\hbar^2}\frac{\partial^2 E}{\partial k_i \partial k_j} \tag{7.8-7}$$

若能带为球形等能面,则 E 只与波矢的大小有关而与波矢的方向无关,此时有效质量可简化为一个标量,即对角元素相等,$m_{xx}^*=m_{yy}^*=m_{zz}^*=m^*$,非对角元素 $(m_{ij}^*)^{-1}=0(i\neq j)(m_{ij}^*=$

∞，意味着 $\boldsymbol{e}_j$ 方向的力对 $\boldsymbol{e}_i$ 方向的加速度没有贡献）。

下面介绍准动量的概念。在外力 F_x 作用下，电子能量的增加等于外力所做的功，故

$$\frac{\mathrm{d}E}{\mathrm{d}k_x}\Delta k_x=F_x v_x \Delta t$$

因为

$$v_x=\frac{1}{\hbar}\frac{\mathrm{d}E}{\mathrm{d}k_x}$$

所以

$$\hbar\Delta k_x=F_x\Delta t$$

或

$$\frac{\mathrm{d}k_x}{\mathrm{d}t}=\frac{1}{\hbar}F_x \tag{7.8-8}$$

与力学中的冲量定理比较，知 $\hbar k_x$ 具有动量的特点，称为准动量。由于 F_x 只是外场对电子的作用力，它并不是电子所受的合外力，因此，$\hbar k_x$ 并不是电子的真实动量，称为电子的准动量就不难理解了。

2. 电子导电和空穴导电

前面谈到能带中电子的能量 E 是波矢 k_x 的函数，而且是偶函数，即 $E_s(k_x)=E_s(-k_x)$，这里，s 是能带序数。而速度

$$v_x=\frac{1}{\hbar}\frac{\mathrm{d}E_s(k_x)}{\mathrm{d}k_x}$$

是 k_x 的奇函数，在 $-k_x$ 状态的粒子其平均速度为

$$v_x(-k_x)=\frac{1}{\hbar}\frac{\mathrm{d}E_s(-k_x)}{\mathrm{d}(-k_x)}=-\frac{1}{\hbar}\frac{\mathrm{d}E_s(k_x)}{\mathrm{d}k_x}=-v_x(k_x) \tag{7.8-9}$$

这一关系式表明，波矢为 k_x 的状态和波矢为 $-k_x$ 的状态中电子的速度是大小相等但方向相反的。

在没有外电场时，在一定的温度下，电子占据某个状态的概率只同该状态的能量 E 有关。既然 $E_s(k_x)$ 是 k_x 的偶函数，电子占有 k_x 状态的概率等于它占有 $-k_x$ 状态的概率，因此在这两个状态的电子电流互相抵消，晶体中总的电流为零，如图 7.8-2 所示（画斜线部分表示被电子填充的状态）。

若有外电场存在（设沿 x 方向，以 E_x 表示电场强度），充满了电子的能带和不满的能带对电流的贡献有很大差别。

在满带的情况下，当有电场 E_x 存在时，电子可能由一个状态跃迁到另一个状态，但必有其他电子回填这个状态，所有的状态仍被电子填满。例如，若外力沿 x 方向，则按式（7.8-8），电子的波矢不断增加，但大到布里渊边界 $k_x=\pi/a$ 时，实际的状态是和 $k_x=-\pi/a$ 等效的，即相当于出现在布里渊边界的另一端，好像从右端流出的电子又从左端流入。所以就单个电子看其波矢是在变化的，但从整个布里渊区的范围看，整体与初始状态没有区别。可见对于满带，即使有电场，晶体中也没有电流，即电子没有导电的作用。相反，如果一个不满的带，由于电场的作用，电子在布里渊区中的分布就不再是对称的了。如图 7.8-3 所示，此时向左方运动的电子比较多，总的电流不为零。

因此在电场作用下，如果能带不满，则在晶体中有电流。即在不满的能带中，由于电子的运动，可以产生电流。

以上的结果说明:在电场的作用下,一个充满了电子的能带不可能产生电流。如果孤立原子的电子都形成满壳层,当有 N 个原子组成晶体时,能级过渡成能带,能带中的状态是能级中的状态数目的 N 倍。因此,原有的电子恰好充满能带中所有的状态,这些电子并不参与导电。相反,如果原来孤立原子的壳层并不满,则原子组成晶体时,电子不会充满能带。例如金属钠,每个原子有 11 个电子($1s^2,2s^2,2p^6,3s^1$),其 3s 状态可有 2 个电子,所以当 N 个原子组成晶体时,3s 能级过渡成能带,能带中有 N 个状态,可以容纳 $2N$ 个电子。但钠只有 N 个 3s 电子,因此能带是半满的,在电场作用下,可以产生电流。周期表中第一族元素的情况都和钠相似,因此,它们都是善于导电的金属。

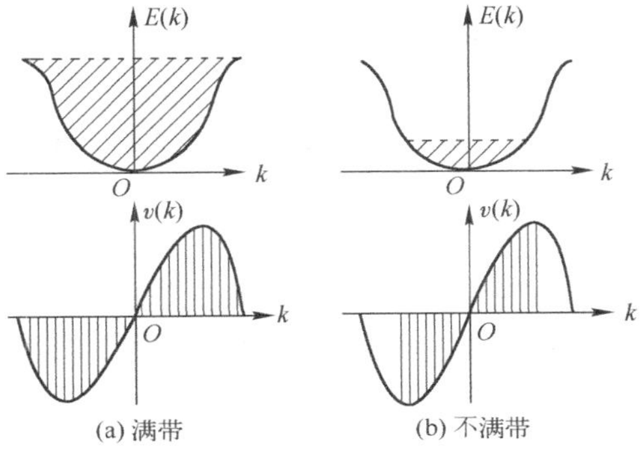

图 7.8-2　无外场时,晶体电子的能量和速度示意图

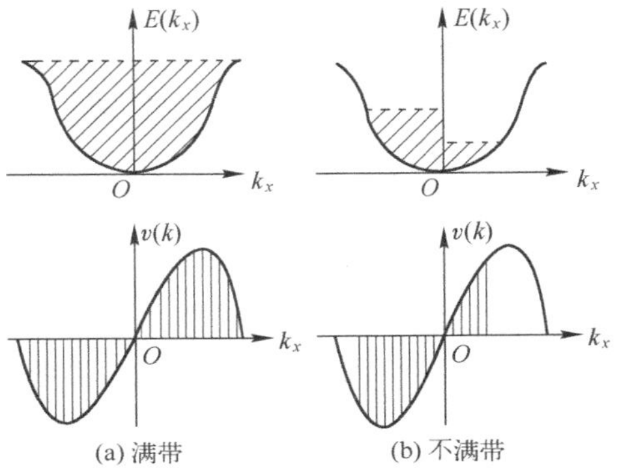

图 7.8-3　有电场时,晶体电子的能量和速度示意图

最后引进"空穴"的概念。设想在满带中有某一个状态 k 未被电子占据,此时能带是不满的,在电场作用下,应有电流产生,用 I_k 来表示。如果引入一个电子填补这个空的状态,这个电子的电流等于 $-ev(k)$。引入这个电子后,能带又被电子充满,总的电流应为零。所以,$I_k+[-ev(k)]=0$,即

$$I_k=ev(k) \tag{7.8-10}$$

式(7.8-10)说明,当状态 k 为空时,能带中的电流就像是由一个正电荷 e 所产生的,而其运动的速度等于处在 k 状态的电子运动的速度 $v(k)$。

在电场作用下,空穴的位置的变化和周围电子的能态变化是一样的(注意这里所说的变化是指 k 空间的状态变化,不是坐标空间中的位置变化。),就如同坐标空间前进队伍中缺少了一个人,这个空位可以随着前进队伍一起运动一样。空状态 k 的变化规律为

$$\frac{dk}{dt}=\frac{1}{\hbar}(-eE_x) \tag{7.8-11}$$

由于满带顶的电子比较容易受热而激发到导带,因此空位多位于能带顶。在能带顶附近电子的有效质量是负的,即在能带顶的电子的加速度犹如一个具有质量 $m^*<0$ 的粒子,令 $m_h=-m^*$,则 $m_h>0$。

$$\frac{dv(k)}{dt}=-\frac{1}{m_h}(-eE_x)=\frac{1}{m_h}(eE_x) \tag{7.8-12}$$

式(7.8-12)犹如一个具有正电荷 e、正质量 m_h 的粒子在电磁场中运动所产生的加速度,因此空穴的运动规律和一个带正由荷 e、正质量 m_h 的粒子的运动规律完全相同。

当满带顶附近有空状态 k 时，整个能带中的电流以及电流在外电磁场作用下的变化，完全如同一个带正电荷 e、具有正有效质量 m_h 和速度 $v(k)$ 的粒子的情况一样。将这种假想的粒子称为**空穴**。空穴是一个带有正电荷 e、具有正有效质量的准粒子。它是在整个能带的基础上被提出来的，它代表的是近满带中所有电子的集体行为，因此，空穴不能脱离晶体而单独存在，它只是一种准粒子。空穴概念的引进，对于讨论半导体的许多物理性质起很大的作用。

3. 导体、半导体和绝缘体的区别

虽然所有的固体都包含大量的电子，但有的具有很好的电子导电性，有的则基本上观察不到任何电子导电性，这一基本事实曾长期得不到解释。直到能带论建立以后，才对为什么会有导体、绝缘体和半导体的区分提出了理论上的说明，这是能带论发展初期的一个重大成就。也正是以此为起点，逐步发展了有关导体、绝缘体和半导体的现代理论。

我们已经知道，一个能带最多只能容纳 $2N$ 个电子。一个完全被电子充满的能带，叫做**满带**；而一个完全没有被电子占据的能带，叫做**空带**。

在外电场的作用下，晶体中的电子将发生移动，从而产生电流。按能带理论，对于一个满带来说，尽管其中每一个电子都在外电场作用下移动，但是它们的效果是互相抵消的，对电流的总贡献等于零。因此，满带中的电子不能起导电作用，相反，在部分被填充的能带中，电子运动产生的电流只是部分被抵消，因而将产生一定的电流。

在这种分析的基础上，对导体和非导体提出了如图 7.8-4 所示的基本模型。在导体中，除去满带外，还有部分被填充的能带。后者可以起导电作用，常称为导带。在温度极低的条件下，在非导体中，一些能量较低的能带完全被电子所充满，而能量较高的能带完全被空着，满带与空带之间被禁带分开，没有部分被填充的能带存在。由于满带不产生电流，所以尽管存在很多电子，也并不导电。半导体和绝缘体都属于上述非导体的类型，但是半导体的禁带宽度较小，一般在 2 个电子伏特以下，而绝缘体的禁带宽度较大。在极低温度下，两者电子填充情况相同。当温度逐渐升高以后，总会有少数电子，由于热激发，从满带跳到邻近的空带中去，使原来的空带也有了少数电子，成为导带；而原来的满带，现在缺了少数电子，成为近满带，也具有导电性。这种现象称为本征导电。在半导体中，电子容易从满带激发到导带中去，形成一定程度的本征导电性；在绝缘体中，激发的电子数目极少，以至没有可察觉的导电性。

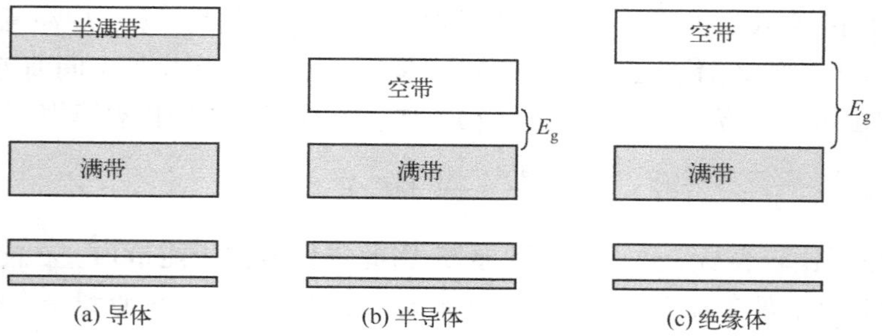

图 7.8-4　导体、半导体和绝缘体能带结构基本模型

把能量最高的满带称为价带，因为它们是由形成化学键的价电子占据的能带。满带中缺少了电子，就形成所谓的空穴。满带顶附近的空穴和在导带底附近的电子都能参与导电，分别

称为空穴导电和电子导电。本征导电就是由相同数目的空穴和电子构成的混合导电性。导带中的电子和满带中的空穴统称为载流子。半导体除了具有本征导电性,还往往由于存在一定的杂质,使能带填充情况有所改变,产生电子和空穴,从而具有一定的导电性能。

电子填充能带的情况与价电子的多少和实际的能带结构都有关系。例如,碱金属元素的原子,除去内部的各满壳层,最外面的 ns 态有一个价电子。根据紧束缚近似,与各原子态对应有相应的能带,而且每个能带能容纳正、反自旋的电子共 $2N$ 个。这样,原来填充原子满壳层的电子正好充满相应的能带,但是 N 个原子的 N 个价电子只能填充与 ns 态对应的能带的一半。因此,碱金属是典型的金属导体。

习题 7

7.1 晶体具有哪些宏观特征?这些宏观特征与晶体的微观结构有何联系?

7.2 习题 7.2 图为一个二维的晶体结构,每一个黑点代表一个化学成分相同的原子。请画出原胞和布喇非格子。

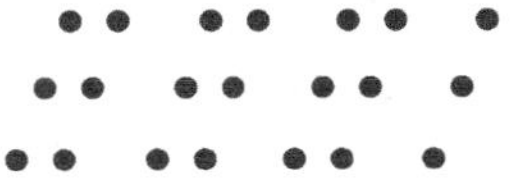

习题 7.2 图

7.3 设晶格常数(立方体晶胞边长)为 a,问简立方、面心立方、体心立方的最近邻和次近邻格点数各为多少?距离多大?

7.4 具有直角坐标(n_1,n_2,n_3)的所有点形成什么样的布喇非点阵?如果:(a) n_i 全为奇数或者 n_i 全为偶数的点的集合;(b) 满足 $\sum\limits_i n_i$ 为偶数的点的集合。

7.5 试证:体心立方格子的倒格子为面心立方格子。

7.6 将原子想象成刚球,刚球占有空间的比例 q 可作为原子排列是否紧密的量度。试计算简立方、体心立方、面心立方、金刚石各对应的 q 值。

7.7 设原胞基矢 $\boldsymbol{a}_1$、$\boldsymbol{a}_2$、$\boldsymbol{a}_3$ 相互正交,求倒格子基矢。在什么情况下,晶面$(h\ k\ l)$与晶轴$[h\ k\ l]$ 正交?

7.8 找出四方体$(a=b\neq c)$和长方体$(a\neq b\neq c)$的全部对称操作。

7.9 试求金刚石结构中共价键之间的夹角。

7.10 为什么说不同波矢可以对应于同一格波?

7.11 周期性边界条件的物理图像是什么?据此对晶格振动可以得出哪些结论?

7.12 (1) 按周期性边界条件,一维简单格子的格波的波矢 q 应取什么值?

(2) 证明一维简单格子满足 $\sum\limits_{n=1}^{N}\mathrm{e}^{\mathrm{i}(q-q')na} = N\delta_{q,q'}$,$N$ 为原胞数,q 及 q' 为波矢的可能取值。

7.13 在讨论三维自由电子的能态密度时,如果晶体为长方体,边长分别为 L_1、L_2、L_3,试推导其能态密度的表达式。

7.14 准自由电子近似中,零级近似波函数为 $\psi_k^0(x)=\dfrac{1}{\sqrt{L}}\mathrm{e}^{\mathrm{i}kx}$,其中 $k=l\dfrac{2\pi}{L}$,l 为整数。而 $H'=V(x)-V_0=\sum\limits_n{}'V_n\mathrm{e}^{\mathrm{i}\frac{2\pi}{a}nx}$。

证明:当 $k'-k\neq n\dfrac{2\pi}{a}$时,$\int_0^L\psi_k^{0*}(x)H'\psi_k^0(x)\mathrm{d}x = 0$。

7.15 已知一维晶体中某个能带可写成:$E(k)=A_0(4\cos ka+\sin^2 ka)$,其中 $A_0>0$,$-\dfrac{\pi}{a}<k\leqslant\dfrac{\pi}{a}$。

求:(1) 能量的最大值和最小值;(2) 能带底部和顶部的电子有效质量。

7.16 用能带理论解释金属、半导体、绝缘体在导电性能方面的差异。

第 8 章　半导体物理基础

半导体材料是一种特殊的固体材料。众所周知，利用半导体硅、锗等可以制造二极管、三极管、集成电路等。利用半导体材料还可以制造太阳能电池、激光器、发光二极管、各种敏感元件，以及具有特殊用途的电子元器件。集成电路的迅速发展使信息技术发生了深刻的变化，以超大规模集成电路为基础的电子计算机，极大地推动着科学技术的发展，影响着人们生活的各个方面。

半导体中的导带电子和价带空穴是荷电粒子，并可在体内自由运动，统称为载流子。本章从介绍半导体掺杂与载流子形成开始，主要讨论半导体中载流子的产生，载流子的统计分布，载流子的运动规律，PN 结特性等。

8.1　本征半导体和杂质半导体

我们知道，极低温度下半导体的能带，要么所有能级被电子占满，要么所有能级都是空的。但半导体的禁带宽度较小，一般均在 2eV 以下，因而在室温已有少量电子从下面的满带（价带）跃迁到上面的空带（导带），电阻率约在 $10^{-4}\sim10^{7}\Omega\cdot m$ 之间（一般绝缘体的室温电阻率在 $10^{12}\Omega\cdot m$ 以上，而金属电阻率则在 $10^{-7}\Omega\cdot m$ 左右）。不过半导体电阻率的一个显著特点在于其对纯度的依赖极为敏感。例如，百万分之一的硼含量就能使纯硅的电阻率成万倍地下降。

1. 本征半导体

本征半导体是指没有杂质没有缺陷的理想半导体，即设想半导体中不存在任何杂质原子，并且原子在空间的排列也遵循严格的周期性。在这种情形下，半导体中的载流子，只能是从满带激发到导带的电子，以及在满带中留下的空穴。这种激发可借助于能给满带电子提供大于禁带宽度 E_g 能量的任何物理作用；然而最常见的则是热激发，即在一定的温度下，由于热运动的起伏，一部分价带电子可以获得超过 E_g 的附加能量而跃迁至导带。称这种过程为本征激发。

如果用 n 和 p 分别代表导带电子和满带空穴的浓度，显然对本征激发应满足 $n=p$，如图 8.1-1 所示。不难想到，对于热激发而言，最易发生的本征激发过程乃是使价带顶附近的电子跃迁至导带底附近，因为这样所需的能量最低。因此以后将总是认为导带中的电子处在导带底附近，而价带中的空穴则处在价带顶附近。

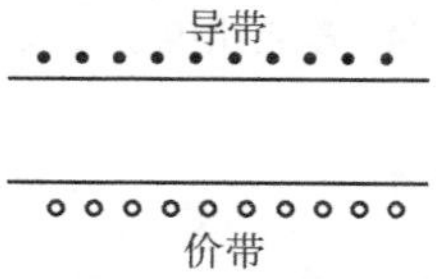

图 8.1-1　本征半导体中的载流子

2. 杂质半导体

如果对纯净半导体掺加适当的杂质，也能提供载流子。把能向导带提供电子的杂质称为施主；而将能接受电子并向价带提供空穴的杂质称为受主。例如，在锗、硅这类处于元素周期表Ⅳ族的半导体中，Ⅲ族杂质硼、铝、镓、铟等是受主杂质，而Ⅴ族杂质磷、砷、锑等则是施主。这些杂质都是以替位的形式存在于锗、硅晶体中的。这种含有杂质原子的半导体被称为杂质半导体。

锗和硅是使用最广的、最重要的半导体材料，晶体结构与金刚石型相似。每个原子的最近邻有四个原子，组成正四面体。锗、硅原子最外层都具有四个价电子，恰好与最近邻原子形成四个共价键。现在设想有一个锗原子为V族原子砷所取代的情形，如图 8.1-2(a)所示。砷原子共有五个价电子，于是与近邻锗原子形成共价键后尚“多余”一个价电子。共价键是一种相当强的化学键，就是说束缚在共价健上的电子能量是相当低的。这个多余的电子不在共价键上，而仅受到砷原子实的静电吸引，这种束缚作用是相当微弱的。只要给这个电子以不大的能量就可使之脱离 As^+的束缚而在晶体内自由运动，即成为导带电子。由此可见，束缚于 As^+上的这个“多余”电子的能量状态，在能带图上的位置应处于导带下方的禁带中，并且十分接近导带底。由于掺杂引起禁带中出现的能级，称为杂质能级。每个施主引进的杂质能级称为施主能级，用 E_D代表。束缚于 As^+周围的电子就是处在施主能级上的电子。导带底 E_C与 E_D的差 $E_I=E_C-E_D$称为施主电离能，因为施主能级上的电子脱离束缚进入导带后，施主杂质就成为荷正电的正离子。可见，如果施主能级为电子占据，则相应于中性的施主原子；而如果施主能级上没有电子，则相应于施主电离成正离子。在表 8.1-1 中列出了锗和硅的重要施主的电离能，其值一般都在 0.05eV 以下。因此，室温已可提供足够的热能，使施主能级上的电子跃迁至导带而使施主电离。顺便指出，在一般掺杂水平下，杂质原子之间的距离是远远大于母体晶格常数的，相邻杂质所束缚的电子波函数不发生交叠，因此它们的能量相同，表现在能带图上，便是位于同一水平上的分立能级，如图 8.1-2(b)所示。显然，掺入施主杂质后，半导体中电子浓度增加，$n>p$，半导体的导电性以电子导电为主，故称为 N 型半导体。施主杂质也可称为 N 型杂质。在 N 型半导体中，电子又称为多数载流子（简称多子），而空穴则称为少数载流子（简称少子）。

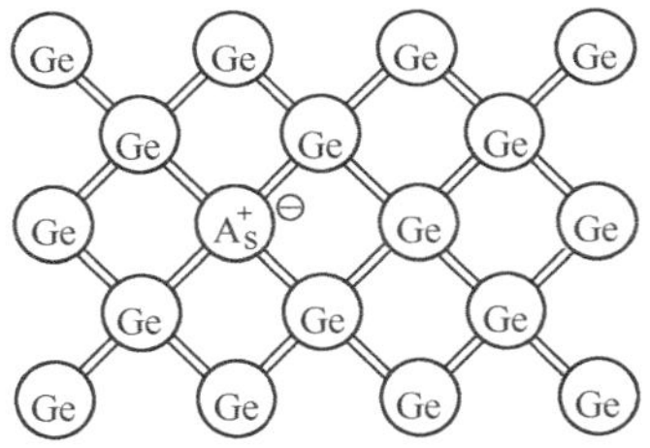

(a) 掺施主杂质

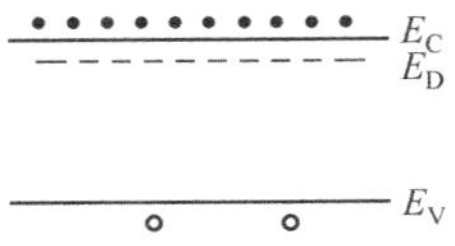

(b) 能带图

图 8.1-2　N 型半导体

表 8.1-1　锗、硅中的浅杂质能级（电离能 E_I，以电子伏特为单位）

杂质元素	施主（$E_I=E_C-E_D$）			受主（$E_I=E_A-E_V$）			
	磷	砷	锑	硼	铝	镓	铟
锗	0.012	0.013	0.0096	0.01	0.01	0.011	0.011
硅	0.045	0.049	0.039	0.045	0.057	0.065	0.16

现在再以锗中掺硼为例，来讨论受主杂质的作用。硼原子只有 3 个价电子，与近邻锗原子组成共价键时尚缺 1 个电子。在此情形下，附近锗原子价键上的电子不需要增加多大能量就可相当容易地来填补硼原子周围价键的空缺，而在原先的价键上留下空位，这也就是价带中缺少了电子而出现了一个空穴，硼原子则因接受一个电子而成为负离子，如图 8.1-3(a)所示。

上述过程所需的能量就是受主电离能。与施主情形类似，受主的存在也在禁带中引进能级，用 E_A 代表。不过 E_A 的位置接近于价带顶 E_V，E_A-E_V 就是受主电离能，如图 8.1-3(b)所示。在一般掺杂水平下，E_A 也表现为能量相同的一些能级。显然，受主能级为电子占据时对应于受主原子电离成荷负电的离子，而空的受主能级则对应于中性受主。在掺受主的半导体中，由于受主电离，使 $p>n$，空穴导电占优势，因而称之为 P 型半导体，受主杂质亦称 P 型杂质。在 P 型半导体中，空穴是多子，电子是少子。

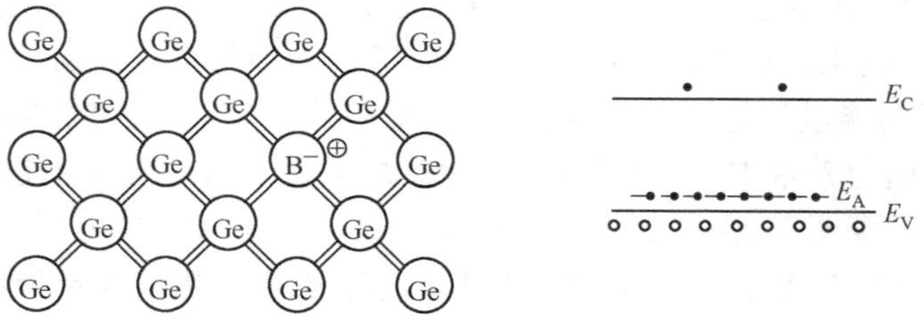

(a) 掺受主杂质　　(b) 能带图

图 8.1-3　P 型半导体

3. 杂质电离能与杂质补偿

将锗、硅中的一些重要受主杂质及其电离能列于表 8.1-1 中。我们注意到，受主电离能与施主电离能并无数量级的差别。

晶体中存在杂质时出现禁带中的能级是由于杂质替代母体晶体原子后改变了晶体的局部势场，使一部分电子能级从许可带中分离了出来。例如 N_D个施主的存在使得导带中有 N_D个能级下移到 E_D处，而 N_A个受主的存在则是使 N_A个能级从价带上移至 E_A处。这就是说，杂质能级是因为破坏了晶格的周期性而引起的。晶体中掺入与基质原子只差一个价电子的杂质原子并形成替位式杂质时，其影响可看做在周期性结构的均匀背景下叠加一个"原子"，这个"原子"只有一个正电荷和一个负电荷，与氢相似，可借用氢原子能级公式处理。但因为背景不是真空，需要做修正：一是要用有效质量 m^* 代替电子的惯性质量 m_0，二是要考虑介质极化的影响，应用介质的介电常数代替真空介电常数。于是，杂质电离能写为

$$E_I = \frac{m^*}{m_0}\frac{E_H}{\varepsilon_r^2} \tag{8.1-1}$$

式中，$E_H = m_0e^4/(8\varepsilon_0^2h^2) = 13.6\text{eV}$，为氢原子的基态电离能；而 ε_r 为母体晶体的相对介电常数。式(8.1-1)所示的数值在数量级上与实验结果一致。常把这类电离能很小、距能带边缘（导带底或价带顶）很近的杂质能级称为浅能级。此外还有其他杂质也具有施主或受主的性质，但在禁带中引进的能级距能带边缘较远而比较接近禁带中央，我们称为深能级。除去杂质原子外，其他晶格结构上的缺陷也可引进禁带中的能级。

应当指出，通常在同一块半导体材料中往往同时存在两种类型的杂质，这时半导体的导电类型主要取决于掺杂浓度高的杂质。例如，设硅中磷的浓度比硼高，则表现为 N 型半导体。图 8.1-4 为同时存在施主和受主，并且施主浓度高于受主浓度时的能带图。我们看出施主能级上的电子除填充受主之外，余下的将激发到导带。由于受主的存在使导带电子数减少，这种作用称为杂质补偿。在常温，由于一般半导体靠本征激发提供的载流子甚少，半导体的导电性质主要取决于

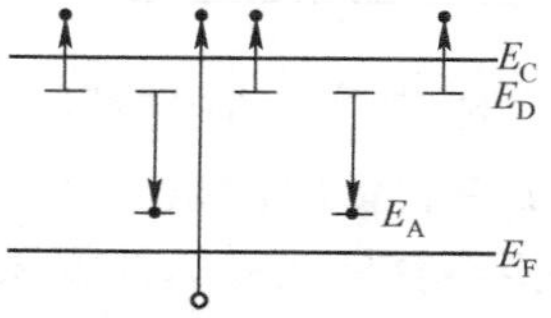

图 8.1-4　杂质补偿

掺杂水平。然而随着温度的升高,本征载流子的浓度将迅速增加,至于杂质提供的载流子则基本上不改变。因此,即使是掺杂半导体,高温时由于本征激发将占主要地位,使 $n \approx p$,也总是呈现出本征半导体的特点。

8.2 半导体中的载流子浓度

上节我们已看到,载流子的浓度与温度及掺杂情况密切相关。若要建立它们之间的定量关系,则需要用到统计物理的知识。下面先介绍费米分布函数,再计算导带电子及价带空穴浓度的一般表达式。

1. 费米分布函数

固体能带是由大量的不连续的能级组成的。每一量子态都对应于一定的能级。在热平衡下,能量为 E 的状态被电子占据的概率为

$$f(E)=\frac{1}{e^{(E-E_F)/k_BT}+1} \tag{8.2-1}$$

$f(E)$ 称为费米分布函数。式中 E_F 称为费米能量,它一般是温度 T 的函数;k_B 为玻尔兹曼常数,$k_B=1.38\times10^{-23}$J/K$=8.62\times10^{-5}$eV/K,室温($T=300$K)时 $k_BT\approx0.026$eV。

图 8.2-1 是 $f(E)$ 在不同温度时的曲线。我们看到对热力学温度 $T=0$,当 $E<E_F$ 时,$f(E)=1$;而当 $E>E_F$ 时,$f(E)=0$;在 $E=E_F$ 处,$f(E)$ 发生陡直的变化。如果温度很低,$f(E)$ 的值从 $E\ll E_F$ 时的接近于 1,下降到 $E\gg E_F$ 时的接近于零;$f(E)$ 在 $E-E_F$ 附近发生很大的变化;温度上升使 $f(E)$ 发生显著变化的能量范围变宽,但在任何情况下,此能量范围约为 E_F 附近 $\pm k_BT$。当 $T\neq0$ 时,在 $E=E_F$ 能级

$$f(E_F)=1/2$$

表示在费米能级 E_F,被电子填充的概率和不被电子填充的概率是相等的。

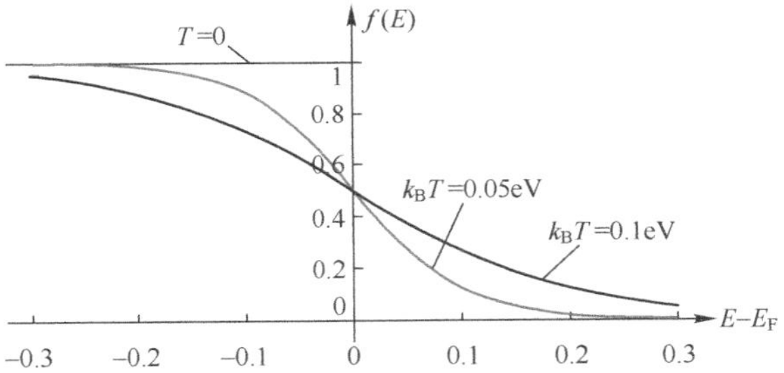

图 8.2-1 费米分布函数曲线

对于能量比 E_F 高很多的能级,当满足 $E-E_F\gg k_BT$ 时,$f(E)$ 中的指数函数远大于 1,分母中的 1 可以忽略,则费米分布函数被简化为

$$f(E)\approx e^{-(E-E_F)/k_BT}=f_B(E) \tag{8.2-2}$$

$f_B(E)$ 称为玻尔兹曼函数。

费米分布函数或玻尔兹曼函数本身并不给出具有某一能量的电子数,而只给出某一指定能态为一个电子所占据的概率。为了确定在具有某一能量的系统中的实际电子数,就必须知道在某一给定范围内可以利用的能态数。用 $g(E)$ 表示晶体中单位体积单位能量间隔的量子

态数，则能量在 $E\sim E+\mathrm{d}E$ 之间的量子态数为 $g(E)\mathrm{d}E$，乘以每个量子态被电子占据的概率 $f(E)$，就得到相应的电子数，即

$$\mathrm{d}n=g(E)f(E)\mathrm{d}E \tag{8.2-3}$$

2. 平衡态下的导带电子浓度和价带空穴浓度

如设导带具有球形等能面，即导带能带结构可表示为 $E=E_C+\dfrac{\hbar^2k^2}{2m_n^*}$，则根据类似于7.6节的讨论，可得

$$g(E)=4\pi\left(\frac{2m_n^*}{h^2}\right)^{3/2}(E-E_C)^{1/2} \tag{8.2-4}$$

式中，m_0、E_C、及 h 分别为电子有效质量、导带底能量值及普朗克常数，并已考虑了电子有两种自旋态。

将式(8.2-4)的 $g(E)$ 和式(8.2-1)的 $f(E)$ 代入式(8.2-3)，得

$$\mathrm{d}n=4\pi\left(\frac{2m_n^*}{h^2}\right)^{3/2}(E-E_C)^{1/2}\frac{\mathrm{d}E}{\mathrm{e}^{\frac{E-E_F}{k_BT}}+1}$$

再将上式积分，即可得导带电子浓度为

$$n=\int\mathrm{d}n=4\pi\left(\frac{2m_n^*}{h^2}\right)^{3/2}\int_{E_C}^{E_{CT}}\frac{(E-E_C)^{1/2}\mathrm{d}E}{\mathrm{e}^{\frac{E-E_F}{k_BT}}+1} \tag{8.2-5}$$

这里 E_{CT} 为导带顶。通常，对导带中的所有能级而言，$f(E)\ll1$，可以用经典的玻尔兹曼分布代替费米分布。我们称这种情形为非简并化。此时，可将式(8.2-5)写为

$$n=4\pi\left(\frac{2m_n^*}{h^2}\right)^{3/2}\mathrm{e}^{E_F/k_BT}\int_{E_C}^{E_{CT}}\mathrm{e}^{-E/k_BT}(E-E_C)^{1/2}\mathrm{d}E$$

再做积分变换，令 $x=(E-E_C)/k_BT$，当 $(E-E_C)/k_BT\gg1$ 时，式中的积分上限推至 ∞ 而不致引入明显误差。于是

$$n=4\pi\left(\frac{2m_n^*}{h^2}\right)^{3/2}\mathrm{e}^{(E_F-E_C)/k_BT}(k_BT)^{3/2}\int_0^{\infty}\mathrm{e}^{-x}x^{1/2}\mathrm{d}x \tag{8.2-6}$$

利用 $\int_0^{\infty}x^{1/2}\mathrm{e}^{-x}\mathrm{d}x=\sqrt{\pi}/2$，并令

$$N_C=2(2\pi m_n^*k_BT/h^2)^{3/2} \tag{8.2-7}$$

则得

$$n=N_C\mathrm{e}^{-(E_C-E_F)/k_BT} \tag{8.2-8}$$

N_C 称为导带有效能级密度。这一术语的意义是很清楚的，由式(8.2-8)可见，为了计算导带电子浓度，我们可以等效地设想导带中所有的能级均位于导带底，并且单位体积的晶体所具有的能态数就是 N_C。

同理，对价带而言，在球形等能面（价带能带可表示为 $E=E_V-\dfrac{\hbar^2k^2}{2m_p^*}$，$m_p^*$ 为空穴有效质量）和非简并（对价带，这意味着 $f(E)\approx1$）情形，可得价带空穴浓度为

$$p=N_V\mathrm{e}^{-(E_F-E_V)/k_BT} \tag{8.2-9}$$

$$N_V=2(2\pi m_p^*k_BT)^{3/2} \tag{8.2-10}$$

这里 E_V 代表价带顶，N_V 称为价带有效能级密度。

对于非球形等能面，能带边缘也不在布里渊区中心的复杂情形（例如锗、硅），式（8.2-7）及式(8.2-10)仍然有效，只要将 m_n^* 及 m_p^* 代以合适的数值(即所谓状态密度有效质量)即可。表 8.2-1列出了 300K 时锗和硅的有效能级密度。

表 8.2-1　锗和硅的有效能级密度(300K)

	N_C/cm^{-3}	N_V/cm^{-3}
锗	1.05×10^{19}	3.9×10^{18}
硅	2.8×10^{19}	1.1×10^{19}

3. 本征载流子浓度与费米能级

式(8.2-8)和式(8.2-9)给出了载流子的计算公式，它们对本征半导体和杂质半导体都是适用的，但公式中的费米能级 E_F 与掺杂有关，通常是未知的，所以一般不能简单地用它们求出载流子浓度。但考察电子浓度和空穴浓度的乘积，由式(8.2-8)和式(8.2-9)得

$$np = N_C N_V e^{-(E_C-E_V)/k_BT} \tag{8.2-11}$$

即乘积与费米能级 E_F 无关，也就是与掺杂无关。在本征半导体中，由于 $n=p$，故将电子或空穴浓度统称为本征载流子浓度，记作 n_i。代入式(8.2-11)得

$$n_i^2 = N_C N_V e^{-(E_C-E_V)/k_BT}$$

即

$$n_i = (N_C N_V)^{1/2} e^{-E_g/2k_BT} \tag{8.2-12}$$

式中，$E_g=E_C-E_V$ 为禁带宽度。式(8.2-12)中 n_i 对温度的依赖关系主要取决于指数因子，从而得到随着温度的上升，本征载流子浓度将急剧增加的结论。对于硅，室温(300K)的 $n_i=1.5\times10^{16}m^{-3}$。由于式(8.2-11)不仅适用于本征半导体，事实上，只要是热平衡条件下非简并化的情形，对杂质半导体仍然成立。结合式(8.2-12)，得

$$np = n_i^2 \tag{8.2-13}$$

式(8.2-13)表明，如果材料中掺施主杂质使电子浓度增加，则空穴浓度必减小；如果材料中掺受主杂质使空穴浓度增加，则电子浓度必减小。

对于本征半导体，利用 $n=p$ 很容易求出它的费米能级，将式(8.2-7)及式(8.2-10)代入，即

$$N_C e^{-(E_C-E_F)/k_BT} = N_V e^{-(E_F-E_V)/k_BT}$$

由此可解得本征费米能级 E_F（改记为 E_{Fi}）

$$E_{Fi} = \frac{E_C+E_V}{2} + \frac{1}{2}k_BT\ln\frac{N_V}{N_C} \tag{8.2-14}$$

令

$$E_i = \frac{1}{2}(E_C+E_V) \tag{8.2-15}$$

代表禁带中央能量，并注意式(8.2-7)、式(8.2-10)，得

$$E_{Fi} = E_i + \frac{1}{2}k_BT\ln\left(\frac{m_p^*}{m_n^*}\right)^{3/2} \tag{8.2-16}$$

一般 m_p^* 和 m_n^* 具有相同的数量级，故常可将上式等号右边第二项略去。即对本征半导体有

$$E_{Fi} \approx E_i \tag{8.2-17}$$

式(8.2-17)表明，本征半导体的费米能级接近禁带中央。

与本征半导体不同，掺杂半导体中电子和空穴的浓度一般不相等，所以费米能级一般也不在禁带中央。N 型半导体中，$n>p$，所以费米能级偏向导带；P 型半导体中，$p>n$，所以费米能级偏向价带。

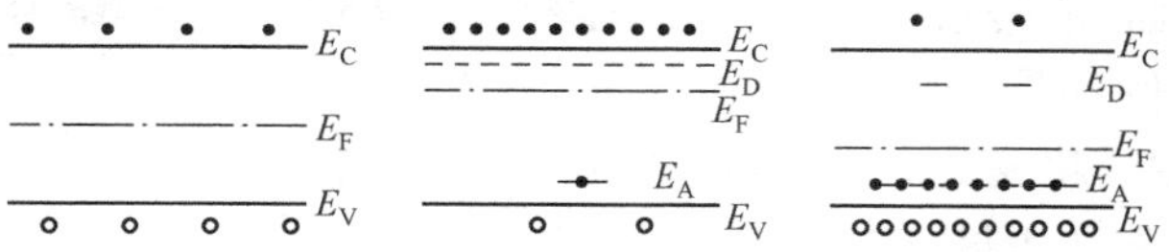

(a) 本征半导体　　(b) N型半导体　　(c) P型半导体

图 8. 2-2　室温半导体的费米能级

4. 杂质充分电离时的载流子浓度

对于杂质半导体,载流子除来源于本征激发外,还来源于杂质电离。下面先讨论仅掺施主的N型半导体,设掺杂浓度为 N_D,电离了的杂质浓度为 N_D^+。通常,在温度不是很低、掺杂浓度又不是很高的情况下,杂质基本上都电离了,即 $N_D^+ \approx N_D$。那么,电子浓度是否等于 $n_i+N_D^+$ 呢?其实不然,因为离开杂质原子的电子,并没有全部进入导带,有部分落到了价带,使空穴数目减少。更确切地说,这时平衡条件发生了变化。需要满足

$$n=N_D^+ +p \approx N_D+p \tag{8. 2-18}$$

式(8. 2-18)等号左边代表负电荷数,右边代表总的正电荷数,也称电中性条件。将式(8. 2-13)即 $np=n_i^2$ 代入上式,得 $p(p+N_D)=n_i^2$,解得

$$p=\frac{1}{2}\left(-N_D \pm \sqrt{N_D^2+4n_i^2}\right)$$

由于 $p>0$,上式中应取正号,故

$$p=\frac{1}{2}\left(-N_D+\sqrt{N_D^2+4n_i^2}\right) \tag{8. 2-19}$$

代入式(8. 2-18)得

$$n=\frac{1}{2}\left(N_D+\sqrt{N_D^2+4n_i^2}\right) \tag{8. 2-20}$$

通常本征载流子浓度 n_i 数值较小,满足 $N_D \gg n_i$,此时

$$n=N_D, \quad p \approx n_i^2/N_D \tag{8. 2-21}$$

一般为了避免两个数值十分接近的数相减而带来较大的计算误差,少子空穴浓度不由式(8. 2-19) 计算,而是利用多子浓度计算,即用公式 $p=n_i^2/n$ 计算。

同理,仅掺受主的 P 型半导体,设掺杂浓度为 N_A,载流子浓度由下式计算

$$p=\frac{1}{2}\left(N_A+\sqrt{N_A^2+4n_i^2}\right), \quad n=n_i^2/p \tag{8. 2-22}$$

在温度不是很高时, n_i 数值较小,满足 $N_A \gg n_i$,则

$$p \approx N_A, \quad n \approx n_i^2/N_A \tag{8. 2-23}$$

如果材料中同时掺入了施主和受主,则根据补偿原理,需要比较两种杂质的多少。如果施主浓度高于受主浓度,即 $N_D>N_A$,则材料为 N 型半导体,用 $N_D'=N_D-N_A$ 代替前面的 N_D;如果 $N_A>N_D$,则为 P 型半导体,用 $N_A'=N_A-N_D$ 代替式(8. 2-22)和式(8. 2-23)中的 N_A。

求出载流子浓度后,可用式(8. 2-8)或式(8. 2-9)求出费米能级。表征能级一般需有一个参考位置。假设同一材料因掺杂不同而使费米能级位置不同,由式(8. 2-8)可得

$$\frac{n_1}{n_2}=e^{(E_{F1}-E_{F2})/k_BT}$$

改写成 $$E_{F1}=E_{F2}+k_BT\ln\left(\frac{n_1}{n_2}\right)$$

因为本征半导体的费米能级在禁带中央，即当 $n_2=n_i$ 时，$E_{F2}=E_i$，所以费米能级以禁带中央为参考位置的表达式为

$$E_F=E_i+k_BT\ln\left(\frac{n}{n_i}\right) \tag{8.2-24}$$

由于 $n=n_i^2/p$，上式也可表示为

$$E_F=E_i-k_BT\ln\left(\frac{p}{n_i}\right) \tag{8.2-25}$$

【例 8-1】 设 N 型硅，掺施主浓度 $N_D=1.5\times10^{14}\text{cm}^{-3}$，试分别计算温度在 300K 和 500K 时电子和空穴的浓度和费米能级的位置。设温度在 300K 和 500K 时的本征载流子浓度分别为 $n_i=1.5\times10^{10}\text{cm}^{-3}$ 和 $n_i=2.6\times10^{14}\text{cm}^{-3}$。

解：（1）$T=300\text{K}$ 时，因为 $N_D\gg n_i$，故电子主要来源于杂质电离，所以

$$n\approx N_D=1.5\times10^{14}\text{cm}^{-3}$$

$$p=n_i^2/n=2.25\times10^{20}/(1.5\times10^{14})=1.5\times10^6\text{cm}^{-3}$$

$$E_F=E_i+k_BT\ln\frac{n}{n_i}=E_i+0.026\ln\frac{1.5\times10^{14}}{1.5\times10^{10}}=E_i+0.239\text{eV}$$

（2）$T=500\text{K}$ 时，因为 N_D 与 n_i 为同一量级，故电子的来源除了杂质电离外，本征激发不能忽略，所以列出联立方程组

$$\begin{cases}n=N_D^++p\approx N_D+p\\ np=n_i^2\end{cases}$$

消去 p 解得 $$n=\frac{1}{2}\left[N_D+\sqrt{N_D^2+4n_i^2}\right]$$

将 N_D 与 n_i 的数据代入，得

$$n=3.46\times10^{14}\text{cm}^{-3}$$

$$p=n_i^2/n=(2.6\times10^{14})^2/(3.46\times10^{14})=1.95\times10^{14}\ \text{cm}^{-3}$$

$$E_F=E_i+k_BT\ln\frac{n}{n_i}=E_i+0.026\times\frac{500}{300}\ln\frac{3.46\times10^{14}}{2.6\times10^{14}}=E_i+0.012\text{eV}$$

这个例子说明 $T=500\text{K}$ 时，多数载流子浓度 n 与少数载流子浓度 p 差别不大，杂质导电特性已不明显。

*5. 温度较低时的载流子浓度

如果温度很低，热运动能量不足以使杂质充分电离，电离了的杂质可能比实际掺入的杂质少许多，则需要仔细计算电离杂质的浓度。然而，杂质能级上的量子态被电子占有的概率与能带中的量子态是不同的，原因是一个杂质能级有 2 个自旋态，但只能容纳 1 个电子，可以证明电子占据施主能级的概率是

$$f_D(E_D)=\frac{1}{\frac{1}{2}e^{\frac{E_D-E_F}{k_BT}}+1} \tag{8.2-26}$$

与费米分布相比，分母中多了一个 1/2 因子，所以比 $f(E_D)$ 要大一些。但比 $2f(E_D)$ 要小，且满足 $0\leqslant f(E_D)\leqslant1$。而受主能级为空（或说空穴占据受主能级）的概率是

$$f_A(E_A)=\frac{1}{\frac{1}{2}e^{\frac{E_F-E_A}{k_BT}}+1} \tag{8.2-27}$$

下面考虑仅掺施主的 N 型半导体。设施主杂质的浓度为 N_D，结合式(8.2-26)可计算电离的施主浓度为

$$N_D^+=N_D[1-f_D(E_D)]=N_D\frac{1}{1+2e^{(E_F-E_D)/k_BT}} \tag{8.2-28}$$

由电中性条件知

$$n=p+N_D^+ \tag{8.2-29}$$

在较低温度下，本征激发较弱，空穴浓度远小于电子浓度，所以 $n\approx N_D^+$。由式(8.2-8)和式(8.2-28)，得

$$N_Ce^{-(E_C-E_F)/k_BT}=N_D\frac{1}{1+2e^{(E_F-E_D)/k_BT}} \tag{8.2-30}$$

令

$$x=e^{-(E_C-E_F)/k_BT},\quad \eta=e^{(E_C-E_D)/k_BT} \tag{8.2-31}$$

则式(8.2-31)可改写为

$$x(1+2\eta x)=\frac{N_D}{N_C}$$

解得

$$x=\frac{1}{4\eta}\left[-1+\sqrt{1+8\eta\frac{N_D}{N_C}}\right] \tag{8.2-32}$$

解出 x 后，电子浓度可由 $n=N_Cx$ 求出。

图 8.2-3 所示为 N 型硅中电子浓度与温度的关系曲线。温度很低时，杂质电离很弱，电子浓度很低。温度升高到一定数值后，杂质较多被电离，电子浓度迅速增加。温度再高，杂质可视为全部被电离，多数载流子(电子)的浓度基本上是不随温度而变化的。但此时本征激发尚不明显，这段温度范围常称为饱和温区。由图 8.2-3 可看出，在相当宽的温度范围属于饱和温区，虽然掺杂浓度不同饱和温区的范围有所不同，但室温(300K 附近)一般在饱和温区。

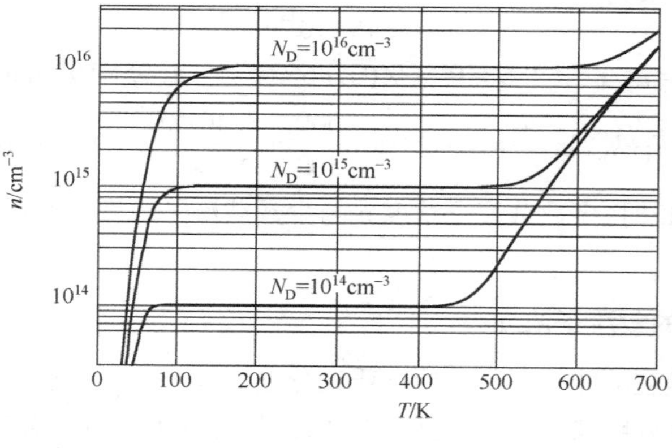

图 8.2-3　N 型硅中电子浓度与温度的关系曲线

*6. 重掺杂下的载流子浓度

由于施主能级位于导带底下方，所以施主能级被电子占据的概率总是比导带中的能级高。在 $N_D \ll N_C$ 时，即使大多数杂质电离后的电子进入导带，导带中的能级被电子占据的概率仍很小。但当 N_D 的量级接近 N_C 时，由于平衡态下高能级电子占有率不会高于低能级，故施主能

级上的电子占有率不会很低,杂质不可能充分被电离。若杂质多数没有被电离,则说明费米能级可能高于施主能级而向能带边缘靠近,甚至进入导带。显然,这时 $E-E_F \gg k_B T$ 的关系也不再成立,换言之,不能再采用经典的玻尔兹曼统计,而必须严格按费米统计计算能带中载流子的浓度。对于 P 型半导体,重掺杂会导致费米能级靠近价带甚至进入价带。出现上述情形的半导体,称为**简并半导体**。

下面来推导简并半导体中载流子浓度的一般表达式。与非简并半导体不同的是,费米分布函数不能简化为玻尔兹曼函数,故式(8.2-5)中的被积函数不能简化,但积分上限仍可扩充至无限而不会有大的误差。即

$$n = 4\pi\left(\frac{2m_n^*}{h^2}\right)^{3/2}\int_{E_C}^{\infty}\frac{(E-E_C)^{1/2}\mathrm{d}E}{\mathrm{e}^{\frac{E-E_F}{k_B T}}+1} \tag{8.2-33}$$

令

$$\xi = \frac{E_F - E_C}{k_B T} \tag{8.2-34}$$

并做积分变换 $x=\dfrac{E-E_C}{k_B T}$,注意到式(8.2-7),式(8.2-33)可化为

$$n = N_C\frac{2}{\sqrt{\pi}}\int_0^{\infty}\frac{x^{1/2}}{1+\exp(x-\xi)}\mathrm{d}x \tag{8.2-35}$$

令

$$F_{1/2}(\xi) = \int_0^{\infty}\frac{x^{1/2}}{1+\exp(x-\xi)}\mathrm{d}x \tag{8.2-36}$$

则

$$n = N_C\frac{2}{\sqrt{\pi}}F_{1/2}(\xi) \tag{8.2-37}$$

$F_{1/2}(\xi)$ 称为费米积分,其值可以数值积分得到。

同理可得到简并半导体价带空穴浓度表达式为

$$p = N_V\frac{2}{\sqrt{\pi}}F_{1/2}(\xi')\quad\left(\text{其中 }\xi'=\frac{E_V-E_F}{k_B T}\right) \tag{8.2-38}$$

8.3 载流子的漂移运动

均匀半导体中不加外场时,载流子的运动是随机的,各个方向都有,所以载流子随机运动速度的平均值为零。加外场后,载流子在外场作用下运动速度的平均值不再为零,即有一定的定向运动。载流子在外场作用下非随机的定向运动称为漂移运动。

1. 迁移率

考虑空穴在半导体内运动,设单位体积空穴数为 p,速度为 v_p。取一面元 $\mathrm{d}s$ 与速度垂直,在 $\mathrm{d}t$ 时间内空穴的运动距离为 $v_p\mathrm{d}t$,如图 8.3-1 所示,在 $\mathrm{d}t$ 时间内小柱体端面 A、B 间的所有空穴都会流过面元 $\mathrm{d}s$,故电荷量

$$\mathrm{d}Q = q\cdot p\cdot \mathrm{d}s v_p \mathrm{d}t$$

所以单位时间流过单位面积的电荷,即电流密度为

$$J_p = \mathrm{d}Q/(\mathrm{d}s\mathrm{d}t) = qpv_p \tag{8.3-1}$$

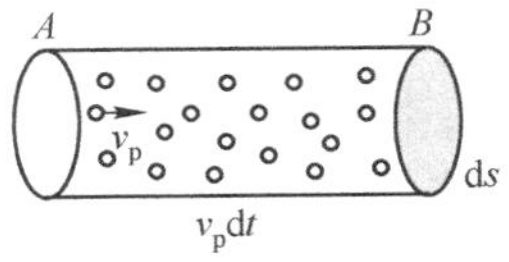

图 8.3-1　电荷运动形成电流

或写成矢量式
$$J_p = qp\boldsymbol{v}_p \tag{8.3-2}$$
上面假设所有空穴的运动速度是相同的，而实际情况并非如此。例如均匀半导体中不加外场时，空穴的运动是随机的，各方向都有，所以式(8.3-2)中的速度矢量应该理解为平均值。随机运动时速度平均值为零，故电流也为零。加电场后，空穴运动速度的平均值不再为零，这个平均速度称为电场作用下的漂移速度 v_{dp}。一般情况下漂移速度正比于外加的电场强度，即
$$\boldsymbol{v}_{dp} = \mu_p \boldsymbol{E} \tag{8.3-3}$$
比例系数 μ_p 称为空穴的迁移率。于是，式(8.3-2)改写为
$$\boldsymbol{J}_p = qp\mu_p \boldsymbol{E} \tag{8.3-4}$$
对于电子也有类似的关系式，即
$$\boldsymbol{J}_n = qn\mu_n \boldsymbol{E} \tag{8.3-5}$$
其中 μ_n 称为电子的迁移率。应当指出，电子的漂移速度与电场强度方向相反，但其电量是负值，所以电子电流仍与电场同向。

在第 7 章讨论过，晶体的周期性势场对电子运动的影响可以用有效质量来简化。载流子在外场下获得的加速度由 $\boldsymbol{F}=m^*\boldsymbol{a}$ 决定，如果外场恒定则加速度不变，载流子不断加速，速度越来越快。然而实际情况并非如此，由于某种实际因素导致在半导体中势场偏离严格的周期性，例如杂质、晶格振动、晶体缺陷等。载流子在运动中会受到碰撞(散射)而改变运动方向。载流子漂移运动是电场加速和不断碰撞(散射)的结果，两种因素的共同作用使载流子在恒定外场下有稳定的漂移速度。

迁移率一方面决定于有效质量(加速作用)，另一方面决定于散射概率。不同的散射机构对载流子的散射概率是不同的。电离杂质对载流子的散射概率 P_i 与温度 T 和电离杂质浓度 N_i 的关系为
$$P_i \propto N_i T^{-3/2} \tag{8.3-6}$$
N_i 越大，载流子受到散射的机会就越多；温度越高，载流子热运动的平均速度越大，可以较快地掠过电离杂质库仑场的作用，偏转就小，所以散射概率越小。晶格振动对载流子也会起散射作用，声学波散射概率 P_s 与温度 T 的关系为
$$P_s \propto T^{3/2} \tag{8.3-7}$$
这说明温度越高，晶格振动越强烈，对载流子的散射作用就越大。光学波对载流子的散射也随温度升高而增强，变化甚至更明显。因此，在较高的温度下晶格散射是主要的因素，它随温度增加而增加，杂质散射在较低温度下可以成为主要的因素。

2. 电导率

半导体中同时存在电子和空穴，由式(8.3-4)和式(8.3-5)得到总电流为
$$\boldsymbol{J}=\boldsymbol{J}_p+\boldsymbol{J}_n=q(p\mu_p+n\mu_n)\boldsymbol{E} \tag{8.3-8}$$
与欧姆定律的微分形式即 $\boldsymbol{J}=\sigma\boldsymbol{E}$ 比较，得到电导率为
$$\sigma = q(p\mu_p+n\mu_n) \tag{8.3-9}$$
对于 N 型半导体，$n \gg p$，故电导率近似为 $\sigma=qn\mu_n$；P 型半导体，$p \gg n$，故电导率近似为 $\sigma=qp\mu_p$；本征半导体，$p=n=n_i$，$\sigma=qn_i(\mu_p+\mu_n)$。

由式(8.3-9)可知，材料的电导率由载流子浓度和迁移率共同决定。图 8.3-2 是锗样品电导率随温度变化的曲线。可以看到不同的样品在较低温度时 σ 是不同的。这是由于在杂质激发的范围内，载流子数目随所含杂质情况不同而不同。高温时各样品的 σ 趋于一致，表明

本征激发已成为主要的，载流子只决定于材料能带情况，与杂质无关。值得注意的是在中间的温度，当温度升高时 σ 反而下降。这是由于在这一范围，杂质已基本上全部电离，因此载流子数目已不大增加，而晶格散射随温度升高而加强，使得迁移率下降。

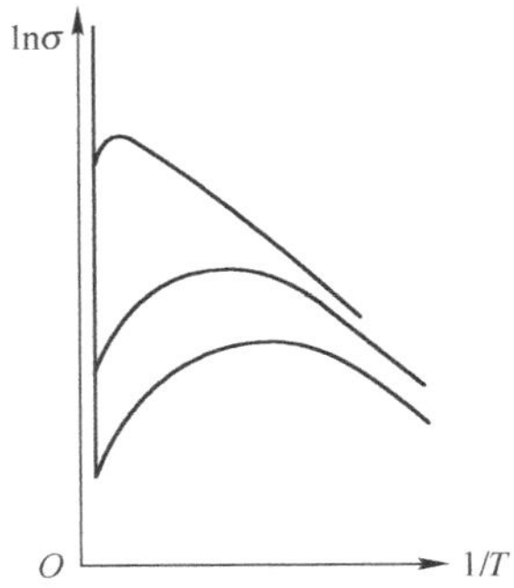

图 8.3-2　锗的电导率和温度的关系曲线

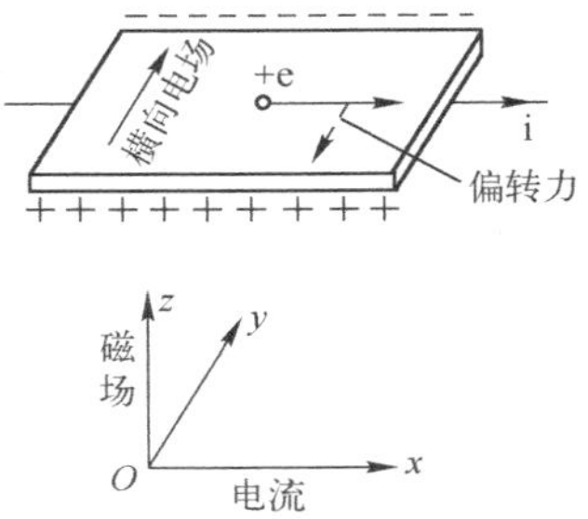

图 8.3-3　霍尔效应

*3. 霍尔效应

虽然电导率的实验测量已经成为测定半导体材料规格和研究半导体的基本方法，但由于 σ 中包含了各种因素，仅仅依靠电导的测量做深入的分析会受到很大限制。霍尔效应原来是在金属中发现的，但是在半导体中这个效应更为显著，而且对于半导体的分析能提供一些特别重要的信息。因此，结合半导体的研究，霍尔效应的研究有了很大的发展。可以粗浅地说明霍尔效应如下：半导体片放置在 xy 平面内，电流沿 x 方向，磁场垂直于半导体片而沿 z 方向，如图 8.3-3 所示。如果是空穴导电，它们沿电流方向运动，受到磁场的洛伦兹偏转力为

$$\boldsymbol{f}_{\mathrm{L}}=q\boldsymbol{v}\times\boldsymbol{B}$$

方向是沿 $-y$ 的方向，使空穴除 x 方向运动外还产生向 $-y$ 的运动。这种横向运动将造成半导体片两边电荷积累，从而产生一个沿 y 方向的电场 E_y。在实际测量的稳定情况中，E_y 的横向力刚好抵消磁场的偏转力：

$$qE_y=q(v_xB_z)$$

因为电流密度为

$$J_x=qpv_x$$

所以

$$E_y=\frac{1}{qp}J_xB_z \qquad (8.3\text{-}10)$$

系数 $1/(qp)=R_{\mathrm{H}}$ 称为霍尔系数。如果是 N 型电子导电，情况是类似的，只是电场沿 $-y$ 方向

$$E_y=-\frac{1}{qn}J_xB_z \qquad (8.3\text{-}11)$$

因此 $R_{\mathrm{H}}=-1/(qn)$，即霍尔系数是负值。

由于霍尔系数与载流子数目成反比，因此半导体的霍尔效应比金属强得多。由霍尔系数的测定可以直接得到载流子的密度，而且，从它的符号可以确定是空穴导电还是电子导电。

8.4　非平衡载流子及其运动

1. 稳态与平衡态

如果一个系统的状态不随时间变化，则称系统到达了稳态；如果一个系统的状态不随时间

变化,且与外界没有物质及能量交换,则此系统就处于平衡态。在平衡态下,系统内各点温度处处相同,能带中电子的分布服从费米分布。在非简并情形下,载流子浓度可由式(8.2-8)和式(8.2-9)计算,所以满足 $p_0n_0=n_i^2$。这里给载流子浓度加上下标"0",以强调为平衡态下的浓度值。实际上平衡是一种动态平衡,不断地有电子-空穴对通过本征激发产生出来,同时不断地有电子和空穴相遇而彼此复合消失。当产生率 G(单位时间通过单位体积产生的电子-空穴对数)和复合率 R(单位时间通过单位体积复合掉的电子-空穴对数)相等时,材料内的电子和空穴数就达到了稳定值。通常在平衡态下,无论是导带电子还是价带空穴都是借助于热激发产生的,就是说杂质电离或本征激发所需的能量都是来自热能。这种载流子称为平衡载流子。平衡态下的产生率和复合率分别记为 G_0 和 R_0,则 $G_0=R_0$。

然而,除了热激发,还可以借助于其他方法产生载流子,从而使电子和空穴的浓度超过热平衡时的数值 n_0 和 p_0。把这种"过剩"的载流子称为非平衡载流子。非平衡载流子是半导体器件工作中的一个极为重要的因素。通常可用光学或电学的方法产生非平衡载流子。例如可以对半导体照射光子能量超过禁带宽度的光波,或是对 PN 结施加正向偏压,以产生非平衡载流子,分别称之为非平衡载流子的光注入和电注入。现在设想以稳定的光照射半导体,光照开始时, $G>R$,由于载流子产生率的增加,使电子与空穴的浓度升高,这必然导致复合率升高,直至在新的基础上产生率又与复合率相等时,再达到稳态。此时载流子的浓度 n 及 p 均比热平衡时的数值增加了 Δn 及 Δp,而且光照引起的载流子浓度变化满足 $\Delta n=\Delta p$。

如果是 N 型半导体, Δn 可能远小于平衡多子浓度 n_0;但 Δp 却可能远大于平衡少子浓度 p_0,就是说非平衡少子浓度可以远较平衡值为大。

进一步设想,在达到稳态之后的某个时刻将光照撤除,即撤除对热平衡的扰动,自然可以预期载流子的浓度 n 及 p 经过一段时间后将恢复到热平衡值 n_0 和 p_0。这是由于在光照停止后的一段时间内复合率将大于产生率(稳态时两者相等,光照停止则使产生率下降),从而导致载流子浓度随时间下降,直至平衡恢复。下面针对 N 型半导体中的少子空穴来定量地计算非平衡载流子的浓度随时间的衰减规律。

2. 寿命

光照停止后,热激发仍然存在,所以载流子的产生率并不为零。因此,采用"净复合率"这一术语描写载流子浓度的实际减小量:

$$\text{净复合率 } \gamma=\text{复合率 } R-\text{产生率 } G$$

此时的产生率仅由热激发引起,即 $G=G_0$。

载流子的复合可以有多种途径。半导体中的自由电子和空穴在运动中会有一定概率直接相遇而复合,使一对电子和空穴同时消失,这称为直接复合。从能带角度讲,直接复合就是导带电子直接落入价带与空穴复合。实际半导体中含有杂质和缺陷,它们在禁带中形成能级,导带电子可能先落入这些能级,然后再落入价带与空穴复合,这称为间接复合。无论直接复合还是间接复合,净复合 γ 一般正比于 $(pn-n_i^2)$,显然,平衡态时由于 $pn=p_0n_0=n_i^2$,故 $\gamma=0$。对于硅、锗等半导体材料,直接复合概率较小,间接复合往往起主导作用。研究表明,对于间接复合,γ 可表示为

$$\gamma=\frac{pn-n_i^2}{(p+p_1)\tau_n+(n+n_1)\tau_p} \tag{8.4-1}$$

这里 $n_1=n_i e^{(E_t-E_i)/k_BT}$，$p_1=n_i e^{(E_i-E_t)/k_BT}$，$E_t$ 为复合中心能级；τ_n 和 τ_p 的意义将在后面介绍。仔细分析可知，γ 取决于少数载流子浓度。设空穴为少子,则

$$pn=(p_0+\Delta p)(n_0+\Delta n)\approx p_0n_0+n_0\Delta p$$

上式利用了 $p_0\ll n_0$ 和 $\Delta n=\Delta p$。最有效的复合中心是位于禁带中央附近的深能级,故 n_1 和 p_1 也较小,代入式(8.4-1)不难得出

$$\gamma\approx\Delta p/\tau_p \tag{8.4-2}$$

也就是说,净复合率正比于非平衡少子浓度。在任意时刻 t,少子的浓度为 $p(t)$,而在时刻 $t+\delta t$时少子浓度为 $p(t+\delta t)$。如用 γ 代表空穴的净复合率，则有

$$\gamma\delta t=p(t)-p(t+\delta t)=-\delta p$$

这里用 δp 代表空穴浓度的增量,光照停止后它应为负值。在极限情形有

$$\gamma=-\mathrm{d}p/\mathrm{d}t \tag{8.4-3}$$

结合式(8.4-2),得到空穴浓度 p 所满足的微分方程

$$\frac{\mathrm{d}p}{\mathrm{d}t}+\frac{p-p_0}{\tau_p}=0 \tag{8.4-4}$$

容易看出，τ_p 具有时间的量纲,后面将介绍其物理意义。式(8.4-4)的解可写成

$$p=p_0+Ce^{-t/\tau_p} \tag{8.4-5}$$

如果取光照停止的瞬时作为时间的起点,则可由 $t=0$ 时，$p(0)=p_0+\Delta p(0)$,代入式(8.4-5)得积分常数 $C=\Delta p(0)$,所以

$$\Delta p=p-p_0=\Delta p(0)e^{-t/\tau_p} \tag{8.4-6}$$

式(8.4-6)说明非平衡载流子浓度随时间做指数衰减。非平衡载流子浓度不是突然降为零的,表明非平衡载流子的“生存时间”有长有短。在 $t\sim t+\delta t$ 时间内消失掉的非平衡空穴数为

$$\delta p=\Delta p(t)-\Delta p(t+\delta t)\approx\frac{1}{\tau_p}\Delta p(0)e^{-t/\tau_p}\delta t$$

因此平均“生存时间”为

$$\bar{t}=\frac{\sum(t\cdot\delta p)}{\sum\delta p}=\frac{\int_0^\infty t\cdot e^{-t/\tau_p}\mathrm{d}t}{\int_0^\infty e^{-t/\tau_p}\mathrm{d}t}=\tau_p \tag{8.4-7}$$

所以参量 τ_p 称为非平衡载流子(空穴)的寿命。

τ_p 的物理意义就是非平衡载流子浓度衰减至 1/e 所需的时间或非平衡载流子的平均生存时间,它可以描写扰动撤除后平衡恢复的快慢。式(8.4-6)早已得到实验证实,实际上这正是通常用光电导衰退法测量非平衡少子寿命的理论基础。

非平衡载流子的寿命与半导体中晶体结构的缺陷,以及重金属杂质的存在与否有着直接的关系。这些晶格不完整性的存在往往促进了非平衡载流子的复合而使其寿命降低。因此非平衡载流子寿命的测量就成了鉴定半导体材料晶体质量的常规手段。

3. 扩散运动

下面讨论非平衡载流子在空间不均匀分布时的情况。如图 8.4-1 所示,设想以均匀光照射半无限的 N 型半导体表面,因此该问题实际上可简化成一维来处理。

假设半导体对光的吸收相当强,以至于实际上可以认为只是在表面极薄的一层范围内产

生非平衡载流子,从而形成了表面与体内载流子浓度的差异。非平衡的空穴将向材料内部扩散。取垂直于半导体表面指向内部为 x 轴的正方向。

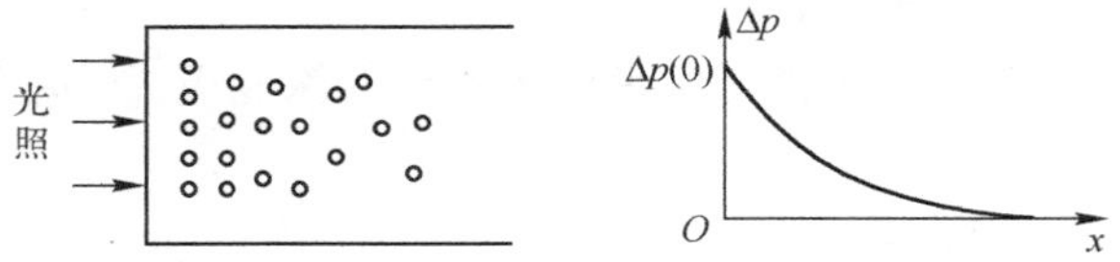

图 8.4-1 空穴扩散

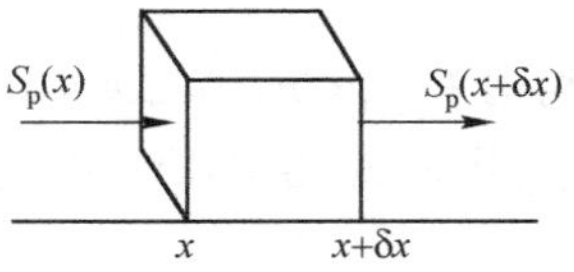

图 8.4-2 扩散流密度的不同

以 S_p 代表空穴扩散流密度(单位时间通过单位面积扩散的空穴数),根据扩散的一般规律有

$$S_p = -D_p \frac{\partial \Delta p}{\partial x} \tag{8.4-8}$$

式中,D_p 为空穴的扩散系数。此式表明非平衡载流子的扩散速度与其浓度的梯度成正比,扩散方向与梯度方向相反。现考虑一小体积元,如图 8.4-2 所示,设底面积为 Σ,则单位时间通过 x 处底面流入小体积元的空穴数为 $S_p(x) \cdot \Sigma$,通过 $x+\delta x$ 处底面流出小体积元的空穴数为 $S_p(x+\delta x) \cdot \Sigma$,两者之差就是净复合空穴数。故

$$S_p(x) \cdot \Sigma - S_p(x+\delta x) \cdot \Sigma = \frac{\Delta p}{\tau_p} \cdot \Sigma \cdot \delta x$$

即

$$-\frac{\partial S_p}{\partial x} = \frac{\Delta p}{\tau_p} \tag{8.4-9}$$

式中,Δp 为非平衡空穴浓度,S_p 为空穴扩散流密度。式(8.4-9)等号左边代表空穴扩散流密度随空间位置的变化而引起的空穴积累;右边则代表复合引起的损失。将式(8.4-8)代入式(8.4-9),Δp 满足的方程为

$$\frac{\partial^2 \Delta p}{\partial x^2} - \frac{\Delta p}{D_p \tau_p} = 0 \tag{8.4-10}$$

其一般解可写为

$$\Delta p = C_1 \exp\left(\frac{x}{\sqrt{D_p \tau_p}}\right) + C_2 \exp\left(-\frac{x}{\sqrt{D_p \tau_p}}\right)$$

利用 $x=0$ 处 $\Delta p = \Delta p(0)$ 和 $x=\infty$ 处应与平衡情形一致,即由 $\Delta p(\infty)=0$ 的边界条件可定出 $C_1=0, C_2=\Delta p(0)$,所以

$$\Delta p = \Delta p(0) \exp\left(-\frac{x}{\sqrt{D_p \tau_p}}\right) \tag{8.4-11}$$

式(8.4-11)即为非平衡少子浓度的空间分布。式中 $\sqrt{D_p \tau_p}$ 具有长度的量纲,称为扩散长度,用 L_p 表示:

$$L_p = \sqrt{D_p \tau_p} \tag{8.4-12}$$

L_p 反映非平衡载流子在遭遇复合前平均能扩散的距离,其物理意义则是非平衡载流子浓度降至 1/e 所需的距离。

完全类似地,对非平衡电子,其扩散长度为

$$L_n = \sqrt{D_n \tau_n} \tag{8.4-13}$$

式中,D_n 及 τ_n 分别为电子的扩散系数和寿命。

扩散系数与迁移率之间存在着著名的爱因斯坦关系

$$D_p/\mu_p = k_B T/q, \quad D_n/\mu_n = k_B T/q \tag{8.4-14}$$

这里 k_B 为玻尔兹曼常数，T 为热力学温度，q 为电子电量。

4. 连续性方程

在许多实际问题中，往往需要分析非平衡载流子同时存在扩散运动和漂移运动时的运动规律，从而得到它们的分布。

为简单起见，仍讨论图 8.4-1 的情形，即光均匀照在 N 型半导体表面，假设半导体对光的吸收相当强，实际上可以认为只是在表面极薄的一层范围内产生非平衡载流子。再令沿 x 方向施加电场 E。则少数载流子将同时存在扩散运动和漂移运动，空穴流密度为

$$S_p = p\mu_p E - D_p \frac{dp}{dx} \tag{8.4-15}$$

式中，第一项为漂移流密度，第二项为扩散流密度。

在运动过程中，空穴会不断地和电子复合而减少，因此空穴流密度是随 x 变化的。与式(8.4-9)推导方法类似，因空穴运动引起在单位体积的空穴积累率为 $-dS_p/dx$，所以反映空穴运动的连续性方程为

$$\frac{\partial p}{\partial t} = -\frac{dS_p}{dx} + G - R \tag{8.4-16}$$

式中，G 为产生率，R 为复合率。将 G 写为

$$G = G_0 + g \tag{8.4-17}$$

g 为除热激发外其他外界作用的产生率（如光在半导体内部有吸收时，体内光生载流子的产生率）。热平衡时产生等于复合，所以

$$G - R = (G_0 + g) - (R_0 + \gamma) = g - \gamma \tag{8.4-18}$$

γ 为非平衡载流子的净复合率。热平衡时 $\gamma = 0$；对 N 型半导体，$\gamma = \Delta p/\tau_p$；对 P 型半导体，$\gamma = \Delta n/\tau_n$。将式(8.4-15)和式(8.4-18)代入式(8.4-16)得

$$\frac{\partial p}{\partial t} = D_p \frac{\partial^2 p}{\partial x^2} - \mu_p E \frac{\partial p}{\partial x} - \mu_p p \frac{\partial E}{\partial x} + g - \gamma \tag{8.4-19}$$

类似地，电子流密度为

$$S_n = -n\mu_n E - D_n \frac{dn}{dx} \tag{8.4-20}$$

电子运动连续性方程为

$$\frac{\partial n}{\partial t} = D_n \frac{\partial^2 n}{\partial x^2} + \mu_n E \frac{\partial n}{\partial x} + \mu_n n \frac{\partial E}{\partial x} + g - \gamma \tag{8.4-21}$$

连续性方程反映了半导体中载流子运动的普遍规律，是研究半导体器件原理的基本方程之一。

电子和空穴都是带电粒子，无论扩散运动或漂移运动都伴随着电流的出现。空穴电流为

$$J_p = qS_p = qp\mu_p E - qD_p \frac{dp}{dx} \tag{8.4-22}$$

式中，q 为电子电量。电子电流为

$$J_n = -qS_n = qn\mu_n E + qD_n \frac{dn}{dx} \tag{8.4-23}$$

总电流为空穴电流与电子电流之和

$$J = J_p + J_n = q(p\mu_p + n\mu_n)E + q\left(D_n \frac{dn}{dx} - D_p \frac{dp}{dx}\right) \tag{8.4-24}$$

8.5　PN 结

如果把一块 P 型半导体和一块 N 型半导体（如 P 型硅和 N 型硅）结合在一起，在二者的交界面处就形成了所谓的 PN 结。显然，具有 PN 结的半导体的杂质分布是不均匀的，其物理性质与体内杂质分布均匀的半导体是不相同的。下面主要讨论 PN 结的一些特性，如 PN 结的形成及能带、电流电压特性、电容效应、击穿特性等。

1. PN 结及其能带图

（1）PN 结的制备

在一块 N 型（或 P 型）半导体单晶上，用适当的工艺方法（如合金法、扩散法、生长法、离子注入法等）把 P 型（或 N 型）杂质掺入其中，使这块单晶的不同区域分别具有 N 型和 P 型的导电类型，在二者的交界面处就形成了 PN 结。

图 8.5-1 示出了用合金法制造 PN 结的过程，把一小粒铝放在一块 N 型单晶硅片上，加热到一定的温度，形成铝硅的熔融体，然后降低温度，熔融体开始凝固，在 N 型硅片上形成一含有高浓度铝的 P 型硅薄层，它和 N 型硅衬底的交界面处即为 PN 结（这时称为铝硅合金结）。

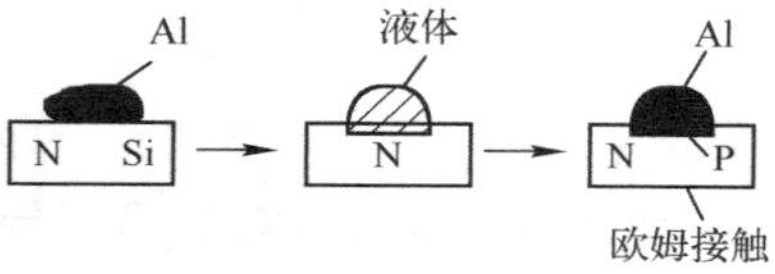

图 8.5-1　合金法制造 PN 结过程

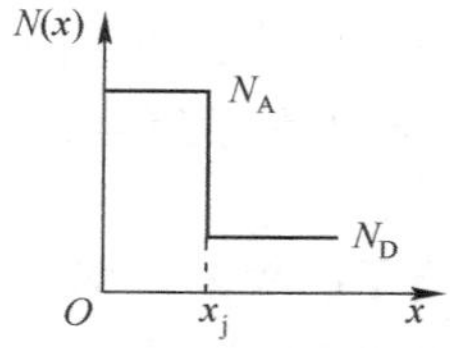

图 8.5-2　突变结的杂质分布

合金结的杂质分布如图 8.5-2 所示，其特点是，N 型区中施主杂质浓度为 N_D，而且均匀分布；P 型区中受主杂质浓度为 N_A，也均匀分布。在交界面处，杂质浓度由 N_A（P 型）突变为 N_D（N 型），具有这种杂质分布的 PN 结称为突变结。设 PN 结的位置在 $x=x_j$，则突变结的杂质分布可以表示为

$$\left.\begin{aligned} x<x_j, N(x)=N_A \\ x>x_j, N(x)=N_D \end{aligned}\right\} \tag{8.5-1}$$

实际的突变结，两边的杂质浓度相差很多，例如 N 区的施主杂质浓度为 $10^{16}\,cm^{-3}$，而 P 区的受主杂质浓度为 $10^{19}\,cm^{-3}$，通常称这种结为单边突变结（P^+-N 结）。

图 8.5-3 示出了用扩散法制造 PN 结（也称扩散结）的过程。它是在 N 型单晶硅片上，通过氧化、光刻、扩散等工艺制得的 PN 结。其杂质分布由扩散过程及杂质补偿决定。在这种结中，杂质浓度从 P 区到 N 区是逐渐变化的，通常称为缓变结。

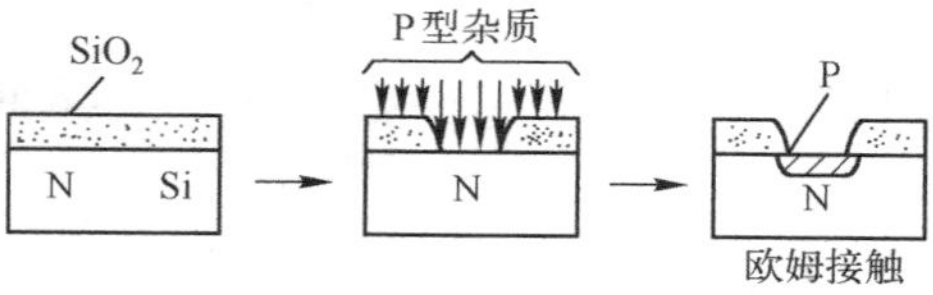

图 8.5-3　扩散法制造 PN 结过程

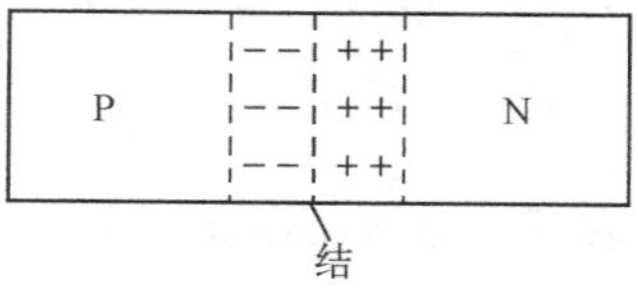

图 8.5-4　PN 结的空间电荷区

(2) PN 结的内建电场与能带图

考虑两块半导体单晶，一块是 N 型的，一块是 P 型的。在 N 型半导体中，电子很多而空穴很少；在 P 型半导体中，空穴很多而电子很少。但是，在 N 型中的电离施主以及少量空穴的正电荷严格平衡电子电荷；而 P 型中的电离受主及少量电子的负电荷严格平衡空穴电荷。因此，单独的 N 型和 P 型半导体是电中性的。当这两块半导体结合形成 PN 结时，由于它们之间存在着载流子浓度梯度，导致了空穴从 P 区到 N 区、电子从 N 区到 P 区的扩散运动。对于 P 区，空穴离开后，留下了不可动的带负电荷的电离受主，这些电离受主没有正电荷与之保持电中性。因此，在 PN 结附近 P 区一侧出现了一个负电荷区。同理，在 PN 结附近 N 区一侧出现了由电离施主构成的一个正电荷区，如图 8.5-4 所示。

由电离杂质形成的空间电荷区中形成了一个电场，称为内建电场，它从正电荷指向负电荷，即从 N 区指向 P 区。在内建电场作用下，载流子做漂移运动。显然，电子和空穴的漂移运动方向与它们各自的扩散运动方向相反。因此，内建电场起着阻碍电子和空穴继续扩散的作用。

随着扩散运动的进行，空间电荷逐渐增多，空间电荷区也逐渐扩展；同时，内建电场逐渐增强，载流子的漂移运动也逐渐加强。在无外加电压的情况下，载流子的扩散和漂移最终将达到动态平衡，即从 N 区向 P 区扩散过去多少电子，同时就将有同样多的电子在内建电场作用下返回 N 区。因而电子的扩散电流和漂移电流的大小相等、方向相反而互相抵消。对于空穴，情况完全相似。因此，没有电流流过 PN 结。或者说流过 PN 结的净电流为零。这时空间电荷的数量一定，空间电荷区不再继续扩展，保持一定的宽度。一般称这种情况为热平衡状态下的 PN 结(简称为平衡 PN 结)。

与电场对应有一个电势分布 $V(x)$，正电荷侧(靠近 N 区侧)电势较高而负电荷侧(靠近 P 区侧)电势较低。取 P 区电势为零，则势垒区中一点 x 的电势 $V(x)$ 为正值。越接近 N 区的点，其电势越高，到势垒区边界 x_N处的 N 区电势最高为 V_D，如图 8.5-5 所示，图中 x_N、$-x_P$ 分别为 N 区和 P 区势垒区边界。电子的附加电势能为 $-qV(x)$，造成总的电子能量随 x 变化。如图 8.5-6 所示，图(a)表示 N 型、P 型两块半导体接触前的能带图，图中 E_{F_n}和 E_{F_p}分别表示 N 型和 P 型半导体的费米能级。当两块半导体结合形成 PN 结时，附加电势能使导带底或价带顶随空间弯曲，如图 8.5-6(b)所示。靠近 N 区侧的电势较高，故电子的附加电势能 $-qV(x)$ 较低，即电子能带从 P 区到 N 区是向下弯曲的。

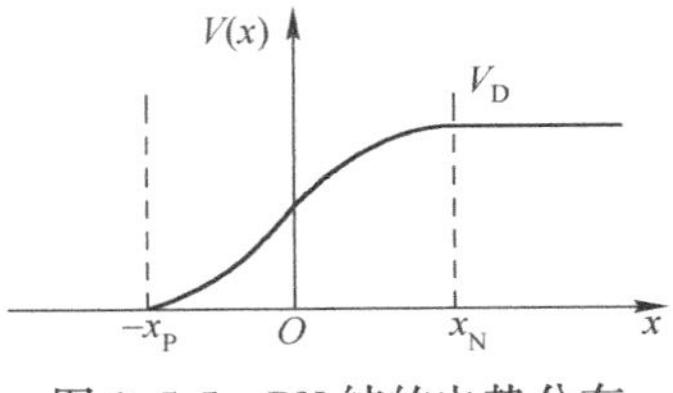

图 8.5-5　PN 结的电势分布

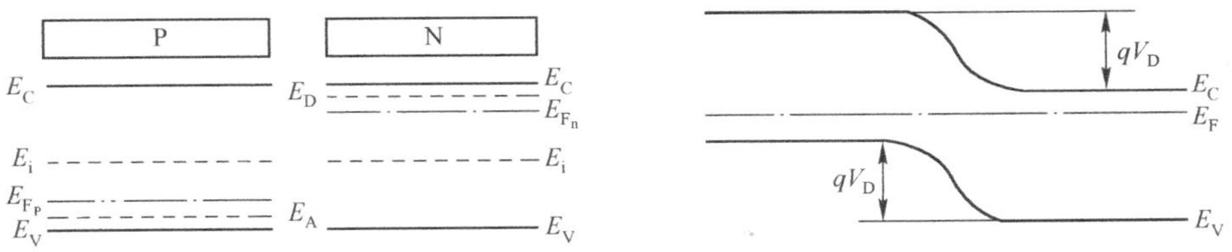

(a) 接触前 P、N 区的能带　　(b) PN结能带

图 8.5-6　平衡 PN 结的能带图

那么能带的弯曲量或者说势垒高度 qV_D 有多大呢？费米能级表征电子填充能级的水平，P 区和 N 区接触前费米能级不同，两者之间不平衡，故接触时电子将从费米能级高的 N

区流向费米能级低的P区，引起N侧的费米能级下降，能带随之变动。当电子流动使PN结两边的费米能级相等时，电子停止流动。所以，势垒高度就是P区和N区接触前的费米能级之差，即

$$qV_D = E_{F_n} - E_{F_p} \tag{8.5-2}$$

令 n_{n0}、n_{p0}分别表示N区和P区的平衡电子浓度，则按式(8.2-24)有

$$E_{F_n} = E_i + k_B T\ln\left(\frac{n_{n0}}{n_i}\right), \quad E_{F_p} = E_i + k_B T\ln\left(\frac{n_{p0}}{n_i}\right) \tag{8.5-3}$$

因为 $n_{n0} \approx N_D$，$n_{p0} \approx n_i^2/N_A$，则由式(8.5-2)和式(8.5-3)得

$$V_D = \frac{1}{q}(E_{F_n} - E_{F_p}) = \frac{k_B T}{q}\left(\ln\frac{n_{n0}}{n_{p0}}\right) = \frac{k_B T}{q}\left(\ln\frac{N_D N_A}{n_i^2}\right) \tag{8.5-4}$$

式(8.5-4)表明，V_D和PN结两边的掺杂浓度、温度、材料的禁带宽度有关。在一定的温度下，突变结两边掺杂浓度越高，接触电势差V_D越大；禁带宽度越大，n_i越小，V_D也越大。所以硅PN结的V_D比锗PN结的V_D大。

(3) PN结的载流子分布

现在来计算平衡PN结中各处的载流子浓度。由于有附加的势能，电子能带会发生弯曲，以E_{C_p}代表P区导带底，则$E_C \to E_C(x) = E_{C_p} - qV(x)$。对非简并材料，点$x$处的电子浓度为

$$n(x) = N_C e^{[E_F - E_C(x)]/k_B T} = N_C e^{[E_F - E_{C_p}]/k_B T} \cdot e^{qV(x)]/k_B T} = n_{p0} e^{qV(x)/k_B T} \tag{8.5-5}$$

当 $x \geqslant x_n$ 时，$V(x) = V_D$，$n(x) = n_{n0}$，故 $n_{n0} = n_{p0} e^{qV_D/k_B T}$。所以式(8.5-5)也可写成

$$n(x) = n_{n0} e^{[qV(x) - qV_D]/k_B T} \tag{8.5-6}$$

同理，由于 $E_V \to E_V(x) = E_{V_p} - qV(x)$，$E_{V_p}$代表P区价带顶，可以求得点$x$处的空穴浓度为

$$p(x) = p_{p0} e^{-qV(x)/k_B T} \tag{8.5-7}$$

式(8.5-6)和式(8.5-7)表示平衡PN结中电子和空穴的浓度分布，其曲线如图8.5-7所示。这说明同一种载流子在势垒区两边的浓度服从玻尔兹曼分布函数的关系。

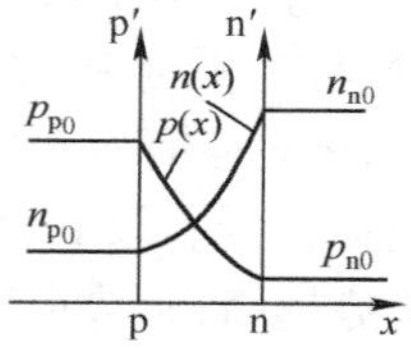

图8.5-7 平衡PN结中电子和空穴的浓度分布曲线

利用式(8.5-6)和式(8.5-7)可以估算PN结势垒区中各处的载流子浓度。例如，设势垒高度为0.7eV，对于取中间值的电势，即 $V(x) = 0.35$V，则室温下，$n(x)/n_{n0} \approx 1.4\times10^{-6}$，$p(x)/p_{p0} \approx 1.4\times10^{-6}$，可见此处电子或空穴的浓度都很低。一般在室温附近，对于绝大部分势垒区，载流子浓度比起N区或P区的多数载流子浓度要小得多，好像载流子已经耗尽了。所以，通常也称势垒区为耗尽层，即认为其中载流子浓度很小，可以忽略，空间电荷密度就等于电离杂质浓度。

*(4) PN结的势垒形状

下面以突变结为例讨论如何求解电势随坐标的变化关系。势垒区载流子浓度很小，可以忽略，空间电荷密度就等于电离杂质浓度。故对于突变结，电荷密度可写为

$$\rho = \begin{cases} -qN_A & (-x_p \leqslant x \leqslant 0) \\ qN_D & (0 \leqslant x \leqslant x_n) \end{cases}$$

电势 $V(x)$与电荷密度的关系由泊松方程决定，即

$$\frac{d^2 V}{dx^2} = -\frac{\rho(x)}{\varepsilon_s} = \begin{cases} qN_A/\varepsilon_s & (-x_p \leqslant x \leqslant 0) \\ -qN_D/\varepsilon_s & (0 \leqslant x \leqslant x_n) \end{cases} \tag{8.5-8}$$

式中，ε_s 是半导体的介电常数，可以表示为 $\varepsilon_s=\varepsilon_0\varepsilon_r$；$\varepsilon_r$ 为相对介电常数，是一个无量纲的数，对于 Si，$\varepsilon_r\approx 12$；ε_0 为真空介电常数，$\varepsilon_0=8.85\times10^{-12}\text{F/m}$。对式(8.5-8)积分一次，注意电场强度与电势的关系为 $E_x=-\dfrac{\mathrm{d}V}{\mathrm{d}x}$，而耗尽层边缘电场为零，即 $\left.\dfrac{\mathrm{d}V}{\mathrm{d}x}\right|_{x=-x_p}=\left.\dfrac{\mathrm{d}V}{\mathrm{d}x}\right|_{x=x_n}=0$，所以

$$\frac{\mathrm{d}V}{\mathrm{d}x}=\begin{cases}qN_A(x+x_p)/\varepsilon_s & (-x_p\leqslant x\leqslant 0)\\ -qN_D(x-x_n)/\varepsilon_s & (0\leqslant x\leqslant x_n)\end{cases}\tag{8.5-9}$$

$x=0$ 处电场强度最大，即

$$E_{xm}=\frac{qN_Ax_p}{\varepsilon_s}=\frac{qN_Dx_n}{\varepsilon_s}\tag{8.5-10}$$

再对式(8.5-9)积分，并以 $x=-x_p$ 处作为电势零点，且应用 $x=0$ 处电势连续，得

$$V(x)=\begin{cases}\dfrac{qN_A}{2\varepsilon_s}(x+x_p)^2 & (-x_p\leqslant x\leqslant 0)\\ -\dfrac{qN_D}{2\varepsilon_s}\left(x^2-2x_nx-\dfrac{N_A}{N_D}x_p^2\right) & (0\leqslant x\leqslant x_n)\end{cases}\tag{8.5-11}$$

2. PN 结电流电压特性

(1) 非平衡状态下的 PN 结

平衡 PN 结中，存在着具有一定宽度和势垒高度的势垒区，其中相应地出现了内建电场；每一种载流子的扩散电流和漂移电流互相抵消，没有净电流通过 PN 结；相应地在 PN 结中费米能级处处相等。当 PN 结两端有外加电压时，PN 结处于非平衡状态，其中将会发生什么变化呢？下面做定性分析。

PN 结加正向偏压 V(即 P 区接电源正极，N 区接负极)时，因势垒区内载流子浓度很小，电阻很大，势垒区外的 P 区和 N 区中载流子浓度很大，电阻很小，所以外加正向偏压基本降落在势垒区。正向偏压在势垒区中产生了与内建电场方向相反的电场，因而减弱了势垒区中的电场强度，这表明空间电荷相应减少。故势垒区的宽度也减小，同时势垒高度从 qV_D 下降为 $q(V_D-V)$，如图 8.5-8 所示。

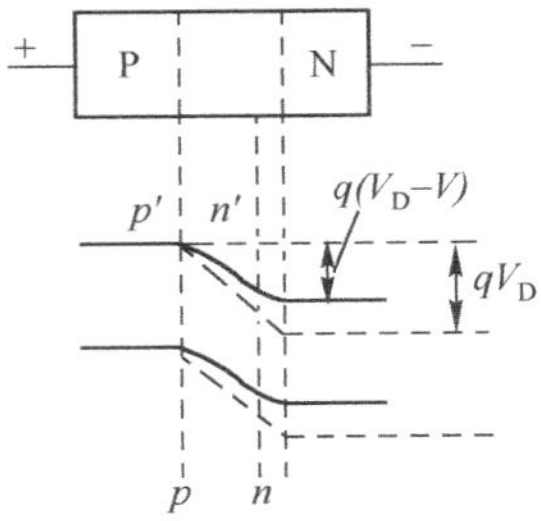

图 8.5-8　正向偏压 PN 结势垒的变化

势垒区电场减弱，破坏了载流子的扩散运动和漂移运动之间原有的平衡，削弱了漂移运动，使扩散流大于漂移流。所以在加正向偏压时，产生了电子从 N 区向 P 区以及空穴从 P 区向 N 区的净扩散流。电子通过势垒区扩散入 P 区，在边界 pp'($x=-x_p$)处形成电子的积累，成为 P 区的非平衡少数载流子，结果使 pp'处电子浓度比 P 区内部高，形成了从 pp'处向 P 区内部的电子扩散流。非平衡少子边扩散边与 P 区的空穴复合，经过比扩散长度大若干倍的距离后，全部被复合。这一段区域称为扩散区。在一定的正向偏压下，单位时间内从 N 区来到 pp'处的非平衡少子浓度是一定的，并在扩散区内形成一个稳定的分布。所以，当正向偏压一定时，在 pp'处就有一个不变的向 P 区内部流动的电子扩散流。同理，在边界 nn' 处也有一个不变的向 N 区内部流动的空穴扩散流。N 区的电子和 P 区的空穴都是多数载流子，分别进入 P 区和 N 区后成为 P 区和 N 区的非平衡少数载流子。当增大正偏压时，势

垒降得更低，增大了流入 P 区的电子流和流入 N 区的空穴流。这种由于外加正向偏压的作用使非平衡载流子进入半导体的过程称为非平衡载流子的电注入。

图 8.5-9 所示为正向偏压时 PN 结中电流的分布，在正向偏压下，N 区中的电子向边界 nn'漂移，越过势垒区，经边界 pp'进入 P 区，构成进入 P 区的电子扩散电流。进入 P 区后，继续向内部扩散，形成电子扩散电流。在扩散过程中，电子与从 P 区内部向边界 pp'漂移过来的空穴不断复合，电子电流就不断地转化为空穴电流，直到注入的电子全部复合，电子电流全部转变为空穴电流为止。对于 N 区中的空穴电流，可做类似分析。可见，在平行于 pp'的任何截面处通过的电子电流和空穴电流并不相等，但是根据电流连续性原理，通过 PN 结中任一截面的总电流是相等的，只是对于不同的截面，电子电流和空穴电流的比例有所不同而已。在假定通过势垒区的电子电流和空穴电流均保持不变的情况下，通过 PN 结的总电流，就是通过边界 pp'的电子扩散电流与通过边界 nn'的空穴扩散电流之和。

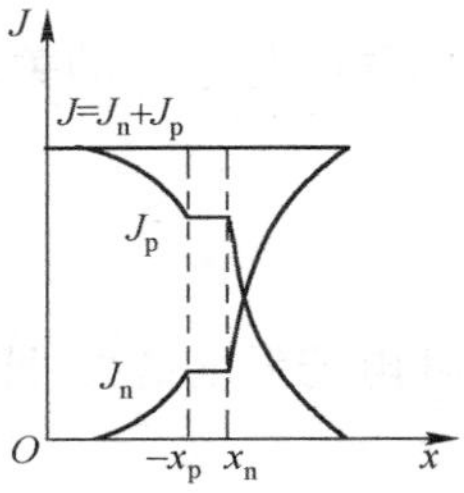

图 8.5-9 正向偏压时 PN 结中电流的分布

(2) 理想 PN 结的电流电压方程

符合以下假设条件的 PN 结称为理想 PN 结模型。

① 小注入条件，即注入的少数载流子浓度比平衡多数载流子浓度小得多；

② 突变耗尽层条件，即外加电压和接触电势差都降落在耗尽层上，耗尽层中的电荷由电离施主和电离受主的电荷组成，耗尽层外的半导体是电中性的，因此，注入的少数载流子在 P 区和 N 区是纯扩散运动；

③ 通过耗尽层的电子和空穴电流为常量，不考虑耗尽层中载流子的产生及复合作用；

④ 玻尔兹曼边界条件即在耗尽层两端，载流子分布满足玻尔兹曼统计分布。

前面指出，由于外加电压使势垒高度变化了 qV，所以载流子浓度也会发生变化，现假定载流子分布满足玻尔兹曼统计分布，边界 nn'处非平衡空穴为

$$\Delta p_{\mathrm{n}}(x_{\mathrm{n}})=p_{\mathrm{n0}}(\mathrm{e}^{qV/k_{\mathrm{B}}T}-1) \tag{8.5-12}$$

类似于式(8.4-11)，非平衡载流子在扩散时随距离呈指数规律衰减，所以

$$\Delta p_{\mathrm{n}}(x)=\Delta p_{\mathrm{n}}(x_{\mathrm{n}})\mathrm{e}^{(x_{\mathrm{n}}-x)/L_{\mathrm{p}}} \tag{8.5-13}$$

也即

$$p_{\mathrm{n}}(x)-p_{\mathrm{n0}}=p_{\mathrm{n0}}(\mathrm{e}^{qV/k_{\mathrm{B}}T}-1)\mathrm{e}^{(x_{\mathrm{n}}-x)/L_{\mathrm{p}}} \tag{8.5-14}$$

小注入时，扩散区中不存在电场，在 $x=x_{\mathrm{n}}$ 处，空穴扩散电流密度为

$$J_{\mathrm{p}}(x_{\mathrm{n}})=-qD_{\mathrm{p}}\left.\frac{\mathrm{d}p_{\mathrm{n}}(x)}{\mathrm{d}x}\right|_{x=x_{\mathrm{n}}}=\frac{qD_{\mathrm{p}}p_{\mathrm{n0}}}{L_{\mathrm{p}}}(\mathrm{e}^{qV/k_{\mathrm{B}}T}-1) \tag{8.5-15}$$

同理，在 $x=-x_{\mathrm{p}}$ 处，电子扩散流密度为

$$J_{\mathrm{n}}(-x_{\mathrm{p}})=qD_{\mathrm{n}}\left.\frac{\mathrm{d}n_{\mathrm{n}}(x)}{\mathrm{d}x}\right|_{x=-x_{\mathrm{p}}}=\frac{qD_{\mathrm{n}}n_{\mathrm{p0}}}{L_{\mathrm{n}}}(\mathrm{e}^{qV/k_{\mathrm{B}}T}-1) \tag{8.5-16}$$

根据假设，势垒区内的复合-产生作用可以忽略，因此，通过界面 pp'的空穴电流密度 $J_{\mathrm{p}}(-x_{\mathrm{p}})$ 等于通过界面 nn'的空穴电流密度 $J_{\mathrm{p}}(x_{\mathrm{n}})$。所以通过 PN 结的总电流密度为

$$J=J_{\mathrm{n}}(-x_{\mathrm{p}})+J_{\mathrm{p}}(-x_{\mathrm{p}})=J_{\mathrm{n}}(-x_{\mathrm{p}})+J_{\mathrm{p}}(x_{\mathrm{n}}) \tag{8.5-17}$$

将式(8.5-15)、式(8.5-16) 代入上式，得

$$J=\left(\frac{qD_{\mathrm{n}}n_{\mathrm{p0}}}{L_{\mathrm{n}}}+\frac{qD_{\mathrm{p}}p_{\mathrm{n0}}}{L_{\mathrm{p}}}\right)(\mathrm{e}^{qV/k_{\mathrm{B}}T}-1) \tag{8.5-18}$$

令
$$J_s=\frac{qD_n n_{p0}}{L_n}+\frac{qD_p p_{n0}}{L_p} \tag{8.5-19}$$
则
$$J=J_s(e^{qV/k_BT}-1) \tag{8.5-20}$$
式(8.5-20)就是理想 PN 结模型的电流电压方程,又称为肖克莱方程。

上面的推导虽然针对的是正向偏压($V>0$)的情况,但式(8.5-20)对反向偏压($V<0$)的情况同样适用。

*3. PN 结电容

PN 结电容包括势垒电容和扩散电容两部分,分别说明如下。

(1) 势垒电容

当 PN 结加正向偏压时,势垒区的电场随正向偏压的增加而减弱,势垒区宽度变窄,空间电荷数量减少,如图 8.5-10(a)、(b)所示。因为空间电荷是由不能移动的杂质离子组成的,所以空间电荷的减少是由于 N 区的电子和 P 区的空穴过来中和了势垒区中一部分电离施主和电离受主,图 8.5-10(c)中箭头 A 表示了这种中和作用。这就是说,在外加正向偏压增加时,将有一部分电子和空穴"存入"势垒区。反之,当正向偏压减小时,势垒区的电场增强,势垒区宽度增加,空间电荷数量增多,即有一部分电子和空穴从势垒区中"取出"。对于加反向偏压的情况,可做类似分析。总之,PN 结上外加电压的变化,引起了电子和空穴在势垒区的"存入"和"取出"作用,导致势垒区的空间电荷数量随外加电压而变化,这和一个电容器的充放电作用相似。这种 PN 结的电容效应称为势垒电容,以 C_T 表示。

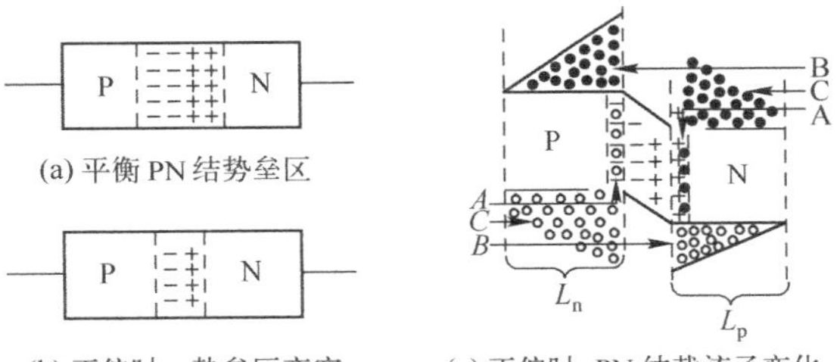

(a) 平衡 PN 结势垒区
(b) 正偏时,势垒区变窄
(c) 正偏时,PN 结载流子变化

图 8.5-10　PN 结电容的来源

(2) 扩散电容

正向偏压时,有空穴从 P 区注入 N 区,于是在势垒区与 N 区边界 N 区一侧的一个扩散长度内,便形成了非平衡空穴和电子的积累。同样在 P 区也有非平衡电子和空穴的积累。当正向偏压增加时,由 P 区注入到 N 区的空穴增加,如图 8.5-10(c)中箭头 B 所示,形成了 N 区的非平衡空穴积累,增加了浓度梯度,形成了 PN 结 N 区一侧的空穴扩散区;另一方面,在 PN 结 P 区一侧的电子扩散区,偏压增加时,扩散区内积累的非平衡电子也增加,与它保持电中性的空穴也相应增加,这也需要外电路从 P 端注入正电荷,如图 8.5-10(c)中箭头 C 所示。同样,外电路从 N 端注入负电荷也分成三部分,箭头 A 代表电子"存入"势垒区,对势垒电容做贡献;箭头 B 和 C 则代表电子分别"存入"两个扩散区。这种由于扩散区的载流子数量随外加电压的变化所产生的电容效应,称为 PN 结的扩散电容,用符号 C_D 表示。

PN 结的势垒电容和扩散电容都随外加电压而变化,引入微分电容的概念来表示 PN 结的电容。当 PN 结在一个固定直流偏压 V 的作用下,叠加一个微小的交流电压 dV 时,这个微小

的电压变化 dV 所引起的电荷变化 dQ,称为这个直流偏压下的微分电容,即 $C=dQ/dV$。PN 结的直流偏压不同,微分电容也不相同。

按突变结的电荷分布模型,可导出突变结势垒电容公式

$$C_T = A\sqrt{\frac{\varepsilon_r\varepsilon_0 q N_A N_D}{2(N_D+N_A)(V_D-V)}} \tag{8.5-21}$$

式中,A 是 PN 结面积。对于 P^+-N 结或 N^+-P 结,上式可简化为

$$C_T = A\sqrt{\frac{\varepsilon_r\varepsilon_0 q N_B}{2(V_D-V)}} \tag{8.5-22}$$

式中,N_B 为轻掺杂一边的杂质浓度。

从式(8.5-21)和式(8.5-22)中可以看出:

① 突变结的势垒电容和结的面积及轻掺杂一边的杂质浓度的平方根成正比,因此减小结面积及降低轻掺杂一边的杂质浓度是减小结电容的途径。

② 突变结势垒电容和电压(V_D-V)的平方根成反比,反向偏压越大,则势垒电容越小。若外加电压随时间变化,则势垒电容也随时间而变,可利用这一特性制作变容器件。

以上结论在半导体器件的设计和生产中有重要的实际意义。

*4. PN 结击穿

实验发现,对 PN 结施加的反向偏压增大到某一数值 V_{BR}时,反向电流密度突然开始迅速增大的现象称为 PN 结击穿。发生击穿时的反向偏压称为 PN 结的击穿电压,如图 8.5-11 所示。

击穿现象中,电流增大的基本原因不是由于迁移率的增大,而是由于载流子数目的增加。PN 结击穿主要有三种:雪崩击穿、隧道击穿和热电击穿。本节对这三种击穿的机理给予简单说明。

(1) 雪崩击穿

在反向偏压下,流过 PN 结的反向电流,主要由 P 区扩散到势垒区中的电子电流和由 N 区扩散到势垒区中的空穴电流所组成。当反向偏压很大时,势垒区中的电场很强,在势垒区内的电子和空穴由于受到强电场的漂移作用,具有很大的动能,它们与势垒区内的晶格原子发生碰撞时,能把价键上的电子碰撞出来,成为导电电子,同时产生一个空穴。从能带观点来看,就是高能量的电子和空穴把满带中的电子激发到导带,产生了电子-空穴对。如图 8.5-12 所示,PN 结势垒区中电子 1 碰撞出来一个电子 2 和一个空穴 2,于是一个载流子变成了 3 个载流子。这 3 个载流子(电子和空穴)在强电场作用下,沿不同的方向运动,还会继续发生碰撞,产生第三代的电子-空穴对。空穴 1 也如此产生第二代、第三代的载流子。如此继续下去,载流子就大量增加,这种繁殖载流子的方式称为载流子的倍增效应。由于倍增效应,使势垒区单位时间内产生大量载流子,迅速增大了反向电流,从而发生 PN 结击穿。这就是雪崩击穿的机理。

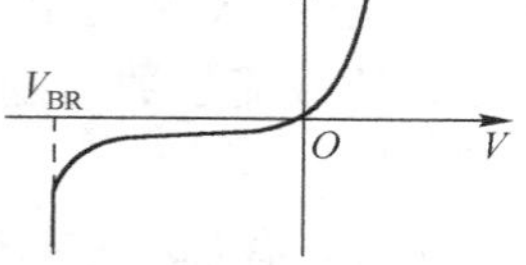

图 8.5-11　PN 结击穿

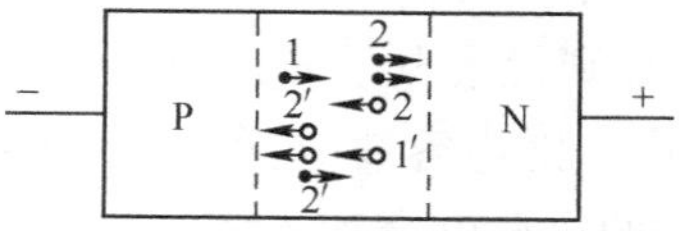

图 8.5-12　雪崩倍增机构

雪崩击穿除了与势垒区中电场强度有关，还与势垒区的宽度有关，因为载流子动能的增加，需要有一个加速过程，如果势垒区很薄，即使电场很强，载流子在势垒区中加速达不到产生雪崩倍增效应所必须的动能，也不能产生雪崩击穿。

(2) 隧道击穿(齐纳击穿)

隧道击穿是在强电场作用下，由隧道效应，使大量电子从价带穿过禁带而进入导带所引起的一种击穿现象。因为最初是由齐纳提出来解释电介质击穿现象的，故叫齐纳击穿。

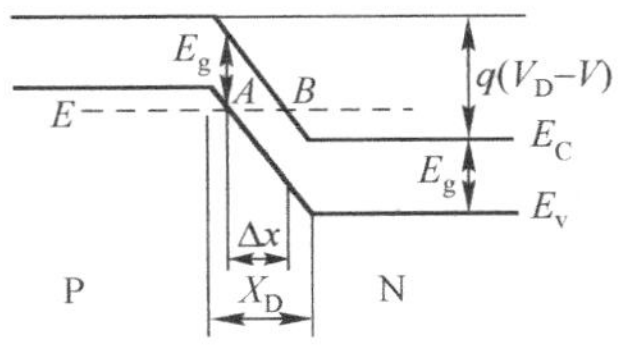

图 8.5-13　大反向偏压下PN 结的能带图

当 PN 结加反向偏压时，势垒区能带发生倾斜；反向偏压越大，势垒越高，势垒区的内建电场也越强，势垒区能带也越加倾斜，甚至可以使 N 区的导带底比 P 区的价带顶还低，如图 8.5-13 所示。内建电场使 P 区的价带电子得到附加势能；当内建电场大到某个值以后，价带中的部分电子所得到的附加势能可以大于禁带宽度 E_g，如果图中 P 区价带中的 A 点和 N 区导带的 B 点有相同的能量，则在 A 点的电子可以过渡到 B 点。因为 A 和 B 之间隔着水平距离为 Δx 的禁带，所以电子从 A 到 B 的过渡一般不会发生。随着反向偏压的增大，势垒区内的电场增强，能带更加倾斜，Δx 将变得更短。当反向偏压达到一定数值，Δx 短到一定程度时，量子力学证明，P 区价带中的电子将通过隧道效应穿过禁带而到达 N 区导带中。

对于一定的半导体材料，势垒区中的电场越大，或隧道长度 Δx 越短，则电子穿过隧道的概率越大。当电场大到或 Δx 短到一定程度时，将使 P 区价带中大量的电子隧道穿过势垒而到达 N 区导带中，使反向电流急剧增大，于是 PN 结就发生隧道击穿。这时外加的反向偏压即为隧道击穿电压(或齐纳击穿电压)。

在杂质浓度较低，反向偏压大时，势垒宽度增大，隧道长度会变长，不利于隧道击穿，但是却有利于雪崩倍增效应，所以在一般杂质浓度下，雪崩击穿机构是主要的。而后者即杂质浓度高时，反向偏压不高的情况下就能发生隧道击穿。由于势垒区宽度小，不利于雪崩倍增效应，所以在重掺杂的情况下，隧道击穿机构变为主要的。实验表明，对于重掺杂的锗、硅 PN 结，当击穿电压 $V_{BR}<4E_g/q$ 时，一般为隧道击穿；当 $V_{BR}>6E_g/q$ 时，一般为雪崩击穿；当 $4E_g/q<V_{BR}<6E_g/q$ 时，两种击穿机构都存在。

(3) 热电击穿

当 PN 结上施加反向电压时，流过 PN 结的反向电流要引起热损耗。反向电压逐渐增大时，对应于一定的反向电流所损耗的功率也增大，这将产生大量热能。如果没有良好的散热条件使这些热能及时传递出去，则将引起结温上升。

反向饱和电流密度随温度按指数规律上升，其上升速度很快，因此，随着结温的上升，反向饱和电流密度也迅速上升，产生的热能也迅速增大，进而又导致结温上升，反向饱和电流密度增大。如此反复循环下去，最后使 J_s 无限增大而发生击穿。这种由于热不稳定性引起的击穿，称为热电击穿。对于禁带宽度比较小的半导体如锗 PN 结，由于反向饱和电流密度较大，在室温下这种击穿很重要。

习题 8

8.1　纯 Ge、Si 中掺入Ⅲ族或Ⅴ族元素后，为什么使半导体导电性能有很大的改变？杂质半导体(P 型或 N 型)应用很广，但为什么我们很强调对半导体材料的提纯？

8.2　当 $E-E_F$ 为 $1.5k_BT$、$4k_BT$、$10k_BT$ 时，分别用费米分布函数和玻尔兹曼分布函数计算电子占据各该能级的概率。

8.3 $f(E,T)$为费米分布函数，而费米能级 E_F 又与温度有关，试证：

$$\frac{\partial f}{\partial T}=-\left[T\frac{\mathrm{d}}{\mathrm{d}T}\left(\frac{E_F}{T}\right)+\frac{E}{T}\right]\frac{\partial f}{\partial E}$$

8.4 解释本征半导体、N 型半导体、P 型半导体，它们的主要特点是什么？

8.5 有二块 N 型硅材料，在某一温度 T 时，第一块与第二块的电子浓度之比为 $n_1/n_2=\mathrm{e}$(自然对数的底)。已知第一块材料的费米能级在导带底以下 $2k_BT$，求第二块材料中费米能级的位置，并求出两块材料的空穴密度之比。

8.6 室温下，硅的本征载流子密度为 $n_i=1.5\times10^{16}\mathrm{m}^{-3}$，费米能级为 E_i，现在硅中掺入密度为 $10^{20}\mathrm{m}^{-3}$的磷，试求：(1) 电子浓度和空穴浓度；(2) 费米能级的位置。

8.7 室温下，本征锗的电阻率为 47Ω·cm，试求本征载流子浓度。若掺入锑杂质，使每 10^6个锗原子中有一个杂质原子，计算室温下电子浓度和空穴浓度。设杂质全部电离，锗原子的浓度为 $4.4\times10^{22}/\mathrm{cm}^3$，试求该掺杂锗材料的电阻率。设 $\mu_n=3600\mathrm{cm}^2/(\mathrm{V\cdot s})$，$\mu_p=1700\mathrm{cm}^2/(\mathrm{V\cdot s})$，且认为不随掺杂而变化。

8.8 若 $N_D=5\times10^{15}\mathrm{cm}^{-3}$，$N_A=1\times10^{17}\mathrm{cm}^{-3}$，取 $n_i=2.5\times10^{13}\mathrm{cm}^{-3}$，$k_BT=0.026\mathrm{eV}$，求室温下 Ge 突变PN 结的 V_D。

8.9 有锗 PN 结，设 P 区的掺杂浓度为 N_A，N 区掺杂浓度为 N_D，已知 $N_D=10^2N_A$，而 N_A相当于 10^8个锗原子中有一个受主原子，计算室温下的接触电位差 V_D。若 N_A浓度保持不变，而 N_D增加 10^2倍，试求接触电位差的改变。取锗原子密度为 $4.4\times10^{22}\mathrm{cm}^{-3}$。

8.10 一个硅 PN 结二极管具有下列参数：$N_D=10^{16}/\mathrm{cm}^3$，$N_A=5\times10^{18}/\mathrm{cm}^3$，$\tau_n=\tau_p=1\mu\mathrm{s}$，电子和空穴的迁移率分别为 $500\mathrm{cm}^2/(\mathrm{V\cdot s})$和 $180\mathrm{cm}^2/(\mathrm{V\cdot s})$，PN 结的面积 $A=0.01\mathrm{cm}^2$。在室温 300K 下的本征载流子浓度为 $1.5\times10^{10}/\mathrm{cm}^3$。试计算室温下(取 $k_BT=0.026\mathrm{eV}$)：

(1) 电子和空穴的扩散长度；

(2) 正向电流为 1mA 时的外加电压。

8.11 简述雪崩击穿、隧道击穿的机理。

第 9 章　固体的光学性质和光电现象

固体的光学性质是固体的物理性质之一，它反映了辐射场与固体的相互作用过程。近 20 年来，光学方法已经成为检测和标定固体材料物理性质最基本、最重要的手段而被广泛应用。

当光通过固体时，由于光与固体中的电子、激子、晶格振动及杂质和缺陷的相互作用而产生光的吸收；反之，当固体吸收外界的能量后，其中部分能量以光的形式发射出来。固体的光电现象包括：光的吸收、光电导、光生伏特效应和光的发射等。研究这些现象，对于了解固体材料的物理性质以及扩大应用范围都有重大意义。本章重点讨论半导体中的光吸收、光电导、光生伏特和发光等效应。

9.1　固体的光学常数

1. 折射率与消光系数

第 4 章讨论电磁波在导电介质中传播时，引入复介电常数 $\tilde{\varepsilon}=\varepsilon+\mathrm{i}\dfrac{\sigma}{\omega}$。光波在传播时能量会不断损耗，或者说光波能量会被介质吸收。对于吸收介质，形式上也可以引入一个复折射率来描述：

$$\tilde{n}=n+\mathrm{i}K \tag{9.1-1}$$

其实部 n 仍称折射率，而虚部 K 称为消光系数（有的书上将上式表示成 $\tilde{n}=n(1+\mathrm{i}\kappa)$，而将 κ 称为消光系数。）。则导电介质中沿 z 方向传播的平面波表示为

$$E=E_0\mathrm{e}^{-\mathrm{i}\left(\omega t-\frac{\omega}{c}\tilde{n}z\right)}=E_0\mathrm{e}^{\frac{\omega}{c}Kz}\mathrm{e}^{-\mathrm{i}\left(\omega t-\frac{\omega}{c}nz\right)} \tag{9.1-2}$$

而光强 I 与振幅平方成正比，即

$$I\propto|E|^2=|E_0|^2\mathrm{e}^{-\frac{2\omega}{c}Kz} \tag{9.1-3}$$

令

$$\alpha=\frac{2\omega}{c}K \tag{9.1-4}$$

α 称为吸收系数，其在数值上等于光波强度因吸收而减弱到 1/e 时透过的物质厚度的倒数，它的单位用 cm^{-1} 表示。各种物质的吸收系数差别很大，对可见光来说，金属的 $\alpha\approx10^6\mathrm{cm}^{-1}$，半导体的 $\alpha\approx10^{1\sim5}\mathrm{cm}^{-1}$，玻璃 的 $\alpha\approx10^{-2}\mathrm{cm}^{-1}$，而 1 个大气压下的空气的 $\alpha\approx10^{-5}\mathrm{cm}^{-1}$。引入吸收系数后，可将光强写为

$$I=I_0\mathrm{e}^{-\alpha z} \tag{9.1-5}$$

按式(9.1-5)，透入固体中光的强度是随着透入的距离 z 而呈指数衰减的。当透入距离

$$z=d_1=\frac{1}{\alpha}=\frac{c}{2\omega K}=\frac{\lambda_0}{4\pi K} \tag{9.1-6}$$

时，光的强度衰减到原来的 1/e，通常称 d_1 为透入深度。

复介电常数、复折射率或者复电导率都可描述介质的电磁性质,它们之间有一定的变换关系。复数形式的光学常数具有实部分量和虚部分量,在光波的电磁作用下,其中一个分量与能量消耗有关,而另一个分量则不涉及能量消耗。

*2. 克拉默斯–克勒尼希(Kramers-Kronig)关系

如前所述,每个固体需用两个光学常数来描述,它们是独立的。例如,知道某固体的 n 值,不能推断其 K 值。但是,某一固体的 n 和 K 的值并非完全没有关系。每一组光学常数中的两个量之间,或者每一复数光学常数的两个分量之间,由克拉默斯–克勒尼希关系(也简称 K-K 关系)互相联系着。例如,知道某个固体在整个频谱段中的全部 K 值(不是单一频率下的 K 值),便可由 K-K 关系算出该固体在相应频段中的 n 值。

将某种形式的光学常数写为

$$\tilde{C}(\omega)=C_1(\omega)+\mathrm{i}C_2(\omega) \tag{9.1-7}$$

则 K-K 关系表示为

$$C_2(\omega)=-\frac{2\omega}{\pi}\int_0^{\infty}\frac{C_1(\omega')}{\omega'^2-\omega^2}\mathrm{d}\omega',\quad C_1(\omega)=C_1(\infty)+\frac{2}{\pi}\int_0^{\infty}\frac{\omega' C_2(\omega')}{\omega'^2-\omega^2}\mathrm{d}\omega' \tag{9.1-8}$$

式(9.1-8)的积分中有奇异点,实际应按下面方法取值:

$$\int_0^{\infty}\equiv\lim_{a\to 0}\left(\int_0^{\omega-a}+\int_{\omega+a}^{\infty}\right)$$

K-K 关系常常用来处理光学实验数据。例如,一般折射率测量比吸收系数测量更费事,这时便可测量出足够大频率范围内的吸收系数,然后根据 K-K 关系计算出折射率与波长的关系(即色散关系)。

$$n(\omega)-1=\frac{c}{\pi}\int_0^{\infty}\frac{\alpha(\omega')}{\omega'^2-\omega^2}\mathrm{d}\omega' \tag{9.1-9}$$

图 9.1-1 为用 K-K 关系从吸收谱计算获得的 CdS 的折射率和波长的关系曲线。图中圆点为直接测量实验结果,横坐标为对数坐标。图中示出了折射率与波长关系的极大值结构,波长 0.51μm 处的折射率极大值对应于其吸收边,更短波长处的另一个折射率峰对应于能量更高的导带极值和联合态密度临界点的效应。

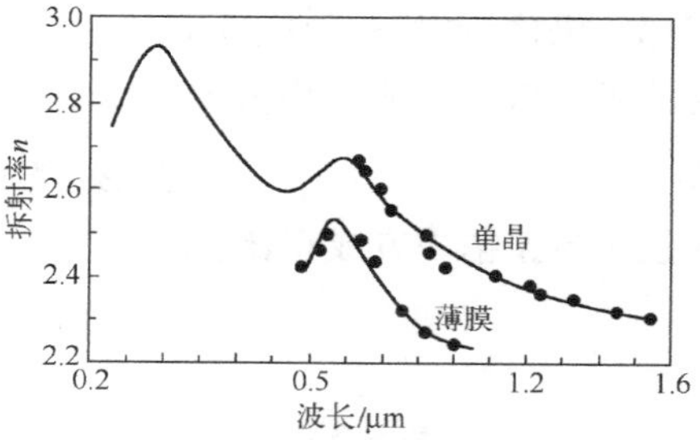

图 9.1-1 CdS 的折射率和波长的关系曲线

*9.2 光学常数的测量

光学常数对于固体材料的实际应用,不论是作为微电子和光电子材料的应用,或是作为光学零部件以及近代半导体工艺技术中衬底材料的应用都有重要意义。因而在固体光学性质的研究和应用过程中,已经发展了多种固体光学常数谱的实验测量方法和理论计算方法,以及理论计算和实验测量相结合的专用方法等。

椭圆偏振光谱方法(简称椭偏法)是测量固体光学常数谱的常用方法。通过对反射光束或透射光束振幅衰减和相位改变的同时测量,直接求得被测样品的折射率 $n(\omega)$ 和消光系数 $K(\omega)$,从而获得被研究固体的全部光学常数。

椭偏法的具体光路布置有许多种，图 9.2-1 所示的是一种常用的光路图。光源发出一定波长的光，光束经过起偏器后变为线偏振光，线偏振光的偏振方向由起偏器的方位角决定，转动起偏器可以改变光束的偏振方向；线偏振光经过 1/4 波片后，变为椭圆偏振光，这是由于1/4 波片中的双折射现象，寻常光与非常光产生 90°的相位差，而两者的偏振方向又互相垂直。椭圆偏振光的椭圆长轴（或短轴）平行于 1/4 波片的快轴，但椭圆率（即椭圆短轴与长轴之比）由射入 1/4 波片的光束的线偏振方向决定。因此，转动起偏器，可改变椭圆偏振光的椭圆形状。椭圆偏振光经过样品反射后，偏振状态（指椭圆长轴方向、椭圆率及椭圆旋转方向）发生变化，一般仍为椭圆偏振光，但椭圆的方位与形状不同于反射前的光了。对于一定的样品，通过改变起偏器方位角，使反射光由椭圆偏振光变为线偏振光（线偏振光即椭圆率等于零的特殊椭圆偏振光）。这时，转动检偏器，在某检偏器方位角下得到消光状态，即没有光（实际上是很弱的光）到达光电倍增管或其他光接收器。

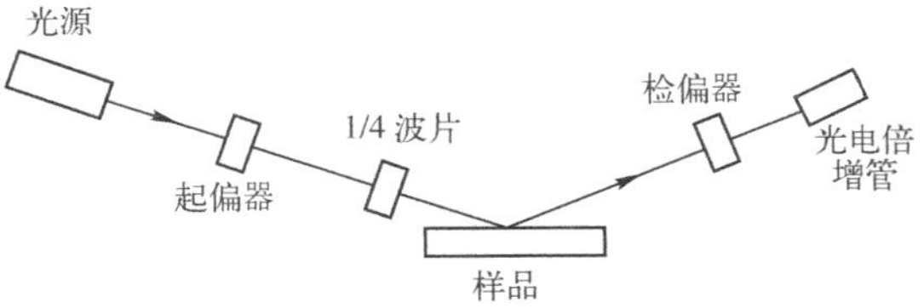

图 9.2-1　椭偏测量光路图

至于光偏振状态在样品上反射时的改变，可以用菲涅耳（Fresnel）公式、折射公式与干涉公式来分析。现在来看一种结构较简单的样品，即如图 9.2-2 所示的带有一膜层的样品，如图中所示，空气的折射率为 $\tilde{n}_1$，膜的复折射率为 $\tilde{n}_2$，衬底的复折射率为 $\tilde{n}_3$，膜厚为 d。第 1 界面（空气–膜）的反射系数为

$$r_{1p}=\frac{\tilde{n}_2\cos\varphi_1-\tilde{n}_1\cos\varphi_2}{\tilde{n}_2\cos\varphi_1+\tilde{n}_1\cos\varphi_2} \tag{9.2-1}$$

$$r_{1s}=\frac{\tilde{n}_1\cos\varphi_1-\tilde{n}_2\cos\varphi_2}{\tilde{n}_1\cos\varphi_1+\tilde{n}_2\cos\varphi_2} \tag{9.2-2}$$

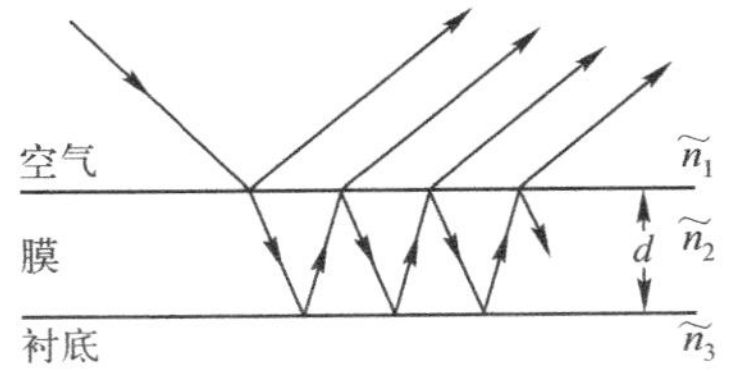

图 9.2-2　带膜层样品中光的反射和折射

这里脚标 p 和 s 分别表示 p 波（即电矢量的方向平行于入射面）和 s 波（即电矢量的方向垂直于入射面），φ_1 为入射角，φ_2 的意义见后。第 2 界面（膜–衬底）的反射系数为

$$r_{2p}=\frac{\tilde{n}_3\cos\varphi_2-\tilde{n}_2\cos\varphi_3}{\tilde{n}_3\cos\varphi_2+\tilde{n}_2\cos\varphi_3} \tag{9.2-3}$$

$$r_{2s}=\frac{\tilde{n}_2\cos\varphi_2-\tilde{n}_3\cos\varphi_3}{\tilde{n}_2\cos\varphi_2+\tilde{n}_3\cos\varphi_3} \tag{9.2-4}$$

注意 r_{1p}、r_{1s}、r_{2p}和 r_{2s}一般为复数。φ_2 和 φ_3 对于 φ_1 有如下关系

$$\tilde{n}_1\sin\varphi_1=\tilde{n}_2\sin\varphi_2=\tilde{n}_3\sin\varphi_3 \tag{9.2-5}$$

这是折射定律的形式，但要注意 φ_2 和 φ_3 并不简单地为折射角，因为空气折射率 $\tilde{n}_1$ 实际上是实数，$\sin\varphi_1$ 也是实数，而 $\tilde{n}_2$ 和 $\tilde{n}_3$ 一般是复数，故 $\sin\varphi_2$ 和 $\sin\varphi_3$ 一般也是复数，φ_2 和 φ_3 不是实数而不能简单地对应于角度。但是 $\tilde{n}_2$ 和 $\tilde{n}_3$ 取实数时，相应的 φ_2 和 φ_3 便等于折射角。

从图 9.2-2 可看出，总反射光束是许多反射光束叠加的结果。这些光束一般具有不同的相位，叠加时应考虑其干涉效应。用多束光干涉公式，得到总反射系数

$$R_p = \frac{r_{1p}+r_{2p}e^{2i\delta}}{1+r_{1p}r_{2p}e^{2i\delta}} \tag{9.2-6}$$

$$R_s = \frac{r_{1s}+r_{2s}e^{2i\delta}}{1+r_{1s}r_{2s}e^{2i\delta}} \tag{9.2-7}$$

式中，2δ 为两相邻光束的相位差，即有

$$\delta = \frac{2\pi}{\lambda} d\tilde{n}_2\cos\varphi_2 \tag{9.2-8}$$

这里 λ 是光在真空中的波长。

由于椭偏法利用了光的波动性，故不仅要考虑振幅，还要考虑相位。定义椭偏参数 Ψ 和 Δ

$$\tan\Psi e^{-i\Delta} = R_p/R_s \tag{9.2-9}$$

式中，$\tan\Psi$ 的意义是相对振幅衰减，Δ 则是相位移动之差。Ψ 与 Δ 均以角度量度。

综上所述，在固定实验条件（即波长 λ 和入射角 φ_1 已知）下，空气的 $\tilde{n}_1$ 可认为等于 1，若衬底的 $\tilde{n}_3$ 已知，则有 $\Psi=\Psi(d,\tilde{n}_2)$，$\Delta=\Delta(d,\tilde{n}_2)$。若测得椭偏参数 Ψ 和 Δ 值，便得到样品中膜的物理信息。

在如图 9.2-1 所示的光路中，转动起偏器和检偏器，找到消光位置，这时起偏器和检偏器的方位角分别标以 P 和 A。根据对偏振光性质的分析，有如下关系

$$\Psi = A \tag{9.2-10}$$

$$\Delta = \begin{cases} 270^\circ - 2P, & 0 \leqslant P \leqslant 135^\circ \\ 630^\circ - 2P, & P > 135^\circ \end{cases} \tag{9.2-11}$$

这里 A 和 P 的规定读数范围为：$A=0^\circ\sim90^\circ$，$P=0^\circ\sim180^\circ$。

式（9.2-1）至式（9.2-9）是椭偏法的基本方程，参数多，方程数目也多（注意许多是复数方程，一个复数方程等于两个实数方程）。实验测得的是两个参数 Ψ 和 Δ，能否通过这些式子求出被测样品的参数呢？这就要看方程有多少个，物理量有多少个，其中几个是已知的，几个是未知待求的，能否解出。下面分几种情况讲述。

（1）透明膜：这时 $\tilde{n}_2$ 只有实部，未知数为两个，即 n_2 和 d。由 Ψ 和 Δ 的测定值，原则上可解出 n_2 和 d。事实上，不能得到 n_2 和 d 的解析表达式，故需用计算机进行数据处理，根据上述各式求得 n_2 和 d 的值。

（2）无膜固体样品：这时 $d=0$，式（9.2-6）和式（9.2-7）简化为

$$R_p = \frac{\tilde{n}_3\cos\varphi_1 - \tilde{n}_1\cos\varphi_3}{\tilde{n}_3\cos\varphi_1 + \tilde{n}_1\cos\varphi_3} \tag{9.2-12}$$

$$R_s = \frac{\tilde{n}_1\cos\varphi_1 - \tilde{n}_3\cos\varphi_3}{\tilde{n}_1\cos\varphi_1 + \tilde{n}_3\cos\varphi_3} \tag{9.2-13}$$

式中，$\tilde{n}_3$ 是固体的复折射率，是待测之量，可写作 $n+iK$。这时，令 $\tilde{n}_1=1$，可解出 n 与 K 的解析式

$$n^2 = K^2 + \sin^2\varphi_1\left\{1+\frac{\tan^2\varphi_1[\cos^2 2\Psi - (\sin^2 2\Psi)\sin^2 2\Delta]}{[1+(\sin 2\Psi)\cos\Delta]^2}\right\} \tag{9.2-14}$$

$$K=\frac{\sin^2\varphi_1\tan^2\varphi_1(\sin4\Psi)\sin\Delta}{2n[1+(\sin2\Psi)\cos\Delta]^2} \tag{9.2-15}$$

由此可见,椭偏法可同时测得固体的 n 和 K 的值。但是,许多实际固体的表面存在一定的自然氧化膜,或者表面层具有与体内不同的性质,这些因素会对测定结果有影响,精确测量时需设法减小这些影响或做一定的修正。

(3) 吸收膜:这时膜有折射率值和消光系数值,加上膜厚,待求量为三个,单从 Ψ 和 Δ 的测定值,原则上不能解出三个未知数。对于吸收膜,可采用如下的一些办法:多入射角法、多膜厚法、多环境法(即改变 $\tilde{n}_1$)、多衬底法(即改变 $\tilde{n}_3$)、多波长法等。

测量不同波长下的椭偏参数 Ψ 和 Δ,便得到椭偏光谱。但椭偏光谱是在一定波长范围内进行测量的,而一般用的 1/4 波片只对某特定波长有效,故需要改用那种能随波长改变而做一定调整的 1/4 波片元件。另外一种方法是除去光路中的 1/4 波片,并把起偏器固定在某位置,一般放在 45°方位角位置。测量时转动检偏器,测出光电接收器收到的信号与检偏器方位角的关系,由此可以推出椭偏参数 Ψ 和 Δ。这里不再详述。

9.3 半导体的光吸收

半导体材料通常能强烈地吸收光能,具有数量级为 10^5cm^{-1}的吸收系数。材料吸收辐射能导致电子从低能级跃迁到较高的能级。对于半导体材料,自由电子和束缚电子的吸收都很重要。

1. 本征吸收

理想半导体在绝对零度时,因为价带内的电子不可能被热激发到更高的能级,价带是完全被电子占满的。然而,当光照射半导体时,如果有足够能量的光子就可使电子激发,使其越过禁带跃迁入空的导带,同时在价带中留下一个空穴,形成电子-空穴对。这种由于电子在带与带之间的跃迁所形成的吸收过程称为本征吸收。图 9.3-1 是本征吸收的示意图。

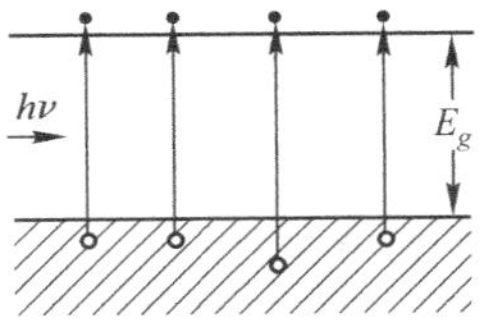

图 9.3-1　本征吸收示意图

显然,要发生本征吸收,光子能量必须等于或大于禁带宽度 E_g,即

$$h\nu \geqslant h\nu_0 = E_g \tag{9.3-1}$$

$h\nu_0$ 是能够引起本征吸收的最小光子能量。当频率低于 ν_0 时,不可能产生本征吸收,吸收系数迅速下降。这种吸收系数显著下降的特定频率 ν_0(或特定波长 λ_0),称为半导体的本征吸收限。

图 9.3-2 给出几种半导体材料的本征吸收系数和波长的关系曲线,曲线短波端陡峻地上升标志着本征吸收的开始。根据式(9.3-1),并应用关系式 $\nu=c/\lambda$,可得出本征吸收长波限的公式为

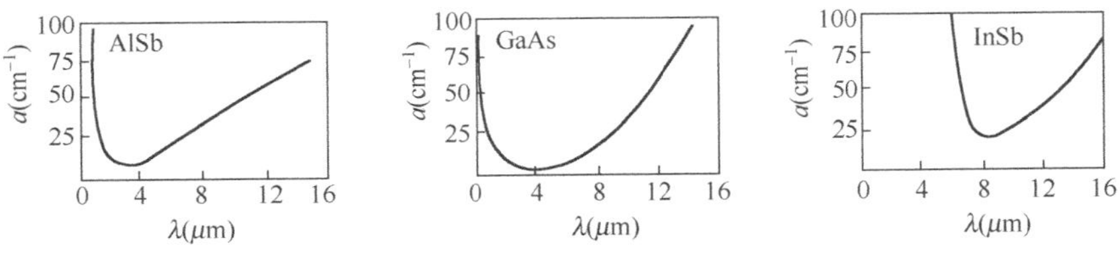

图 9.3-2　本征吸收曲线

$$\lambda_0 = \frac{1.24}{E_g(\mathrm{eV})}\ (\mu\mathrm{m}) \tag{9.3-2}$$

式中,禁带宽度 E_g 以 eV 为单位,得到以 μm 为单位的波长值。例如,Si 的 $E_g = 1.12\mathrm{eV}$,$\lambda_0 \approx 1.1\mu\mathrm{m}$;GaAs 的 $E_g = 1.43\mathrm{eV}$, $\lambda_0 \approx 0.867\mu\mathrm{m}$,两者吸收限都在红外区;CdS 的 $E_g = 2.42\mathrm{eV}$,$\lambda_0 \approx 0.513\mu\mathrm{m}$,其吸收限在可见光区。

2. 直接跃迁和间接跃迁

电子吸收光子的跃迁过程,除了能量必须守恒外,还必须满足动量守恒。设电子原来的波矢量是 $\boldsymbol{k}$,要跃迁到波矢为 $\boldsymbol{k}'$的状态。对于能带中的电子,$h\boldsymbol{k}$ 具有类似动量的性质,因此在跃迁过程中,$\boldsymbol{k}$ 和 $\boldsymbol{k}'$必须满足如下的条件:

$$\hbar\boldsymbol{k}' - \hbar\boldsymbol{k} = \text{光子动量} \tag{9.3-3}$$

由于一般半导体所吸收的光子,其动量远小于能带中电子的动量,光子动量可忽略不计,因而式(9.3-3)可近似地写为

$$\boldsymbol{k} = \boldsymbol{k}' \tag{9.3-4}$$

这说明,电子吸收光子产生跃迁时波矢保持不变。

图 9.3-3 是一维的 $E(k)$ 曲线,可以看到,为了使电子在跃迁过程中波矢保持不变,则原来在价带中状态 A 的电子只能跃迁到导带中的状态 B。A 与 B 在 $E(k)$ 曲线上位于同一垂线上,因而这种跃迁称为直接跃迁。在 A 到 B 直接跃迁中所吸收光子的能量 $h\nu$ 与图中垂直距离 AB 相对应。显然,对应于不同的 k,垂直距离各不相等。就是说相当于任何一个 k 值的不同能量的光子都有可能被吸收,而吸收的光子最小能量应等于禁带宽度 E_g(相当于图 9.3-3 中的 OO')。由此可见,本征吸收形成一个连续吸收带,并具有一长波吸收限 $\nu_0 = E_g/h$。因而从光吸收的测量中,也可求得 E_g 的值。在常用半导体中,Ⅲ~Ⅴ族的 GaAs、InSb 及 Ⅱ~Ⅵ 族等材料,导带极小值和价带极大值对应于相同的波矢,常称为直接带隙半导体。这种半导体在本征吸收过程中,产生电子的直接跃迁。

理论计算可得,在直接跃迁中,如果对于任何 k 值的跃迁都是允许的,则吸收系数与光子能量的关系为

$$\alpha(h\nu) = \begin{cases} A(h\nu - E_g)^{1/2}, & h\nu \geq E_g \\ 0, & h\nu < E_g \end{cases} \tag{9.3-5}$$

A 基本为一常数。

但是,不少半导体的导带和价带极值并非如图 9.3-3 所示,都对应于相同的波矢。例如 Ge、Si 一类半导体,价带顶位于 k 空间原点,而导带底则不在 k 空间原点。这类半导体称为间接带隙半导体。图 9.3-4 示出了 Ge 的能带结构示意图。显然,任何直接跃迁所吸收的光子

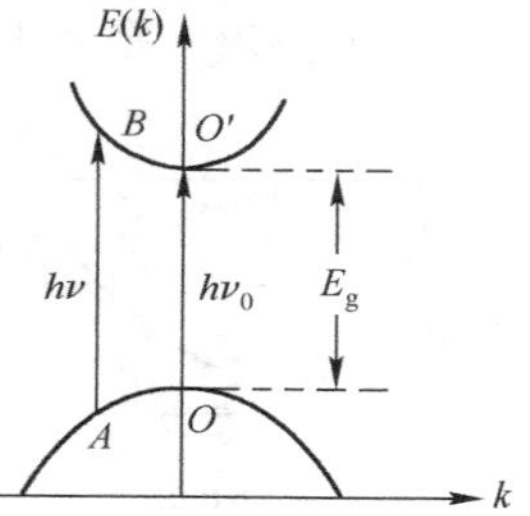

图 9.3-3　一维的 $E(k)$ 曲线

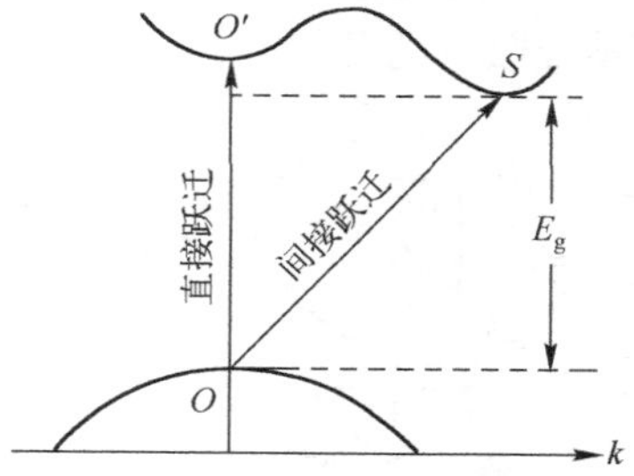

图 9.3-4　Ge 的能带结构示意图

能量都比 E_g 大。显然，本征吸收中，除了符合选择定则的直接跃迁外，还存在着非直接跃迁过程，如图 9.3-4 中的 $O \to S$。在非直接跃迁过程中，电子不仅吸收光子，同时还和晶格交换一定的振动能量，即放出或吸收一个声子。因此，严格地讲，能量转换关系不再是直接跃迁所满足的式(9.3-1)，而应该考虑声子的能量。非直接跃迁过程是电子、光子和声子三者同时参与的过程，其能量关系应该是

$$h\nu_0 \pm E_p = \text{电子能量差 } \Delta E$$

式中，E_p 代表声子的能量，"+"号是吸收声子，"−"号是发射声子。因为声子的能量非常小，数量级在百分之几电子伏特以下，可以忽略不计，因此，粗略地讲，电子在跃迁前后的能量差就等于所吸收的光子能量，$h\nu$ 只在 E_g 附近有微小的变化。所以，由非直接跃迁得出和直接跃迁相同的关系，即

$$\Delta E = h\nu_0 = E_g$$

声子也具有和能带电子相似的准动量。在非直接跃迁过程中，伴随发射或吸收适当的声子，电子的波矢 k 是可以改变的。例如在图 9.3-4 中，电子吸收光子而实现由价带顶跃迁到导带底 S 状态时，必须吸收一个声子，或发射一个声子，以满足动量守恒的需要。这种除了吸收光子外还与晶格交换能量及动量的非直接跃迁，也称间接跃迁。

由于间接跃迁的吸收过程，一方面依赖于电子与电磁波的相互作用，另一方面还依赖于电子与晶格的相互作用，故在理论上是一种二级过程。发生这样的过程，其概率要比只取决于电子与电磁波相互作用的直接跃迁的概率小得多。因此，间接跃迁的光吸收系数比直接跃迁的光吸收系数小很多。前者一般为 $1 \sim 10^3 \text{cm}^{-1}$ 数量级，而后者一般为 $10^4 \sim 10^6 \text{cm}^{-1}$ 数量级。

理论分析可得，当 $h\nu > E_g + E_p$ 时，吸收声子和发射声子的跃迁均可发生，吸收系数为

$$\alpha(h\nu) = A\left[\frac{(h\nu - E_g + E_p)^2}{e^{E_p/k_BT} - 1} + \frac{(h\nu - E_g - E_p)^2}{1 - e^{-E_p/k_BT}}\right] \tag{9.3-6a}$$

当 $E_g - E_p < h\nu \leqslant E_g + E_p$ 时，只能发生吸收声子的跃迁，吸收系数为

$$\alpha(h\nu) = A\frac{(h\nu - E_g + E_p)^2}{e^{E_p/k_BT} - 1} \tag{9.3-6b}$$

当 $h\nu < E_g - E_p$ 时，跃迁不能发生，$\alpha = 0$。

图 9.3-5(a)是 Ge 和 Si 的本征吸收系数和光子能量的关系曲线。Ge 和 Si 是间接带隙半导体，光子能量 $h\nu_0 = E_g$ 时，本征吸收开始。随着光子能量的增加，吸收系数首先上升到一段较平缓的区域，这对应于间接跃迁；在更短波长方向，随着 $h\nu$ 增加，吸收系数再一次陡增，发生强烈的光吸收，表示直接跃迁的开始。GaAs 是直接带隙半导体，光子能量大于 $h\nu_0$ 后，一开始就有强烈吸收，吸收系数陡峻上升，反映出直接跃迁过程，见图 9.3-5(b)。

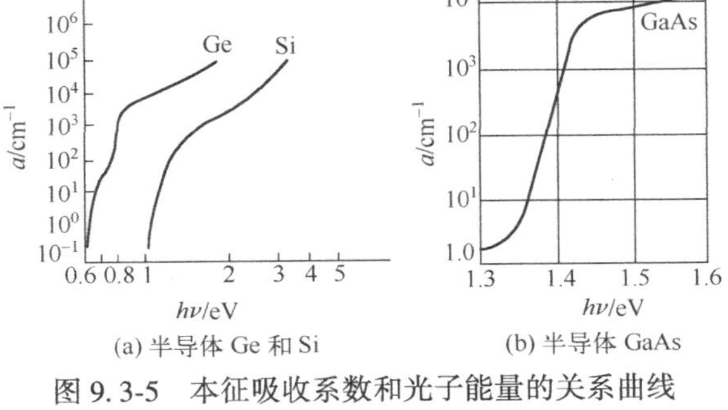

(a) 半导体 Ge 和 Si　　(b) 半导体 GaAs

图 9.3-5　本征吸收系数和光子能量的关系曲线

由此可知，研究半导体的本征吸收光谱，不仅可以根据吸收限决定禁带宽度，还有助于了解能带的复杂结构，也可作为区分直接带隙和间接带隙半导体的重要依据。

3. 其他吸收过程

实验证明，波长比本征吸收限 λ_0 长的光波在半导体中往往也能被吸收。这说明，除了本征吸收外，还存在着其他的光吸收过程，主要有激子吸收、杂质吸收、自由载流子吸收等。研究这些过程，对于了解半导体的性质以及扩大半导体的使用，都有很大的意义。

(1) 激子吸收

在本征吸收限，$h\nu_0=E_g$，光子的吸收恰好形成一个在导带底的电子和一个在价带顶的空穴。这样形成的电子是完全摆脱了正电中心束缚的“自由”电子，空穴也同样是“自由”空穴。由于本征吸收产生的电子和空穴之间没有相互作用，它们能互不相关地受到外加电场的作用而改变运动状态，因而使电导率增大(即产生光电导)。实验证明，当光子能量 $h\nu \geqslant E_g$ 时，本征吸收形成连续光谱。但在低温时发现，某些晶体在本征连续吸收光谱出现以前，即 $h\nu<E_g$ 时，就已出现一系列吸收线；并且发现对应于这些吸收线并不伴有光电导。可见这种吸收并不引起价带电子直接激发到导带，而形成所谓“激子吸收”。

如果光子能量 $h\nu$ 小于 E_g，价带电子受激发后虽然跃出了价带，但还不足以进入导带而成为自由电子，仍然受到空穴的库仑场作用。实际上，受激电子和空穴互相束缚而结合在一起成为一个新的系统，这种系统称为激子，这样的光吸收称为激子吸收。激子在晶体中某一部位产生后，并不停留在该处，可以在整个晶体中运动；但由于它作为一个整体是电中性的，因此不形成电流。激子在运动过程中可以通过两种途径消失：一种是通过热激发或其他能量的激发使激子分离成为自由电子或空穴；另一种是激子中的电子和空穴通过复合，使激子消灭而同时放出能量(发射光子或同时发射光子和声子)。

激子中电子与空穴之间的作用类似氢原子中电子与质子之间的相互作用。因此，激子的能态也与氢原子相似，由一系列能级组成。如电子与空穴都以各向同性的有效质量 m_n^* 和 m_p^* 来表示，则按氢原子的能级公式，激子的束缚能应为

$$E_{ex}^n=-\frac{e^4}{8\varepsilon_0^2\varepsilon_r^2h^2n^2}\cdot m_r^* \tag{9.3-7}$$

式中，e 是电子电量，n 是整数，m_r^* 是电子和空穴的折合质量，$m_r^*=m_p^*m_n^*/(m_p^*+m_n^*)$。从式(9.3-7)可见，激子有无穷个能级。$n=1$ 时，是激子的基态能级 E_{ex}^1；$n=\infty$ 时，$E_{ex}^\infty=0$，相当于导带底能级，表示电子和空穴完全脱离相互束缚，电子进入了导带，而空穴仍留在价带。

图 9.3-6 和图 9.3-7 分别为激子能级和激子吸收光谱示意图。在激子基态和导带底之间存在着一系列激子受激态，如图 9.3-6 所示。图 9.3-7 中本征吸收长波限以外的激子吸收峰，相当于价带电子跃迁到相应的激子能级，显然，激子吸收所需光子的能量 $h\nu$ 小于禁带宽度

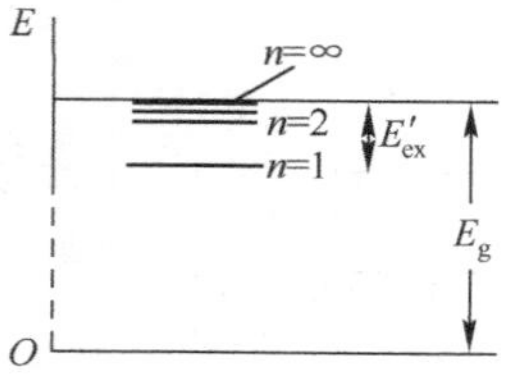

图 9.3-6　激子能级图

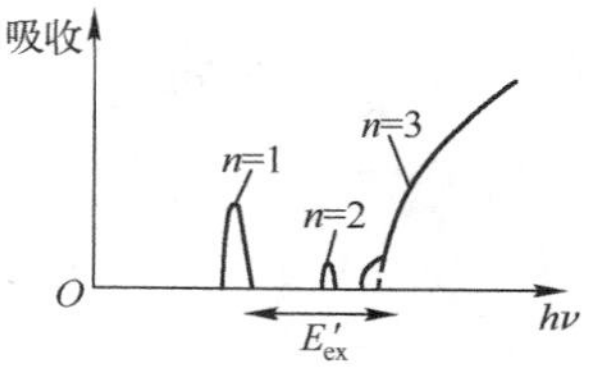

图 9.3-7　激子吸收光谱

E_g。图 9. 3-7 中第一个吸收峰相当于价带电子跃迁到激子基态（$n=1$），吸收光子的能量是 $h\nu=E_g-|E_{ex}^1|$；第二个吸收峰相当于价带电子跃迁到 $n=2$ 的受激态。$n>2$ 时，因为激子能级已差不多是连续的，所以吸收峰已分辨不出来，并且和本征吸收光谱合到一起。

（2）自由载流子吸收

对于一般半导体材料，当入射光子的频率不够高，不足以引起电子从带到带的跃迁或形成激子时，仍然存在着吸收，而且其强度随波长增大而增加。这是自由载流子在同一带内的跃迁所引起的，称为自由载流子吸收。

与本征跃迁不同，自由载流子吸收中，电子从低能态到较高能态的跃迁是在同一能带内发生的，如图 9. 3-8 所示。但这种跃迁过程同样必须满足能量守恒和动量守恒关系。和本征吸收的非直接跃迁相似，电子的跃迁也必须伴随着吸收或发射一个声子，因为自由载流子吸收中所吸收的光子能量小于 $h\nu_0$，一般是红外吸收。

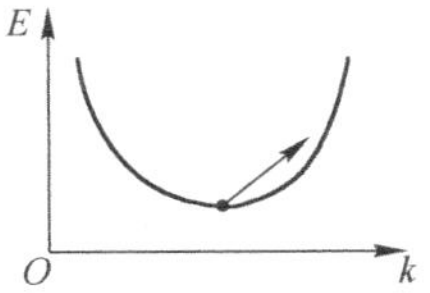

图 9. 3-8　自由载流子吸收

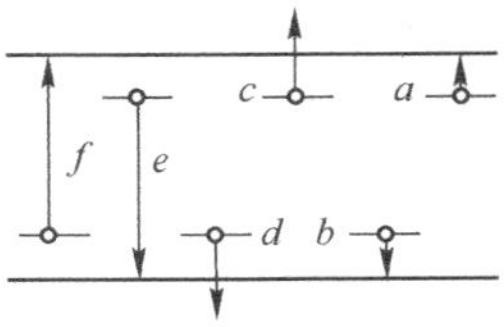

图 9. 3-9　杂质吸收中的电子跃迁

（3）杂质吸收

束缚在杂质能级上的电子或空穴也可以引起光的吸收。电子可以吸收光子跃迁到导带能级；空穴也同样可以吸收光子而跃迁到价带（或者说电子离开价带填补了束缚在杂质能级上的空穴）。这种光吸收称为杂质吸收。由于束缚状态并没有一定的准动量，在这样的跃迁过程中，电子（空穴）跃迁后的状态的波矢并不受到限制。这说明，电子（空穴）可以跃迁到任意的导带（价带）能级，因而应当引起连续的吸收光谱。引起杂质吸收的最低的光子能量 $h\nu_0$ 显然等于杂质上电子或空穴的电离能 E_I（见图 9. 3-9 中 a 和 b 的跃迁）。因此，杂质吸收光谱也具有长波吸收限 ν_0，而 $h\nu_0=E_I$。一般地，电子跃迁到较高的能级，或空穴跃迁到较低的价带能级（图 9. 3-9 中 c 和 d 的跃迁），概率逐渐变得很小，因此，吸收光谱主要集中在吸收限 E_I 的附近。由于 E_I 小于禁带宽度 E_g，杂质吸收一定在本征吸收限以外长波方面形成吸收带，如图 9. 3-10 所示。显然，杂质能级越深，能引起杂质吸收的光子能量也越大，吸收峰比较靠近本征吸收限，对于大多数半导体，多数施主和受主能级很接近于导带和价带，因此相应的杂质吸收出现在远红外区。另外，杂质吸收也可以是电子从电离受主能级跃迁入导带，或空穴从电离施主能级跃迁入价带，如图 9. 3-9 中 f 和 e 的跃迁。这时，杂质吸收光子的能量应满足 $h\nu=E_g-E_I$。

杂质中心除了具有确定能量的基态外，也像激子一样，有一系列类似氢激发能级 E_1，E_2，E_3，…。除了与电离过程相联系的光吸收外，杂质中心上的电子或空穴由基态到激发态的跃迁也可以引起光吸收。这时，所吸收的光子能量等于相应的激发态能量与基态能量之差。图 9. 3-11 是 Si 中杂质 B（受主）的吸收光谱。图中几个吸收尖峰反映了受主中的空穴由基态到激发态的跃迁所引起的光吸收。几个吸收峰后面出现较宽的吸收带说明杂质完全电离，空穴由受主基态跃迁入价带。图中，杂质电离吸收带还显示出，随着光子能量的增大，吸收系数反而下降，这是由于空穴跃迁到低于价带顶的状态，其跃迁概率急速下降。

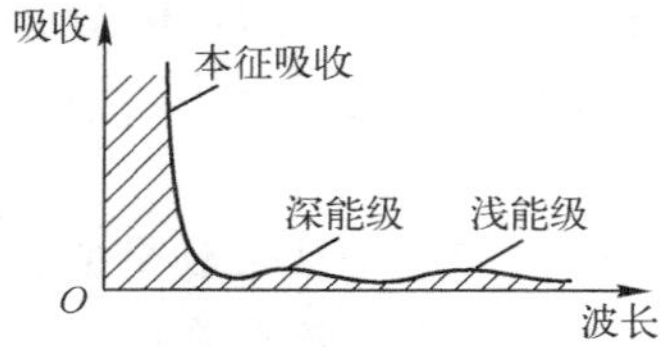

图 9.3-10　杂质吸收曲线

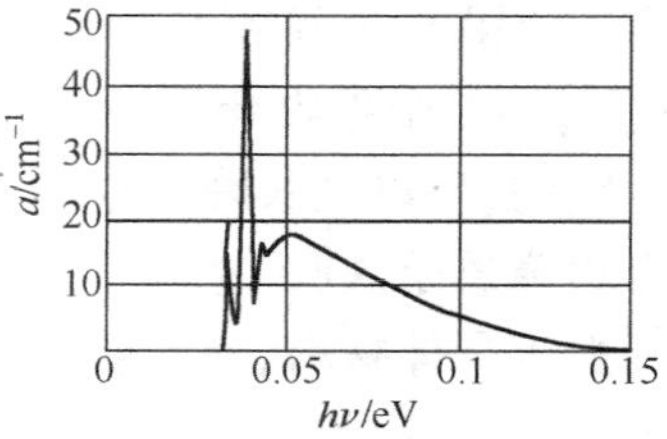

图 9.3-11　Si 中的杂质吸收光谱

由于杂质吸收比较微弱,特别在杂质溶解度较低的情况下,杂质含量很少,进一步造成观测上的困难。一般地,对于浅杂质能级, E_I 较小,只能在低温下,当大部分杂质中心未被电离时,才能够观测到这种杂质吸收。

(4) 晶格振动吸收

晶体吸收光谱的远红外区,有时还发现一定的吸收带,这是由晶格振动吸收形成的。在这种吸收中,光子能量直接转换为晶格振动动能。对离子晶体或离子性较强的化合物,存在较强的晶格振动吸收带;在Ⅲ ~ Ⅴ族化合物,如 GaAs 及半导体 Ge、Si 中,也都观察到了这种吸收带。

9.4　半导体的光电导

在 8.4 节中已提到,光吸收使半导体中形成非平衡载流子,而载流子浓度的增大必然使样品电导率增大。这种由光照引起半导体电导率增加的现象称为光电导效应。本征吸收引起的光电导称为本征光电导。本节讨论均匀半导体材料的光电导效应。

1. 附加电导率

当无光照时,半导体样品的(暗)电导率应为

$$\sigma_0 = q(n_0\mu_n + p_0\mu_p)$$

式中,e 为电子电量,n_0、p_0 为平衡载流子浓度; μ_n 和 μ_p 分别为电子和空穴的迁移率。

设光注入的非平衡载流子浓度分别为 Δn 及 Δp。当电子刚被激发到导带时,可能比原来在导带中的热平衡电子有较大的能量;但光生电子通过与晶格碰撞,在极短的时间内就以发射声子的形式丢失多余的能量,变成热平衡电子。因此,可以认为在整个光电导过程中,光生电子与热平衡电子具有相等的迁移率。因而在光照下样品的电导率变为

$$\sigma = q(n\mu_n + p\mu_p)$$

式中,$n = n_0 + \Delta n$,而 $p = p_0 + \Delta p$。附加光电导率(或简称光电导)为

$$\Delta\sigma = q(\Delta n\mu_n + \Delta p\mu_p)$$

从而可得光电导的相对值

$$\frac{\Delta\sigma}{\sigma_0} = \frac{\Delta n\mu_n + \Delta p\mu_p}{n_0\mu_n + p_0\mu_p}$$

对本征光电导,$\Delta n = \Delta p$。引入 $b = \mu_n/\mu_p$,得

$$\frac{\Delta\sigma}{\sigma_0} = \frac{(1+b)\Delta n}{bn_0 + p_0} \tag{9.4-1}$$

从式(9.4-1)看出，要制成(相对)光电导高的光敏电阻，应该使 n_0 和 p_0 有较小的数值。因此，光敏电阻一般由高阻材料制成或者在低温下使用。

实验证明，许多半导体材料在本征吸收中，$\Delta n=\Delta p$；但并不是光生电子和光生空穴都对光电导有贡献。例如，p 型 Cu_2O 的本征光电导主要是由于光生空穴的存在，而 n 型 CdS 的本征光电导则主要是由于光生电子的作用。这说明，虽然在本征光电导中，光激发的电子和空穴数是相等的，但是在它们复合消失以前，只有其中一种光生载流子(一般是多数载流子)会在较长时间存在于自由状态，而另一种则往往被一些能级(陷阱)束缚住。这样，$\Delta n\gg\Delta p$ 或 $\Delta p\gg\Delta n$。附加电导率应为

$$\Delta\sigma=q\Delta n\mu_n,\quad 或\quad \Delta\sigma=q\Delta p\mu_p \tag{9.4-2}$$

除本征光电导外，光照也能使束缚在杂质能级上的电子或空穴受激电离而产生杂质光电导。但是，由于杂质的原子数比晶体本身的原子数小很多个数量级，因此，和本征光电导相比，杂质光电导仍是很微弱的。尽管如此，杂质吸收和杂质光电导仍是研究杂质能级的一种重要方法。

2. 定态光电导及其弛豫过程

定态光电导是指在恒定光照下产生的光电导。研究光电导主要是研究光照下半导体附加电导率 $\Delta\sigma$ 的变化规律，例如 $\Delta\sigma$ 与哪些参数有关、光电导如何随光强度变化等。

根据式(9.4-1)，因为 μ_n 和 μ_p 在一定条件下是一定的，所以 $\Delta\sigma$ 的变化反映了光生载流子 Δn 或 Δp 的变化。

设 I 表示以光子数计算的光强度(即单位时间通过单位面积的光子数)，α 为样品的吸收系数，根据

$$-\frac{\mathrm{d}I}{\mathrm{d}x}=\alpha I \tag{9.4-3}$$

即单位时间单位体积内吸收的光能量(以光子数计)与光强度 I 成正比。$I\alpha$ 等于单位体积内光子的吸收率，则电子-空穴对的产生率可写为

$$Q=\beta I\alpha \tag{9.4-4}$$

式中，β 代表每吸收一个光子产生的电子-空穴对数，称为量子产额。每吸收一个光子产生一个电子-空穴对，则 $\beta=1$；但当光子还由于其他原因被吸收时，如形成激子等，则 $\beta<1$。

设在某一时刻开始以强度 I 的光射入半导体表面，假设除激发过程外，不存在其他任何过程，则经 t 秒后，光生载流子浓度应为

$$\Delta n=\Delta p=\beta\alpha It \tag{9.4-5}$$

如光照保持不变，光生载流子浓度将随时间 t 线性增大，如图 9.4-1 中的虚线所示。但事实上，由于光激发的同时，还存在复合过程，因此，Δn 和 Δp 不可能直线上升。光生载流子浓度随时间的变化曲线如图 9.4-1 所示，Δn 最后达到一稳定值 Δn_s，这时附加电导率 $\Delta\sigma$ 也达到稳定值 $\Delta\sigma_s$。这就是定态光电导。显然，达到定态光电导时，电子-空穴对的复合率等于产生率，即 $R=Q$。

可以设想，Δn 按指数规律变化，即 $\Delta n=\Delta n_s(1-\mathrm{e}^{-t/\tau})$。设光生电子和空穴的寿命分别为 τ_n 和 τ_p，并且 t 较小时应与式(9.4-5)一致，则定态光生载流子浓度为

$$\Delta n_s=\beta\alpha I\tau_n,\qquad \Delta p_s=\beta\alpha I\tau_p \tag{9.4-6}$$

从而定态光电导率为

$$\Delta\sigma_s=q\beta\alpha I(\mu_n\tau_n+\mu_p\tau_p) \tag{9.4-7}$$

可见，定态光电导率与 μ、τ、β 和 α 四个参量有关。其中 β 和 α 表征光和物质的相互作用，决

定着光生载流子的激发过程；而 τ 和 μ 则表征载流子与物质之间的相互作用，决定着载流子运动和非平衡载流子的复合过程。

如上所述，光照后经过一定的时间才逼近态光电导率 $\Delta\sigma_s$。同样，当光照停止后，光电导也是逐渐地消失，如图 9.4-2 所示。这种在光照下光电导率逐渐上升和光照停止后光电导率逐渐下降的现象，称为光电导的弛豫现象。

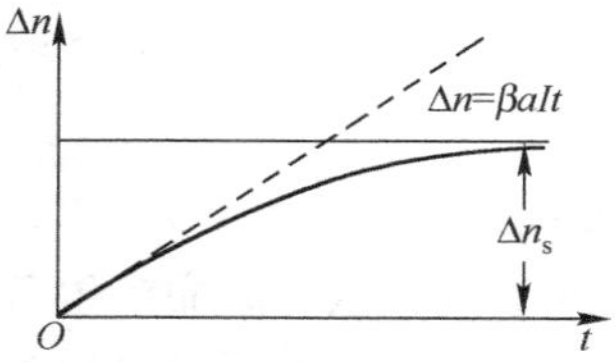

图 9.4-1　光生载流子浓度随时间的变化曲线

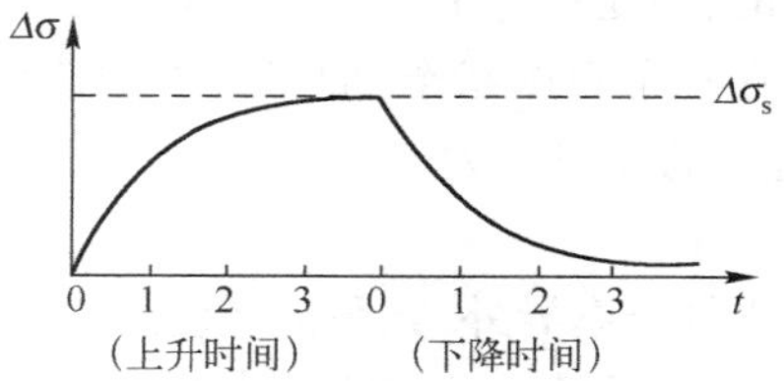

图 9.4-2　光电导的弛豫过程

3. 本征光电导的光谱分布

大量实验证明，半导体光电导的强弱与照射光的波长有密切关系。所谓光电导的光谱分布，就是指对应于不同的波长，光电导响应灵敏度的变化关系。一般以波长为横坐标，以相等的入射光能量（或相等的入射光子数）所引起的光电导相对大小为纵坐标，就得到光电导光谱分布曲线。图 9.4-3 是几种典型的本征光电导的光谱分布曲线。一般来说，本征光电导的光谱分布都有一个长波限（有时也称为“截止”波长）。这是由于能量小的光子不足以使价带电子跃迁到导带，因而不能引起光电导。和本征吸收限的测量一样，本征光电导分布长波限也可用来确定半导体材料的禁带宽度。但从图 9.4-3 可看出，曲线的下降并不是竖直的，所以不能肯定长波限的确切数值，一般选定光电导下降到峰值的 1/2 处的波长为长波限。

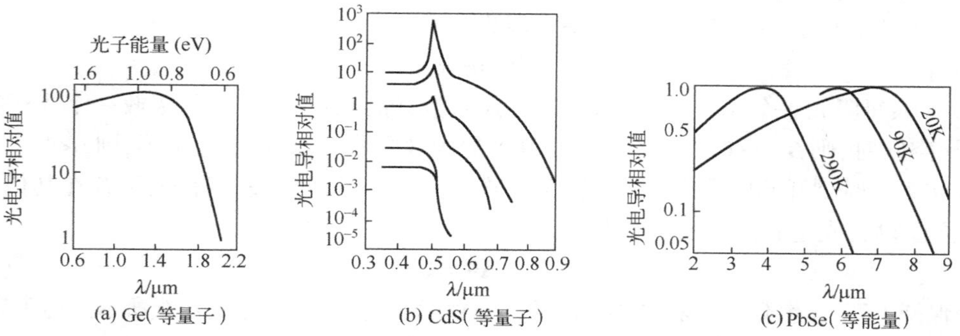

图 9.4-3　本征光电导的光谱分布曲线

在上述光谱分布曲线中，有“等量子”和“等能量”的区别，说明这些光谱分布曲线中不同波长所用的光强标准不同。所谓“等量子”，是指对于不同的波长，以光子数计的光强是相同的，也就是说光电导的测量是在相等的光子流下进行的；而“等能量”是指不同波长光强的能量流是相同的。这样，对于较短的波（每个光子能量较高），虽然能量与长波时相等，但实际上包含的光子数比长波时要少。例如，图 9.4-3 中 PbSe 的光谱分布曲线是以相同的能量流为标准的，曲线短波方面有较快的下降，这是由于实际上照射的光子数减少。因为光电导是光子吸收的直接效应，所以测量光电导时采用“等量子”光照强度较合适。

图 9.4-3 中，CdS 的光谱分布曲线在长波限处出现峰值，而在短波方面光电导显著下降。这表示，当入射光子能量 $h\nu>E_g$ 时，吸收系数增大，反而引起光电导的下降。这是一个较复杂的问题。一般认为，在强吸收情况下，光生载流子集中于光照面很薄的表面层内，通过表面态的表面复合增加，使非平衡载流子寿命下降，导致光电导反而下降。

总之，测量光电导的光谱分布，是确定半导体材料光电导特性的一个重要方面，特别是对选用材料有实际意义。例如 PbS、PbSe 和 PbTe 是重要的红外探测器材料，它们可以有效地用于直到 10μm 的红外波段。CdS 作为一种重要的光电材料，除了对可见光有响应外，还可有效地用于短波方面，直到 X 光波段。InSb 的光电导响应在室温下能达到 7μm，也是很好的红外探测器材料。锗和硅的本征光电导只能达到 1.7μm 和 1.1μm，但是它们的杂质光电导响应可以到相当长的波长。例如锗掺金或锗硅合金掺金和掺锌，都能有效地用于红外探测器。近几年来，还发现一些三元合金，如 PbSnTe、PbSnSe、HgCdTe 等，它们的光电导响应可到达 8～14μm，在红外器件中得到了重视。

4. 杂质光电导

对于杂质半导体，光照使束缚于杂质能级上的电子或空穴电离，因而增加了导带或价带的载流子浓度，产生杂质光电导。由于杂质电离能比禁带宽度小很多，从杂质能级上激发电子或空穴所需的光子能量比较小，因此，杂质半导体作为远红外波段的探测器，具有重要的作用。例如，选用不同的杂质，Ge 探测器的使用范围可以从 10μm 直到 120μm。

由于杂质原子浓度比半导体材料本身的原子浓度一般要小很多个数量级，所以和本征光电导相比，杂质光电导是十分微弱的。同时，所涉及的能量都在红外光范围，激发光实际上不可能很强。因此，测量杂质光电导一般都必须在低温下进行，以保证平衡载流子浓度（暗电导）很小，使杂质中心上的电子或空穴基本上都处在束缚状态。例如对电离能 $E_I=0.01\text{eV}$ 的杂质能级，必须采用液氦低温；对于较深的杂质能级，可以在液氮温度下进行。杂质光电导的测量已经成为研究杂质能级的重要方法。

9.5　半导体的光生伏特效应

在 8.5 节中讨论过 PN 结的内建电场，各种非均匀半导体内部都可能存在内建电场。当用适当波长的光照射非均匀半导体时，光生电子和空穴由于内建电场的作用会向两边分离，因而在半导体内部产生电动势（光生电压）。如将半导体两端短路，则会出现电流（光生电流）。这种由内建电场引起的光电效应，称为光生伏特效应。下面以 PN 结为例简要分析光生伏特效应。

1. PN 结的光生伏特效应

设入射光垂直于 PN 结面。如结较浅，光子将进入 PN 结区，甚至深入到半导体内部。能量大于禁带宽度的光子，由本征吸收在结的两边产生电子-空穴对。在光激发下多数载流子浓度一般改变很小，而少数载流子浓度却变化很大，因此应主要研究光生少数载流子的运动。

由于 PN 结势垒区内存在较强的内建场（自 N 区指向 P 区），结两边的光生少数载流子受该场的作用，各自向相反方向运动：P 区的电子穿过 PN 结进入 N 区；N 区的空穴进入 P 区，使 P 端电势升高，N 端电势降低，于是在 PN 结两端形成了光生电动势，这就是 PN 结的光生伏特效应。由于光照产生的载流子各自向相反方向运动，从而在 PN 结内部形成自 n 区向 p 区的光生电流 I_L。由于光照在 PN 结两端产生光生电动势，相当于在 PN 结两端加正向电压 V，使势垒降低为 qV_D-qV，见图 9.5-1(b)，因而产生正向电流 I_F。在 PN 结开路情况下，光生电流和正向电流相等时，PN 结两端建立起稳定的电势差 V_{OC}（p 区相对于 n 区是正的），这就是光电池的开路电压。如将 PN 结与外电路接通，只要光照不停止，就会有源源不断的电流通过电路，PN 结起了电源的作用。这就是光电池（也称光电二极管）的基本原理。

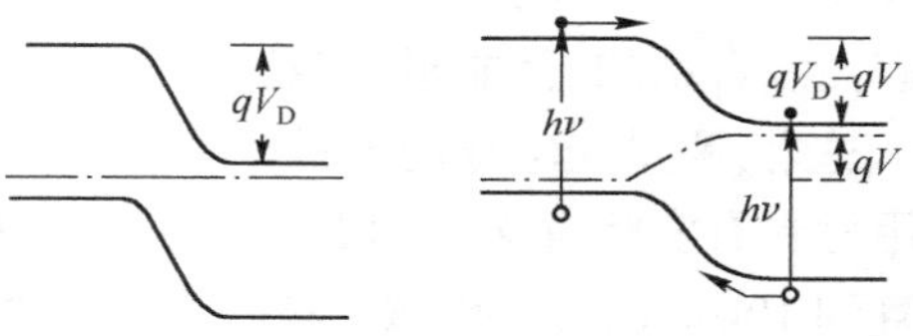

(a) 无光照　　(b) 光照激发

图 9.5-1　PN 结能带图

金属-半导体形成的肖特基势垒层也能产生光生伏特效应（肖特基光电二极管），其载流子输运过程和 PN 结相类似，不再详述。

2. 光电池的电流-电压特性

光电池工作时共有三种电流：光生电流 I_L，在光生电压 V 作用下的 PN 结正向电流 I_F，流经外电路的电流 I。I_L 和 I_F 都流经 PN 结内部，但方向相反。

根据 PN 结整流方程，在正向偏压 V 作用下，通过结的正向电流为

$$I_F=I_s(e^{qV/k_BT}-1) \tag{9.5-1}$$

这里，V 是光生电压，I_s 是反向饱和电流。

用一定强度的光照射光电池，因存在吸收，光强度随着光透入的深度按指数律下降，因而光生载流子产生率也随光照的深入而减小，即产生率 Q 是 x 的函数。为了简化，用$\overline{Q}$表示在结的扩散长度（L_p+L_n）内非平衡载流子的平均产生率，并设扩散长度 L_p 内的空穴和 L_n 内的电子都能扩散到 PN 结面而进入另一边。这样光生电流为

$$I_L=q\overline{Q}A(L_p+L_n) \tag{9.5-2}$$

式中，A 是 PN 结面积，q 为电子电量，I_L 从 n 区流向 p 区，与 I_F 反向。

如光电池与负载电阻接成通路，通过负载的电流应为

$$I=I_L-I_F=I_L-I_s(e^{qV/k_BT}-1) \tag{9.5-3}$$

这就是负载电阻上电流与电压的关系，即光电池的伏安特性，其曲线如图 9.5-2 所示。图中曲线 1 和 2 分别为无光照和有光照时光电池的伏安特性。

从式(9.5-3)可得

$$V=\frac{k_BT}{q}\ln\left(\frac{I_L-I}{I_s}+1\right) \tag{9.5-4}$$

在 PN 结开路情况下（$R=\infty$），两端的电压即为开路电压 V_{OC}。这时，流经 R 的电流 $I=0$，即 $I_L=I_F$。将 $I=0$ 代入式(9.5-4)，得开路电压为

$$V_{OC}=\frac{k_BT}{q}\ln\left(\frac{I_L}{I_s}+1\right) \tag{9.5-5}$$

如将 PN 结短路（$V=0$），因而 $I_F=0$，这时所得的电流为短路电流 I_{SC}。由式(9.5-3)，显然短路电流等于光生电流，即

$$I_{SC}=I_L \tag{9.5-6}$$

V_{OC}和 I_{SC}是光电池的两个重要参数，其数值可由图 9.5-2 的曲线 2 在 V 和 I 轴上的截距求得。根据式(9.5-2)和式(9.5-3)，可讨论短路电流 I_{SC}和开路电压 V_{OC}随光照强度的变化规律。

显然,两者都随光照强度的增强而增大,所不同的是 I_{SC} 随光照强度线性地上升,而 V_{OC} 则成对数式增大,见图 9.5-3。必须指出,V_{OC} 并不随光照强度无限地增大。当开路电压 V_{OC} 增大到 PN 结势垒消失时,即得到最大光生电压 V_{max},因此,V_{max} 应等于 PN 结势垒高度 V_D,与材料掺杂程度有关。实际情况下,qV_{max} 可能与禁带宽度 E_g 相当。

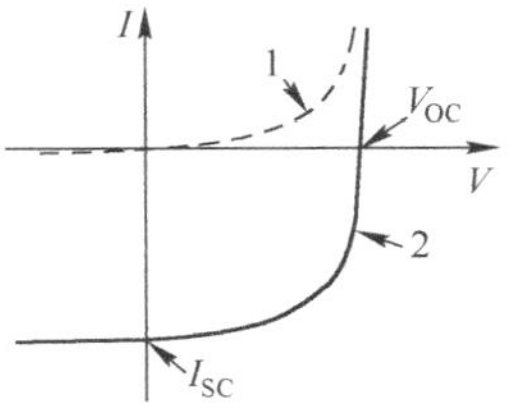

图 9.5-2　光电池的伏安特性曲线

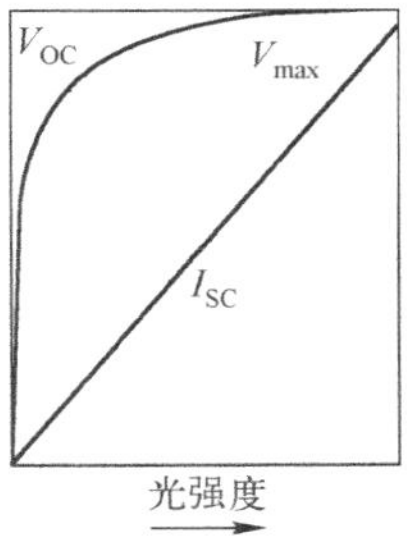

图 9.5-3　V_{OC} 和 I_{SC} 随光强的变化

光生伏特效应最重要的应用之一,是将太阳辐射能直接转换为电能。太阳能电池是一种典型的光电池,一般由一个大面积硅 PN 结组成。目前也有用其他材料,如 GaAs 等制成光电池的。太阳能电池可作为长期电源,现已在人造卫星及宇宙飞船中广泛使用。半导体光生伏特效应也广泛用于辐射探测器,包括光辐射及其他辐射。其突出优点是不需外接电源,直接通过辐射或高能粒子激发产生非平衡载流子,通过测量光生电压来探测辐射或粒子的强度。

9.6　半导体发光

从 9.3 节中已知,半导体中的电子可以吸收一定能量的光子而被激发。同样,处于激发态的电子也可以向较低的能级跃迁,以光辐射的形式释放出能量。也就是电子从高能级向低能级跃迁,伴随着发射光子。这就是半导体的发光现象。

产生光子发射的主要条件是系统必须处于非平衡状态,即在半导体内需要有某种激发过程存在,通过非平衡载流子的复合,才能形成发光。根据不同的激发方式,可以有各种发光过程,如电致发光、光致发光和阴极发光等。本节只讨论半导体的电致发光,也称场致发光。这种发光由电流(电场)激发载流子,是电能直接转变为光能的过程。

1. 辐射跃迁

半导体材料受到某种激发时,电子产生由低能级向高能级的跃迁,形成非平衡载流子。这种处于激发态的电子在半导体中运动一段时间后,又回到较低的能量状态,并发生电子-空穴对的复合。复合过程中,电子以不同的形式释放出多余的能量。从高能量状态到较低的能量状态的电子跃迁过程,主要有以下几种(见图 9.6-1)。

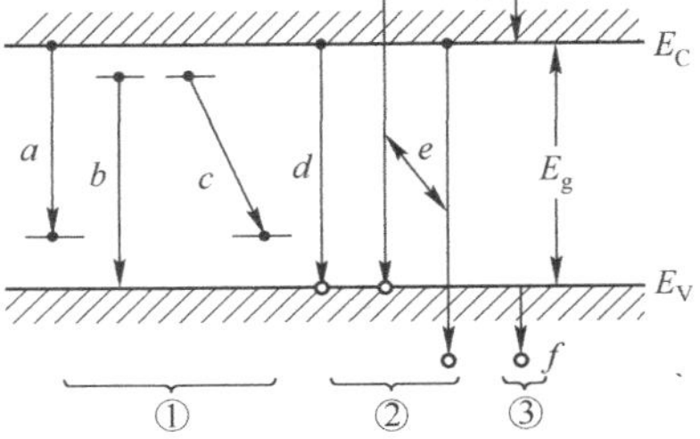

图 9.6-1　电子的辐射跃迁

① 有杂质或缺陷参与的跃迁:导带电子跃迁到未电离的受主能级,与受主能级上的空穴复合,如过程 a;中性施主能级上的电子跃迁到价带,与价带中空穴复合,如过程 b;中性施主能级上的电子跃迁到中性受主能级,与受主能级上的空穴复合,如过程 c。

② 带与带之间的跃迁:导带底的电子直接跃迁到价带顶部,与空穴复合,如过程 d;导带热电子跃迁到价带顶与空穴复合,或导带底的电子跃迁到价带与热空穴复合,如过程 e。

③ 热载流子在带内跃迁,如过程 f。

上面提到,电子从高能级向较低能级跃迁时,必然释放一定的能量。如果跃迁过程伴随着放出光子,则这种跃迁称为辐射跃迁。必须指出,以上列举的各种跃迁过程并非都能在同一材料和在相同条件下同时发生,更不是每一种跃迁过程都辐射光子(不发射光子的所谓无辐射跃迁,将在下面讨论)。但作为半导体发光材料,必须是辐射跃迁占优势。

(1) 本征跃迁(带与带之间的跃迁)

导带的电子跃迁到价带,与价带空穴相复合,伴随着发射光子,称为本征跃迁。显然,这种带与带之间的电子跃迁所引起的发光过程,是本征吸收的逆过程。对于直接带隙半导体,导带与价带极值都在 k 空间原点,本征跃迁为直接跃迁,如图 9.6-2(a)所示。由于直接跃迁的发光过程只涉及一个电子-空穴对和一个光子,其辐射效率较高。直接带隙半导体,包括Ⅱ~Ⅵ族和部分Ⅲ~Ⅴ族(如 GaAs 等)化合物,都是常用的发光材料。

间接带隙半导体,如图 9.6-2(b)所示,导带和价带极值对应于不同的波矢 k。这时发生的带与带之间的跃迁是间接跃迁。在间接跃迁过程中,除了发射光子外,还有声子参与。因此,这种跃迁比直接跃迁的概率小得多。Ge、Si 和部分Ⅲ~Ⅴ族半导体都是间接带隙半导体,它们的发光比较微弱。

显然,带与带之间的跃迁所发射的光子能量与 E_g 直接有关。对直接跃迁,发射光子的能量至少应满足

$$h\nu = E_C - E_V = E_g$$

对间接跃迁,在发射光子的同时,还发射一个声子,光子能量应满足

$$h\nu = E_C - E_V - E_p$$

式中,E_p 是声子能量。

(2) 非本征跃迁

电子从导带跃迁到杂质能级,或杂质能级上的电子跃迁入价带,或电子在杂质能级之间的跃迁,都可以引起发光。这种跃迁称为非本征跃迁。对间接带隙半导体,本征跃迁是间接跃迁,概率很小。这时,非本征跃迁起主要作用。

下面着重讨论施主与受主之间的跃迁,见图 9.6-3。这种跃迁效率高,多数发光二极管属于这种跃迁。当半导体材料中同时存在施主和受主杂质时,两者之间的库仑作用力使受激

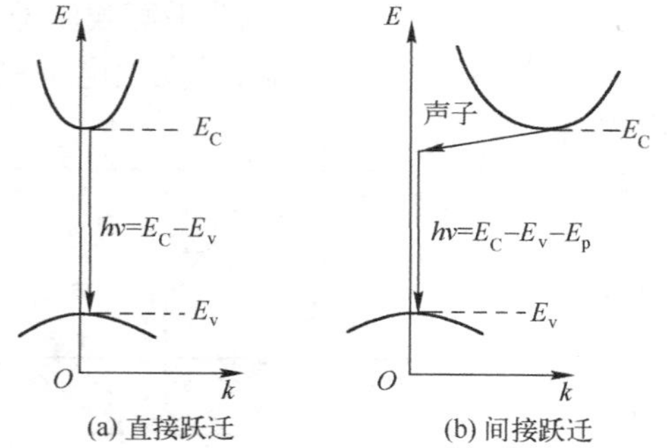

(a) 直接跃迁　(b) 间接跃迁

图 9.6-2　本征辐射跃迁

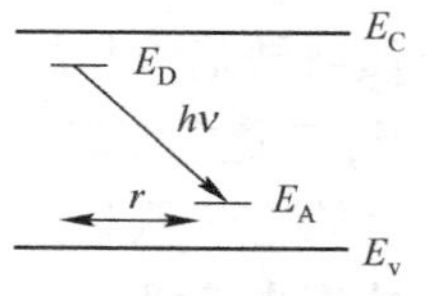

图 9.6-3　施主与受主间的跃迁

态能量增大，其增量 ΔE 与施主和受主杂质之间的距离 r 成反比。当电子从施主向受主跃迁时，如没有声子参与，发射光子能量为

$$h\nu = E_g - (\Delta E_D + \Delta E_A) + \frac{q^2}{4\pi\varepsilon_r\varepsilon_0 r} \tag{9.6-1}$$

式中，ΔE_D 和 ΔE_A 分别代表施主和受主的束缚能，ε_r 是母晶体的相对介电常数。

由于施主和受主一般以替位原子出现于晶格中，因此 r 只能取以整数倍增加的不连续数值。实验中也确实观测到一系列不连续的发射谱线与不同的 r 值相对应（例如，GaP 中 Si 和 Te 杂质间的跃迁发射光谱）。从式(9.6-1)可知 r 较小时，相当于比较邻近的杂质原子间的电子跃迁，得到分列的谱线；随着 r 的增大，发射谱线越来越靠近，最后出现一个发射带。当 r 相当大时，电子从施主向受主完成辐射跃迁所需穿过的距离也较大，因此发射随着杂质间距离增大而减少。一般感兴趣的是比较邻近的杂质对之间的辐射跃迁过程。

2. 发光效率

电子跃迁过程中，除了发射光子的辐射跃迁外，还存在无辐射跃迁。在无辐射复合过程中，能量释放机理比较复杂。一般认为，电子从高能级向较低能级跃迁时，可以将多余的能量传给第三个载流子，使其受激跃迁到更高的能级，这就是所谓的俄歇（Auer）过程。此外，电子和空穴复合时，也可以将能量转换为晶格振动能量，这就是伴随着发射声子的无辐射复合过程。

实际上，发光过程中同时存在辐射复合和无辐射复合过程。两者复合概率的不同使材料具有不同的发光效率。对间接复合为主的半导体材料，一般既存在发光中心，又存在其他复合中心。通过前者产生辐射复合，而通过后者则产生无辐射复合。因此，要使辐射复合占压倒优势，必须使发光中心浓度 N_L 远大于其他杂质浓度 N_t。

必须指出，辐射复合所产生的光子并不是全部都能离开晶体向外发射的。这是因为，从发光区产生的光子通过半导体时有一部分可以被再吸收；另外由于半导体的高折射率，光子在界面处很容易发生全反射而返回到晶体内部。即使是垂直入射到界面的光子，由于高折射率而产生高反射率，也有相当大的部分（30%左右）被反射回晶体内部。

对于像 GaAs 这一类直接带隙半导体，直接复合起主导作用，因此，内部量子效率（指辐射复合产生的光子数与注入的电子-空穴对数之比）比较高，可以接近 100%。但从晶体内实际能逸出的光子却非常少。为了使半导体材料具有实用发光价值，不但要选择内部量子效率高的材料，并且要采取适当措施，以提高其外部量子效率（指发射到晶体外部的光子数与注入的电子-空穴对数之比）。如将晶体表面做成球面，并使发光区域处于球心位置，这样可以避免表面的全反射。

3. 电致发光激发机构

（1）PN 结注入发光

PN 结处于平衡时，存在一定的势垒区，其能带图如图 9.6-4(a)所示。如加一正向偏压，势垒便降低，势垒区内建电场也相应减弱，这样会继续发生载流子的扩散，即电子由 N 区注入 P 区，同时空穴由 P 区注入 N 区，如图 9.6-4(b)所示。这些进入 P 区的电子和进入 N 区的空穴都是非平衡少数载流子。

在实际应用的 PN 结中，扩散长度远远大于势垒宽度。因此电子和空穴通过势垒区时因

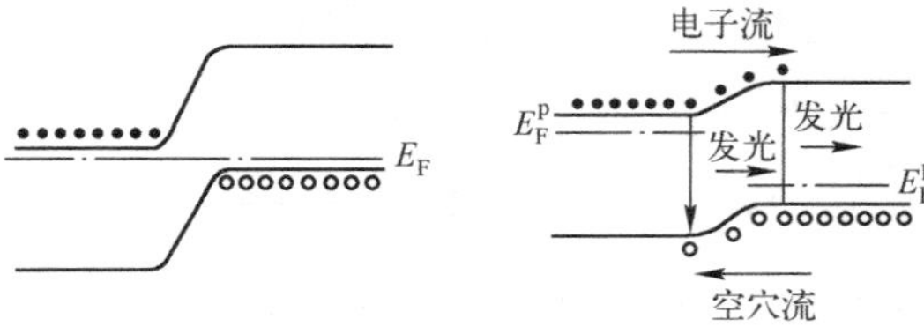

(a) 平衡PN结　　(b) 正偏注入发光

图 9.6-4　注入发光能带图

复合而消失的概率很小，会继续向扩散区扩散。因而在正向偏压下，PN 结势垒区和扩散区注入了少数载流子。这些非平衡少数载流子不断与多数载流子复合而发光（辐射复合）。这就是 PN 结注入发光的基本原理。常用的 GaAs 发光二极管就是利用 GaAs PN 结制得的；GaP 发光二极管也是利用 PN 结加正向偏压，形成非平衡载流子的，但其发光机构与 GaAs 不同，它不是带与带之间的直接跃迁，而是通过杂质对的跃迁形成的辐射复合。

(2) 异质结注入发光

为了提高少数载流子的注入效率，可以采用异质结。图 9.6-5 为理想的异质结能带示意图。当加正向偏压时，势垒降低。但由于 P 区和 N 区的禁带宽度不等，势垒是不对称的。加上正向偏压，如图 9.6-5(b)所示，当两者的价带达到等高时，P 区的空穴由于不存在势垒，不断向 N 区扩散，保证了空穴（少数载流子）向发光区的高注入效率。对于 N 区的电子，由于存在势垒 $\Delta E(=E_{g1}-E_{g2})$，不能从 N 区注入 P 区，这样，禁带较宽的区域成为注入源（图中的 P 区），而禁带宽度较小的区域（图中 N 区）成为发光区。例如，对于 GaAs-GaSb 异质结，注入发光发生于 0.7eV，相当于 GaSb 的禁带宽度。很明显，图 9.6-5 中发光区（E_{g2}较小）发射的光子，其能量 $h\nu$ 小于 E_{g1}，进入 P 区后不会引起本征吸收，即禁带宽度较大的 P 区对这些光子是透明的。因此，异质结发光二极管中禁带宽度的一部分（注入区）同时可以作为辐射光的透出窗。

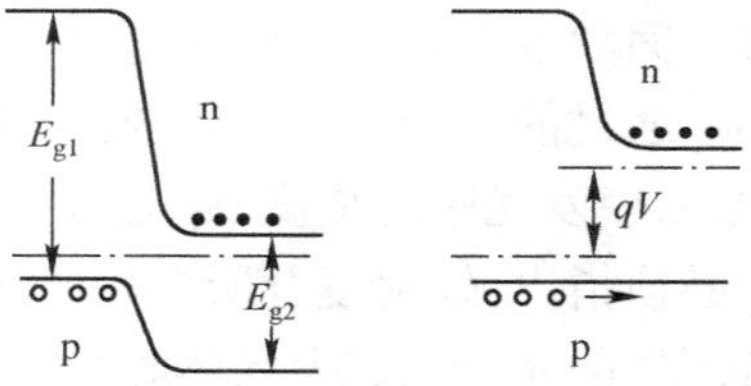

(a) 平衡异质结　　(b) 正偏注入发光

图 9.6-5　异质结注入发光

*4. 半导体激光

激光是一种亮度极高、方向性和单色性很好的相干光辐射。目前，半导体激光器已成为激光器的重要组成部分。如常用的激光材料 GaAs 可发射红外激光，混合晶体 $GaAs_{1-x}P_x$ 可发射可见激光。

半导体激光和一般发光过程不同，不是源于自发辐射而是源于受激辐射。受激辐射就是在满足频率条件的入射光子的激励下发出另一个同频率的光子的过程。由于入射光子也可能被吸收，所以受激辐射与受激吸收是同时存在的。受激辐射大于受激吸收才能形成激光，这要求处在高能级的粒子数大于处于低能级的粒子数，即系统处于分布反转状态。

如何在半导体中形成分布反转呢？结型激光器能带图如图 9.6-6 所示。为了实现分布反转，P 区及 N 区都必须重掺杂，一般达 $10^{18}cm^{-3}$。平衡时，费米能级位于 P 区的价带及 N 区的导带内，如图 9.6-6(a)所示。当加正向偏压 V 时，PN 结势垒降低，N 区向 P 区注入电子，P 区向 N 区注入空穴。这时，PN 结处于非平衡态，准费米能级 E_F^n 和 E_F^p 的位置发生变化，它们之间的距离为 qV，见图 9.6-6(b)。因 PN 结是重掺杂的，平衡时势垒很高，即使正向偏压可加大

到 $qV > E_g$，也不足以使势垒消失。这时结面附近出现 $E_F^n - E_F^p > E_g$，成为分布反转区。在这一特定区域内，导带的电子浓度和价带的空穴浓度都很高。这一分布的反转区很薄（1μm 左右），却是激光器的核心部分，称为“激活区”。

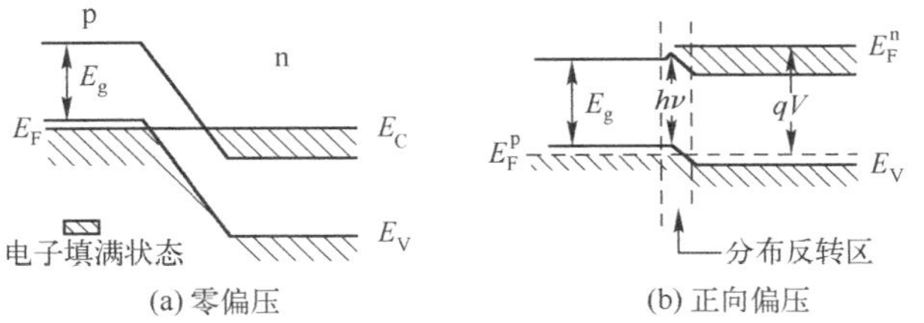

图 9.6-6 结型激光器能带图

仅仅使系统处于粒子数反转状态，虽可获得激光，但它的寿命很短，强度也不会太高，并且光波模式多、方向性很差。这样的激光几乎没有什么实用价值。为了得到稳定持续、有一定功率的高质量激光输出，激光器还必须有一个光学谐振腔。由于有光学谐振腔的存在，一方面在它提供的光学正反馈作用下，腔内光子数因不断往返通过激光工作物质而被放大；另一方面由于谐振腔存在各种损耗（如输出损耗、衍射损耗、吸收与散射损耗等），腔内光子数又不断减少。当放大与衰减互相抵消时，就可以形成稳定的光振荡，输出功率稳定的激光。另外，由于激光束的特性与谐振腔的结构有着不可分割的联系，因此可以通过改变腔参数的方法达到控制光束特性的目的，如提高激光的方向性、单色性、输出功率等。PN 结激光器中，垂直于结面的两个严格平行的晶体解理面形成所谓法布里-珀罗（Fabry-Perot）共振腔。两个解理面就是共振腔的反射镜面，如图 9.6-7 所示。

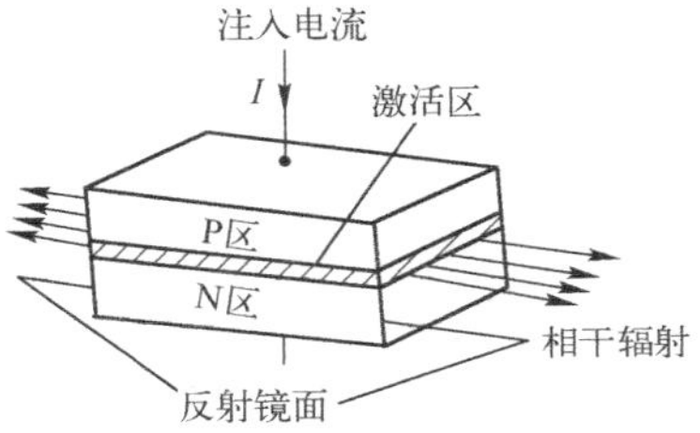

图 9.6-7 结型激光器结构示意图

要实现和维持分布反转，必须由外界输入能量，使电子不断激发到高能级。这种作用称为载流子的“抽运”或“泵”。上述 PN 结激光器中，利用正向电流输入能量。在注入电流的作用下，激活区内受激辐射不断增强，称为增益。当电流较小时，增益很小；电流增大，增益也逐渐增大，直到电流增大到增益等于全部损耗时，才开始有激光发射。增益等于损耗时的注入电流称为阈值电流。要使激光器有效地工作，必须降低阈值，其主要途径是设法减少各种损耗，同时增大端面反射系数。因此，作为激光材料，必须选择完整性好、掺杂浓度适当的晶体；同时反射面尽可能达到光学平面，并使结面平整，以减少损耗，提高激光发射效率。

过去，由于半导体激光器难以在室温下连续运转，光束的发散角大，单色性不够理想，以及功率不够大等缺点，大大限制了它的广泛应用。但是，近年来这些问题都已逐步得到解决，取得了实用的成果，使半导体激光器有取代其他激光器的趋势。由于它具有体积小、效率高、易于调制、波段覆盖面宽等特点，故它在光通信、测距、雷达等方面占有特殊的地位。同时，在计量、显示、信息处理等方面的应用也越来越广泛。

习题 9

9.1 参考 4.5 节，证明折射率 n、消光系数 K 与介电常数、电导率有如下关系：

$$n^2=\frac{1}{2}\frac{\varepsilon}{\varepsilon_0}\left[\sqrt{1+\left(\frac{\sigma}{\omega\varepsilon}\right)^2}+1\right],\quad K^2=\frac{1}{2}\frac{\varepsilon}{\varepsilon_0}\left[\sqrt{1+\left(\frac{\sigma}{\omega\varepsilon}\right)^2}-1\right]$$

并求良导体($\sigma\gg\omega\varepsilon$)和劣导体($\sigma\ll\omega\varepsilon$)的简化结果。

9.2　半导体对光的吸收有哪几种主要过程？哪些过程具有确定的长波吸收限？写出对应的波长表达式。哪些过程具有线状吸收光谱？哪些光吸收对光电导有贡献？

9.3　区别直接跃迁和间接跃迁(竖直跃迁和非竖直跃迁)。

9.4　什么是光电导？光电导有哪几种类型？

9.5　解释光生伏特效应。写出光电池的伏安特性方程,说明开路电压和短路电流的含义。

9.6　什么是半导体发光？简要说明 PN 结电致发光的原理。

9.7　一棒状 P 型半导体,长为 L,截面积为 S。设在光照下棒内均匀产生电子-空穴对,产生率为 Q,且电子迁移率 $\mu_n\gg\mu_p$。如在棒两端加电压 V,试证光生电流 $\Delta I=qQS\tau_n\mu_n V/L$($q$ 为电子电量)。

9.8　一重掺杂 N 型半导体的平衡载流子浓度为 n_0 及 p_0。有恒定光照,单位时间通过单位体积产生的电子-空穴对数为 Q。今另加一闪光,产生的附加光生载流子浓度为 $\Delta n=\Delta p(\ll n_0)$。设非平衡载流子寿命为 τ。试证闪光 t 秒后,样品内空穴浓度为 $p(t)=p_0+\Delta pr^{-t/\tau}+Q\tau$。

9.9　一个 N 型 CdS 正方形晶片,边长为 1mm,厚为 0.1mm,其长波吸收限为 510nm。今用强度为 1mW/cm^2 的紫色光($\lambda=409.6\text{nm}$)照射正方形表面,量子产额 $\beta=1$。设光生空穴全部被陷,光生电子寿命 $\tau_n=10^{-3}\text{s}$,电子迁移率 $\mu_n=100\text{cm}^2/(\text{V}\cdot\text{s})$,并设光照能量全部被晶片吸收。求：

(1) 样品中每秒产生的电子-空穴对数；

(2) 样品中增加的电子数；

(3) 样品的电导率增量 $\Delta\sigma$。

9.10　某硅 PN 结光电池,已知室温下的开路电压为 600mV,短路电流为 3.3A,若在光电池两端接负载 R,试问当负载上流过 2.5A 电流时,光电池的输出电压为多少？

参考文献

[1] 冯华军,李晓彤.信息物理基础.杭州:浙江大学出版社,2001.

[2] 谢处方,饶克谨.电磁场与电磁波.北京:人民教育出版社,1979.

[3] 阙仲元.电动力学教程.北京:人民教育出版社,1979.

[4] 李承祖,赵凤章.电动力学教程.长沙:国防科技大学出版社,1997.

[5] 蔡圣善,朱耘,徐建军.电动力学.北京:高等教育出版社,2002.

[6] 卢荣章.电磁场与电磁波基础.北京:高等教育出版社,1990.

[7] 邹鹏程.量子力学.北京:高等教育出版社,2003.

[8] 陈鄂生.量子力学教程.济南:山东大学出版社,2003.

[9] 井孝功.量子力学.哈尔滨:哈尔滨工业大学出版社,2004.

[10] 周士勋.量子力学教程.北京:高等教育出版社,1979.

[11] 刘晓莉,仲扣庄.物理学史.南京:南京师范大学出版社,2004.

[12] 方俊鑫,陆栋.固体物理学.上海:上海科学技术出版社,1980.

[13] 黄昆.固体物理学.北京:人民教育出版社,1966.

[14] 刘恩科,朱秉升,罗晋生.半导体物理学.北京:电子工业出版社,2003.

[15] 莫党.固体光学.北京:高等教育出版社,1996.

[16] 曾树荣.半导体器件物理基础.北京:北京大学出版社,2002.

[17] 王矜奉.固体物理教程.济南:山东大学出版社,2004.

[18] 阎守胜.固体物理基础.北京:北京大学出版社,2000.

[19] 施敏.半导体器件物理.黄振岗,译.北京:电子工业出版社,1987.

[20] 张艺,沈为民.固体电子学基础.杭州:浙江大学出版社,2005.

[21] 沈学础.半导体光谱和光学性质.北京:科学出版社,2002.

[22] 马科斯·玻恩,埃米尔·沃耳夫.光学原理.杨葭荪,译.北京:电子工业出版社,2007.

反侵权盗版声明

举报电话：(010)88254396；(010)88258888
传　　真：(010)88254397
E-mail：dbqq@ phei.com.cn
通信地址：北京市万寿路 173 信箱
　　　　　电子工业出版社总编办公室
邮　　编：100036